高等学校规划教材

工程化学

彭银仙 王 静 主编

Engineering Chemistry

化学工业出版社
·北 京·

内容简介

《工程化学》分三大模块，共8章。第1～3章，重点介绍物质的聚集状态和物质结构，侧重从物质结构和元素化学的角度讨论物质的状态、性质和特性；第4～6章，重点论述化学反应基本原理、化学平衡原理和过程及其在工程科学中的应用；第7～8章，介绍了化学在船舶与海洋工程、机械与土建工程、能源工程等领域的应用及危险化学品的特性和安全管理。

《工程化学》可作为高等院校非化学化工类专业学生的教材，同时可供化学化工类专业的科研、生产和管理人员阅读。

图书在版编目（CIP）数据

工程化学/彭银仙，王静主编．—北京：化学工业出版社，2021.7（2025.1重印）
高等学校规划教材
ISBN 978-7-122-39319-7

Ⅰ.①工… Ⅱ.①彭… ②王…Ⅲ.①工程化学-高等学校-教材 Ⅳ.①TQ02

中国版本图书馆CIP数据核字（2021）第110601号

责任编辑：宋林青　　文字编辑：刘志茹
责任校对：李　爽　　装帧设计：史利平

出版发行：化学工业出版社（北京市东城区青年湖南街13号　邮政编码100011）
印　　刷：三河市航远印刷有限公司
装　　订：三河市宇新装订厂
787mm×1092mm　1/16　印张15　彩插1　字数364千字　2025年1月北京第1版第8次印刷

购书咨询：010-64518888　　售后服务：010-64518899
网　　址：http://www.cip.com.cn
凡购买本书，如有缺损质量问题，本社销售中心负责调换。

定　　价：45.00元

版权所有　违者必究

前言

随着教学改革的不断推进、现代科学技术的高速发展以及高等教育模式的变迁，在“工程化学”教学实践中，我们深刻体会到，作为知识传承载体的教材，应紧跟时代前进的步伐。“教材”作为整个教学中的重要一环，要充分考虑相关专业的要求，适应学科发展的新动向，满足专业和实际生产建设的需要。

教材是体现教学内容和教学方法的知识载体，是人才培养过程中传授知识、训练技能和发展智力的重要工具之一。本教材遵循素质、知识、能力并重和少而精的原则，在不削弱基本原理、基本理论的前提下，充分考虑普通本科院校学生的接受性，充当教师传授知识的媒体、培养学生综合能力的媒介。

加强针对性，精心筛选、精练精准、适度创新，充分考虑与工程类专业密切相关的内容，遵从由易到难、由理论到应用的渐进规律，重视理论与实践的密切结合，将基础化学的基本理论和基础知识进行系统整合，构建全面、系统、完整、精炼的教材体系和内容，建设有助于学生在有限的时间内学习并广泛地联系自然、生产和生活的教材体系，提高应用化学知识观察并发现问题、分析问题、解决工程实际中遇到的问题的综合能力，使之成为“化学与工程技术间的桥梁”，是编写本书的目标。

本书的具体特色有：

（1）体现工程化学课程教学的基本要求，拓宽基础，适度创新，利于教学，注意将科研成果和学科前沿引入教学内容，章节体系科学，内容更精准。

（2）针对工程学科需要，与船海工程、机械设计、机械电子、金属材料、焊接工程、土建工程、冶金工程、能源发展、环境工程等学科和专业教学需求相结合，体现化学与工程学科的融合，加强理论基础和实际应用的密切联系，注重学生能力的发展，融入学科新成果。

（3）将化学理论和原理的知识点串联起来，注重各章节间前后的衔接，承载课程的主要知识体系和学科基础，引入绿色化学理念，贴近工程实际，与工程学科专业内容、专业发展密切结合。

（4）内容少而精，深入浅出，特别适合少学时的工程化学课程教学安排，使学生易学、乐学，激发学习兴趣，让学生在宽松环境中理解知识、掌握技能。

（5）每章后设有阅读扩展知识，引导学生拓宽知识面。

本书绪论、第1章由彭银仙编写，第2章由陈磊编写，第3章由崔言娟编写，第4章由王静编写，第5章由陈春钰编写，第6章由陈传祥编写，第7章由全体成员共同编写，第8章由沈薇编写，全书由彭银仙和王静统稿、定稿。

限于编者水平，本书难免有不妥之处，敬请读者不吝批评指正。

编　者

2021年3月

目录

绪 论

工程化学是需要一定化学知识的非化学化工类专业的一门重要化学基础课程。工程专业的过程工业（process industry）生产中涉及一系列的化学过程和物理过程，如石油精炼、金属材料研发、塑料合成、土建实施、海洋环境开发等。

化学过程指物质发生化学变化的反应过程，如金属材料的腐蚀是一个化学反应过程；物理过程指物质不经化学反应而发生的性质、状态、能量改变的过程，如原油经过蒸馏分离而得到汽油、柴油、煤油等产品。

至于其他一些领域，如矿石冶炼、燃料燃烧、生物发酵、皮革制造、海水淡化等，虽然过程的表现形式多种多样，但均可以分解为上述化学过程和物理过程。实际上，化学过程往往和物理过程同时发生。例如矿石冶炼是一个典型的化学过程，但辅有加热、冷却和分离，并且在反应进行过程中，也必伴随有热量、状态的变化。

工程化学通过对过程中物理和化学变化过程的介绍、分析，指导学习者认识和研究物理和化学变化过程，并在工程过程中加以应用。

世界由物质组成，化学则是人类用于认识和改造物质世界的主要方法和手段之一，是一门历史悠久而又富有活力的学科，与人类进步和社会发展的关系非常密切，化学的成就是社会文明的重要标志。工程化学从化学学科的“基础”和“理论”出发，与日常生活、实际生产和科技前沿紧密联系，围绕化学的基本概念，突出化学学科的研究方法、突现化学在生活中的踪迹、突展化学原理在社会的各个层面的应用及其重要性。

0.1 化学的研究对象

化学是自然科学的一种，是在分子、原子层次上研究物质的组成、性质、结构与变化规律和应用的一门重要学科，是研究物质变化、创造新物质的科学。

化学是重要的基础学科之一，在与物理学、生物学、自然地理学、天文学等学科的相互渗透中，得到了迅速的发展，也推动了其他学科和技术的发展。例如，对地球、月球和其他星体的化学成分的分析，得出了元素分布的规律，发现了星际空间有简单化合物的存在，为天体演化和现代宇宙学提供了实验数据，还丰富了自然辩证法的内容。

0.2 化学在现代科学中的地位

世界由物质组成，而化学则是人类认识和改造物质世界的主要方法和手段之一。如食物在体内的消化、分解、合成等过程都是在原子、分子水平上进行的。在由对自然资源进行化学加工或直接使用自然资源的自然人时代逐步进入到转变自然资源为功能材料并使用的科学人时代中，化学学科起着决定性作用。化学是一门中心学科，浙江大学彭笑刚教授给出的高科技产业倒金字塔中（见图 0-1），位于倒金字塔支撑地位的“新材料”一旦有大的突破，将改变整个产业链。作为新材料发明者的化学家，在很大程度上影响人类与自然的和谐与发展。

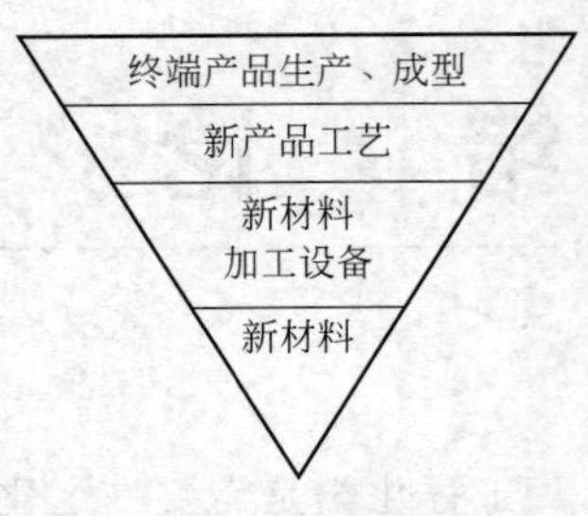

图 0-1　高科技产业倒金字塔

0.3 化学的发展简史和趋势

化学的历史渊源非常古老，化学学科的发展起步于古代化学，人类认识并学会使用火是人类最早的化学实践之一。

化学的发展经历了远古到公元前 1500 年的火法制陶和冶炼金属、酿酒、丝麻棉等织物染色等实用技术的萌芽时期，公元 1650 年前的炼丹术、炼金术化学实验的丹药时期，1775 年前的化学变化理论研究等。英国化学家波义耳（Robert Boyle，1627—1691 年）确立了化学元素这一科学概念，瑞典化学家舍勒在其著作《火与空气》中提出了燃素学说。特别是 16 世纪开始，欧洲工业生产蓬勃兴起，推动了医药化学和冶金化学的创立和发展，使炼金术转向生活和实际应用，继而更加注意物质化学变化本身的研究，建立了科学的氧化理论、质量守恒定律、定比定律、倍比定律和化合量定律，为化学进一步的科学发展奠定了基础。

（1）火的使用和人类自身的发展

人类祖先钻木取火烘烤食物、取暖、驱赶猛兽等，是充分利用物质燃烧氧化产生的光和热。火是物质燃烧过程中散发出的光和热，温度很高，是能量释放的一种方式。正是这种能量释放的方式，在无形之中影响了整个人类的发展进程。在浪漫的西方传说中，普罗米修斯为人类盗天火，使人类成为万物之灵。而古代中国神话传说中，燧人氏钻木取火使人类摆脱了茹毛饮血并开创了华夏文明。无论古老而神秘的东方，还是浪漫的西方，火的利用都是文明的起源。火造福了人类，在人类历史发展的重要时刻给人类贡献了自己的光和热。无论带来了温暖、美食还是带来了农业、手工业、工业的发展，火始终是人类以及科学发展的一个驱动，人类的历史从正确使用火开始，化学的起源和发展更是从人类认识并使用火开始的。

（2）化学学科的创建

1775～1900 年为近代化学发展时期。法国化学家拉瓦锡（Antoine-Laurent de Lavoisier，1743—1794 年），以定量化学实验阐述燃烧的氧化学说，开创了定量化学时期；英国化学家道尔顿（John Dalton，1766—1844 年）提出了原子质量为元素的最基本特征的近代原子学说；意大利科学家阿伏伽德罗（Ameldeo Avogadro，1776—1856 年）提出分子概念，以原子-分子论研究化学为标志，化学真正地成为一门科学。这一时期，建立了大量化学基本定律，如俄国化学家门捷列夫（Дми́трий Ива́нович Менделе́ев，1834—1907 年）发现了元素周期律，德国化学家李比希（Justus von Liebig，1803—1873 年）和维勒（Friedrich Wohler，1800—1882 年）发展了有机结构理论；19 世纪下半叶确定了化学平衡和反应速率等概念，定量地判断化学反应中物质转化的方向和条件，相继建立了溶液理论、电离理论、电化学和化学动力学的理论基础，由此诞生了物理化学，把化学从理论上提高到一个新的水平。通过矿物分析，发现了许多新元素，结合原子-分子学说，经典性的化学分析方法也有了自己的体系。随着草酸和尿素的合成、原子价概念的产生、苯的六元环结构和碳价键四面体等学说的创立、酒石酸拆分成旋光异构体，以及分子的不对称性等的发现，瑞典化学家贝采里乌斯第一个提出了有机化学概念，逐渐创建了有机化学结构理论，奠定了有机化学的基础。

化学学科完善于现代化，进入 20 世纪以后，化学学科广泛地应用了当代科学的理论、技术和方法，如 19 世纪末发现的电子、X 射线和放射性，20 世纪创建的近代物理理论和技术、数学方法及计算机技术，使化学在认识物质的组成、结构、合成和测试等方面都有了长足的发展，而且在理论方面取得了许多重要成果。美国化学家鲍林创立了价键理论，著有《化学键的本质》一书，提出了分子轨道理论和配位场理论；X 射线衍射、电子衍射和中子衍射等方法使测定化学物质的立体结构成为可能，可见光谱、紫外光谱、红外光谱以及核磁共振谱、电子自旋共振谱、光电子能谱、射线共振光谱、穆斯堡尔谱等谱学方法使物质结构研究变为现实。

20 世纪以来，化学发展的趋势可以归纳为：由宏观向微观、由定性向定量、由稳定态向亚稳定态发展，依据单分子（原子）的高灵敏度检测，对复杂体系（如生命体系、中药）高选择性分析，原位、活体、实时、无损分析，自动化、智能化、微型化、图像化分析，高通量、高速度分析等，使经验逐渐上升到理论并指导设计和开拓创新，为生产和技术部门提供尽可能多的新物质、新材料，并在与其他自然科学相互渗透的进程中不断产生新学科，并向探索生命科学和宇宙起源的方向发展。

（3）化学促进材料的发展

化学是材料发展的基础和源泉，材料的发展离不开化学。20 世纪以来，物理、化学、力学、生物学的研究和发展推动了对于物质结构、材料的物理化学和力学性能的深入认识和了解。同时，促进了金属学、冶金学、工程陶瓷技术、高分子科学、半导体科学、复合材料科学以及纳米技术等学科的发展。

化学材料是人们制造工具的物质来源，也是人类生产和生活的基础。从人类诞生到 1920 年之前，人们都是在观察中对材料产生认识，创造和使用的都是比较单一的材料。1920 年以后，化学合成工业得到发展，大批的高分子化合物被合成，很快就遍布人类生活的每个角落，于是进入了“高分子时代”。现在很多新兴技术都需要性能特殊的材料，科学家将古代的陶瓷进行变革，研制出精密陶瓷材料，进入了“新陶瓷时代”。近些年来，因为物理学和化学的发展，再加上计算机和电子技术的进步，人们对材料的认识从宏观阶段过渡到微观阶段，从晶粒、分子和原子的角度去分析材料的结构与性能，尤其是超高温、超低温、强磁场和高真空等条件，让人们能够从本质上认识材料的物理和化学性能。

近半个世纪以来，由于人类社会的迅猛发展，导致了全球性资源匮乏的紧张局面，促使了人类对全球范围内的资源节约、高效利用和环境可持续发展的研究。为了保持社会和经济的可持续发展，各国都着手从资源高消耗生产转向环保高效的节约型社会建设，如此背景下，应用化学知识开发的新材料将在节约资源和改善环境中发挥重大作用，节能环保型化学/物理方法合成化学新材料将是今后的发展方向。

生态环境现代化、高科技竞争等很大程度上依赖于材料科学的发展，可以说任何高科技的进步都离不开新材料的开发和应用，而其开发应用更是离不开化学。四十多年前，半导体单晶硅的出现改变了整个电子工业，如今各种高技术材料，如新型环保玻璃漆、新型地板砖、光敏化合物、多种光电磁新材料、提高人类生活质量的种种新材料、节能环保新材料等，为人类的可持续发展做出了很大的贡献，这些都依赖于化学学科的研究和发展及化工事业的发展。

一般情况下，物质长期暴晒于烈日下，易损坏物质的结构，如汽车或房屋等表层的聚合物涂料，在阳光中紫外线照射下会发生降解，长时间照射后还可能出现粉化、泛黄等现象，甚至还可能缓慢释放挥发性的有机物，危及人类身体健康、生命安全、生态环境和谐。现代化学合成的新型环保玻璃漆是一种理想的硅玻璃涂层，坚固耐用，具有合适的光学特性，但易碎。对此采用水溶性硅酸钾与水稀释性聚氨酯树脂调配，合成硅酸盐混合“漆”，喷射于物体表面干燥后，具有反射所有阳光和被动辐射热的能力，不仅能起到防水的作用，还能随金属表面一起扩张和收缩，以防止开裂，同时节约原料资源、保护生态环境，属于新型节约环保的化学材料。

随着人们生活质量的不断提高，对居住环境的要求也越来越高，装修房屋的材料也越来越挑剔，既要求美观实用又要求物有所值，随着全球资源日益紧张，PVC 弹性、发泡地板等新型铺地材料以其实用性、舒适性、环保无公害、低成本成为新型建筑材料。此材料与传统铺地材料木地板、陶瓷墙地砖、大理石、花岗岩传统地板相比，装饰功能强、保温隔热、耐水防腐、脚感舒适，符合柔软、弹性、防滑等人体工程学的特点，施工应用效率是传统地面材料的 5～10 倍；热导率不到石材、陶瓷的十分之一，比木材、地毯的热导率还要小；应用后的单位面积重量与地毯相近，只有木材的三分之一，不到石材、陶瓷的二十分之一，不仅可以减轻高层建筑的设计承重和造价，而且还能提高建筑结构的安全性，降低建筑工程成本，同时也能降低楼层间噪声的相互影响；其废弃物也可二次利用，符合节约资源和可持续发展的道路。

粮食生产中，有种昆虫南美斑潜蝇，可携带病原菌，不仅破坏秧苗，使粮食减产；而且会促使植物过多落叶，致使结出的果实暴晒于太阳下出现大量晒斑，不仅影响外观，还有可能降低果实品质，甚至产生危害生命健康的新物质；此害虫繁殖能力强、繁殖周期短，成虫的抗药性也非常强。研发合成的一种只对害虫种群有杀伤力的化学新型环保杀虫剂——光敏化合物杀虫剂，害虫因吸、食作用使吖啶橙、亚甲基蓝等光敏化合物在害虫体内不断积累，因光照作用，光敏物质将引发致命的光化学反应而致害虫死亡。

化学贯穿于人类活动及人类与环境的相互作用之中，与能源、资源、信息和人类的生活息息相关，化学科技的进步也促进了材料研究的发展。例如，石油提炼成的化学品制成的人造纤维、尼龙、聚氨酯纤维等；化学工业制成的水泥、钢筋、瓷砖、玻璃、铝和塑胶等建筑材料；石油工业提炼成的副产品用作飞机、轮船和汽车等交通工具的燃料；化学合成方法制药能够抑制甚至杀灭病原微生物，增强生物体抵抗疾病的能力，令全球因疾病致死的死亡率降低，使人类身体健康，平均寿命增长；石油工业提炼成的副产品加工制成的塑胶用具，矿石冶炼的金属经加工而成的各种金属类生活用具、各种工农业设备、各种航空航天、军事装备等。

化学不仅促进了材料学科和科学的发展，绿色化学的开发和推广应用更是直接合成了多种性能新颖、功能独特的特种材料，造就了材料领域的发展和辉煌成就。

0.4 化学学科分类

依照所研究的分子类别和研究手段、目的、任务的不同，化学传统地分为无机化学、有机化学、物理化学和分析化学四个分支。19 世纪 20 年代以后，由于世界经济的高速发展，化学键的电子理论和量子力学的诞生、电子技术和计算机技术的兴起，化学研究在理论上和实验技术上都获得了新的手段，导致这门学科从 30 年代以来飞速发展，呈现出崭新的面貌。根据当今化学学科的发展及与天文学、物理学、数学、生物学、医学、地学等学科相互渗透的情况，现在一般把化学学科分为无机化学、有机化学、物理化学、分析化学、高分子化学、生物化学、核放射性化学七大分支学科。其他与化学有关的边缘学科还有地球化学、海洋化学、大气化学、环境化学、宇宙化学、星际化学等。

（1）无机化学

无机化学是研究元素、单质和无机化合物的来源、组成、结构、理化性质、制备方法、变化规律及应用的化学中最古老的一个分支学科。当前无机化学正处在蓬勃发展的新时期，许多边缘领域迅速崛起，研究范围不断扩大，已形成无机合成、丰产元素化学、配位化学、有机金属化学、无机固体化学、生物无机化学和同位素化学等领域。

（2）有机化学

有机化学是研究有机化合物的来源、制备、结构、性质、应用以及有关理论的学科，又称碳化合物的化学。

有机化学可分为天然有机化学、一般有机化学、有机合成化学、金属和非金属有机化学、物理有机化学、生物有机化学、有机分析化学。

（3）物理化学

物理化学是以物理原理和数学处理方法为基础，从物质的物理现象和化学现象的联系入手来探讨化学性质与物理性质之间本质联系和化学变化基本规律的一门学科，由化学热力学、化学动力学和结构化学三大部分组成，研究化学体系的宏观平衡性质、化学体系的微观结构和性质、化学体系的动态性质，主要理论支柱是热力学、统计力学和量子力学三大部分。热力学和量子力学适用于微观系统，统计力学则为宏观与微观的桥梁。统计力学方法用概率规律计算出体系内部分子、原子等大量质点微观运动的平均结果，从而推断或解释宏观现象，并能计算一些宏观热力学性质。

（4）分析化学

分析化学是研究获取物质化学组成、含量和结构信息的分析方法及相关理论的学科，是化学学科的一个重要分支。分析化学可分为化学分析、仪器和新技术分析，鉴定物质化学组成（元素、离子、官能团或化合物）、测定物质的有关组分的含量、确定物质的结构（化学结构、晶体结构、空间分布）和存在形态（价态、配位态、结晶态）及其与物质性质之间的关系等，广泛地应用于地质探查、矿产勘探、冶金、化学工业、能源、农业、医药、临床化验、环境保护、商品检验等领域。

（5）高分子化学

高分子化学是研究高分子化合物的分子结构、理化性质、合成方法和机理、动力学、分子量及分布、应用等方面的一门新兴的综合性学科，可进一步细分为天然高分子化学、高分子合成化学、高分子物理化学、高分子聚合物应用。

（6）生物化学

生物化学是研究生命分子和生命化学反应的学科，它运用化学的方法和理论在分子水平上解释生物学。主要研究生物分子的化学结构和三维结构，生物分子的相互作用，生物分子的合成与降解，能量的保存与利用，生物分子的组装与协调，遗传信息的储存、传递和表达。

0.5 工程化学的主要内容

工程化学是新的课程体系调整、整合后的化学相关的非化学化工类专业的必修课程，是化学学科的重要组成部分，顺应课程要求，本教材涉及的主要内容如下。

① 原子结构理论：主要是研究原子核外电子尤其是价电子的排布情况以及它们与元素、

化合物的性质之间的关系、规律，力图在微观世界的规律与宏观世界的性质之间建立联系。

② 化学平衡理论：从宏观上探讨化学反应进行的限度、化学平衡与各种条件的关系、反应速率及各种影响因素的关系，研究化学平衡原理以及平衡移动的一般规律，具体讨论酸碱平衡、沉淀溶解平衡、氧化还原平衡和配位平衡，得出一些有用的普遍规律，可指导以后的分析化学、有机化学、物理化学、结构化学、生物化学、材料化学以及化工过程有关的课程学习。

③ 化合物性质与变化：在原子结构理论基础上，研究重要元素及其化合物的结构、性质和变化规律、在有关领域中的应用；化学键形成的各种理论学说、化学键与化合物性质的关系；分子间作用力的各种类型及机制，既了解无机化合物的特殊性，也应注重无机化合物制备方法和应用的普遍性与共同点。

④ 工程与材料化学：从物质的化学组成、化学结构和化学反应出发，密切联系现代工程技术中遇到的如材料的选择和寿命、海洋资源的开发与利用、金属腐蚀与防护等有关化学问题，深入浅出地介绍有现实应用价值的基础理论和基本知识。

⑤ 危险化学品管理：从危险化学品的基本概念入手，介绍危险化学品的分类、特性及其主要危害，深入分析危险化学品安全管理的基本原理、方法以及危险化学品安全管理相关的法律法规等内容。

阅读拓展

海洋化学

海洋化学（marine chemistry）研究海洋环境各部分的化学组成、化学性质、化学物质分布及转移和循环的规律等化学过程，以及海洋化学资源在开发利用中的化学问题，具有明确的研究目标，同时和海洋生物学、海洋地质学、海洋物理学等有密切的关系。海洋化学研究一项重要的内容为海水利用，主要包括海水直接利用、海水淡化和开发海洋化学资源三大体系。

海洋化学主要从化学物质的分布变化和运移的角度，研究海水及海洋环境中的化学问题，既研究海洋中各种宏观化学过程，如不同水团在混合时的化学过程、海洋和大气的物质交换过程、海水和海底之间的化学通量和化学过程等；还研究海洋环境中某一微小区域的化学过程，如表面吸附过程、配位过程、离子对缔合过程等。

海洋是一个综合的自然体系，在海洋的任一个空间单元中，常可能同时发生物理变化、化学变化、生物变化和地质变化，这些变化往往交织在一起。因此海洋化学与海洋物理、海洋生物和海洋地质相互渗透和相互配合。

海洋资源化学是海洋化学的一部分，主要研究从海洋水体、海洋生物体和海底沉积层中开发利用化学资源的化学问题。海洋资源的开发早期是从海水提取无机物，包括制盐、卤水或海水的综合利用，比如提取芒硝、钾盐、溴、镁盐或其他含量较低的无机物；随着化学科学的不断发展，及对海洋资源研究的深入，海洋资源开发深入到了海水淡化、海水提锂、海洋天然产物的分离提取等。

此外，开发海洋的工程设施也存在许多亟待解决的化学问题，诸如金属在海水中的腐蚀与防护、生物对设备或船体的污染防治等，也是海洋化学研究的内容。

第1章 物质的聚集状态

学习要求

1. 掌握物质的聚集状态及相关知识。
2. 掌握物质的量的概念及化学计算。

1.1 物质聚集状态

一切物质均有固态、液态和气态三种基本存在形式。物质在固态时具有一定的体积和一定的形状，在液态时具有一定的体积而无一定的形状；在气态时既无一定的体积也无一定的形状。

化学的研究对象是物质，随着科学研究的拓展和深入，发现物质还有另一种聚集状态——等离子态。许多物质在不同的温度、压力下呈现不同的聚集状态，例如固态物质加热可使其转变成液态即熔化（融化），或直接气化转变成气态即升华；同样，加热液体可以使其转变成气体，即蒸发或汽化；加压、冷却使气体转化成液体即液化，冷却使液体转变成固体即凝固。各种物质在处于不同的聚集状态时，微粒的运动方式、微粒间距离不同，其微观结构上的差异导致物质性质的差异。物质聚集状态的变化是物理变化，但常与化学反应相伴发生。不同物质混合可发生相互的分散作用形成各种分散体系，主要有溶液、胶体和浊液三种。

1.1.1 分散系

一种或多种物质分散在另外一种或多种物质中所构成的体系叫分散体系，简称分散系。分散系中被分散的物质为分散质（分散相），处于分割成粒子的不连续状态；纳容分散质的物质为分散剂（分散介质），处于连续的状态。在水溶液中，溶质是分散质，水是分散剂。溶质在水溶液中以分子或离子状态存在。

分散系＝分散相(或分散质)＋分散剂

例如，小水滴 ＋ 空气＝云雾；二氧化碳 ＋ 水＝汽水。

系统中任何一个均匀的（组成均一）部分称为一个相。在同一相内，其物理性质和化学性质完全相同，相与相之间有明确的界面分隔。

根据分散质与分散剂的状态，它们之间可有 9 种组合方式：

气体-气体、气体-液体、气体-固体；液体-气体、液体-液体、液体-固体；固体-气体、固体-液体、固体-固体。

分散体系的某些性质常随分散相粒子的大小而改变。因此，按分散相质点的大小不同可将分散系分为三类：分散质粒子的线形大小在 1nm 以下的低分子（或离子）分散系称为溶液，为稳定体系；分散质粒子的线形大小在 1～100nm 之间的分散系称为胶体，其稳定性介于溶液和浊液之间，属于介稳体系；分散质粒子的线形大小在100nm以上的粗分子分散系称为浊液，其粒子较大，用肉眼或普通显微镜即可观察到分散相的颗粒，而大颗粒能阻止光线通过，因而外观上是浑浊的，不透明的，且不能透过滤纸或半透膜，易受重力影响而自动沉降，因此浊液为不稳定体系。如NaCl溶于水、酒精溶于水形成的溶液，牛奶溶于水形成的乳浊液，泥土放入水中形成的悬浊液，水蒸气扩散到空气中液化形成的雾等，这些混合物均称为分散系，其中的NaCl、酒精、牛奶、泥土、水蒸气是分散质，水、空气是分散剂。浊液按分散相状态的不同又分为悬浊液（固体分散在液体中，如泥浆）和乳浊液（液体分散在液体中，如牛奶）。

溶液分散系中，溶质是分散质，溶剂是分散剂；悬浊液或乳浊液中不存在溶质和溶剂的概念，其中的分散质不能叫溶质，分散剂也不能叫溶剂。溶液不一定是液体，如合金属于溶液；同理，浊液不一定是液体，不洁净的空气属于浊液。各种分散系的比较见表1-1。

表1-1 各种分散系的比较

分散系	溶液	胶体	浊液
分散系粒子	单个小分子或离子	高分子或多分子集合体	巨大数目的分子集合体
分散质粒子直径/nm	<1	1～100	>100
外观	均一、多数透明	均一	不均一、不透明
稳定性	稳定	较稳定	不稳定
能否透过滤纸	能	能	不能
能否透过半透膜	能	不能	不能
鉴别	无丁达尔效应	有丁达尔效应	静置分层或沉淀
实例	食盐水	$Fe(OH)_3$胶体	泥水

1.1.2 气体

气体是基本物质状态之一。气体可以是由单个原子组成的单质分子（如稀有气体）、一种元素组成的单质分子（如氧气）、多种元素组成的化合物分子（如二氧化碳）等。

理想气体（ideal gas）是指当压力不太高（小于100kPa）、温度不太低（高于273.15K），气体分子本身的体积相对于气体所占有的体积、分子之间的相互吸引和排斥等作用力都可以忽略，且符合理想气体状态方程$pV=nRT$的气体，是理论上假想的一种把实际气体性质加以简化的气体，实际并不存在，是人们在研究真实气体性质时提出的一种理想化的模型。人们将此气体称为理想气体。

理想气体在n、T一定时，$pV=$常数，即其压力与体积成反比，这就是波义耳定律(Boyle's law)。若n、p一定，则$V/T=$常数，即气体体积与其温度成正比，就是盖·吕萨克定律（J. L. Gay-Lus-sac's law）。理想气体在理论上占有重要地位，在实际工作中可利用它的有关性质与规律作近似计算。

理想气体状态方程：

$$pV=nRT \tag{1-1}$$

式中 p——气体压力，Pa；

V——气体体积，m^3；

n——气体物质的量，mol；

R——摩尔气体常数，$R=8.314Pa\cdot m^3\cdot mol^{-1}\cdot K^{-1}$；

T——气体温度，K。

摩尔体积（molar volume）是指单位物质的量的气体所占的体积，即1mol物质所占的体积，用符号V_m表示，单位为$m^3 \cdot mol^{-1}$或$L \cdot mol^{-1}$。

相同体积气体所含的粒子数也相同。气体摩尔体积不是固定不变的，它取决于气体所处的温度和压力，如在25℃、101kPa时，气体摩尔体积为$24.5L \cdot mol^{-1}$。当外界条件相同时，气体的摩尔体积相同。

气体摩尔体积V_m与T、p、n等之间关系为：

① 同温同压下，V相同，则N相同，n相同。

② 同温同压下，$V_1/V_2=n_1/n_2=N_1/N_2$。

理想中，1mol任何气体在标准大气压下的体积为22.4L，较精确的是$V_m=22.41410L \cdot mol^{-1}$。使用时应注意：

① 必须是标准状况（100kPa、0℃）；

②"任何气体"既包括纯净物，又包括气体混合物；

③ 22.4L是个近似数值；

④ 单位是$L \cdot mol^{-1}$，而不是L。

化学中曾一度将标准温度和压力（STP）定义为0℃（273.15K）及101.325kPa(1atm)，但1982年起IUPAC将"标准压力"重新定义为100kPa。

1.1.3 液体

液体是物质的基本聚集状态之一，没有确定的形状，其体积在压力及温度不变的环境下，是相对固定的。液体分子间距较远、吸引力较小，分子运动也较剧烈，以致在实际上液体对切力和拉力几乎毫无抵抗能力，只能抵抗对压缩的力量。因此，在压力的作用下，并不能压缩其体积；升高温度或减小压力使液体汽化成气体，增加压力或降低温度能使液体凝固成固体。相反液体对容器的器壁施加压力，此压力360°全方位传送，不但不减小，随着深度的加深还增加，这就是水越深水压越大的原因。在拉力或切力等的作用下液体极易变形，这就使液体显示了固体所没有而相似于气体的易流动性，故液体和气体统称为流体。液体具有流动性和不可压缩性，但可以达到平衡状态。但在不论如何微小的切向作用力（或拉力）作用下，液体原有的平衡状态立即破坏，表现为变形运动即流动。因此，液体的易流动性也常规定为液体在平衡时，不能抵抗切力（或拉力）的特性。

1.1.4 溶液

溶液是分散相粒子粒径小于1nm的分子、原子或离子等分散在分散剂中形成的均匀稳定的分散体系。按状态不同，溶液可分为三种：气态溶液、液态溶液和固态溶液，空气为气态溶液，合金则是固态溶液。从狭义上讲，一般溶液都是指液态溶液。

溶液既不是化合物，也不是简单的溶质溶剂的混合物，其微观结构和性质极其复杂。当溶质溶解于溶剂中后，其结构和性质均发生改变；同样溶剂接受溶质后，溶剂的微观结构和性质也发生相应变化。在所研究的体系中，溶液可谓是最复杂的体系。

因溶质粒子很小，不能阻止光线通过，所以溶液是透明的，并具有高度稳定性。溶质颗粒在溶液中扩散很快，能透过滤纸或半透膜。

溶液的特征决定了溶液的性质：①均一性，溶液各处的密度、组成和性质完全一样；

②稳定性，温度不变，溶剂量不变时，溶质和溶剂不会分离（透明）、分层；③分散体系，溶液既不是化合物，也不是简单的溶质溶剂的混合物，是溶质和溶剂构成的均匀稳定的分散体系。

根据溶质在溶剂中的溶解状态，溶液分为：①饱和溶液，在一定温度、一定量的溶剂中，溶质不能继续被溶解的溶液；②不饱和溶液，在一定温度、一定量的溶剂中，溶质可以继续被溶解的溶液。

溶液形成的过程伴随着能量、体积变化，有时还有颜色变化。溶解是一个特殊的物理化学变化。首选溶质分子或离子的离散/分散，这个过程需要吸热以克服分子间的吸引力，同时增大体积；二是溶剂分子和溶质分子相互扩散/结合，这是一个放热过程，同时体积缩小，整个过程的综合情况是两方面的共同作用。

1.1.5 相

没有外力作用下，系统中物理、化学性质完全相同、成分相同的均匀物质的聚集态称为相。根据系统中物质存在的形态和分布不同，将系统分为若干个相（phase），即同一系统可同时存在一个或多个相，因此就构成了单相系统和多相系统，或均相系统和非均相系统。通常任何气体均能无限混合，所以系统内无论含有多少种气体都是一个相，称为气相。均匀的溶液也是一个相，称为液相。浮在水面上的冰不论是 2kg 还是 1g，不论是一大块还是一小块，都是同一个相，称为固相。但冰与水为不同相。相的存在和物质的量的多少无关，可以连续存在，也可以不连续存在。

系统是指作为研究对象的那部分物质或空间，相应地，与系统密切相关、有相互作用或影响的系统之外的部分则称为环境。

1.2 溶液浓度的表示及化学计算问题

1.2.1 溶液浓度的表示方式及计算

广义的浓度的定义是溶液中的溶质相对于溶液或溶剂的相对量。它是一个强度量，不随溶液的取量而变化。在历史上由于不同的实践需要形成了众多的浓度表示法。自 20 世纪后期则趋向于仅用一定体积的溶液中溶质的“物质的量”来表示，即以 mol（溶质）$\cdot L^{-1}$（溶液）为单位，称为“物质的量浓度”，这可认为是浓度的狭义定义。化学上常用的溶液浓度表示方法有以下几种。

（1）质量分数 w_B

质量分数代表溶质的质量（m_B）占溶液总质量（m）的分数，常用百分数表示。

$$w_B=\frac{m_B}{m} \tag{1-2}$$

如市售浓硫酸的浓度为 98%、浓盐酸的浓度为 37%。

（2）体积分数 φ_B

体积分数表示溶质的体积（V_B）占溶液总体积（V）的分数，常用百分数表示。

$$\varphi_B=\frac{V_B}{V} \tag{1-3}$$

如市售医用消毒酒精的 $\varphi_{乙醇}=75\%$。

（3）物质的量

1971 年，第十四届国际计量大会规定："摩尔是一系统的物质的量，该系统中所包含的基本单元数与 0.012kg ^{12}C 的原子数目相等。""在使用摩尔时应予以指明基本单元，它可以是原子、分子、离子、电子及其他粒子，或是这些粒子的特定组合。"

即物质的量是表示含有一定数目粒子的集体，符号为 n，单位为摩尔（mol），表示组成物质的基本单元数目的多少。科学上把含有的基本单元数（粒子数）与 0.12kg ^{12}C 的原子数目相等（原子数目约为 6.02×10^{23}，称为阿伏伽德罗常数 N_A）的集体作为一个单位，为 1mol。1mol 不同物质中所含的粒子数是相同的，但由于不同粒子的质量不同，1mol 不同物质的质量也不同。

摩尔与一般的单位不同，它具有一个特点：即它计量的对象是微观基本单元，如离子、分子等。1mol 硫酸含有 6.02×10^{23} 个硫酸分子。

摩尔是化学上应用最广的计量单位，如化学反应方程式的计算，溶液中各组分含量的计算，溶液的配制及其稀释中的计算，有关化学平衡的计算，气体摩尔体积及热化学计算，定量分析计算等都离不开这个基本单位。

（4）摩尔质量

摩尔质量（molar mass）是指单位物质的量的物质的质量，即 1mol 物质所具有的质量，用符号 M 表示，单位为 $kg\cdot mol^{-1}$ 或 $g\cdot mol^{-1}$，在数值上等于该物质的原子量或分子量。对于某一化合物来说，它的摩尔质量是固定不变的，但物质的质量则随着物质的量不同而发生变化。

由此看出，阿伏伽德罗常数数值虽然很大，但它就像一座桥梁将微观粒子同宏观物质联系在一起。

$$n_B=\frac{N}{N_A}=\frac{N\cdot \text{B粒子质量}}{N_A\cdot \text{B粒子质量}}=\frac{m_B}{M_B} \tag{1-4}$$

（5）物质的量浓度（通常称为摩尔浓度）c_B

物质的量浓度是指单位体积溶液中溶解的溶质的物质的量，按国际单位制应表示为 $mol\cdot m^{-3}$，但因数值通常太小，使用不方便，所以普遍采用 $mol\cdot L^{-1}$ 或 $mmol\cdot L^{-1}$。实验室常用酸碱溶液的浓度见表 1-2。

$$c_B=\frac{n_B}{V} \tag{1-5}$$

表 1-2　实验室常用酸碱溶液的浓度

溶液		$c/mol\cdot L^{-1}$	$w/\%$	$\rho/mg\cdot L^{-1}$
盐酸 HCl	浓	12	36	1.18
	稀	6	20	1.10
硝酸 HNO_3	浓	16	72	1.42
	稀	6	32	1.19
硫酸 H_2SO_4	浓	18	96	1.84
	稀	3	25	1.18
氨水 NH_3	浓	15	28	0.90
	稀	6	11	0.96

【例 1.1】 10mL 正常人的血清中含有 1.0mg Ca^{2+}，计算正常人血清中 Ca^{2+} 的物质的量浓度（用 $mmol\cdot L^{-1}$ 表示）。

解　已知 $V=10\text{mL}=0.01\text{L}$，$M_{Ca^{2+}}=40\text{g}\cdot\text{mol}^{-1}$

$$c_{Ca^{2+}}=\frac{n_{Ca^{2+}}}{V}=\frac{\frac{m_{Ca^{2+}}}{M_{Ca^{2+}}}}{V}=\frac{\frac{0.001\text{g}}{40\text{g}\cdot\text{mol}^{-1}}}{0.010\text{L}}=0.0025\text{mol}\cdot\text{L}^{-1}=2.5\text{mmol}\cdot\text{L}^{-1}$$

答：正常人血清中 Ca^{2+} 的物质的量浓度是 $2.5\text{mmol}\cdot\text{L}^{-1}$。

(6) 物质的量分数（通常称为摩尔分数）x_B

物质的量分数是指溶质的物质的量与整个溶液中所有物质的物质的量之比。

$$x_B=\frac{n_B}{n_{总}} \tag{1-6}$$

【例 1.2】 将 10g NaOH 溶于 90g 的水中，求此溶液中溶质的物质的量分数。

解　$n(\text{NaOH})=\frac{10\text{g}}{40\text{g}\cdot\text{mol}^{-1}}=0.25\text{mol}$

$n(H_2O)=\frac{90\text{g}}{18\text{g}\cdot\text{mol}^{-1}}=5\text{mol}$

$x(\text{NaOH})=\frac{0.25\text{mol}}{0.25\text{mol}+5\text{mol}}=0.048$

答：溶液中溶质的物质的量分数为 0.048。

(7) 质量浓度 ρ_B

质量浓度指溶液中溶质的质量（m_B）与溶液体积（V）之比，按国际单位应表示为 $\text{kg}\cdot\text{m}^{-3}$，但一般采用 $\text{g}\cdot\text{L}^{-1}$ 表示。

$$\rho_B=\frac{m_B}{V} \tag{1-7}$$

【例 1.3】 10mL 生理盐水中含有 0.09g NaCl，计算生理盐水的质量浓度。

解　已知 $V=0.010\text{L}$，则

$$\rho_{NaCl}=\frac{m_{NaCl}}{V}=\frac{0.09\text{g}}{0.010\text{L}}=9\text{g}\cdot\text{L}^{-1}$$

答：生理盐水的质量浓度为 $9\text{g}\cdot\text{L}^{-1}$。

(8) 质量摩尔浓度 b_B

即每千克溶剂中溶解的溶质的物质的量，单位为 $\text{mol}\cdot\text{kg}^{-1}$。

$$b_B=\frac{n_B}{m_A} \tag{1-8}$$

式中，m_A 表示溶剂的质量。溶液的质量摩尔浓度与温度无关。常温下，水的密度 $\rho_{水}$ 约等于 $1\text{kg}\cdot\text{L}^{-1}$，对于较稀的水溶液来说，溶质的质量可以忽略不计，1L 溶液的质量约为 1kg，故其质量摩尔浓度在数值上近似等于物质的量浓度，即 $b_B\approx c_B$。

【例 1.4】 在 100mL 水中溶解 17.1g 蔗糖（$C_{12}H_{22}O_{11}$），溶液的密度为 $1.0638\text{g}\cdot\text{mL}^{-1}$，求蔗糖的物质的量浓度、质量摩尔浓度、物质的量分数。

解　$M_{蔗糖}=342\text{g}\cdot\text{mol}^{-1}$

$n_{蔗糖}=\frac{17.1\text{g}}{342\text{g}\cdot\text{mol}^{-1}}=0.05\text{mol}$

$$n_{水}=\frac{100\text{g}}{18.02\text{g}\cdot\text{mol}^{-1}}=5.55\text{mol}$$

$$V=\frac{100\text{mL}\times1\text{g}\cdot\text{mL}^{-1}+17.1\text{g}}{1.0638\text{g}\cdot\text{mL}^{-1}}=110.1\text{mL}=0.1101\text{L}$$

$$c_{蔗糖}=\frac{0.05\text{mol}}{0.1101\text{L}}=0.454\text{mol}\cdot\text{L}^{-1}$$

$$b_{蔗糖}=\frac{0.05\text{mol}}{0.100\text{kg}}=0.5\text{mol}\cdot\text{kg}^{-1}$$

$$x_{\text{B}}=\frac{0.05\text{mol}}{(0.05+5.55)\text{mol}}=0.0089$$

答：蔗糖的物质的量浓度为 $0.454\text{mol}\cdot\text{L}^{-1}$，质量摩尔浓度为 $0.5\text{mol}\cdot\text{kg}^{-1}$，物质的量分数为 0.0089。

(9) 几种溶液浓度之间的关系

物质的量浓度与质量分数

$$c_{\text{B}}=\frac{n_{\text{B}}}{V}=\frac{m_{\text{B}}}{M_{\text{B}}V}=\frac{m_{\text{B}}}{M_{\text{B}}m/\rho}=\frac{\rho m_{\text{B}}}{M_{\text{B}}m}=\frac{w_{\text{B}}\rho}{M_{\text{B}}} \tag{1-9}$$

物质的量浓度与质量摩尔浓度

$$c_{\text{B}}=\frac{n_{\text{B}}}{V}=\frac{n_{\text{B}}}{m/\rho}=\frac{\rho n_{\text{B}}}{m} \tag{1-10}$$

若该系统是一个两组分系统，且 B 组分的含量较少，则溶液的质量 m 近似等于溶剂的质量 m_{A}，上式可近似变为：

$$c_{\text{B}}=\frac{\rho n_{\text{B}}}{m}=\frac{\rho n_{\text{B}}}{m_{\text{A}}}=b_{\text{B}}\rho \tag{1-11}$$

1.2.2　溶解度

溶解度是指在一定温度和压力下一定量的饱和溶液中溶解的溶质的质量。按照溶解度概念，只要是饱和溶液，上述的浓度表示方法都可以用作表示溶解度，但习惯上最常用的溶解度表示方法为：固体的溶解度是 100g 溶剂中能溶解的溶质的最大质量（g），气体的溶解度则是单位体积的溶液中气体溶解的质量、物质的量等，如质量分数 w、体积分数 φ、物质的量浓度 c、质量摩尔浓度 b 等表示。例如：20℃时 100g 水中溶解 35.7g 的 NaCl 即为该温度下 NaCl 的饱和溶液，因此 NaCl 在 20℃时在水中的溶解度为 35.7g/100g（H_2O），相当于溶液的质量分数为 26.3%，质量摩尔浓度为 $6.10\text{mol}\cdot\text{kg}^{-1}$。

影响溶解度的因素主要有温度和压力。温度升高，固体的溶解度往往增大，而气体的溶解度则普遍减小；压力增大，气体的溶解度均直线增大，而固体的溶解度变化很小。

有时，溶液中固体溶质的量会超过它的溶解度，这种溶液称为过饱和溶液，这一般是较高温度的饱和溶液冷却形成的。

由于溶质和溶剂的品种繁多，性质千差万别，因此，想得到溶解度的普遍规律是困难的，但溶解过程的一般规律是相似相溶。即溶质分子和溶剂分子的结构越相似，相互溶解越容易；溶质分子间作用力与溶剂分子间作用力越相似，越易互溶。

阅读拓展

胶体和高分子化合物溶液

1. 胶体概述

胶体是指一定大小的固体颗粒或高分子化合物分散在溶媒中所形成的液体。其分散体系的质点一般在1～100nm之间，溶媒大多数为水，少数为非水溶媒。胶体溶液具有其特有性质，不同于低分子分散系——真溶液（分散相质点小于1nm），具有一定的黏度，其胶粒的扩散速度小，能穿过滤纸而不能透过半透膜，对溶液的沸点升高、冰点降低、蒸气压下降和渗透压等方面影响较小；也不同于粗分散系——混悬液（分散相质点大于100nm），属于动力学稳定体系，沉降速度小，故胶体溶液可保持相当长时间而不致发生沉淀。

习惯上，把分散介质为液体的分散体系称为液溶胶或溶胶；分散介质为固体的分散体系称为固溶胶；分散介质为气体的分散体系称为气溶胶。例如烟便是一种气溶胶，泡沫玻璃是一种固溶胶，而墨汁、乳胶等便是一种液溶胶。

表1-3列举了胶体分散体系的八种类型。

表1-3 非均相分散体系按照聚集状态的分类

分散介质	分散相	名称	实例
液	固 液 气	溶胶、悬浊液、软膏 乳状液 泡沫	金溶胶、碘化银溶胶、牙膏 牛奶、人造黄油、油水乳状液 肥皂泡沫、奶酪
气	固 液	气溶胶	烟、尘 雾
固	固 液 气	固态悬浊液 固态乳浊液 固态泡沫	用金着色的红玻璃、照相胶片 珍珠、油墨 泡沫塑料

有的废水中的污染物质会以胶体的形式存在，因此很多污水深度处理的研发旨在如何快速高效地去除废水中以胶体形式存在的污染物质。

2. 胶体分类

胶体按胶粒与溶媒之间的亲和力强弱，可分为亲液胶体和疏液胶体。当溶媒为水时，则分为亲水胶体或疏水胶体。

（1）亲水胶体溶液

胶体化合物（蛋白质及其他高分子化合物）的分子结构中含有许多亲水基团，能与水分子发生作用。质点水化后以分子状态分散于水中，形成亲水胶体溶液。如动物胶汁（阿胶、鹿角胶、明胶及骨胶等）、酶、蛋白质的水分散液（胃蛋白酶、胰蛋白酶、溶菌酶、尿激酶等）及其他含亲水高分子的生化制剂，再如植物中纤维素衍生物、天然的多糖类、黏液质及树胶、人工合成的右旋糖酐、聚乙烯吡咯烷酮等遇水后所形成的胶体溶液均属此类。亲水胶体绝大多数为高分子化合物，所以亲水胶体溶液也称高分子水溶液。随着非极性基团数目的增多，胶体的亲水性能降低，而对半极性溶媒及非极性溶媒的亲和力增加，胶体质点分散在这些溶媒中时，形成的溶液称为亲液胶体溶液或高分子非水溶液，如玉米朊乙醇溶液或丙酮溶液。

(2) 疏水胶体溶液

疏水胶体溶液又称溶胶，是由多分子聚集的微粒（1～100nm）分散于水中形成的分散体系。微粒与水之间水化作用很弱，因此它们与水之间有较明显的界面，所以溶胶是一个微多相分散系统，具有聚结不稳定性。溶胶微粒表面有很薄的双电层结构，这种双电层结构有助于溶胶的稳定性。在药物剂型中疏水胶体为数极少，但在中药药剂的制备过程中时常遇到。如在胶剂制备时，往胶汁中加入少量明矾，使胶汁中微细的固体颗粒（粒径为1～100nm的尘土等杂质）沉淀除去。

3. 胶体溶液的性质

(1) 丁达尔（Tyndall）现象——光学性质

将盛有胶体溶液的试管放在暗箱中，以一束聚焦强光照射到胶体溶液中的粒子上，在与光路垂直的方向上可以看到一条发亮光柱，即有无数个闪光点，这便是溶胶的丁达尔效应（图1-1）。

(a) $CuSO_4$溶液

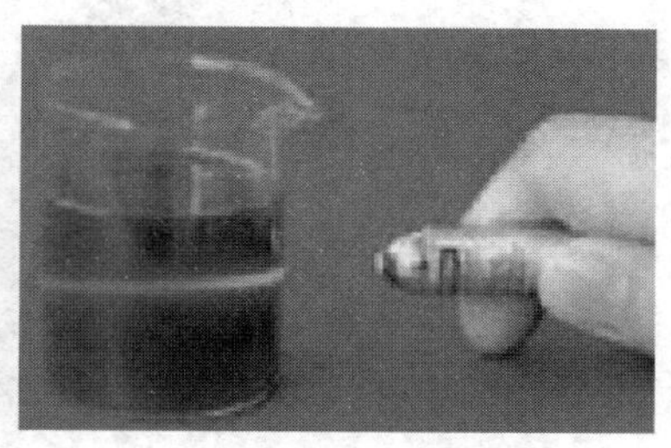

(b) $Fe(OH)_3$胶体溶液

图1-1　丁达尔现象图例

由于溶胶粒子的直径在1～100nm之间，稍小于可见光波长（400～700nm），当可见光透过胶体时便会产生明显的散射成光柱的现象。而浊液中粒子粒径若大于入射光的波长，粒子表面发生光的反射或折射；对于真溶液，由于分子或离子直径远小于可见光的波长，光只会发生透射，溶液清澈透明，不会看到光带。因此，可以用丁达尔现象区分溶胶和真溶液。

(2) 布朗（Brown）运动——动力学性质

溶媒处于热运动状态，不断撞击胶粒质点，当胶粒受到各方撞击力不均时，合力未被抵消而引起的动力，是一种无规则的运动。因此，布朗运动指胶体溶液中的分散质颗粒不断的无规则运动。胶粒质量越小，温度越高，运动速度越大，布朗运动越剧烈（图1-2）。

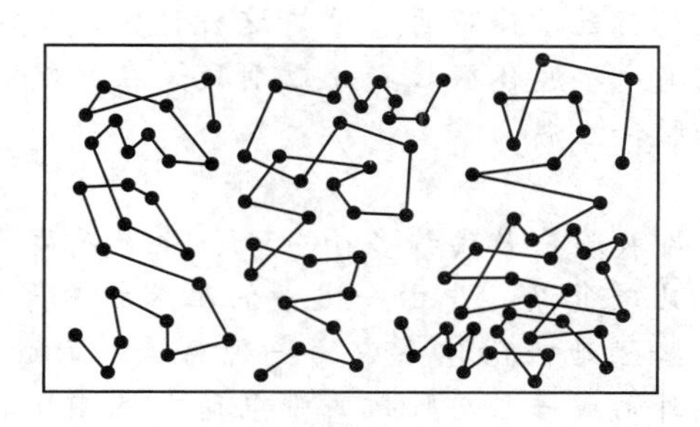

图1-2　布朗运动图例

(3) 电泳——电学性质

将一束强光透过溶胶并在光的垂直方向用超显微镜观察，可以观测到溶胶中的胶粒在介质中不停地做不规则的运动，这种不停的无规则的运动称为布朗运动。这是由于物质分散为无数胶体粒子后，表面积急剧增大，因此具有较强的吸附能力，形成特定的带电胶团结构。当胶体中的这些带电分散质点（胶粒）在电场的作用下，将会向带有相反符号的电极做定向移动又称泳动，就会出现电泳现象，有些胶体溶液因电泳现象使分散系发生颜色变化（图 1-3）。

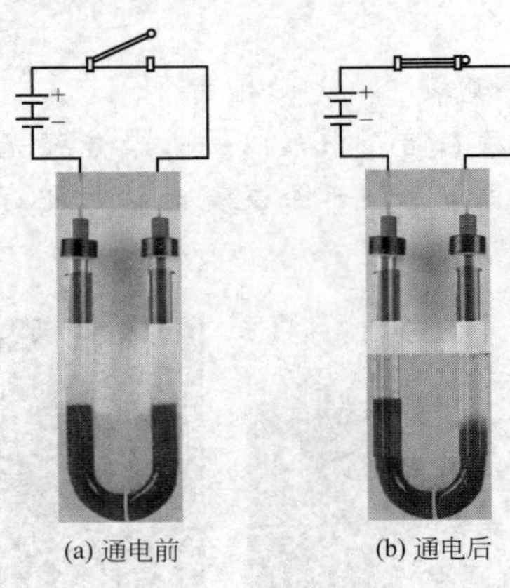

(a) 通电前　(b) 通电后

图 1-3　电泳现象

(4) 稳定与聚沉

胶体属于动力学稳定体系。胶体体系中，胶粒都带有同种电荷，它们相互排斥阻止了彼此的靠近；胶团中的吸附层离子和扩散层离子都能发生水化作用（溶剂化作用形成水合膜保护层），在其表面形成具有一定强度和弹性的水化膜，从而阻止了胶粒之间的直接接触，使胶粒碰撞时不致引起聚沉；胶体分散程度高，胶粒体积小，具有强烈的布朗运动，可以克服重力作用而不易下沉。

但在重力场中，因胶粒表面积比较大，表面能比较高，具有自发聚结降低其表面能的趋势，具有受重力的作用容易聚结下沉的不稳定性，属于热力学不稳定的体系，一旦破坏了溶胶稳定性的因素，溶胶粒子就会聚结而沉降即聚沉。当带电的胶体粒子遇到电解质（多数为溶液），带相反电荷的胶体便失去了带电性，加入的电解质电荷越高，半径越大，聚沉能力越强。例如在 $Fe(OH)_3$ 溶胶中加入少量 K_2SO_4 溶液，会使氢氧化铁沉淀析出。或用加热的方法破坏溶剂化作用、布朗运动等，胶粒将容易发生凝聚。因为胶体体系的稳定是由于胶体粒子之间带同种电荷相互排斥而维持的，当将这些电荷打乱，便不再能维持这种稳定，从而发生胶体凝聚。胶体凝聚一般生成沉淀，但有一些胶体微粒和分散剂凝聚在一起成为不流动的冻状物即凝胶，常见的凝胶有硅胶和豆腐。

4. 胶团的结构

胶体的分散相粒子即胶粒，是由许多小分子、原子或离子聚集而成的，具有双电层结构。胶粒的结构比较复杂，先由一定量的难溶物分子聚结形成胶粒的中心，称为胶核；然后胶核选择性地吸附体系中的一种离子，形成紧密吸附层。由于正、负电荷相吸，在紧密层外形成一层与胶核所带电荷电性相反的离子的包围圈，这些离子称为反离子。由于反离子电荷与胶核表面电荷电性相反，在静电引力作用下，它们有靠近胶核的趋势；另一方面，反离子由于扩散运动，又有远离胶核的趋势。

当这两种趋势达到平衡时，使体系反离子按一定的浓度梯度分布，形成胶粒。还有部分反离子松散地分布在胶粒周围，构成扩散层。所谓双电层就是指带有相反电荷的吸附层与扩散层。胶粒与扩散层构成胶团（图1-4）。胶粒与扩散层中的反号离子，形成一个电中性的胶团，如AgI、$Fe(OH)_3$胶团。

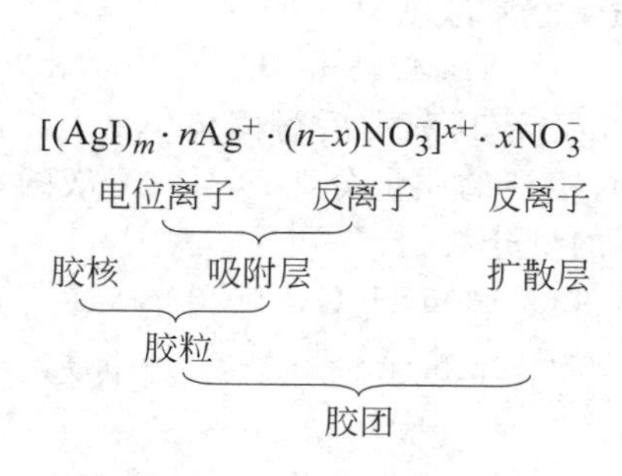

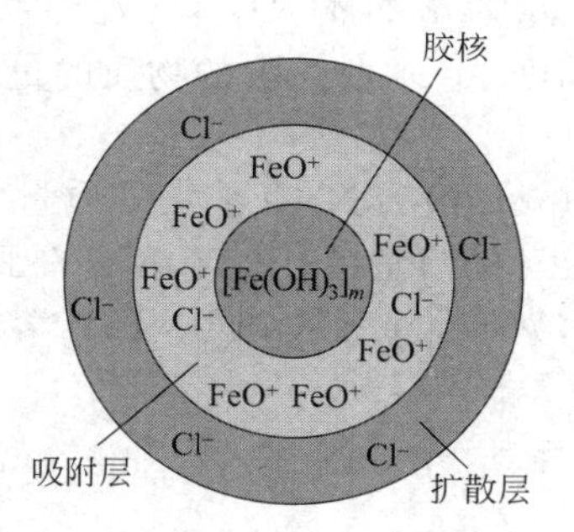

$Fe(OH)_3$溶胶的胶团结构示意图

$\{[Fe(OH)_3]_m \cdot nFeO^+ \cdot (n-x)Cl^-\}_x^+ \cdot xCl^-$ $(m \gg n, n > x)$

胶核　　电位离子　　反离子　　反离子

图1-4　胶团结构

胶核总是选择性地吸附与其组成相同或相类似的离子。若无相同或相类似离子，则首先吸附水化能力较弱的负离子，所以自然界中的胶粒大多带负电。一般情况下，金属氢氧化物、金属氧化物的胶体微粒易于吸附正电荷而带正电，非金属氧化物如泥浆、豆浆、金属硫化物等易吸附负电荷而带负电。

5. 高分子化合物溶液

高分子化合物是指具有较大分子量的大分子化合物，通常指分子量大于10^4的物质，如蛋白质、纤维素、淀粉、动植物胶、人工合成的各种树脂等。

高分子化合物在适当的溶剂中能强烈地溶剂化，形成很厚的溶剂化膜而溶解，构成均匀、稳定的分散系，称为高分子化合物溶液。

高分子溶液与胶体有相同的地方，也有许多不同之处。

高分子溶液的分子大小已接近或等于胶粒的大小，有丁达尔效应和电沉积现象。高分子溶液为均相真溶液，胶体属于多相体系；胶体带电荷，高分子一般不带电荷；高分子的溶解过程是可逆的，胶体的溶解过程则一般不可逆。

高分子对胶体具有一定的保护作用，在胶体中加入适量高分子化合物溶液，可以显著地增加胶体的稳定性，这种现象叫高分子化合物的保护作用。例如，作为防腐药的蛋白银是一种胶体银制剂，其制备过程中将蛋白质高分子化合物加入胶体银中，使之比普通银溶胶更稳定、浓度更高、银粒更细。

习题

1. 已知浓硝酸的相对密度为1.42，其中含HNO_3约为70%。如欲配制1L 0.25mol·L^{-1} HNO_3溶液，应取这种浓硝酸多少毫升？　(16mL)

2. 已知浓硫酸的相对密度为1.84，其中含H_2SO_4约为96%。如欲配制1L 0.20mol·L^{-1} H_2SO_4溶液，应取这种浓硫酸多少毫升？　(11mL)

3. 有一 NaOH 溶液，其浓度为 0.5450mol·L^{-1}，取该溶液 100.0mL，需加水多少毫升方能配成 0.5000mol·L^{-1}的溶液？

(9mL)

4. 欲配制 0.2500mol·L^{-1} HCl 溶液，现有 0.2120mol·L^{-1} HCl 溶液 1000mL，应加入 1.121mol·L^{-1} HCl 溶液多少毫升？

(43.63mL)

5. 将 60g 草酸晶体（$H_2C_2O_4 \cdot 2H_2O$）溶于水中，使其体积为 1L，所得草酸溶液的 ρ=1.02g·mL^{-1}，求此溶液的物质的量浓度和质量摩尔浓度。

(0.4762mol·L^{-1}，0.4873mol·kg^{-1})

6. 10.00mL 饱和 NaCl 溶液的质量为 12.003g，将其蒸干后得固体 NaCl 3.173g，试计算：(1) NaCl 的溶解度；(2) 溶液的密度；(3) 溶液的质量分数；(4) 溶液的物质的量浓度；(5) 溶液的质量摩尔浓度；(6) 溶液的物质的量分数。

(35.93g/100g H_2O；1.200g·mL^{-1}；26.44%；
5.424mol·L^{-1}；61.43mol·kg^{-1}；x_{NaCl}=0.1，x_{H_2O}=0.9)

第2章 原子结构和配合物

学习要求

1. 了解原子的组成和原子核外电子运动的特殊性。
2. 了解原子结构的量子力学模型及量子力学理论的发展过程。
3. 理解波函数，掌握四个量子数及其物理意义。
4. 能正确写出一般原子核外电子排布式和价电子构型。
5. 理解并掌握原子结构和元素周期表、元素若干性质的关系。
6. 掌握价键理论和杂化轨道理论的基本要点。
7. 掌握分子间作用力、氢键对物质物理和化学性质的影响。
8. 了解各类晶体的内部结构和特征，理解晶体结构与物质性质之间的关系。
9. 掌握配位化合物价键理论，了解配位化合物的空间结构与中心离子杂化形式的关系。

20世纪科学技术突飞猛进，源于世纪初开始对原子微粒的逐步研究，从而认识了原子内部结构的复杂性，建立了原子结构的有关理论。有了原子结构认识上的突破，才有对分子、离子以及晶体等内部结构的明确认识，才能将物质的性质与结构联系起来。因此，本章将着重介绍原子的组成以及相关理论，在此基础上讨论元素周期性、原子的键合、简单分子以及配合物的结构，了解物质结构与其物理和化学性质的关系。

2.1 原子的量子力学模型

目前，人类已发现了118种元素，而自然界存在的物质以及人工合成的物质却有亿万种。这些物质在性质上的差别是由物质的内部结构不同引起的。在化学变化中，原子核并不发生变化，只是核外电子的运动状态发生变化。因此要了解和掌握物质的性质，尤其是化学性质及其变化规律，首先必须了解物质内部的结构，特别是原子核外电子的运动状态及结构。这些微观粒子运动不同于宏观物体运动，其主要特点是量子化和波粒二象性，需要用量子力学来描述。

2.1.1 微观粒子的波粒二象性

光的波动性和粒子性经过了几百年的争论，到了20世纪初，物理学家通过大量实验对光的本性有了比较正确的认识。光的干涉、衍射等现象说明光具有波动性，而光电效应、原子光谱又说明光具有粒子性，这称为光的波粒二象性。

2.1.1.1 德布罗依波

在光的波粒二象性及有关争论启发下，法国物理学家德布罗依（L. de Broglie）在1924

年提出一个大胆的假设：实物微粒都具有波粒二象性，即实物微粒不仅具有粒子性，还具有波的性质，这种波称为德布罗依波或物质波。他认为质量为 m，运动速度为 v 的微粒波长 λ 相应为：

$$\lambda=\frac{h}{P}=\frac{h}{mv} \tag{2-1}$$

式中，h 为普朗克常数；P 为动量。

德布罗依的大胆假说在 1927 年由戴维逊（C. J. Davission）和革麦（L. H. Germer）进行的电子衍射实验所证实。戴维逊和革麦用一束电子流，通过镍晶体（作为光栅），得到和光衍射相似的一系列衍射圆环，根据衍射实验得到的电子波的波长也与按德布罗依公式计算出来的波长相符。此现象说明电子具有波动性。以后又证明中子、质子等其他微粒都具有波动性。实际上，任何物质在运动时都具有波动性，只不过电子等微观粒子的波长较宏观物体的大，可以测量，而宏观物体的波长太小，几乎可以忽略不计，并且至今也无法测量，这也是宏观物体仅表现为粒子性，可以用经典力学来描述的原因。

物质波强度大的地方，粒子出现的机会多，即出现的概率大；强度小的地方，粒子出现的概率小。也就是说，空间任何一点波的强度和微粒（电子）在该处出现的概率成正比，所以物质波又称概率波。

2.1.1.2 测不准原理

在经典力学中，对于研究质点的运动，可以同时求得某一时刻质点的位置、速度和动量。而具有波粒二象性的微粒和宏观物体的运动规律有很大的不同。1927 年，德国物理学家海森堡（W. Heisenberg）指出，对于波粒二象性的微粒而言，不可能同时准确测定它们在某瞬间的位置和速度（或动量），如果微粒的运动位置测得愈准确，则相应的速度愈不易测准，反之亦然。这就是测不准原理，数学表示式为：

$$\Delta P_x \cdot \Delta x \geqslant h \tag{2-2}$$

关系式表明，不可能设计出一种实验方法，同时准确地测出某一瞬间电子运动的位置和速度（动量）。如果非常准确地测出电子的速度（Δx），就不能准确地测出它的位置（ΔP_x）。这反映微粒具有波动性，不服从经典力学规律，而遵循量子力学所描述的运动规律。

2.1.2 核外电子运动状态描述

我们知道，电磁波可用波函数 Ψ 来描述。量子力学从微观粒子具有波粒二象性角度出发，认为微粒的运动状态也可用波函数来描述。对微粒讲，它是在三维空间做运动的。因此，它的运动状况必须用三维空间伸展的波来描述，也就是说，这种波函数是空间坐标 x，y，z 的函数 $\Psi(x,y,z)$。波函数是一个描述波的数学函数式，量子力学上用它来描述核外电子的运动状态。波函数可通过解量子力学的基本方程——薛定谔方程求得。

2.1.2.1 薛定谔方程

1926 年，奥地利科学家薛定谔（E. Schrödinger）在考虑实物微粒的波粒二象性的基础上，通过光学和力学的对比，把微粒的运动用类似于表示光波动的运动方程来描述。

薛定谔方程是一个二阶偏微分方程，是描述微观粒子运动的基本方程：

$$\frac{\partial^2 \Psi}{\partial x^2}+\frac{\partial^2 \Psi}{\partial y^2}+\frac{\partial^2 \Psi}{\partial z^2}+\frac{8\pi^2 m}{h^2}(E-V)\Psi=0 \tag{2-3}$$

式中，E 为体系的总能量；V 为体系的势能；m 为微粒的质量；h 为普朗克常数；x、y、z 为微粒的空间坐标。可见，在薛定谔方程中，包含着体现粒子性和波动性的两种物理量，正确地反映了电子的运动状态。

通过求解薛定谔方程可以得到波函数和与其对应的能量 E，但薛定谔方程的许多解在数学上并不合理，只有满足特定条件的解才有意义。为了求得合理的解，需要引入一组特定的量子数 n、l、m。对应一组合理的 n、l、m 取值则有一个确定的波函数（即薛定谔方程的合理解）。该特定的波函数就代表了一定电子的运动状态，借用经典力学中"轨道"一词将合理的波函数描述成"原子轨道"。但是，值得注意的是这里的"原子轨道"和宏观物体的固定轨道概念是完全不同的，量子力学中的"原子轨道"不是指电子在核外运动遵循的轨迹，而是指电子的一种空间运动状态。

2.1.2.2　原子轨道

解薛定谔方程时，为了数学上的求解方便，将直角坐标(x,y,z)变换为球极坐标(r,θ,φ)，如图 2-1 所示。它们之间的变换关系如图 2-2 所示，图中 P 为空间的一点。

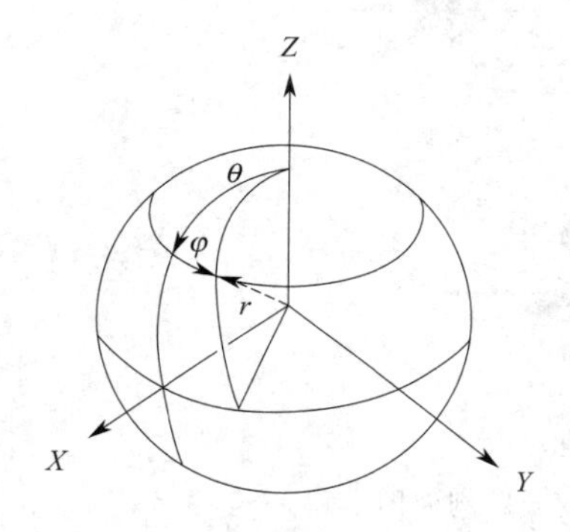

图 2-1　球极坐标

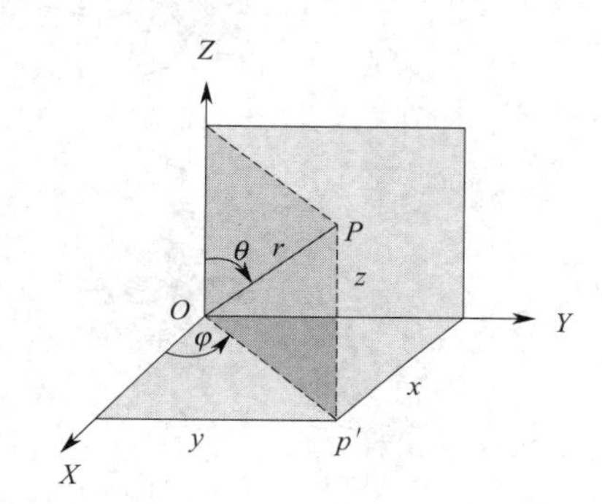

图 2-2　球极坐标与直角坐标的关系

原函数是直角坐标的函数 $\Psi(x,y,z)$，经变换后，成为球极坐标的函数 $\Psi(r,\theta,\varphi)$。在数学上，将和几个变数有关的函数假设分成几个只含有一个变数的函数的乘积，从而求得此几个函数的解，再将它们相乘，就得到原函数 Ψ。

$$\Psi(r,\theta,\varphi)=R(r)\Theta(\theta)\Phi(\varphi) \tag{2-4}$$

通常把与角度有关的两个函数合并为 $Y(\theta,\varphi)$，则

$$\Psi(r,\theta,\varphi)=R(r)\,Y(\theta,\varphi) \tag{2-5}$$

式中，Ψ 是 r、θ、φ 的函数，分成 $R(r)$ 和 $Y(\theta,\varphi)$ 两部分后，$R(r)$ 只与电子离核的半径有关，所以 $R(r)$ 称为波函数的径向部分，$Y(\theta,\varphi)$ 只与两个角度有关，所以称为波函数的角度部分。

因此，可从角度部分和径向部分两个侧面来画原子轨道和电子云的图形。由于角度分布图对化学键的形成和分子构型都很重要，所以下面将对原子轨道和电子云的角度分布图加以举例说明，而对径向部分仅做简要介绍。

（1）原子轨道的角度分布图

这种图是表示波函数角度部分 $Y(\theta,\varphi)$ 随 θ 和 φ 变化的情况。它的做法是先按照有关波函数角度部分的数学表达式（由解薛定谔方程得出）找出 θ 和 φ 变化时的 $Y(\theta,\varphi)$ 值，再以原子核为原点，引出方向为(θ,φ)的直线，直线的长度为 Y 值。将所有这些直线的端点连接

起来，在平面上是一定的曲线，在空间形成的一个曲面，即原子轨道角度分布图。s、p、d原子轨道的角度分布如图 2-3 所示。

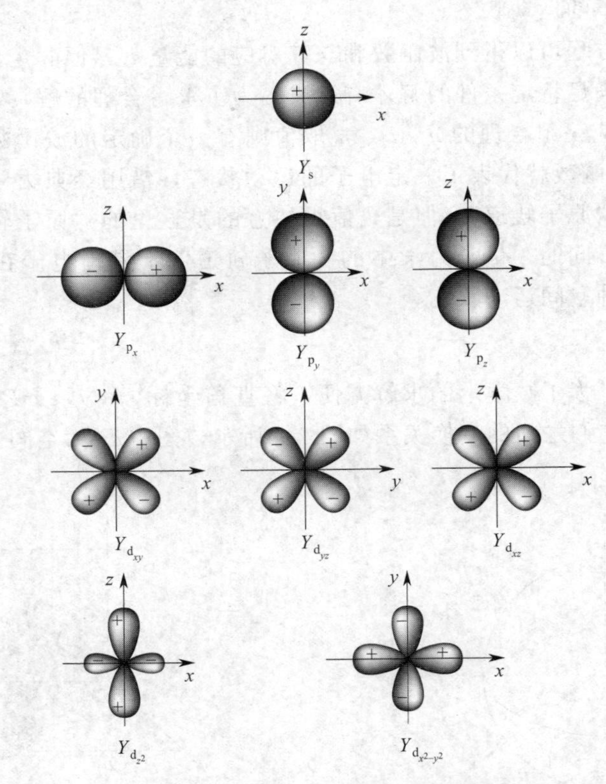

图 2-3　s、p、d 原子轨道的角度分布剖面图

（2）原子轨道的径向部分

原子轨道径向部分即径向波函数 $R(r)$。以 $R(r)$ 对 r 作图，表示任何角度方向上，$R(r)$ 随 r 变化的情况。按解薛定谔方程的方法可求得波函数的径向部分的函数式，如氢原子的 $R_{1s}=2(1/a_0)^{\frac{3}{2}}e^{-r/a_0}$，然后根据函数式计算不同 r 时的 $R(r)$ 值，再以所得数据作图，就可以得到径向波函数图。

2.1.2.3 概率密度和电子云

根据量子力学理论，电子不是沿着固定轨道绕核旋转，而是在原子核周围的空间很快地运动着。电子在原子核外各处出现的概率是不同的，电子在核外空间有些地方出现的概率大，而在另外一些地方出现的概率小。

电子在核外单位体积内出现的概率称为概率密度，可以用 $|\Psi|^2$ 代表。常把电子在核外出现的概率密度大小用点的疏密来表示，这样得到图像称为电子云，它是电子在核外空间各处出现概率密度的大小的形象化描绘。

从图 2-4 可以看出，在氢原子中，电子的概率密度随离核的距离的增大而减小，也就是电子在单位体积内出现的概率以接近原子核处为最大，然后随半径的增大而减小。对于基态氢原子而言，根据量子力学计算，在半径等于 52.9pm 的薄球壳中电子出现的概率最大，这个数值正好等于玻尔计算出来的氢原子在基态（$n=1$）时的轨道半径——玻尔半径。而量子力学与玻尔理论描述正常氢原子中电子运动状态的区别在于：玻尔理论认为电子只能在半径为 52.9pm 的平面圆形轨道上运动，而量子力学则认为电子在半径为 52.9pm 的球壳薄层内出现的概率最大，但在半径大于或小于 52.9pm 的空间区域中也有电子出现，只是概率小些罢了。因此，通常取一个等密度面，即将电子云密度相同的各点连成的曲面，使界面内电子出现的概率达到 90%，来表示电子云的形状，这样的图像称作电子云界面图（图 2-5）。

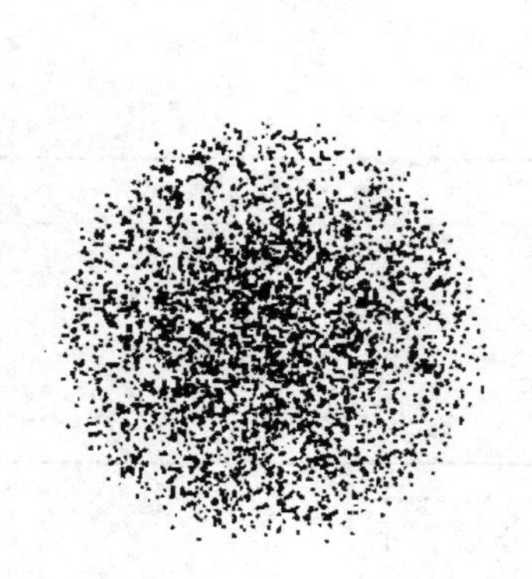

图 2-4　氢原子 1s 电子云示意图

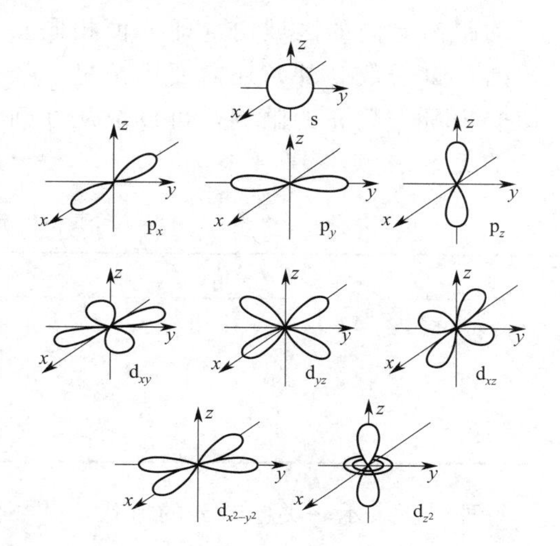

图 2-5　s、p、d 电子云角度分布剖面图

电子云的角度分布与原子轨道的角度分布图类似，主要区别有两点：

① 电子云的角度分布图要比原子轨道的角度分布图要“瘦”一些。这是因为 Ψ 值小于 1 导致 $|\Psi|^2$ 值更小。

② 原子轨道角度分布图上有正、负号之分，而电子云角度分布图上均为正值。

2.1.2.4　四个量子数

薛定谔方程有非常多的解，但在数学上的解，在物理意义上并不都是合理的，不能都表示为电子运动的一个稳定状态的。要使所求的解具有特定的物理意义，需有边界条件的限制。在解薛定谔时，自然导出了三个量子数(n,l,m)，它们只能取如下数值：

主量子数 $n=1,2,3,\cdots$；

角量子数 $l=0,1,2,\cdots,n-1$，共可取 n 个数值；

磁量子数 $m=0,\pm1,\pm2,\cdots,\pm l$，共可取 $2l+1$ 个数值。

由上可知，波函数可用一组量子数 n、l、m 来描述它，每一个由一组量子数所确定的波函数表示电子的一种运动状态。在量子力学中，把三个量子数都有确定值的波函数，称为一个原子轨道。例如，$n=1$，$l=0$，$m=0$ 所描述的波函数 Ψ_{100}，称为 1s 原子轨道。

但根据实验和理论的进一步研究，电子还做自旋运动，因此，还需要第四个量子数——自旋量子数 m_s 来描述原子核外的电子运动状态。下面对四个量子数分别加以讨论。

(1)主量子数 n

主量子数决定电子在核外出现概率最大区域离核的平均距离。它的数值取从 1 开始的任何整数：$n=1,2,3,\cdots$。当 $n=1$ 时，电子离核平均距离最近，n 数值增大，电子离核平均距离增大，能量逐渐升高。所以电子在原子核外不同壳层区域内（电子层）运动，具有不同的能级，因此，主

量子数 n 是决定原子中电子能量的主要因素。主量子数可用代号K，L，M，N，…表示。

n 值　1　2　3　4　5　6　…

n 值代号　K　L　M　N　O　P　…

(2) 角量子数 l

角量子数代表电子角动量大小，根据光谱实验结果和理论推导，发现电子运动在离核平均距离等同的区域内（即 n 值相同），电子云的形状不相同，能量还稍有差别。因此，除主量子数 n 外，还需要用角量子数 l 这一参数来描述电子运动状态和能量。l 的取值受主量子数 n 的限制，可以取从0到 $n-1$ 的正整数，l 值和 n 值之间存在如表2-1所示的关系。

表2-1　l 与 n 的关系

主量子数 n 值	角量子数 l 值
1	0
2	0,1
3	0,1,2
4	0,1,2,3

每种 l 值表示一类电子云的形状，其数值常用光谱符号表示：

l 值　0　1　2　3

l 值符号　s　p　d　f

$l=0$，即s原子轨道，电子云呈球形对称；$l=1$，即p原子轨道，电子云呈哑铃形；$l=2$，即d原子轨道，电子云是花瓣形（图2-5）；f电子云形状更为复杂。因此，当主量子数 n 值相同，角量子数 l 值不同的电子，不仅能量不同，电子云形状也不同，即同一电子层又形成若干电子亚层，其中s亚层离核最近，能量最低，p、d、f亚层依次离核渐远，能量依次升高。

(3) 磁量子数 m

角量子数值相同的电子，具有确定的电子云形状，但可以在空间沿着不同的方向伸展。磁量子数决定在外磁场作用下，电子在核外运动的角动量在磁场方向上的分量大小，用来描述原子轨道或电子云在空间的伸展方向。m 值受 l 值的限制，它可取从 -1 到 $+1$，包括0在内的整数值。这就意味着 l 确定后 m 可有 $2l+1$ 个，即每个亚层中的电子可有 $2l+1$ 个取向。当 $l=0$ 时，$m=0$，即s电子只有一种空间取向（球形对称的电子云，没有方向性）；当 $l=1$ 时，$m=+1$，0，-1，p电子可有三种取向。电子云沿着直角坐标的 x，y，z 三个轴的方向伸展，分别称为 p_x，p_y，p_z（图2-6）；当 $l=2$ 时，$m=+2$，$+1$，0，-1，-2，d电子可有5种取向，即 d_z^2，d_{xz}，d_{yz}，d_{xy}，$d_{x^2-y^2}$。

我们常把量子数 n、l 和 m 都确定的电子运动状态称为原子轨道，原子轨道数由量子数决定。因此s只有1个原子轨道，p亚层可有3个原子轨道，d亚层可有5个原子轨道，f亚层有7个原子轨道，见表2-2。空间的取向不同，并不影响电子的能量，在没有外磁场作用下，n、l 相同，m 不同的几个原子轨道属同一能极，能量完全等同，这样的轨道称为等价轨道或简并轨道。如 l 相同的3个p轨道、5个d轨道或7个f轨道，分别都是等价轨道。

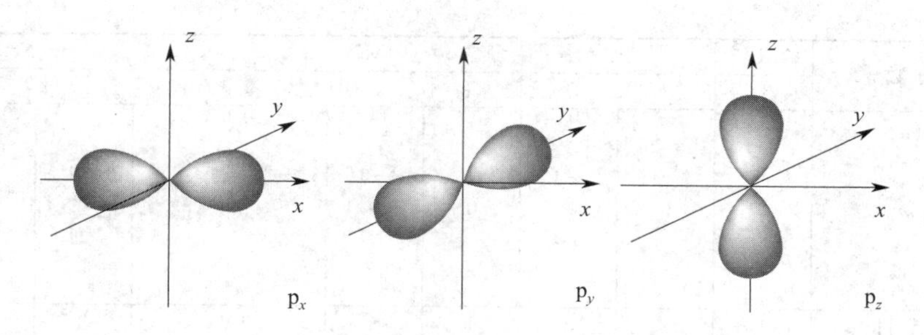

图2-6 2p电子云在空间的三种取向

表2-2 量子数与原子轨道

n	l	轨道	m	轨道数
1	0	1s	0	1
2	0	2s	0	1
2	1	2p	+1,0,−1	3
3	0	3s	0	1
3	1	3p	+1,0,−1	3
3	2	3d	+2,+1,0,−1,−2	5
4	0	4s	0	1
4	1	4p	+1,0,−1	3
4	2	4d	+2,+1,0,−1,−2	5
4	3	4f	+3,+2,+1,0,−1,−2,−3	7

(4) 自旋量子数m_s

自旋量子数不能从薛定谔方程中解得，它是在后来实验和理论的进一步研究中引入的，用来表示电子的两种不同的运动状态，这两种状态有不同的“自旋”角动量，其值可取$+\frac{1}{2}$和$-\frac{1}{2}$，称为自旋量子数m_s。通常用相反箭头（↑、↓）分别表示处于不同自旋状态的电子，称作自旋反平行；同箭头（↑、↑）表示处于相同自旋状态的电子，称作自旋平行。1921年，斯脱恩（Otto Stern）和日勒契（Walter Gerlach）将原子束通过一不均匀磁场，原子束一分为二，偏向两边，证实了原子中未成对电子的自旋量子数m_s值不同，有两个相反的方向。

上述四个量子数综合起来，说明了电子在原子中所处的运动状态，缺一不可。

量子力学原子模型，修正了玻尔原子模型的缺陷，能够解释多电子原子光谱，因而较好地反映了核外电子层的结构、电子运动的状态和规律、量子数与电子层最大容量关系（表2-3），还能解释化学键的形成，是为世人公认的成功理论。当然它绝非完善，还有待继续发展。

表2-3 量子数与电子层最大容量

电子层主量子数 n	K	L		M			N			
	1	2		3			4			
电子亚层角量子数 l	s 0 1s	s 0 2s	p 1 2p	s 0 3s	p 1 3p	d 2 3d	s 0 4s	p 1 4p	d 2 4d	f 3 4f

续表

电子层主量子数 n	K	L		M			N			
	1	2		3			4			
磁量子数 m	0	0	−1 0 +1	0	−1 0 +1	−2 −1 0 +1 +2	0	−1 0 +1	−2 −1 0 +1 +2	−3 −2 −1 0 +1 +2 +3
亚层 f 轨道数目	1	1	3	1	3	5	1	3	5	7
电子数目	2	2	6	2	6	10	2	6	10	14
n 电子层中最大容量$=2n^2$	2	8		18			32			

2.2 核外电子分布和周期系

上节已讨论了量子力学的原子模型，了解了核外电子的运动状态。本节将讨论原子的电子结构。除氢外，其他元素的原子，核外都不止一个电子，这些原子统称为多电子原子。在讨论多电子原子的核外电子排布前，先讨论一下多电子原子的能级，它是讨论元素周期系和元素化学性质的理论依据。

2.2.1 多电子原子的能级

氢原子的核外只有一个电子，原子的基态和激发态的能量都取决于主量子数，与角量子数无关。在多电子原子中，由于原子中轨道之间的相互排斥作用，使得主量子数相同的各轨道产生分裂，主量子数相同的各轨道能量不再相等。因此多电子原子中各轨道的能量不仅取决于主量子数，还和角量子数有关。原子中各轨道的能级高低主要根据光谱实验结果得到。鲍林（L. Pauling）根据光谱实验结果总结出了多电子原子中各轨道能级的相对高低，并用图近似地表示出来（图 2-7），此图称为鲍林近似能级图，它反映了核外电子填充的一般顺序。

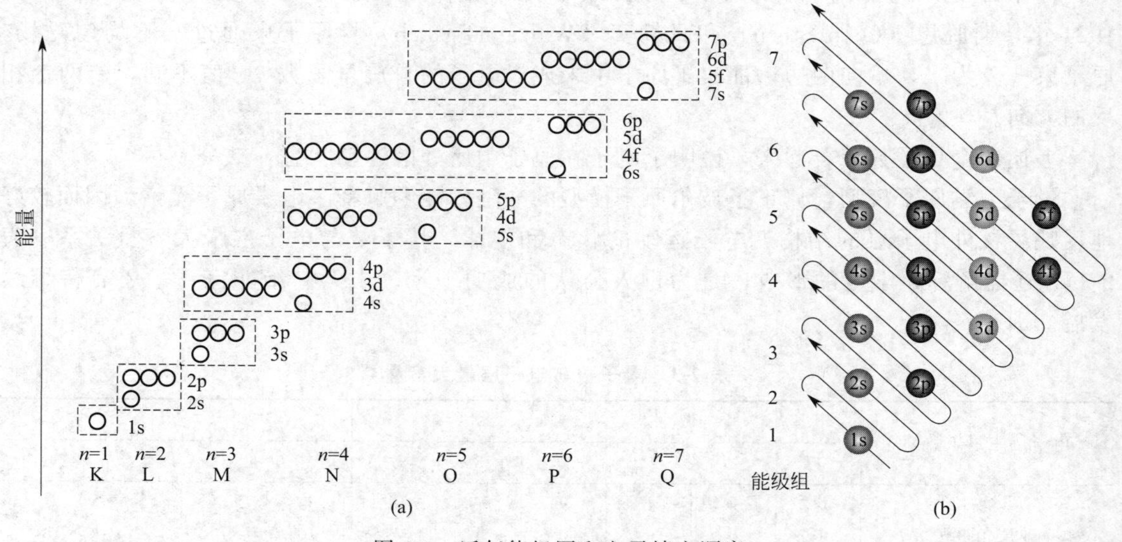

图 2-7　近似能级图和电子填充顺序

由图可以看出，多电子原子的能级不仅与主量子数 n 有关，还和角量子数 l 有关。当 l 相同时，n 愈大，则能级愈高，因此 $E_{1s}<E_{2s}<E_{3s}\cdots$；当 n 相同，l 不同时，l 愈大，能级愈高，因此 $E_{ns}<E_{np}<E_{nd}<E_{nf}\cdots$。

对于鲍林近似能级图，需注意以下几点。

① 它只有近似意义，不可能完全反映出每个元素的原子轨道能级的相对高低。

② 它只能反映同一原子内各原子轨道能级之间的相对高低，不能比较不同元素间原子轨道能级的相对高低。

③ 电子在某一轨道上的能量，实际上与原子序数（核电荷数）有关，核电荷数越大，对电子吸引力越大，电子离核越近，轨道能量越低。鲍林近似能级图反映了原子序数递增电子填充的先后顺序。

从图 2-7 可以看出，ns 能级均低于$(n-1)$d，这种 n 值大的 s 亚层的能量反而比 n 值小的 d 亚层能量为低的现象称为能级交错。

根据原子中各轨道能量大小的情况，把原子轨道划分为七个能级组，如图 2-7(a)。相邻两个能级组之间的能量差比较大，而同一能级组中各轨道的能量差较小或很接近。

上面提到的能级交错现象可用屏蔽效应和钻穿效应来解释，由于篇幅所限，这里不再详述，有兴趣的同学可参考无机化学等方面的教材。

2.2.2 核外电子排布原理和电子排布

根据原子光谱实验结果和量子力学理论，以及对元素周期律的分析，总结出核外电子排布遵循的三个原则：能量最低原理、泡利不相容原理和洪特规则。

（1）能量最低原理

自然界任何体系的能量愈低，则所处的状态愈稳定。因此，核外电子在原子轨道上的排布，也应使整个原子的能量处于最低状态。即电子总是优先分布在能量较低的轨道上，使原子处于能量最低状态。只有当能量最低的轨道已占满后，电子才能依次进入能量较高的轨道，按照近似能级图中各能级的顺序由低到高填充，见图 2-7(b)。这一原则，称为能量最低原则。

（2）泡利不相容原理

能量最低原理把电子进入轨道的次序确定了，但每个轨道上的电子数是有一定限制的。1925 年泡利（W. Paul）根据原子的光谱现象和周期系中每一周期的元素数目，提出一个原则，称为不相容原理。在同一原子中，不可能有两个电子具有完全相同的四个量子数。如果原子中电子的 n、l、m 三个量子数都相同，则第四个量子数 m_s 一定不同，即同一轨道最多能容纳 2 个自旋方向相反的电子。

应用泡利不相容原理，可以推算出某一电子层或亚层中的最大容量。如第一电子层最多可有 2 个电子；第 2 电子层有 4 个轨道可容纳 8 个电子，依此推算出第 3、4、5 电子层电子的最大容量分别为 18、32、50。以 n 代表层号数，则每层电子最大容量 $2n^2$。

（3）洪特规则

洪特（F. Hund）从大量光谱实验中发现：电子在同一亚层的各个轨道（等价轨道）上分布时，将尽可能以自旋方向相同的方式分占不同的轨道。这个规则叫洪特规则，也称最多等价轨道规则。用量子力学理论推算，也证明这样的排布可以使体系能量最低。作为洪特规则特例，当等价轨道被电子半充满（如 p^3，d^5，f^7）、全充满（p^6，d^{10}，f^{14}）或全空（p^0，

d^0，f^0）时也是比较稳定的。

讨论核外电子排布，主要是根据核外电子排布原则，结合鲍林近似能级图，按照原子序数的增加，得到核外电子填入各亚层的填充顺序，见图 2-7(b)。这样就可准确写出周期系中各元素原子的核外电子排布式，即电子排布构型。对大多数元素来说与光谱实验结果是一致的，但也有少数不符合，对于这种情况，首先应该尊重光谱实验事实。

2.2.3 原子的电子结构与元素周期性的关系

周期系中各元素原子的核外电子排布情况是根据光谱实验得出的，元素在周期表中的位置和它们的电子层结构有直接关系，周期性源于基态原子的电子层结构随原子序数递增呈现的周期性。周期系中各元素原子的电子层结构见元素周期表。

周期系中各元素原子的电子排布，除极少数元素例外，其排列顺序是按照鲍林近似能级图填充的。该图是假定所有元素原子的能级高低次序是一样的，但事实上，原子轨道能级次序不是一成不变的。原子轨道的能量在很大程度上取决于原子序数，随着元素原子序数的增加，核对电子的吸引力增加，因而原子轨道的能量逐渐下降。

原子的电子结构与元素周期系关系密切。第一、二、三周期都是短周期，每一元素的外层电子结构分别为 $1s^{1\sim2}$、$2s^{1\sim2}2p^{1\sim6}$、$3s^{1\sim2}3p^{1\sim6}$；第四、五周期为长周期，元素的外层电子结构分别为 $4s^{1\sim2}3d^{1\sim2}4p^{1\sim6}$ 和 $5s^{1\sim2}4d^{1\sim2}5p^{1\sim6}$（其中各有 10 个过渡元素分别布满 3d 和 4d 亚层）；第六周期为含镧系元素的长周期，每一元素的外层电子结构分别为 $6s^{1\sim2}$、$5d^{1\sim10}6p^{1\sim6}$、$4f^{1\sim14}6s^2$（其中有 14 个镧系元素布满 4f 亚层，10 个过渡元素布满 5d 亚层）。

第七周期是一个不完全周期，现只有 23 个元素，每一元素的外层电子结构分别为 $5f^{1\sim14}6d^{1\sim7}7s^{1\sim2}$…（其中有 14 个锕系元素布满 5f 亚层）。从 103 号元素铹到 109 号元素，新增电子依次填充 6d 亚层。

关于铹以后的人工合成元素（104～109）的命名，1997 年 8 月 27 日国际纯粹和应用化学联合会（IUPAC）宣布命名如表 2-4 所示。

表 2-4 新元素的命名

原子序数	名称	符号	原子序数	名称	符号
104	rutherfordium	Rf	107	bohrium	Bh
105	dubnium	Db	108	hassium	Hs
106	seaborgium	Sg	109	meitnerium	Mt

在归纳原子的电子结构并比较它们和元素周期系的关系时，可得出如下结论：

① 原子序数　原子序数＝核电荷数＝核外电子总数。

当原子的核电荷依次增大时，原子的最外电子层经常重复着同样的电子构型，而元素性质的周期性改变正是由于原子周期性地重复着最外层电子构型的结果。

② 周期　原子的电子层数（主量子数 n）＝元素所处周期数。

每一周期开始都出现一个新的电子层，因此原子的电子层数等于该元素在周期表所处的周期数，即原子的最外电子层的主量子数代表该元素所在的周期数。各周期中元素的数目等于相应能级组（图 2-7）中原子轨道所能容纳的电子总数，它们之间的关系可以从表 2-5 看出。

表 2-5 周期与能级组的关系

周期	能级组	能级组中原子轨道电子排布顺序	周期内元素数目
1(特短周期)	Ⅰ	$1s^{1\sim2}$	2
2(短周期)	Ⅱ	$2s^{1\sim2}2p^{1\sim6}$	8
3(短周期)	Ⅲ	$3s^{1\sim2}3p^{1\sim6}$	8
4(长周期)	Ⅳ	$4s^{1\sim2}3d^{1\sim10}4p^{1\sim6}$	18
5(长周期)	Ⅴ	$5s^{1\sim2}4d^{1\sim10}5p^{1\sim6}$	18
6(特长周期)	Ⅵ	$6s^{1\sim2}4f^{1\sim14}5d^{1\sim10}6p^{1\sim6}$	32
7(特长周期)	Ⅶ	$7s^{1\sim2}5f^{1\sim14}6d^{1\sim10}7p^{1\sim6}$	32
	Ⅷ		

③ 族　主族元素族数＝价电子数。

周期系中元素的分族是原子的电子构型分类的结果，元素原子的价电子结构决定其在周期表中所处的族次。价电子是指原子参加化学反应时能够用于成键的电子。周期表中把性质相似的元素排成纵行，称为族，共有 8 个族（Ⅰ族～Ⅷ族）。每一族又分为主族（A 族）和副族（B 族）。由于ⅧB 族包括三个纵行，所以共有 18 个纵行，如图 2-8 所示。

周期系中同一族元素的电子层数虽然不同，但它们的外层电子构型相同。对主族元素来说，族数等于最外层电子数。例如ⅤA 族元素，它们最外层电子数都是 5，最外层电子构型也相同，为 ns^2np^3：

N　[He]$2s^22p^3$
P　[Ne]$3s^23p^3$
As　[Ar]$3d^{10}4s^24p^3$
Sb　[Kr]$4d^{10}5s^25p^3$
Bi　[Xe]$4f^{14}5d^{10}6s^26p^3$

对副族元素，次外层电子数在 8～18 之间的一些元素，其族数等于最外层电子数与次外层 d 电子数之和。例如ⅦB 族，最外层电子数与次外层 d 电子数之和是 7，外层电子构型相同，为$(n-1)d^5ns^2$：

Mn　[Ar]$3d^54s^2$
Tc　[Kr]$4d^55s^2$
Re　[Xe]$4f^{14}5d^56s^2$

上述规则，对ⅧB 不完全适用。

④ 区　根据电子排布的情况及元素原子的价电子构型，可以把周期表中的元素所在的位置划分成 s、p、d、ds、f 五个区，如图 2-8 所示。

i s 区元素：指最后一个电子填在 ns 能级上的元素，位于周期表左侧，包括ⅠA(碱金属）和ⅡA（碱土金属)。它们易失去最外层一个或两个电子，形成＋1 或＋2 价正离子，属于活泼金属。

ii p 区元素：指最后一个电子填在 np 能级上的元素，位于周期表右侧，包括ⅢA～ⅦA 及ⅧA（零族）元素。

iii d 区元素：指最后一个电子填在$(n-1)$d 能级上的元素，位于周期表中部。这些元素性质相近，有可变氧化态。往往把 d 区元素进一步分为 d 区和 ds 区，d 区的价电子构型为

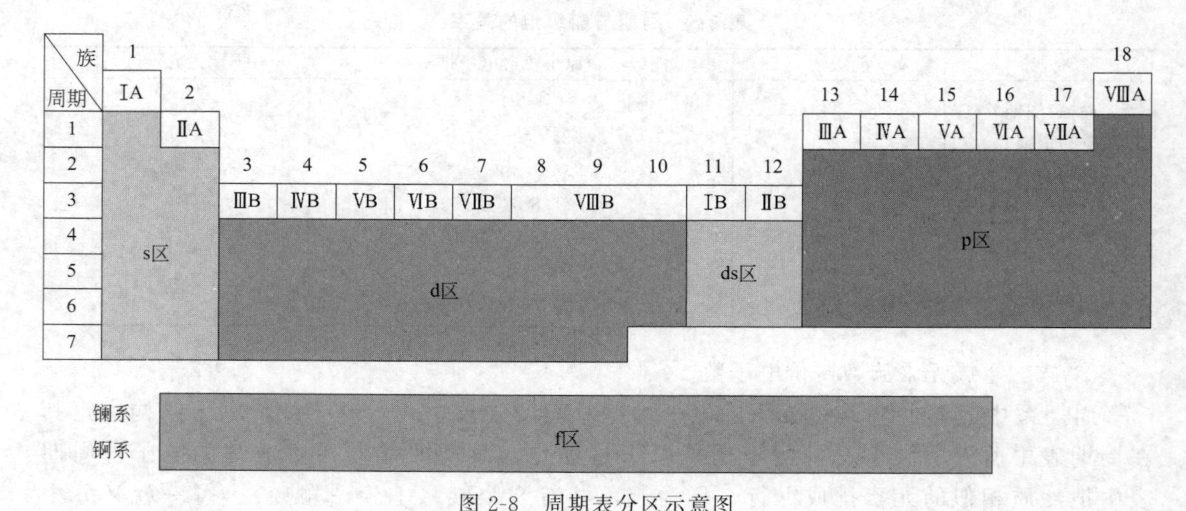

图 2-8 周期表分区示意图

$(n-1)d^{1\sim8}ns^{1\sim2}$（有例外），ds 区的价电子构型为$(n-1)d^{10}ns^{1\sim2}$（如ⅠB 铜族和ⅡB 锌族）。

iv f 区元素：指最后一个电子填在 $(n-2)f$ 能级上的元素，即镧系、锕系元素（但镧和锕属 d 区），价电子构型为$(n-2)f^{1\sim14}(n-1)d^{0\sim2}ns^2$，该区元素特点是性质极为相似。

2.2.4 原子结构与元素性质的关系

原子的某些性质如有效核电荷、原子半径、电离能等，都与原子内部结构有关，并对元素的物理和化学性质有重大影响。通常把这些表征原子基本性质的物理量称为原子参数。周期系中元素性质呈周期性的变化，就是原子结构周期性变化的体现。

2.2.4.1 原子半径 r

由于电子云没有明显界面，因此原子大小的概念是比较模糊的，通常所说的原子半径是根据物质的聚集状态，人为规定的一种物理量。常用的有以下 3 种。

（1）共价半径

同种元素的两个原子以共价键连接时，它们核间距的一半，称为该原子的共价半径。例如，氯分子中两原子的核间距等于 198pm，则氯原子的共价半径为 99pm。原子核间距可以通过晶体衍射、光谱等实验测得。

（2）范德华半径

在分子晶体中，分子间是以范德华力（即分子间力）结合的，这时非键的两个同种原子间距的一半，称为范德华半径。在稀有气体形成的单原子分子晶体中，分子间以范德华力相互联系，这样两个同种原子核间距离的一半即为范德华半径。例如，在氖分子的晶体中测得两原子核间距为 320pm，则氖原子的范德华半径为 160pm。

（3）金属半径

金属单质的晶体中，相邻两金属核间距的一半，称为金属原子的金属半径。例如，在锌晶体中，测得了两原子的核间距为 266pm，则锌原子的金属半径为 113pm。原子的金属半径一般比它的单键共价半径大 10％～15％。

周期系中各元素原子半径列于表 2-6。其中金属用金属半径，非金属用共价半径，稀有气体用范德华半径表示。

表 2-6　元素的原子半径　　单位：pm

H																	He
37.1																	122
Li	Be											B	C	N	O	F	Ne
152.0	111.3											88	77.2	70	66	64	160
Na	Mg											Al	Si	P	S	Cl	Ar
185.8	159.9											143.2	117.6	110.5	104	99.4	191
K	Ca	Sc	Ti	V	Cr	Mn	Fe	Co	Ni	Cu	Zn	Ga	Ge	As	Se	Br	Kr
227.2	197.4	164.1	144.8	131.1	124.9	124	124.1	125.3	124.6	127.8	133.3	122.1	122.5	121	117	114.2	198
Rb	Sr	Y	Zr	Nb	Mo	Tc	Ru	Rh	Pd	Ag	Cd	In	Sn	Sb	Te	I	Xe
247.5	215.2	180.3	159.0	142.9	136.3	135.2	132.5	134.5	137.6	144.5	149.0	162.6	141	141	137	133.3	217
Cs	Ba	Lu	Hf	Ta	W	Re	Os	Ir	Pt	Au	Hg	Tl	Pb	Bi	Po	At	Rn
265.5	217.4	173	156.4	143	137.1	137.1	133.8	135.7	138.8	144.2	150.3	170.4	175.0	154.8	153		
Fr	Ra	Lr															

La	Ce	Pr	Nd	Pm	Sm	Eu	Gd	Tb	Dy	Ho	Er	Tm	Yb
187.7	182.4	182.8	182.2	181	180.2	198.3	180.1	178.3	177.5	176.7	175.8	174.7	193.9

原子半径的大小主要取决于原子的有效核电荷和核外电子的层数。图 2-9 为原子半径随原子序数变化呈周期性变化的情况。

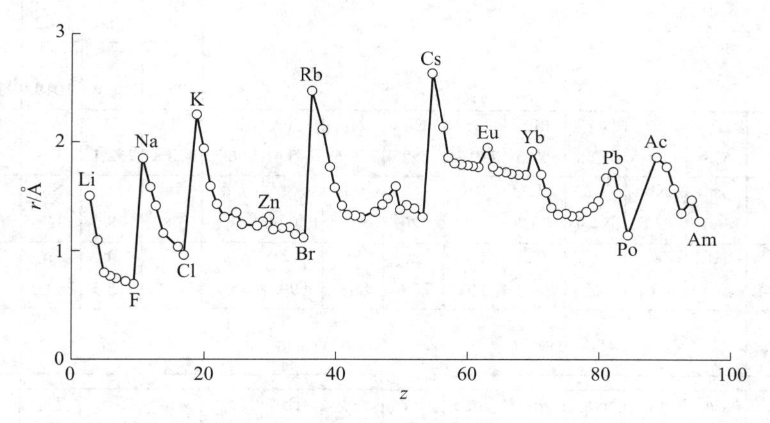

图 2-9　原子半径的周期性变化

在周期系的同一短周期中，从碱金属到卤素，原子的有效核电荷逐渐增加，电子层数保持不变，因此核对电子的吸引力逐渐增大，原子半径逐渐减小。在长周期中，从第 3 个元素开始，原子半径减小比较缓慢，后半部的元素（例如，第四周期从 Cu 开始），原子半径反而略微增大，但随即又逐渐减小。这是由于在长周期过渡元素的原子中，有效核电荷增大不多，核和外层电子的吸力也增加较少，因而原子半径减少较慢。而到了长周期的后半部，即自ⅠB 开始，由于次外层已充满 18 个电子，新加的电子加在最外层，半径又略微增大。当电子继续填入最外层时，因有效核电荷的增加，原子半径又逐渐减小。各周期末尾稀有气体原子的最外层为 8 个电子，不能再和其他原子结合形成共价键，它们的分子都是单原子分子，其半径为范德华半径，数值相应变大。

同一主族，从上到下，电子层构型相同，有效核电荷相差不大，因而电子层增加的因素占主导地位，所以原子半径逐渐增加。副族元素的原子半径，从第四周期过渡到第五周期是增大的，但第五周期和第六周期同一族中的过渡元素的原子半径很相近。

2.2.4.2 电离能 *I*

从原子中移去电子，必须消耗能量以克服核电荷的吸引力。原子失去电子的难易可用电离能来衡量。元素的气态原子在基态时失去一个电子成为一价正离子所消耗的能量称为第一电离能 I_1；从一价气态正离子再失去一个电子成为二价气态正离子所需要的能量称为第二电离能 I_2。依次类推，还可以有第三电离能 I_3、第四电离能 I_4 等。随着原子逐步失去电子所形成的离子正电荷越来越多，失去电子逐渐变难。因此，同一元素的原子其第二电离能大于第一电离能，第三电离能大于第二电离能，即 $I_1 < I_2 < I_3 < I_4 \cdots$，例如

$$Al(g) - e^- \longrightarrow Al^+(g) \qquad I_1 = 578 kJ \cdot mol^{-1}$$

$$Al^+(g) - e^- \longrightarrow Al^{2+}(g) \qquad I_2 = 1823 kJ \cdot mol^{-1}$$

$$Al^{2+}(g) - e^- \longrightarrow Al^{3+}(g) \qquad I_3 = 2751 kJ \cdot mol^{-1}$$

通常讲的电离能，如果不加标明，都是第一电离能。表 2-7 列出了周期系各元素的第一电离能。

表 2-7　元素的第一电离能　　单位：kJ · mol^{-1}

H 1312																	He 2372
Li 520.2	Be 899.4											B 800.6	C 1086	N 1402	O 1314	F 1681	Ne 2081
Na 495.8	Mg 737.9											Al 577.5	Si 786.4	P 1019	S 999.5	Cl 1251	Ar 1520
K 418.8	Ca 598.8	Sc 631	Ti 658	V 650	Cr 652.8	Mn 717.3	Fe 759.3	Co 758	Ni 736.6	Cu 745.4	Zn 906.3	Ga 578.8	Ge 762.1	As 946	Se 940.9	Br 1140	Kr 1351
Rb 403	Sr 549.5	Y 616	Zr 660	Nb 664	Mo 684.9	Tc 702	Ru 711	Rh 720	Pd 805	Ag 730.9	Cd 867.6	In 558.2	Sn 708.6	Sb 833.6	Te 869.2	I 1008	Xe 1170
Cs 356.4	Ba 502.9	Lu 523.4	Hf 642	Ta 743.1	W 768	Re 759.4	Os 840	Ir 878	Pt 868	Au 890	Hg 1007	Tl 589.1	Pb 715.5	Bi 703.2	Po 812	At 916.7	Rn 1037
Fr [386]	Ra 509.3	Lr 490															

La	Ce	Pr	Nd	Pm	Sm	Eu	Gd	Tb	Dy	Ho	Er	Tm	Yb
538.1	528	523	530	536	549	546.7	592	564	571.9	581	589	596.7	603.8

电离能的大小反映了原子失去电子的难易。电离能越大，原子失去电子时吸收的能量越大，原子失去电子越难；反之，电离能越小，原子失去电子越易。

元素的电离能在周期和族中都呈现规律性的变化。同一周期中，从左到右，元素的有效核电荷逐渐增加，原子半径逐渐减小，原子的最外层上的电子数逐渐增多，元素的电离能逐渐增大。稀有气体由于具有稳定的电子结构，在同一周期的元素中电离能最大。在长周期的中部元素（即过渡元素）由于电子加到次外层，有效核电荷增加不多，原子半径减小较慢，电离能增加不显著，个别处变化还不十分有规律。虽然，同一周期中，从左到右，电离能总

的变化趋势是增大的，但也稍有起伏。例如，第二周期中Be和N的电离能比后面的元素B和O的电离能反而大，这是由于Be的外层电子层结构为$2s^2$，电子已经成对，N的外电子层结构为$2s^22p^3$，是半充满状态，都是比较稳定的结构，失去电子较难，因此电离能也就大些。一般来说，具有半充满或全充满电子构型的元素都有较大的电离能。

同一主族从上到下，最外层电子数相同，有效核电荷增加不多，则原子半径的增大起主要作用，因此核对外层电子的吸力逐渐减弱，电子逐渐易于失去，一般电离能逐渐减小。

2.2.4.3 电子亲和能 E_A

原子结合电子的难易可用电子亲和能E_A来定性比较，释放能量用负号，吸收能量用正号。元素的气态原子在基态时得到一个电子成为一价气态负离子所放出的能量称电子亲和能。电子亲和能也有第一、第二等，如果不加注明，都是指第一电子亲和能。当负一价离子获得电子时，要克服负电荷之间的排斥力，因此需要吸收能量。例如

$$O(g) + e^- \longrightarrow O^-(g) \quad E_{A1} = -141.8kJ \cdot mol^{-1}$$

$$O^-(g) + e^- \longrightarrow O^{2-}(g) \quad E_{A2} = +780\ kJ \cdot mol^{-1}$$

非金属原子的第一电子亲和能总是负值，而金属原子的电子亲和能一般为正值或略小于零。表2-8列出主族元素的电子亲和能。电子亲和能的大小反映了原子得到电子的难易。电子亲和能越小，原子得到电子时放出的能量越多，因此，该原子越容易得到电子。电子亲和能的大小也主要决定原子的有效核电荷、原子半径和原子的电子层结构。

表2-8 主族元素的电子亲和能 单位：$kJ \cdot mol^{-1}$

H -72.7							He 48.2
Li -59.6	Be 48.2	B -26.7	C -121.9	N 6.75	O -141	F -328	Ne 115.8
Na -52.9	Mg 38.6	Al -42.5	Si -133.6	P -72.1	S -200.4	Cl -349	Ar 96.5
K -48.4	Ca 28.9	Ga -28.9	Ge -115.8	As -78.2	Se -195	Br -324.7	Kr 96.5
Rb -46.9	Sr 28.9	In -28.9	Sn -115.8	Sb -103.2	Te -190.2	I -295.1	Xe 77.2

同周期元素，从左到右，原子的有效核电荷增大，原子半径逐渐减小，同时由于最外层电子数逐渐增多，易与电子结合形成8电子稳定结构，元素的电子亲和能（代数值）逐渐减小。同一周期中以卤素的电子亲和能最小。碱土金属因它们半径大且具有ns^2电子层结构不易与电子结合，稀有气体，其原子具有ns^2np^6的稳定电子层结构，更不易结合电子，因而元素的电子亲和能均为正值。

同一主族中，元素的电子亲和能要根据有效核电荷、原子半径和电子层结构具体分析，大部分逐渐增大，部分逐渐减小。氮原子的电子亲和能为$6.75kJ \cdot mol^{-1}$，比较特殊，因其ns^2np^3外电子层结构比较稳定，得电子能力较小。且氮原子半径小，电子间排斥力大，所以吸收的能量仅略大于放出的能量。

2.2.4.4 电负性 X

电离能和电子亲和能各自从一个方面反映原子得、失电子的能力。而某些原子不易失去或得到电子，具有稳定的电子层结构，稀有气体原子便是如此。为了全面衡量分子中原子得

失电子的能力，引入了元素电负性的概念。

1932 年鲍林定义元素的电负性是原子在分子中吸引电子的能力。他指定最活泼的非金属元素氟的电负性 X_F 为 4.0，并根据热化学数据比较各元素原子吸引电子的能力，得出其他元素的电负性 X_P，如表 2-9 所示。元素的电负性数值越大，表示原子在分子中吸引电子的能力越强。

表 2-9 元素的电负性 X_P

H 2.1																
Li 1	Be 1.5											B 2	C 2.5	N 3	O 3.5	F 4
Na 0.9	Mg 1.2											Al 1.5	Si 1.8	P 2.1	S 2.5	Cl 3
K 0.8	Ca 1	Sc 1.3	Ti 1.5	V 1.6	Cr 1.6	Mn 1.5	Fe 1.8	Co 1.9	Ni 1.9	Cu 1.9	Zn 1.6	Ga 1.6	Ge 1.8	As 2	Se 2.4	Br 2.8
Rb 0.8	Sr 1	Y 1.2	Zr 1.4	Nb 1.6	Mo 1.8	Tc 1.9	Ru 2.2	Rh 2.2	Pd 2.2	Ag 1.9	Cd 1.7	In 1.7	Sn 1.8	Sb 1.9	Te 2.1	I 2.5
Cs 0.7	Ba 0.9	La～Lu 1.0～1.2	Hf 1.3	Ta 1.5	W 1.7	Re 1.9	Os 2.2	Ir 2.2	Pt 2.2	Au 2.4	Hg 1.9	Tl 1.8	Pb 1.9	Bi 1.9	Po 2	At 2.2
Fr 0.7	Ra 0.9	Ac～No 1.1～1.3														

在周期系中，电负性也呈现有规律的递变。同一周期中，从左到右，从碱金属到卤素，原子的有效核电荷逐渐增大，原子半径逐渐减小，原子吸引电子的能力基本呈增加趋势，所以元素的电负性相应逐渐增大。同一主族中，从上到下，电子层构型相同，有效核电荷相差不大，原子半径增加的影响占主导地位，因此元素的电负性基本上呈减小趋势。必须指出，同一元素所处氧化态不同，其电负性值也不同。

2.3 化学键和分子间相互作用力

分子的性质除取决于分子的化学组成，还取决于分子的结构。分子的结构通常包括两方面的内容：一是分子中直接相邻的原子间的强相互作用力，即化学键，一般可分为离子键、共价键和金属键；二是分子中的原子在空间的排列，即空间构型。此外，相邻分子之间还存在一种较弱的相互作用，即分子间力或范德华力。气体分子凝聚成液体或固体，主要就靠这种作用力。分子间力对于物质的熔点、沸点、熔化热、汽化热、溶解度以及黏度等物理性质起着重要的作用。原子间的键合作用以及化学键的破坏所引起的原子重新组合是最基本的化学现象。弄清化学键的性质和化学变化的规律不仅可以说明各类反应的本质，而且对化合物的合成起指导作用。这一节将在原子结构的基础上，讨论形成化学键的有关理论，认识分子构型，并对分子间的作用力进行讨论。

2.3.1 离子键

2.3.1.1 离子键理论

20 世纪初，德国化学家柯塞尔（W. Kossel）根据稀有气体具有稳定结构的事实提出了离子键理论，认为不同原子之间相互化合时（电负性小的金属原子和电负性较大的非金属原子），发生电子转移，形成正、负离子，达到稀有气体稳定状态的倾向，然后通过静电吸引形成化合物。

这种由原子间发生电子转移形成正、负离子，并通过静电引力作用形成的化学键称为离子键。通过离子键作用形成的化合物叫作离子化合物。

离子键的主要特征是没有方向性和饱和性。离子是带电体，它的电荷分布是球形对称的，可以在任何方向与带有相反电荷的离子相互吸引，且各方向吸引力一样，只要空间条件许可，一个离子可以同时和若干电荷相反的离子相吸引。当然，这并不意味着一个离子周围排列的相反电荷离子的数目是任意的。实际上，在离子晶体中，每个离子周围排列的电荷相反的离子的数目都是固定的。如在 NaCl 晶体中，每个 Na^+ 周围有 6 个 Cl^-，每个 Cl^- 周围也有 6 个 Na^+。

2.3.1.2 离子半径变化规律

离子半径大致有以下变化规律。

① 同一元素，负离子半径大于原子半径，正离子半径小于负离子半径和原子半径，正电荷越高，半径越小。如 $r(S^{2-})>r(S)$，$r(Fe^{2+})<r(Fe)$。正离子半径一般较小，为 0～170pm，负离子半径一般较大，为 130～250pm。同一元素形成几种不同电荷的离子时，电荷高的正离子半径小。如 $r(Fe^{3+})<r(Fe^{2+})<r(Fe)$。

② 同一周期的正离子半径随离子电荷数增加而减小，负离子半径随离子电荷数增加而增大。如 $r(Na^+)>r(Mg^{2+})>r(Al^{3+})$，$r(F^-)<r(O^{2-})$。

③ 同族元素，从上而下电子层数依次递增，相同电荷的离子半径也递增。如 $r(Li^+)<r(Na^+)<r(K^+)<r(Rb^+)<r(Cs^+)$，$r(F^-)<r(Cl^-)<r(Br^-)<r(I^-)$。

④ 对等电子离子而言，离子半径随负电荷的降低和正电荷的升高而减小。如 $O^{2-}>F^->Na^+>Al^{3+}$。

⑤ 相同电荷的过渡元素和内过渡元素正离子的半径均随原子序数的增加而减小。

2.3.1.3 离子的电子构型

简单负离子（F^-、Cl^-、S^{2-} 等）的外电子层都是稳定的稀有气体结构，因最外层有 8 个电子，故称为 8 电子稳定构型。但正离子的情况比较复杂，其电子构型如下：

① 2 电子构型——Li^+、Be^{2+} 等；

② 8 电子构型——Na^+、Al^{3+} 等；

③ 18 电子构型——Ag^+、Hg^{2+} 等；

④ 18+2 电子构型——Sn^{2+}、Pb^{2+} 等（次外层为 18 个电子，最外层为 2 个电子）；

⑤ 9～17 电子构型——Fe^{2+}、Mn^{2+} 等，又称为不饱和电子构型。

2.3.2 共价键

离子键理论说明了离子型化合物的形成和特性，但不能说明 H_2、O_2、N_2 等由相同原子组成的分子的形成。1916 年美国化学家路易斯（G. N. Lewis）认为分子的形成是原子间共享电子对的结果，以电子配对的概念提出了共价键理论。1927 年德国人海特勒（W. Heitler）和美籍德国人伦敦（F. London）首先用量子力学的薛定谔方程来研究最简单的氢分子，从而发展了价键理论。1931 年美国化学家鲍林（L. Pauling）提出杂化轨道理论，圆满地解释了碳四面体结构的价键状态。30 年代以后，美国化学家莫立根（R. S. Mulliken）、德国化学家洪德（F. Hund）提出分子轨道理论，着重研究分子中电子的运动规律，分子轨道理论在 50 年代取得重大成就，圆满地解释了氧分子的顺磁性、奇电子分子或离子的稳定存在等实验现象，因而分子轨道理论得到广泛应用。

2.3.2.1 价键理论

用量子力学处理两个氢原子组成的体系时发现，若电子自旋方向相反的两个氢原子相互靠近时，随着核间距的减小，使两个 1s 原子轨道发生重叠，即按照波的叠加原理可以同相位叠加（就是同号重叠），核间形成一个电子密度较大的区域（图 2-10）。两原子核都被电子密度大的区域吸引，系统能量降低。当核间距降到平衡距离时，体系能量处于最低值，达到稳定状态，这种状态称为基态。当 R 进一步缩小，原子核之间斥力增大，使系统的能量迅速升高，排斥作用又将氢原子推回平衡位置，因此氢分子中的两个原子是在平衡距离附近振动。

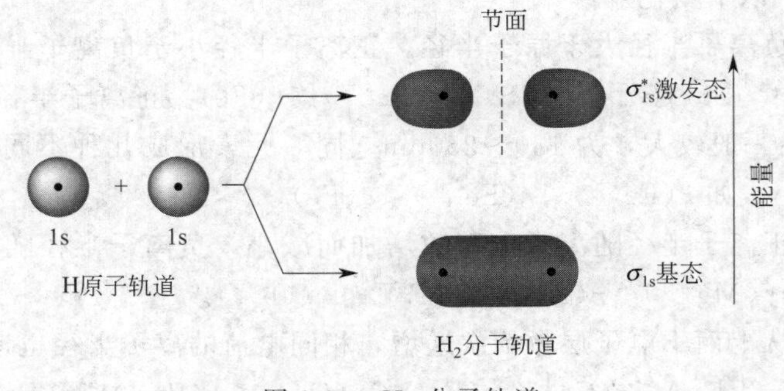

图 2-10　H_2 分子轨道

若电子自旋方向相同的两个氢原子相互靠近时，两个原子轨道发生不同相位叠加（就是异号重叠），致使电子概率密度在两核间减少，增大了两核的斥力，系统能量升高，处于不稳定态，称为激发态。

将其推广形成价键理论，基本要点如下：

① 自旋方向相反的未成对电子互相配对可以形成共价键。若 A、B 两原子各有 1 个未成对电子，则可形成共价单键；若 A、B 两原子各有 2 个或 3 个未成对电子，则可形成双键或叁键，共用电子对数目超过 2 的称为多重键；若 A 原子有 2 个未成对电子，B 原子有 1 个，则 A 与 2 个 B 结合而成 AB_2 分子。

② 在形成共价键时，原子轨道总是尽可能地达到最大限度的重叠，使系统能量最低。

2.3.2.2 共价键的特征

根据上述基本要点，可以推断共价键具有两个特征。

（1）饱和性

根据自旋方向相反的单电子可以配对成键的论点，在形成共价键时，几个未成对电子只能和几个自旋方向相反的单电子配对成键，这便是共价键的“饱和性”。

（2）方向性

根据原子轨道重叠体系能量降低的论点，在形成共价键时，两个原子的轨道必须最大重叠。除了 s 轨道是球形外，p、d、f 轨道在空间都有一定的伸展方向。因此，除了 s 轨道与 s 轨道成键没有方向限制，其他原子轨道只有沿着一定的方向才会有最大的重叠。这就是共价键有方向性的原因。

2.3.2.3 共价键的类型

共价键的形成是由原子与原子接近时它们的原子轨道相互重叠的结果，根据轨道重叠的方向、方式及重叠部分的对称性划分为不同的类型，最常见的是σ键和π键。

（1）σ键

两原子轨道沿键轴（成键原子核连线）方向进行同号重叠，所形成的键叫σ键。σ键原子轨道重叠部分对键轴呈圆柱形对称（沿键轴方向旋转任何角度，轨道的形状、大小、符号都不变，这种对称性呈圆柱形），如 H_2 分子中的键 s-s 轨道重叠，HCl 分子中的键 s-p_x 轨道重叠，Cl_2 分子中的键 p_x-p_x 轨道重叠等都是σ键。

（2）π键

两原子轨道沿键轴方向在键轴两侧平行同号重叠，所形成的键叫π键。π键原子轨道重叠部分对等地分布在包括键轴在内的对称平面上下两侧，呈镜面反对称（通过镜面，原子轨道的形状、大小相同，符号相反，这种对称性呈镜面反对称）。因此，p_y-p_y、p_z-p_z 轨道重叠形成的共价键都是π键。

共价单键一般是σ键，共价双键和叁键则包括σ键和π键。表2-10列出了σ键和π键的特征。

表2-10 σ键和π键的特征比较

键类型	σ键	π键
原子轨道重叠方式	沿键轴方向相对重叠	沿键轴方向平行重叠
原子轨道重叠部位	两原子核之间，在键轴处	键轴上方和下方，键轴处为零
原子轨道重叠程度	大	小
键强度	较大	较小
化学活泼性	不活泼	活泼

2.3.2.4 键参数

化学键的性质在理论上可以由量子力学计算而作定量的讨论，也可以通过表征键的性质的某些物理量来描述。这些物理量如键长、键角、键能等，统称为键参数。

（1）键能 E

以能量标志化学键强弱的物理量，称键能。不同类型的化学键有不同的键能，如离子键键能是晶格能，金属键键能为内聚能等。本节仅讨论共价键的键能。

在298.15K和100kPa下（常温常压下），断裂1mol键所需要的能量称为键能（E），单位为 $kJ \cdot mol^{-1}$。

对于双原子分子而言，在上述温度、压力下，将1mol理想气态分子解离为理想气态原子所需要的能量称解离能（D），解离能就是键能。例如

$$H_2(g) \longrightarrow 2H(g) \qquad D_{H-H}=E_{H-H}=436.00kJ \cdot mol^{-1}$$

$$N_2(g) \longrightarrow 2N(g) \qquad D_{N-N}=E_{N-N}=941.69kJ \cdot mol^{-1}$$

对于多原子分子，要断裂其中的键成为单个原子，需要多次解离，因此解离能不等于键能，而是多次解离能的平均值才等于键能，例如

$$CH_4(g) \longrightarrow CH_3(g)+H(g) \qquad D_1=435.34kJ \cdot mol^{-1}$$

$$CH_3(g) \longrightarrow CH_2(g)+H(g) \qquad D_2=460.46kJ \cdot mol^{-1}$$

$$CH_2(g) \longrightarrow CH(g)+H(g) \qquad D_3=426.97kJ \cdot mol^{-1}$$

$$CH(g) \longrightarrow C(g) + H(g) \qquad D_4 = 339.07kJ \cdot mol^{-1}$$

$$E_{C-H} = D_{总} \div 4 = 1661.84kJ \cdot mol^{-1} \div 4 = 415.46kJ \cdot mol^{-1}$$

通常共价键的键能指的是平均键能，一般键能愈大，表明键愈牢固，由该键构成的分子也就愈稳定。

（2）键长 L

分子中两原子核间的平衡距离称为键长。例如，氢分子中两个氢原子的核间距为76pm，所以 H—H 键的键长就是 76pm。用量子力学近似方法可以求算键长。实际上对于复杂分子往往是通过光谱或衍射等实验方法测定键长。表 2-11 列出一些化学键的键长和键能数据。键长和键能虽可判别化学键的强弱，但要反映分子的几何形状尚需键角这个参数。

表 2-11 一些化学键的键长和键能数据

共价键	键长/pm	键能/kJ·mol^{-1}	共价键	键长/pm	键能/kJ·mol^{-1}
H—H	76	436	Cl—Cl	198.8	239.7
H—F	91.8	565±4	Br—Br	228.4	190.16
H—Cl	127.4	431.2	I—I	266.6	148.95
H—Br	140.8	362.3	C—C	154	345.6
H—I	160.8	294.6	C═C	134	602±21
F—F	141.8	154.8	C≡C	120	835.1

（3）键角 θ

分子中键与键之间的夹角称为键角。对于双原子分子无所谓键角，分子的形状总是直线形的。对于多原子分子，由于分子中的原子在空间排布情况不同，有不同的几何构型，也就有键角问题。

由此可见，知道一个分子的键角和键长，即可确定分子的几何构型。键角一般通过光谱和 X 射线衍射等实验测定，也可以用量子力学近似计算得到。

2.3.3 杂化轨道理论

杂化轨道的概念是从电子具有波动性，波可以叠加的观点出发的。杂化轨道理论认为原子在形成分子时，中心原子的若干不同类型、能量相近的原子轨道经过混杂平均化，重新分配能量和调整空间方向组成数目相同、能量相等的新原子轨道，这种混杂平均化过程称为原子轨道“杂化”，所得新原子轨道称为杂化原子轨道，或简称杂化轨道。

注意，孤立原子轨道本身并不会杂化，因而不会出现杂化轨道。只有当原子相互结合的过程中需发生原子轨道的最大重叠，才会使原子内原来的轨道发生杂化，以发挥更强的成键能力。

杂化轨道理论的基本要点如下。

① 同一原子中只有能量相近的原子轨道之间可以通过叠加混杂，形成成键能力更强的新轨道，即杂化轨道，常见的有 $ns np$、$ns np nd$、$(n-1)d ns np$ 杂化；

② 不同电子亚层中的原子轨道杂化时，电子会从能量低的层跃迁到能量高的层，其所需的能量完全由成键时放出的能量予以补偿，形成的杂化轨道成键能力大于未杂化轨道；

③ 一定数目的原子轨道杂化后可得能量相等的相同数目的杂化轨道，各杂化轨道能量高于原来的能量较低的电子亚层的能量而低于原来能量较高的电子亚层的能量，不同类型的杂化所得杂化轨道空间取向不同。

杂化后的电子轨道与原来相比在角度分布上更加集中，从而使它在与其他原子的原子轨道成键时重叠的程度更大，形成的共价键更加牢固。

2.3.3.1　s 和 p 原子轨道杂化

s 和 p 原子轨道杂化的方式通常有三种，即 sp、sp^2、sp^3 杂化，现分别扼要介绍如下。

（1） sp 杂化轨道

sp 杂化轨道是 1 个 ns 轨道与 1 个 np 轨道杂化。例如，$BeCl_2$ 分子中的 Be 原子的价电子层原子轨道取 sp 杂化，形成 2 个 sp 杂化轨道，简记为 $(sp)_1$ 和 $(sp)_2$，杂化过程示意如下：

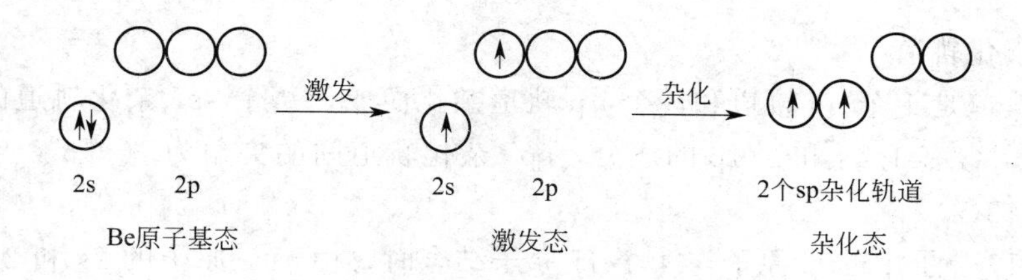

每个 sp 杂化轨道含有 1/2s 成分和 1/2p 成分，这 2 个杂化轨道在空间的分布呈直线形，如图 2-11(a) 所示。

Be 原子的 2 个 sp 杂化轨道与 Cl 原子的 p 轨道沿键轴方向重叠而成 2 根等同的 Be—Cl 键，$BeCl_2$ 分子呈直线形结构，如图 2-11(b) 所示。

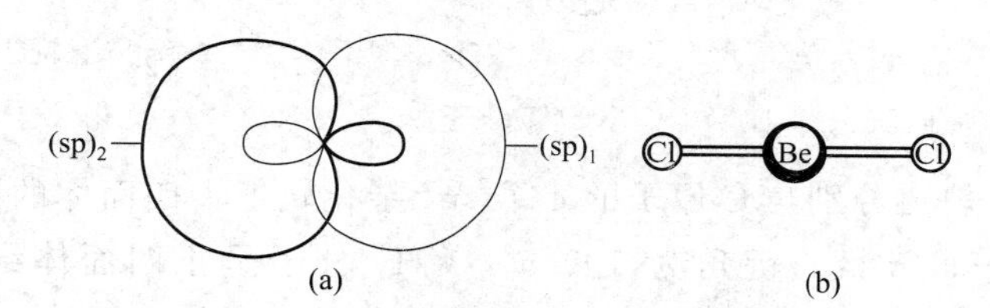

图 2-11　sp 杂化轨道及 $BeCl_2$ 分子的构型示意图

（2） sp^2 杂化轨道

sp^2 杂化轨道为 1 个 ns 轨道和 2 个 np 轨道杂化而成，每个杂化轨道的形状也是一头大一头小，含有 1/3s 和 2/3p 的成分，杂化轨道间的夹角为 120°，呈平面三角形，如图 2-12(a) 所示。

BF_3 中的 B 原子与 3 个 F 原子结合时，其价电子首先被激发成 $2s^1 2p^2$，然后杂化为能量等同的 3 个 sp^2 杂化轨道，简记为 $(sp^2)_1$、$(sp^2)_2$ 及 $(sp^2)_3$，杂化过程示意如下：

激发　杂化

2s　2p　2s　2p　3个sp^2杂化轨道

B原子基态　激发态　杂化态

在 BF_3 分子中，3 个 F 原子的 2p 轨道与 B 原子的 3 个 sp^2 杂化轨道沿着平面三角形的三个顶点相对重叠形成 3 根等同的 B—F σ 键，整个分子呈平面三角形结构，如图 2-12(b)所示。

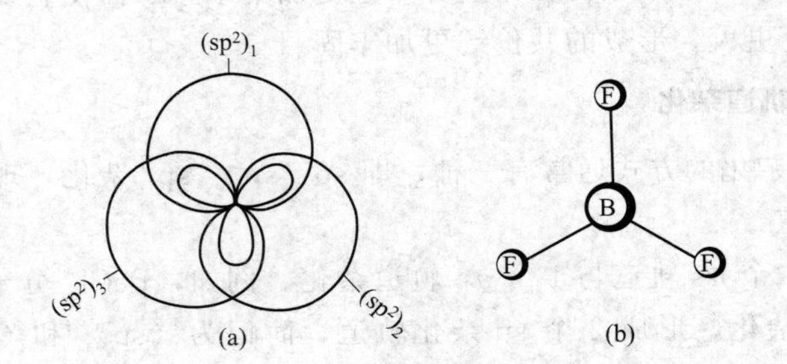

图 2-12 sp^2 杂化轨道及 BF_3 分子的构型示意图

(3) sp^3 杂化轨道

sp^3 杂化轨道是 1 个 ns 轨道和 3 个 np 轨道杂化而成，每个 sp^3 杂化轨道的形状也是一头大、一头小，含有 1/4s 和 3/4p 的成分，sp^3 杂化轨道间的夹角为 109.5°，空间构型为正四面体，图 2-13(a)。

例如，CH_4 分子中的 C 原子与 4 个 H 原子结合时，由于 C 原子的 2s 和 2p 轨道的能量比较相近，2s 电子首先被激发到 2p 轨道上，然后 1 个 s 轨道与 3 个 p 轨道杂化而成能量等同的 4 个 sp^3 杂化轨道，简记为 $(sp^3)_1$、$(sp^3)_2$、$(sp^3)_3$ 及 $(sp^3)_4$，杂化过程示意如下：

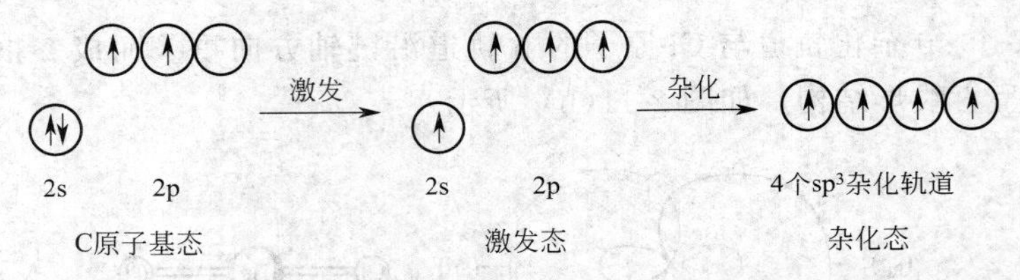

4 个 H 原子的 s 轨道分别与 C 原子的 4 个 sp^3 杂化轨道沿四面体的四个顶点相对重叠，形成 4 根等同的 C—H σ 键，键角为 109.5°，CH_4 分子呈正四面体结构，如图 2-13(b) 所示。

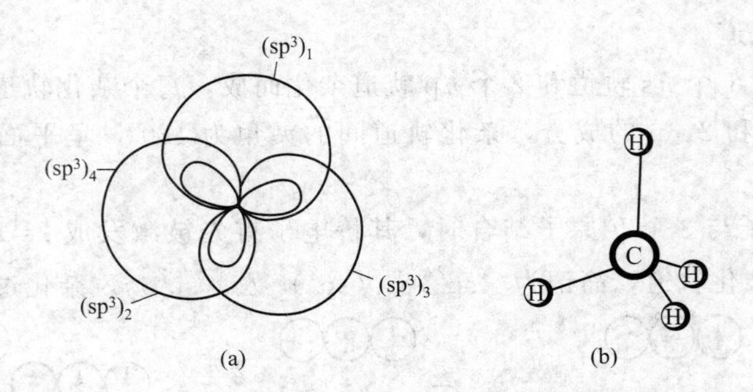

图 2-13 sp^3 杂化轨道及 CH_4 分子的构型示意图

2.3.3.2 sp^3d 杂化和 sp^3d^2 杂化

不仅 s、p 原子轨道可以杂化，d 原子轨道也可参与杂化，得 s-p-d 杂化轨道。PCl_5 中的 P 原子属于 sp^3d。P 原子的 1 个 3s 电子激发到 3d 轨道，杂化作用形成 5 个 sp^3d 杂化轨道。其中 3 个互成 120°位于同一平面，另外 2 个垂直于这个平面并分别位于平面的两侧，所

以 PCl_5 分子的空间构型为三角双锥形。

SF_6 分子中 S 原子的 1 个 3s 电子和 1 个 3p 电子可激发到 3d 轨道，杂化作用形成 6 个 sp^3d^2 杂化轨道。各轨道夹角为 90°。所以 SF_6 分子的空间构型为正八面体。

原子轨道杂化类型见表 2-12。

表 2-12 杂化轨道

类型	轨道数目	轨道形状	实例
sp	2	直线	$BeCl_2$，$HgCl_2$
sp^2	3	平面三角形	BF_3
sp^3	4	四面体	CCl_4，CH_4，$SiCl_4$
sp^3d	5	三角双锥	PCl_5
sp^3d^2	6	八面体	SF_6

2.3.3.3 等性杂化和不等性杂化轨道

在 s-p 杂化过程中，每一种杂化轨道所含 s 及 p 的成分相等，这样的杂化轨道称为等性杂化轨道，例 BF_3 分子、CH_4 分子中杂化为等性杂化。若在 s-p 杂化过程中形成各新原子轨道所含 s 和 p 的成分不相等，这样的杂化轨道称为不等性杂化轨道。NH_3 分子和 H_2O 分子中是典型的 sp^3 不等性杂化轨道。

(1) NH_3 分子结构

NH_3 分子中的 N 原子（$1s^22s^22p^3$）成键时进行 sp^3 杂化。成键时，含未成对电子的 3 个 sp^3 杂化轨道分别与三个 H 原子的 1s 轨道重叠，形成三个 N—H σ 键，另 1 个含孤对电子的杂化轨道没有参加成键。由于孤电子对的电子云比较集中于 N 原子的附近，在 N 原子外占据着较大的空间，对三个 N—H 键的电子云有较大的静电排斥力，使键角从 109°28′被压缩到 107°，以至 NH_3 分子呈三角锥形。同时其所在的杂化轨道含有较多的 s 轨道成分，其余三个杂化轨道则含有较多的 p 轨道成分，使这四个 sp^3 杂化轨道不完全等同（图 2-14）。

(2) H_2O 分子结构

H_2O 分子中的 O 原子（$1s^22s^22p^4$）有 2 对孤对电子，氧原子成键时也采用 sp^3 不等性杂化，2 个杂化轨道与氢的原子轨道重叠形成 O—H σ 键，而 2 个含孤对电子的杂化轨道不参加成键，同样对成键电子存在排斥作用，使∠HOH 键角更小，实测 H_2O 分子中∠HOH 的键角为 104.5°，所以 H_2O 分子呈 V 形（图 2-15）。

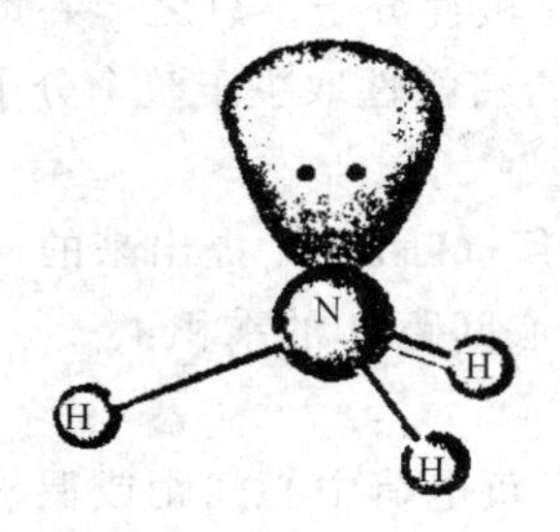

图 2-14 氨分子的结构示意图

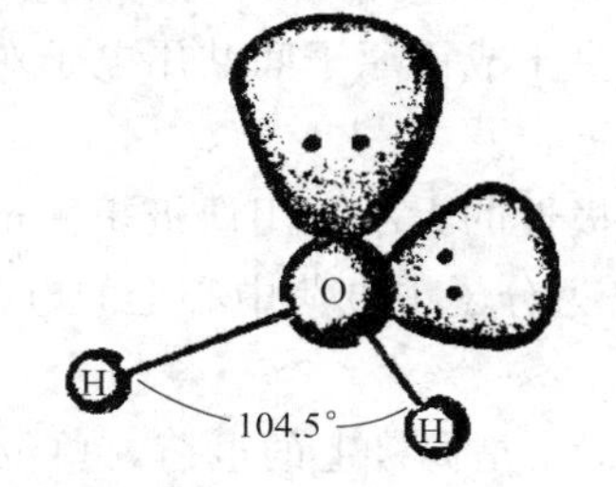

图 2-15 水分子的结构示意图

上述所涉及的 CH_4 和 NH_3、H_2O 分子中的中心原子都采取 sp^3 杂化，成键杂化轨道中，等性杂化的 s 成分含量为 25%，而不等性杂化的 s 成分含量 NH_3、H_2O 分别为 22.6%

和 20.2%，成键轨道间的夹角分别为 109.5°、107°和 104.5°，可见键角随 s 成分的减少而相应缩小。杂化轨道理论成功地解释了许多分子中的键合状况以及分子的形状、键角、键长等实验。

2.3.4 分子间力和氢键

化学键是决定物质化学性质的主要因素，但单就化学键的性质还不能说明物质的全部性质及其所处的状态。例如，在温度足够低时，许多气体能凝聚为液体，甚至凝固为固体，这说明还存在着某种相互吸引的作用力，即分子间力。

2.3.4.1 分子间力

分子间力相当微弱，一般为 0.2～50$kJ \cdot mol^{-1}$（共价键能量为 150 ～ 500$kJ \cdot mol^{-1}$），但对物质的许多性质有着较大的影响，如对物质的熔点、沸点、表面张力、稳定性等都有相当大的影响。这种作用力的大小与分子的结构、分子的极性有关。

（1）分子的极性

任何分子都是由核和电子组成的，核和电子的电荷，可看成与物体的质量一样有一重心，即假定电荷集中于一点。我们把分子中正、负电荷集中的点分别称为“正电荷中心”和“负电荷中心”，有的分子正、负电荷中心不重合，正电荷集中的点为“+”极，负电荷集中的点为“—”极，这样分子产生了偶极，称为极性分子；有的分子正、负电荷中心重合，不产生偶极，称为非极性分子。

同核双原子分子如 H_2、Cl_2、N_2 等，由于两个元素的电负性相同，所以两个原子对共用电子对的吸引能力相同，正、负电荷中心必然重合，因此它们是非极性分子。异核双原子分子如 HCl、CO、NO 等，由于两元素的电负性不相同，其中电负性大的元素的原子吸引电子的能力较强，负电荷中心必靠近电负性大的一方，而正电荷中心则较靠近电负性小的一方，正、负电荷中心不重合，因此，它们是极性分子。

多原子分子，分子是否有极性，主要取决于分子的组成和构型。如 NH_3 分子中，N—H 键有极性（氮原子部分带负电，氢原子部分带正电），氨分子为三角锥形结构，各个键的极性不能抵消，因而正负电荷中心不重合，所以氨分子是极性分子；在 BF_3 分子中，B—F 键为极性键，但 BF_3 是一个平面三角形，互成 120°，三个 B—F 键的极性互相抵消，整个 BF_3 分子正负电荷中心重合，所以 BF_3 分子是非极性分子；同样正四面体的 CCl_4 也是非极性分子；而 CH_3Cl 由于键的极性不能抵消，所以 CH_3Cl 是极性分子。总之，共价键是否有极性，取决于成键原子间共用电子对是否有偏移，分子是否有极性取决于整个分子正负电荷中心是否重合。

分子极性的大小常用偶极矩衡量。偶极矩的概念是德拜（Debye）提出来的，他将偶极矩 P 定义为分子中电荷中心上的电荷量 δ 与正、负电荷中心间距 d 的乘积：

$$P=\delta \times d$$

式中，δ 是偶极上的电荷，单位用 C(库仑)；d 为正、负电荷中心间距或偶极长度，单位用 m(米)；P 为偶极矩，单位为 C•m(库•米)。偶极矩是一个矢量，其方向规定为从正电荷中心到负电荷中心。

分子偶极矩的大小可用实验方法直接测定。表 2-13 为某些气态分子的偶极矩的实验值。

表 2-13 某些分子的偶极矩和分子的几何构型

分子	$P/10^{-30}$ C·m	几何构型	分子	$P/10^{-30}$ C·m	几何构型
H_2	0.0	直线形	HF	6.4	直线形
N_2	0.0	直线形	HCl	3.61	直线形
CO_2	0.0	直线形	HBr	2.63	直线形
CS_2	0.0	直线形	HI	1.27	直线形
BF_3	0.0	平面三角形	H_2O	6.23	V形
CH_4	0.0	正四面体	H_2S	3.67	V形
CCl_4	0.0	正四面体	SO_2	5.33	V形
CO	0.33	直线形	NH_3	5.00	三角锥形
NO	0.53	直线形	PH_3	1.83	三角锥形

由表2-13可见分子几何构型对称（如平面三角形、正四面体形）的多原子分子，其偶极矩为零。从分子偶极矩可推出其分子的几何构型。反过来，我们知道了分子的几何构型，也可以知道其分子的偶极矩是否等于零。偶极矩愈大，分子的极性愈强。

（2）分子的变形性和极化率

在外电场（E）作用下，分子内部的电荷分布将发生相应的变化，分子中带正电荷的核和带负电荷的电子间将产生相对位移，称为分子的变形性。对非极性分子而言，原来重合的正、负电荷中心在电场影响下互相分离，产生了偶极，称为分子的极化，所形成的偶极称为诱导偶极。电场愈强，分子变形愈大，诱导偶极愈大。外电场取消，诱导偶极消失，分子恢复为非极性分子。所以诱导偶极与电场强度 E 成正比：

$$P_{诱导}=\alpha\cdot E$$

式中，α 为比例常数，可衡量分子在电场作用下变形性的大小，称为分子诱导极化率，简称为极化率。分子中电子数愈多，α 愈大。外电场强度一定，α 愈大的分子，$P_{诱导}$ 愈大，分子的变形性也愈大。分子的极化率 α 由实验测得（见表2-14）。

表 2-14 某些分子的极化率

分子	$\alpha/10^{-30}$ m^3	分子	$\alpha/10^{-30}$ m^3
He	0.203	HCl	2.56
Ne	0.392	HBr	3.49
Ar	1.63	HI	5.20
Kr	2.46	H_2O	1.59
Xe	4.01	H_2S	3.64
H_2	0.81	CO	1.93
O_2	1.55	CO_2	2.59
N_2	1.72	NH_3	2.34
Cl_2	4.50	CH_4	2.60
Br_2	6.43	C_2H_6	4.50

表中数据表明，随分子中电子数的增多以及电子云弥散，α 值相应加大。以周期系同族元素的有关分子为例，从 He 到 Xe 及从 HCl 到 HI，α 值增大，分子的变形性必然增大。

极性分子本身就存在的偶极称为固有偶极或永久偶极。极性分子通常都做不规则的热运动，如图2-16(a) 所示。若在外电场的作用下，其正极转向负电极，其负极转向正电极，按电场的方向排列，如图2-16(b) 所示，此过程称为取向或定向极化。同时电场也使分子正、负电荷中心之间的距离拉大，发生变形，产生诱导偶极，此时分子的偶极为固有偶极和诱导偶极之和，分子的极性有所增强。

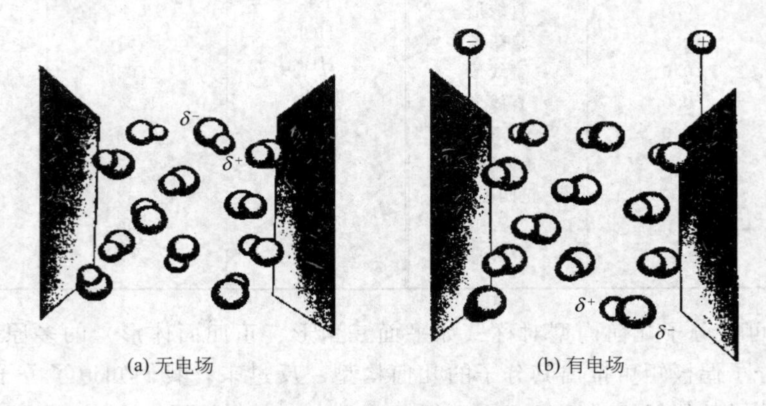

图 2-16 极性分子在电场中的取向

分子的取向、极化和变形，不仅在电场中发生，而且在相邻分子间也可以发生。极性分子固有偶极相当于无数个微电场，当极性分子与极性分子、极性分子与非极性分子相邻时同样也会发生极化作用。这种极化作用对分子间力的产生有重要影响。

（3）分子间力

荷兰物理学家范德华（Van der Waals）在 1873 年就注意到分子间力的存在，所以人们把分子间力称作范德华力，一般包括下面三个部分。

① 色散力 非极性分子在运动过程中电子云分布不是始终均匀的，分子内带负电的部分（电子云）和带正电的部分（核）不时地发生相对位移，致使电子云在核的周围摇摆，分子发生瞬时变形极化，产生瞬时偶极。这种瞬时偶极之间的相互作用称为色散力。色散力的大小与分子的极化率有关，极化率 α 愈大，则分子间的色散力也愈大。

② 诱导力 当极性分子与非极性分子相邻时，非极性分子受极性分子的诱导而变形极化，产生诱导偶极，这种固有偶极与诱导偶极之间的相互作用称为诱导力，此力为 1920 年德拜提出，又称德拜力。诱导力的大小与分子的偶极矩及分子的极化率有关，极性分子偶极矩愈大，极性与非极性两种分子的极化率愈大，则诱导力也大。

③ 取向力 当极性分子与极性分子相邻时，极性分子的固有偶极间必然发生同极相斥，异极相吸，从而先取向后变形，这种固有偶极与固有偶极间的相互作用称为取向力。此力在 1912 年由葛生所提出，又称葛生力。取向力大小与分子的偶极矩和极化率均有关，但主要取决于固有偶极，即分子的偶极矩愈大，分子间的取向力也大。

分子间力均为电性引力，它们既没有方向性也没有饱和性，它们的大小和示例见表 2-15 及表 2-16。

表 2-15 分子间作用力

分子间作用力	能量/$kJ \cdot mol^{-1}$	实例
色散力	0.05～40	F—F…F—F
诱导力	2～10	HCl—HCl…H—Cl
取向力	5～25	I—Cl…I—Cl

表 2-16 某些物质的分子间作用力/$kJ \cdot mol^{-1}$

物质	两分子间的相互作用力		
	取向力	诱导力	色散力
He	0	0	0.05
Ar	0	0	2.9
Xe	0	0	18
CO	0.00021	0.0037	4.6
HCl	1.2	0.36	7.8
HBr	0.39	0.28	15
HI	0.021	0.1	33
NH_3	5.2	0.63	5.6
H_2O	11.9	0.65	2.6

④ 分子间力对物质性质的影响　分子间力对物质物理性质的影响是多方面的。液态物质分子间力愈大，汽化热就愈大，沸点也就愈高；固态物质分子间力愈大，熔化热就愈大，熔点也就愈高。一般而言，结构相似的同系列物质分子量愈大，分子变形性也就愈大，分子间力愈强，物质的沸点、熔点也就愈高。例如稀有气体、卤素等，其沸点和熔点就是随着分子量的增大而升高的。

分子间力对液体的互溶性以及固、气态非电解质在液体中的溶解度也有一定影响。溶质和溶剂的分子间力愈大，则在溶剂中的溶解度也愈大。

另外，分子间力对分子型物质的硬度也有一定的影响。极性小的聚乙烯、聚异丁烯等物质，分子间力较小，硬度也小；含有极性基团的有机玻璃等物质，分子间力较大，硬度也大。

2.3.4.2 氢键

（1）氢键的形成

当氢原子与电负性很大而半径很小的原子（例如 F、O、N）形成共价型氢化物时，由于原子间共用电子对的强烈偏移，氢原子几乎呈质子状态，便可和另一个高电负性且含有孤对电子的原子产生静电吸引作用，这种引力称为氢键。氢键是一种很弱的键，其键能一般在 $40kJ \cdot mol^{-1}$ 以下，但比范德华力强。氢键的键能与元素的电负性及原子半径有关，元素电负性越大，原子半径越小，形成的氢键越强。氢键的强弱次序为 F—H…F＞O—H…O＞N—H…N。

氢键的组成可用 X—H…Y 通式表示，式中 X、Y 代表 F、O、N 等电负性大而半径小的原子，X 和 Y 可以是同种元素，也可以是不同种元素。H…Y 间的氢键，其间的长度为氢键的键长，拆开 1mol H…Y 键所需的能量为氢键能。

氢键不同于分子间力，它有方向性和饱和性。氢键的饱和性是因为氢体积非常小，当 X—H 分子中的 H 与 Y 形成氢键后，已被电子云所包围，这时若有另一个 Y 靠近时必被排斥，所以每个 X—H 只能和一个 Y 相互吸引而形成氢键。氢键的方向性是因为 Y 吸引 X—H 形成氢键时，将取 H—X 键轴的方向，即 X—H…Y 一般在一条直线上。

（2）氢键对物质性质的影响

氢键的形成对物质性质将产生重大影响。

① 对熔点、沸点的影响　HF 在卤化氢中分子量最小，那么，它的熔、沸点应该是最低，但事实上却反常的高，这是因为 HF 分子间形成了氢键，其汽化、液化都需消耗一定的能量来破坏部分氢键。而 HCl、HBr、HI 分子间不能形成氢键，因分子间力的依次增加，熔、沸点依次升高。

② 对溶解度的影响　如果溶质分子与溶剂分子间能形成氢键，将有利于溶质分子的溶解。例如乙醇和乙醚都是有机化合物，前者能溶于水，而后者则不溶。同样 NH_3 易溶于 H_2O 也是形成氢键的缘故。

③ 对生物体的影响　氢键对生物体的影响极为重要，最典型的是生物体内的 DNA。DNA 由两条多聚核苷酸链组成，链间以大量的氢键连接组成螺旋状的立体构型，如图 2-17 所示。生物体的 DNA 中，根据两链氢键匹配的原则可复制出相同的 DNA 分子。因此可以说由于氢键的存在，使 DNA 的克隆得以实现，保持物种的繁衍。

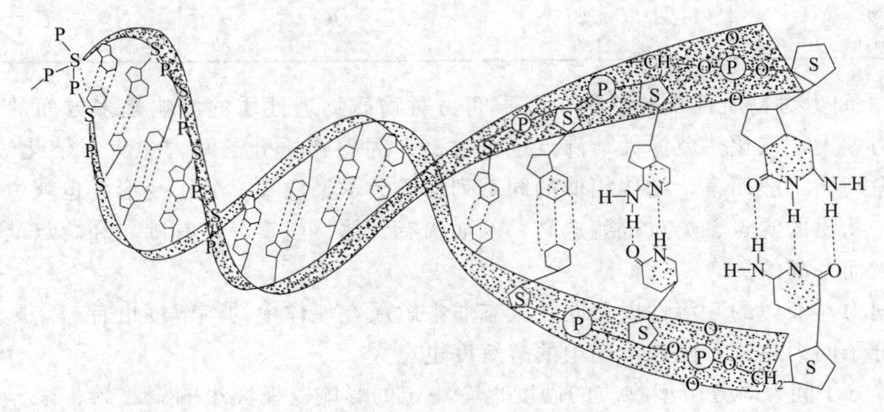

图 2-17　DNA 结构示意图

2.4 晶体结构

晶体是指具有整齐规则的几何外形、各向异性、有固定熔点的固体物质。早在 18 世纪中叶，法国科学家阿羽依就开始了晶体外观形态的研究，提出了构造理论。随着原子结构、分子结构内在奥秘的揭示，对晶体的研究从外形深入到内部，在电子、原子、分子、离子的层次上进行微观研究，阐明晶体结构与物质性能间的内在联系。

2.4.1 晶体特征

（1）晶体具有一定的几何外形

整齐规则的几何外形是其内部粒子有规则的空间排列的外在反映。在研究晶体内粒子的排列时，可以把粒子当成几何的点，晶体是由这些点在空间按一定规则排列而成，这些点的总和称为晶格，晶格上的点称为结点（图 2-18）。如食盐晶体为立方体，石英（SiO_2）为六角柱体，明矾为八面体。在晶体中的结点往往紧密排列，例如在 $1mm^3$ 的 NaCl 晶体中，就排列着 5×10^{18} 个结点。

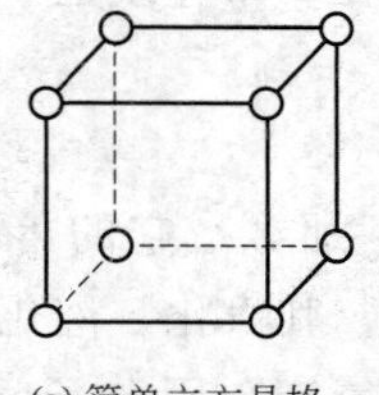

(a) 简单立方晶格

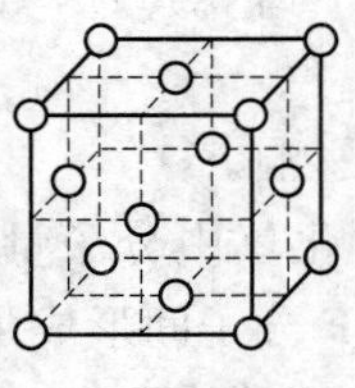

(b) 面心立方晶格

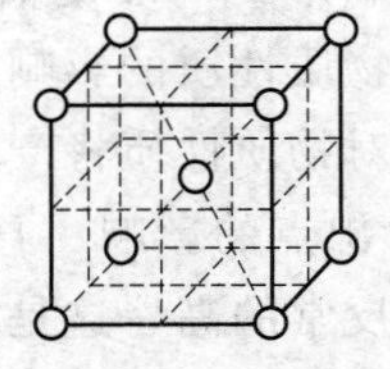

(c) 体心立方晶格

图 2-18　立方晶格

（2）晶体具有固定熔点

在一定的外压下，将晶体加热到某一温度（熔点）时才开始熔化，直至全部熔化之前温度始终保持不变。非晶体则不同，如塑料在一个很大的温度范围内逐渐软化，不会有突然液化的现象。

（3）晶体某些性质的各向异性

晶体的某些性质（如光学性质、力学性质、导热导电性、溶解作用）在晶体的不同方向上测定时，结果是不相同的。如云母呈片状分裂，食盐呈立方体解裂。

晶体的特征是由晶体内部的微粒（离子、原子或分子）在空间的有规则排列，并按规则做重复性的排列的结构决定的。这些有规则排列的点形成的空间格子称为晶格，晶格中的各点称为结点，能代表晶体结构特征的最小重复单位称为晶胞。

根据晶胞的特征，可以将晶体划分成七个晶系，它们是立方晶系、四方晶系、六方晶系、菱形晶系、正交晶系、单斜晶系和三斜晶系，其性质见表 2-17。

表 2-17　七个晶系的性质

晶系	边长	角度	实例
立方晶系	$a=b=c$	$\alpha=\beta=\gamma=90°$	岩盐（NaCl）
四方晶系	$a=b\neq c$	$\alpha=\beta=\gamma=90°$	白锡
六方晶系	$a=b\neq c$	$\alpha=\beta=90°,\gamma=120°$	石墨
菱形晶系	$a=b=c$	$\alpha=\beta=\gamma\neq 90°(<120°)$	方解石（$CaCO_3$）
正交晶系	$a\neq b\neq c$	$\alpha=\beta=\gamma=90°$	斜方硫
单斜晶系	$a\neq b\neq c$	$\alpha=\beta=90°,\gamma>90°$	单斜硫
三斜晶系	$a\neq b\neq c$	$\alpha\neq\beta\neq\gamma$	重铬酸钾

1848 年，布拉维（A. Bravais）从宏观对称规则研究认为七个晶系包含十四种晶格（图 2-19）。

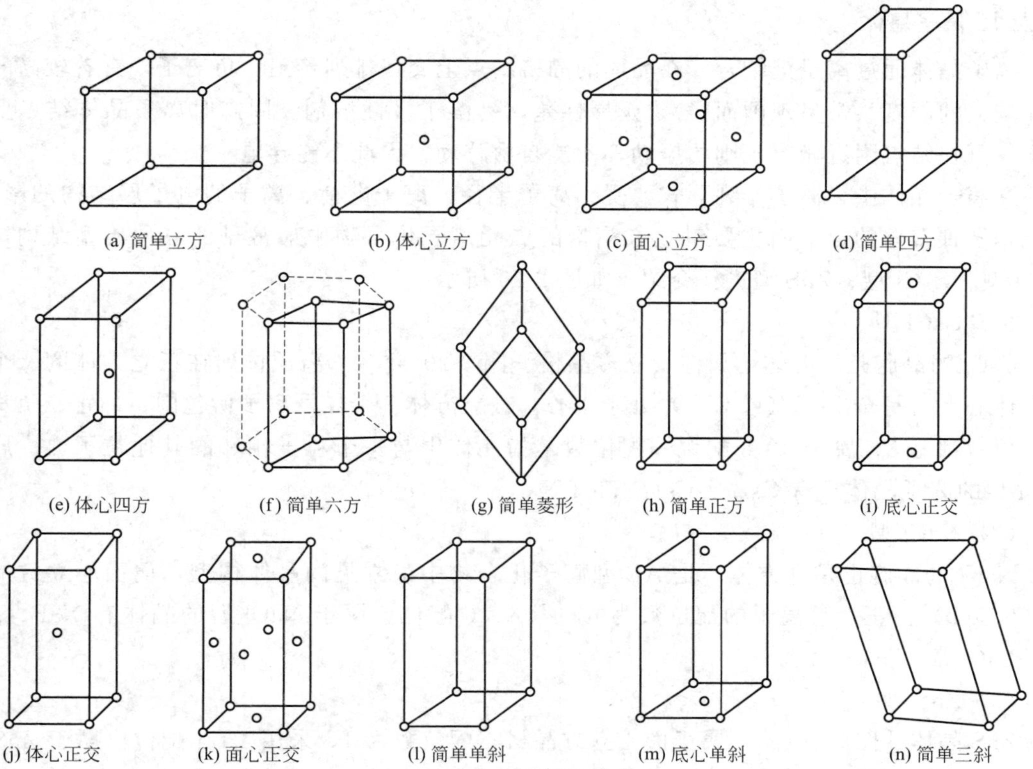

(a) 简单立方　(b) 体心立方　(c) 面心立方　(d) 简单四方

(e) 体心四方　(f) 简单六方　(g) 简单菱形　(h) 简单正方　(i) 底心正交

(j) 体心正交　(k) 面心正交　(l) 简单单斜　(m) 底心单斜　(n) 简单三斜

图 2-19　十四种布拉维晶格

立方晶系有3种晶格，简单立方晶格、体心立方晶格和面心立方晶格。四方晶系有2种晶格，六方晶系有1种晶格，菱形晶系有1种晶格，正交晶系有4种晶格，单斜晶系有2种晶格，三斜晶系有1种晶格。上述14种晶格中最常见的为简单立方、体心立方、面心立方和简单六方4种晶格。

根据晶格结点上粒子的不同，可把晶体分成离子晶体、原子晶体、分子晶体和金属晶体四种类型，其内部结构和性质特征见表2-18。

表2-18 四类晶体的内部结构及性质特征

晶体类型	离子晶体	原子晶体	分子晶体		金属晶体
结点上的粒子	正、负离子	原子	极性分子	非极性分子	原子、正离子、间隙处有自由电子
结合力	离子键	共价键	分子间力、氢键	分子间力	金属键
熔、沸点	高	很高	低	很低	
硬度	硬	很硬	软	很软	
力学性能	脆	很脆	弱	很弱	有延展性
导电、导热性	熔融态及水溶液导电	非导体	固、液态不导电，水溶液导电	非导体	良导体
溶解性	易溶于极性溶剂	不溶性	易溶于极性溶剂	易溶于非极性溶剂	不溶性
实例	NaCl，MgO	金刚石，SiC	HCl，NH_3	CO_2，I_2	W，Ag，Cu

2.4.2 离子晶体

2.4.2.1 离子晶体

离子晶体通过离子键结合，在晶体的晶格结点上交替排列着正、负离子，有着较高的熔点和较大的硬度（常呈现硬而脆），延展性差，易溶于极性溶剂。固态时离子晶体结点上的离子仅可在结点附近做有规则的振动，不能自由移动，因此不能导电。

在离子晶体中，离子排列形式要受到离子半径、离子电荷、离子的电子层结构的影响，因此是多种多样的，下面主要对立方晶格的二元离子化合物中最常见的三种典型结构，即NaCl型、CsCl型、ZnS型进行介绍（如图2-20所示）。

（1）CsCl型

CsCl的晶胞是立方体，属体心立方晶格［图2-20(a)］。离子排列在正立方体的八个角顶和体心上，每个Cs^+（或Cl^-）处于中心，被立方体8个异号离子所包围，即正、负离子的配位数都是8，属于8∶8配位。配位数是指晶体中与一个粒子相邻的其他粒子数。属于CsCl型的离子晶体还有CsBr、CsI、TlCl等。

（2）NaCl型

NaCl的晶胞也是立方体，是AB型离子化合物中最常见的晶体构型，属面心立方晶格［图2-20(b)］。正、负离子的配位数为6，为6∶6配位。属于NaCl型的晶体有NaF、Ag-Br、BaO等。

（3）ZnS型

ZnS晶体［图2-20(c)］属于面心立方晶格，配位数为4，采用4∶4配位。属于ZnS型的晶体还有ZnO、AgI、HgS、BeO、ZnO等。

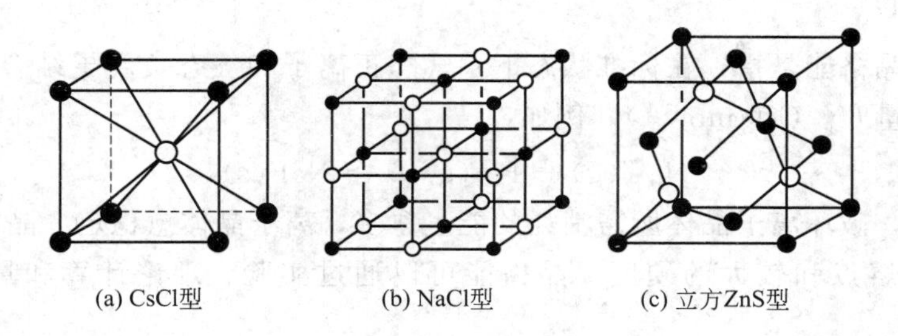

图 2-20 CsCl 型、NaCl 型和立方 ZnS 型晶格

2.4.2.2 离子半径比和晶体构型

离子晶体的晶体构型取决于正负离子的大小、所带电荷及电子结构。

在离子晶体中，只有当正负离子紧密接触时，晶体才是最稳定的。而离子能否紧密接触与正负离子的半径比 r_+/r_- 密切相关，现以配位数比为 6∶6 的晶体构型的某一层为例。

由于电子云没有明确的界面，严格地说，离子半径是无法确定的。现在所说的离子半径，是假定晶体中正、负离子是互相接触的球体，两离子核间的距离（即核间距 d）就等于正、负离子半径之和（图 2-21）。

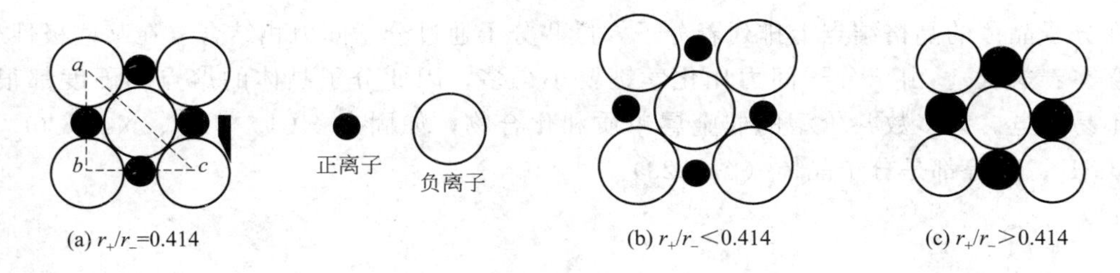

图 2-21 配位数为 6 的晶体中正、负离子半径比

令 $r_-=1$，则 $ac=4$，$ab=bc=2+2r_+$，由于 $ac^2=ab^2+bc^2$，可得 $4^2=2(2+2r_+)^2$，$r_+=0.414$。

即当 $r_+/r_-=0.414$ 时，正、负离子间正好相互接触；而当 $r_+/r_-<0.414$，异号离子吸力小，同号离子斥力大，体系能量高，晶体被迫转入 4∶4 配位，使正、负号离子保持相互接触；在 $r_+/r_->0.414$ 时，同号离子斥力小，异号离子吸力大，这样的晶体可以稳定存在，但当 $r_+/r_->0.732$ 时，晶体便转入 8∶8 配位，使正、负离子周围有可能容纳更多异号离子。表 2-19 给出了 AB 型晶体离子半径比与晶体构型的关系。

表 2-19 AB 型晶体离子半径比与配位数的关系

r_+/r_-	配位数	构型
0.225～0.414	4	ZnS 型
0.414～0.732	6	NaCl 型
0.732～1.0	8	CsCl 型

2.4.2.3 晶格能 U

离子晶体的晶格能是指：在标准状态下，气态正离子和气态负离子结合成 1mol 离子晶体时所放出的能量 U_1（$kJ\cdot mol^{-1}$）。例如：

$$Na^+(g) + F^-(g) \longrightarrow NaF(s)$$

晶格能愈大，破坏离子晶体所需消耗的能量愈多，离子晶体愈稳定。晶格能大的离子晶体一般有较高的熔点和较大的硬度。晶格能可以通过实验、理论计算和量子力学方法等得到。

2.4.3 原子晶体

在原子晶体中，晶格结点上排列着一个个中性原子，原子间以强大的共价键连接，成键电子均定域在原子间不能自由运动。因此，原子晶体熔点高、硬度大、熔融时导电性差。金刚石是典型的原子晶体，其中每个碳原子都形成 4 个 sp^3 杂化轨道，四个碳原子通过共价键结合，形成包括整个晶体的大分子（图 2-22）。

一般半径较小，最外层电子数较多的原子组成的单质常属原子晶体，如 Si、Ge、B 等。此外，半径较小、性质相似的元素组成的化合物也常形成原子晶体，如 SiC、SiO_2 等。

2.4.4 分子晶体

在分子晶体的晶格结点上排列着分子，这些分子通过分子间力相结合（在某些极性分子间还存在着氢键）。由于分子间力比化学键要小得多，因此分子晶体的熔点和硬度都很低，它们不易导电。大多数共价型的非金属单质和化合物，如固态 HCl、NH_3、N_2、CO_2（干冰）、CH_4、蒽等都是分子晶体（图 2-23）。

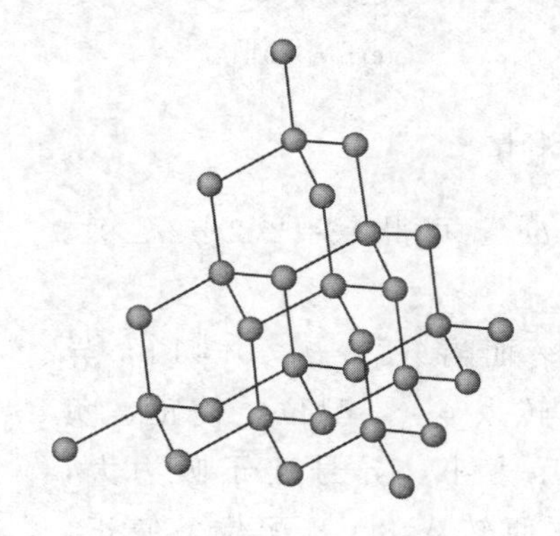

图 2-22 金刚石的晶体结构

● 碳原子
○ 氧原子

(a) 干冰的晶体结构

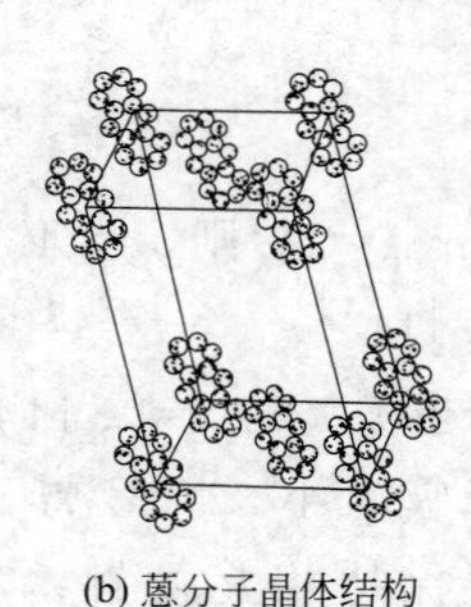

(b) 蒽分子晶体结构

图 2-23 分子晶体结构

有些分子晶体，如干冰在常温常压下以气态形式存在，有些分子晶体如碘、萘等能直接升华。分子晶体一般不导电，但极性分子晶体溶于极性溶剂后能导电，如 HCl。

2.4.5 金属晶体

在金属晶体的晶格结点上排列着的微粒是金属原子，通过金属键结合。所谓金属键是指金属晶体中因自由电子的运动，在金属原子、金属正离子和自由电子间产生的一种结合力，常被看成是一种特殊的共价键，称为金属的改性共价键。金属的改性共价键理论认为：金属晶体中晶格结点上的原子和离子共用晶体内的自由电子，但它又和一般的共价键不同，它们共用的电子不属于某个或某几个原子和离子，而是属于整个晶体，因此称为非定域的自由电子。自由电子的存在使金属具有良好的导电导热性和延展性。

金属晶体基本构型有三种：体心立方密堆积、面心立方密堆积和六方密堆积，它们的配位数分别为 8、12、12（图 2-24）。

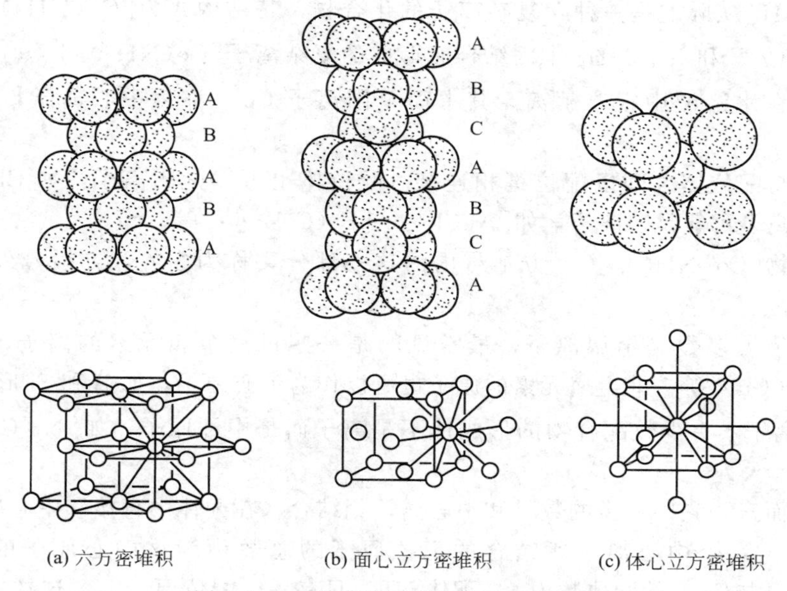

(a) 六方密堆积　　(b) 面心立方密堆积　　(c) 体心立方密堆积

图 2-24　三种典型的密堆积的晶格示意

2.5 配位化合物的价键理论

配位化合物（简称“配合物”）是以具有接受电子对的空轨道的离子或原子（称为配合物的形成体）为中心，可以给出电子对的一定数目离子或分子为配位体，两者以配位键相结合，形成的具有一定空间构型的复杂化合物。通常认为配位化学始于 1798 年 $CoCl_3 \cdot 6NH_3$ 的发现。1893 年瑞士苏黎世大学化学教授 Alfred Werner 提出了配合物的正确化学式和成键本质，被认为是近代配位化学的创始人。配位化学在科学研究和生产实验中起着越来越重要的作用，它研究的内容实际上已经打破了传统的无机化学、有机化学、物理化学和分析化学的界限，成为各分支化学的交叉点。金属的分离和提取、工业分析、催化、电镀、环保、医药工业、印染工业、化学纤维工业以及生命科学、人体健康等，无一不与配位化合物有关，近年来，这一领域的充分发展已形成了一门独立的分支学科——配位化学。

用来解释配合物中化学键的本质，配合物结构和稳定性，以及一般性质（如磁性、光谱等）的理论主要有价键理论、晶体场理论和分子轨道理论。1931 年，鲍林首先将分子结构的价键理论应用于配合物，后经发展逐步完善形成了近代配合物价键理论。价键理论较成功地解释了配合物的结构、稳定性及磁性的差别，但也有其局限性，它不能解释过渡金属配合物普遍具有特征颜色的现象，也不能解释配合物的可见和紫外吸收光谱等。因此，在近代，价键理论的地位逐渐为配合物的晶体场理论和分子轨道理论所取代。但价键理论简单明了，易于被初学者接受，所以颇受人们的欢迎。本节只介绍配位化合物的价键理论。

2.5.1 配位化合物的组成和命名

2.5.1.1 配合物的组成

$CoCl_3 \cdot 6NH_3$ 实际上是一种含复杂离子的化合物，其结构式为$[Co(NH_3)_6]Cl_3$，方括号内是由一个 Co^{3+} 和六个 NH_3 牢固结合而形成的复杂离子$[Co(NH_3)_6]^{3+}$，称为配离子，它十分稳定，在水溶液中很难解离。其中简单阳离子 Co^{3+} 称为中心离子，NH_3 称为配位体。

中心离子与配位体之间以配位键相连接。配位体也可以是阴离子，如 Cl^-、CN^- 等。这样形成的配离子可能是阴离子，如$[AuCl_4]^-$、$[Fe(CN)_6]^{4-}$等。

配位化合物$[Co(NH_3)_6]Cl_3$ 方括号内的这一部分又称为内界，方括号外的部分称为外界。

中心离子绝大多数是金属离子，最常见的是一些过渡金属元素的离子，例如 Fe^{3+}、Fe^{2+}、Co^{3+} 和 Cu^{2+} 等。非金属元素的原子也可以作为中心原子，如 B 和 Si 形成 $[BF_4]^-$、$[SiF_6]^-$ 等配离子。有少数配合物的形成体不是离子而是中性原子，如$[Ni(CO)_4]$中的 Ni 原子等。

对配位体而言，它以一定的数目和中心离子相结合。在配体中直接和中心离子连接的原子叫配位原子。一个中心离子所结合的配位原子的总数称为该中心原子的配位数。如$[Co(NH_3)_6]^{3+}$ 中 Co^{3+} 的配位数为 6。配体 NH_3 只有一个配位原子 N，这样的配体称为单齿配体。又如$[Cu(en)_2]^{2+}$（en 为 $NH_2CH_2CH_2NH_2$ 的简写）中 Cu^{2+} 的配位数为 4 而不是 2。因为每个 en 有两个配位原子 N，像 en 这样一个配体中含两个或两个以上配位原子的配体称为多齿配体。

中心离子（原子）的配位数一般有 2、4、6 和 8，最常见的是 4 和 6。配位数的多少取决于配合物中的中心离子和配体的体积大小、电荷多少、彼此间的极化作用、配合物生成时的外界条件（浓度、温度）等。

常见的配位原子有 14 种。除 H 和 C 外，有周期表中第ⅤA 族的 N、As 和 Sb；第ⅥA 族的 O、S 和 Se、Te；第ⅦA 族的 F、Cl、Br 和 I。配位数是容纳在原子或离子周围的电子对的数目，故不受周期表族次的限制，而取决于元素的周期数。中心离子的最高配位数第一周期为 2，第二周期为 4，第三、四周期为 6，第五周期为 8。一般来说，如果中心离子的半径越大，则周围能结合的配体就越多，配位数就越大。例如：Al^{3+} 和 F^- 形成 $[AlF_6]^{3-}$，而体积较小的 B(Ⅲ)就只能与 F^- 形成 $[BF_4]^-$。但中心离子的体积越大，它和配体间的吸引力就越弱，这就使它达不到最高配位数。中心离子和配体的体积关系并非是决定配位数的唯一因素。中心原子电荷增加，或配体电荷的减少，均有利于配位数的增加。另外，增大配体浓度，降低反应温度将有利于形成高配位数的配合物。

2.5.1.2 配合物的命名

根据中国化学会无机专业委员会制定的汉语命名原则，配位化合物命名规则如下：若配合物为配离子化合物，则命名时配阴离子在前，配阳离子在后；若为配阳离子化合物，则叫某化某或某酸某；若为配阴离子化合物，则在配阴离子与外界阳离子之间用“酸”字连接，称为某酸某。

以下举一些配合物命名的实例，作进一步阐述。

(1)含配阳离子的配合物

$[Cu(NH_3)_4]SO_4$　　硫酸四氨合铜(Ⅱ)

(配体与中心离子之间加“合”字，中心离子的氧化值用带括号的罗马数字表示)

$[Fe(en)_3]Cl_3$　　三氯化三(乙二胺)合铁(Ⅲ)

$[CoCl_2(H_2O)_4]Cl$　　一氯化二氯·四水合钴(Ⅲ)

(有多种配体时，配体之间用中圆点“·”分开，命名次序为：先阴离子后中性分子；同类配体按配位原子元素符号的英文字母顺序的先后命名)

$[Co(NH_3)_5(H_2O)]Cl_3$　　三氯化五氨·一水合钴(Ⅲ)

(2)含配阴离子的配合物

$K_4[Fe(CN)_6]$　　六氰合铁(Ⅱ)酸钾(俗名黄血盐)

$K[PtCl_5(NH_3)]$　　五氯·一氨合铂(Ⅳ)酸钾

(3)中性配合物

$[PtCl_2(NH_3)_2]$　　二氯·二氨合铂(Ⅱ)

$[Co(NO_2)_3(NH_3)_3]$　　三硝基·三氨合钴(Ⅲ)

$[Fe(CO)_5]$　　五羰基合铁　(铁为中性原子)

2.5.2　价键理论的要点

价键理论认为：中心离子（或原子）与配体形成配合物时，中心离子（或原子）以空的杂化轨道接受配体中配位原子提供的孤对电子，形成配位共价键，这是一种特殊的共价键，共用电子对由单一原子提供。中心离子（或原子）杂化轨道的类型与形成的配离子的空间结构密切相关，也决定配位键型（内轨配键或外轨配键）。

配合物的配位键是一种极性共价键，具有一定的方向性和饱和性。

以$[Zn(NH_3)_4]^{2+}$为例，Zn^{2+}的外围电子层结构为$3s^2 3p^6 3d^{10}$，它的4s和4p轨道是空的。且能量相近，在与NH_3形成配离子时，这四个空轨道杂化形成四个等价的sp^3杂化轨道，容纳配体中四个N原子提供的四对孤电子对，即

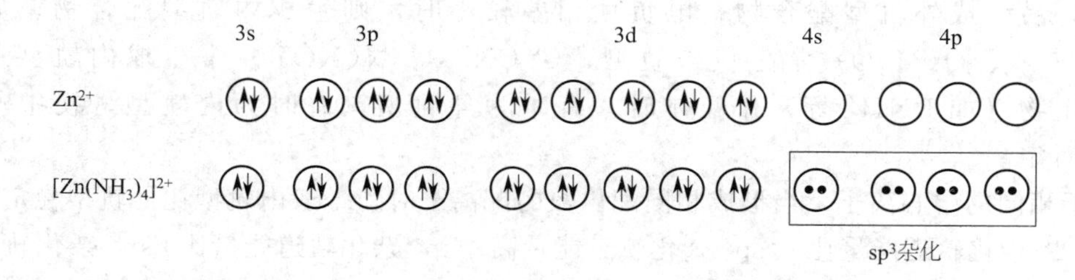

上图中的“↑”表示中心离子的电子，“·”表示配位原子的电子。若中心金属离子d轨道未充满电子，如Fe^{2+}，则形成配合物时的情况就比较复杂。Fe^{2+}的3d能级上有6个电子，其中4个轨道中是单电子（洪特规则）。在形成$[Fe(H_2O)_6]^{2+}$配离子时，中心离子的电子层不受配体影响。H_2O中配位原子氧的孤对电子进入Fe^{2+}的4s、4p和4d空轨道形成sp^3d^2杂化轨道，并形成六个sp^3d^2 σ配键。

这种中心离子仍保持其自由离子状态的电子结构，配位原子的孤对电子仅进入外层空轨道而形成的配键，称为外轨配键，其对应的配离子称为外轨型配离子。$[Zn(NH_3)_4]^{2+}$ 和 $[Fe(H_2O)_6]^{2+}$ 都是外轨型配离子，它们的配合物称为外轨型配合物。外轨型配合物中心离子的杂化形式有 sp、sp^2、sp^3、sp^3d^2 等。

Fe^{2+} 在形成 $[Fe(CN)_6]^{4-}$ 配离子时，由于配体 CN^- 对中心离子 d 电子的作用特别强，能将 Fe^{2+} 的电子“挤成”只占 3 个 d 轨道并均自旋配对，使 2 个 d 轨道空出来。6 个 CN 中配位原子碳的孤对电子进入 Fe^{2+} 的 3d、4s 和 4p 空轨道形成 d^2sp^3 杂化轨道，单电子数为零，磁性也没有了。像这样中心离子的电子结构改变，未成对的电子重新配对，从而在内层腾出空轨道来形成的配键称为内轨配键。用这种键型结合的配离子称为内轨型配离子，如 $[Fe(CN)_6]^{2+}$、$[Co(NH_3)_6]^{3+}$、$[PtCl_6]^{2-}$ 等都是内轨型配离子，它的配合物称为内轨型配合物。内轨型配合物中心离子的杂化形式有 dsp^2、d^2sp^3 等。

以上关于 $[Fe(H_2O)_6]^{2+}$ 和 $[Fe(CN)_6]^{4-}$ 配离子键型结构的叙述可以示意如下，即

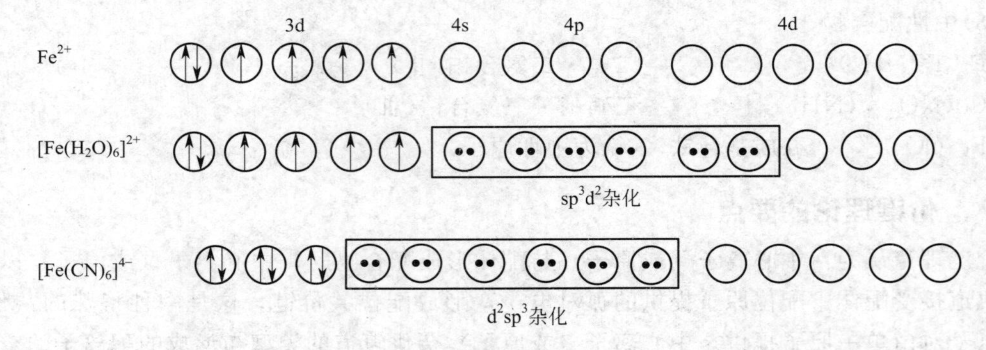

配合物是内轨型还是外轨型，主要取决于中心离子的电子构型、离子所带的电荷和配位体的性质。具有 d^{10} 构型的离子，只能用外层轨道形成外轨型配合物；具有 d^8 构型的离子如 Ni^{2+}、Pt^{2+}、Pd^{2+} 等，大多数情况下形成内轨型配合物；具有其他构型的离子，既可形成内轨型，也可形成外轨型配合物。

中心离子电荷增多，有利于形成内轨型配合物。中心离子与配位原子电负性相差很大时，易生成外轨型配合物；电负性相差较小时，则生成内轨型配合物。如配位原子 $F(F^-)$、$O(H_2O)$ 常生成外轨型；$C(CN^-)$、$N(NO_2^-)$ 常生成内轨型；NH_3 及其衍生物（如 RNH_2 等）作配体时，有时为外轨型，有时为内轨型，视中心离子的情况而定。

对于相同的中心离子，当形成相同配位数的配离子时，一般内轨型比外轨型稳定，这是因为 sp^3d^2 杂化轨道能量比 d^2sp^3 杂化轨道能量高；sp^3 杂化轨道能量比 dsp^2 杂化轨道能量高。在溶液中内轨型配离子也比外轨型配离子较难解离。例如：$[Fe(CN)_6]^{3-}$ 和 $[Ni(CN)_4]^{2-}$ 分别比 $[FeF_6]^{3-}$ 和 $[Ni(NH_3)_4]^{2+}$ 难解离。

2.5.3 配位化合物的空间结构

配位化合物的空间结构取决于中心离子杂化轨道的类型。现将常见杂化轨道类型与配合物空间结构的关系列表 2-20。

表 2-20 中心离子杂化轨道类型与配离子的空间结构

杂化轨道类型	配离子空间结构	配位数	实 例
sp	直线形	2	$[Cu(NH_3)_6]^+$，$[Ag(NH_3)_2]^+$，$[Ag(CN)_2]^-$
sp^2	平面三角形	3	$[CuCl_3]^{2-}$，$[HgI_3]^-$
sp^3	正四面体	4	$[Ni(NH_3)_4]^{2+}$，$[Zn(NH_3)_4]^{2+}$，$[Ni(CO)_4]$
dsp^2	正方形	4	$[Cu(NH_3)_6]^{2+}$，$[Ni(CN)_4]^{2+}$，$[PtCl_4]^{2-}$
dsp^3	三角双锥形	5	$[Ni(CN)_5]^{3-}$，$[Fe(CO)_5]$
sp^3d^2	正八面体	6	$[Co(NH_3)_6]^{2+}$，$[Fe(H_2O)_6]^{3+}$，$[FeF_6]^{3-}$
d^2sp^3			$[Fe(CN)_6]^{3-}$，$[Fe(CN)_6]^{4-}$，$[Co(NH_3)_6]^{3+}$

2.5.4 配位化合物的磁性

物质的磁性是指在外加磁场影响下，物质所表现出来的顺磁性或反磁性。顺磁性物质可被外磁场所吸引，反磁性物质不被外磁场吸引。

物质表现为顺磁性或反磁性，取决于组成物质的分子、原子或离子中电子的运动状态。如果物质中所有电子都已配对，无单电子，则该物质无磁性，称为反磁性；相反，如物质中有未成对电子，则该物质表现为顺磁性。

物质磁性的强弱可用磁矩（μ）来表示。假定配离子中配体内的电子皆已成对，则 d 区过渡元素所形成的配离子的磁矩可用下式作近似计算：

$$\mu=\sqrt{n(n+2)}$$

式中，n 是未成对电子数，磁矩的单位为玻尔磁子（B. M.）。

利用这个关系式，可以通过磁性实验来验证配离子是内轨型还是外轨型，并可近似计算未成对电子数。磁矩可用磁天平测出。例如：实验测得 $[FeF_6]^{3-}$ 的磁矩为 5.90 B. M.，则 $n\approx5$，可见，在 $[FeF_6]^{3-}$ 中 Fe^{3+} 仍保留 5 个未成对电子，以 sp^3d^2 杂化轨道与配位原子 F 形成外轨配键。再如：实验测得 $[Fe(CN)_6]^{4-}$ 的 $\mu=0$ B. M.，则说明 $n=0$，因此在 $[Fe(CN)_6]^{4-}$ 中 Fe^{2+} 的杂化形式为 d^2sp^3，$[Fe(CN)_6]^{4-}$ 是内轨型配合物。

阅读拓展

X 射线的发展及其在表征物质结构中的应用

1895 年，德国实验物理学家伦琴在研究阴极射线时发现了一种尚未为人知的新射线，便取名为 X 射线。伦琴用这种射线拍摄了他夫人的手的照片，显示出手的骨骼结构，手指上的结婚戒指也清晰可见。这是一张具有历史意义的照片，它表明了人类可借助 X 射线，隔着皮肉去透视骨骼。伦琴的这一发现立即引起了强烈的反响，1901 年诺贝尔奖第一次颁发，伦琴由于发现 X 射线而获得这一年的物理学奖。

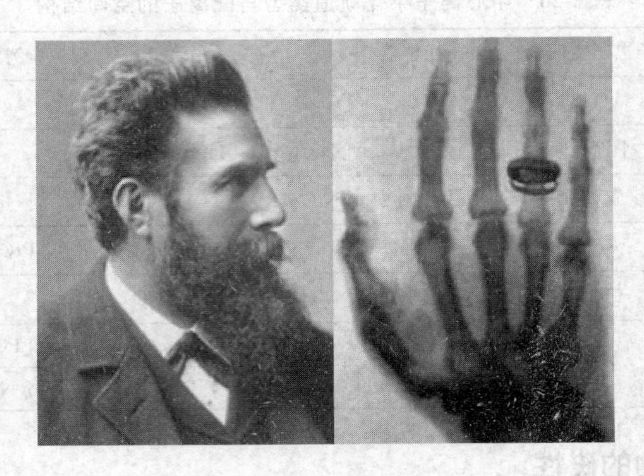

随着X射线对科学和人类生活所具有的巨大意义和深远影响，X射线促生和发展了多个学科，它在诸多领域中得到了广泛应用。例如，医学中的X射线透视学和放射线治疗学的诞生和发展，工程技术中的X射线探伤学的诞生和发展，物质结构分析方面的X射线晶体学的诞生和发展，以及X射线貌相学、X射线光谱学、X射线漫散射、非相干散射、小角散射、X射线吸收精细结构等多个学科分支的形成和发展，无不归功于X射线的发现。

X射线实际上是一种波长极短、能量很大的电磁波。产生X射线的最简单方法是用加速后的电子撞击金属靶。撞击过程中，电子突然减速，其损失的动能会以光子形式放出，形成X光光谱的连续部分，称之为韧致辐射。通过加大加速电压，电子携带的能量增大，则有可能将金属原子的内层电子撞出，于是内层形成空穴，外层电子跃迁回内层填补空穴，同时放出波长在0.1nm左右的光子。由于外层电子跃迁放出的能量是量子化的，所以放出的光子的波长也集中在某些部分，形成了X光谱中的特征线，此称为特性辐射。

作为窥视原子（或微小）世界“眼睛”的X射线，从它刚被发现不久，就在揭示物质结构方面令人刮目。1912年德国物理学家劳厄发现X射线通过晶体时会产生衍射现象，证明了X射线的波动性和晶体内部结构的周期性。随后，布拉格父子以更简洁的方式，清楚地解释了X射线晶体衍射的形成。由此开创了一门崭新学科——X射线晶体结构分析，使X射线与物质结构间结下不解之缘。劳厄和布拉格父子也因此获得了1914年和1915年的诺贝尔物理学奖。

20世纪40年代末和50年代初，DNA被确认为遗传物质，它能携带遗传信息，能自我复制传递遗传信息，能让遗传信息得到表达以控制细胞活动，并能突变并保留突变。生物学家们面临的难题是：DNA是什么样的结构？

伦敦国王学院的威尔金斯、富兰克林（Rosalind实验室）用X射线衍射法研究了DNA的晶体结构。当X射线照射到生物大分子的晶体时，晶格中的原子或分子会使射线发生偏转，根据得到的衍射图像，可以推测分子大致的结构和形状。英国女生物学家富兰克林最早认定DNA具有双螺旋结构。1952年5月，她运用X射线衍射技术拍摄到了清晰而优美的DNA照片，照片表明DNA是由两条长链组成的双螺旋，宽度为20Å，这为探明其结构提供了重要依据。

DNA双螺旋模型的发现，是20世纪最为重大的科学发现之一，也是生物学历史上唯一可与达尔文进化论相比的最重大的发现，它揭开了分子生物学的新篇章，人类从此开始进入改造、设计生命的征程。

诸如此类的重大应用和发现数不胜数，这里就不一一列举。可以说，X射线的发现和研究，对20世纪以来的物理学、化学、生物学以至整个科学技术的发展产生了巨大而深远的影响。据统计，与X射线相关的诺贝尔奖数量高达25次，具体如下：

① 1901年，诺贝尔奖第一次颁发，伦琴就由于发现X射线而获得了诺贝尔物理学奖。

② 1914年，劳厄由于利用X射线通过晶体时的衍射，证明了晶体的原子点阵结构而获得诺贝尔物理学奖。

③ 1915年，布拉格父子因在用X射线研究晶体结构方面所作出的杰出贡献分享了诺贝尔物理学奖。

④ 1917年，巴克拉由于发现标识X射线获得诺贝尔物理学奖。

⑤ 1924年，西格班因在X射线光谱学方面的贡献获得了诺贝尔物理学奖。

⑥ 1927年，康普顿与威尔逊因发现X射线的粒子特性同获诺贝尔物理学奖。

⑦ 1936年，德拜因利用偶极矩、X射线和电子衍射法测定分子结构的成就而获诺贝尔化学奖。

⑧ 1946年，缪勒因发现X射线能人为地诱发遗传突变而获诺贝尔生理学及医学奖。

⑨ 1954年，鲍林由于在化学键的研究以及用化学键的理论阐明复杂的物质结构而获得诺贝尔化学奖（他的成就与X射线衍射研究密不可分）。

⑩ 1962年，沃森、克里克、威尔金斯因发现核酸的分子结构及其对生命物质信息传递的重要性分享了诺贝尔生理学及医学奖（他们的研究成果是在X射线衍射实验的基础上得到的）。

⑪ 1962年，佩鲁茨和肯德鲁用X射线衍射分析法首次精确地测定了蛋白质晶体结构而分享了诺贝尔化学奖。

⑫ 1964年，霍奇金因在运用X射线衍射技术测定复杂晶体和大分子的空间结构取得的重大成果获诺贝尔化学奖。

⑬ 1969年，哈塞尔与巴顿因提出“构象分析”的原理和方法，并应用在有机化学研究而同获诺贝尔化学奖（他们用X射线衍射分析法开展研究）。

⑭ 1973年，威尔金森与费歇尔因对有机金属化学的研究卓有成效而共获诺贝尔化学奖。

⑮ 1976年，利普斯科姆因用低温X射线衍射和核磁共振等方法研究硼化合物的结构及成键规律的重大贡献获得诺贝尔化学奖。

⑯ 1979年，诺贝尔生理学和医学奖破例地授给了对X射线断层成像仪（CT）做出特殊贡献的豪斯菲尔德和科马克这两位没有专门医学经历的科学家。

⑰ 1980年，桑格借助于X射线分析法与吉尔伯特、伯格因确定了胰岛素分子结构和DNA核苷酸顺序以及基因结构而共获诺贝尔化学奖。

⑱ 1981年，凯·西格班由于在电子能谱学方面的开创性工作获得了诺贝尔物理学奖的一半。

⑲ 1982年，克卢格因在测定生物物质的结构方面的突出贡献而获诺贝尔化学奖。

⑳ 1985年，豪普特曼与卡尔勒因发明晶体结构直接计算法，为探索新的分子结构和化学反应作出开创性的贡献而分享了诺贝尔化学奖。

㉑ 1988年，戴森霍弗、胡伯尔、米歇尔因用X射线晶体分析法确定了光合成中能量转换反应的反应中心复合物的立体结构，共享了诺贝尔化学奖。

㉒ 1997年，斯科与博耶和沃克因借助同步辐射装置的X射线，在人体细胞内离子传输酶方面的研究成就而共获诺贝尔化学奖。

㉓ 2002年，贾科尼因发现宇宙X射线源，与戴维斯、小柴昌俊共同分享了诺贝尔物理学奖。

㉔ 2003年，阿格雷和麦金农因发现细胞膜水通道，以及对细胞膜离子通道结构和机理研究作出的开创性贡献被授予诺贝尔化学奖（他们的成果用X射线晶体成像技术获得）。

㉕ 2006年，科恩伯格被授予诺贝尔化学奖，以奖励他在“真核转录的分子基础”研究领域做出的贡献（他将X射线衍射技术结合放射自显影技术开展研究）。

习题

1. 试述四个量子数的物理意义和它们取值的规则。

（略）

2. 下列的电子运动状态是否存在？为什么？

（1）$n=2$，$l=2$，$m=0$，$m_s=+\frac{1}{2}$

（2）$n=3$，$l=1$，$m=2$，$m_s=-\frac{1}{2}$

（3）$n=4$，$l=2$，$m=0$，$m_s=+\frac{1}{2}$

（4）$n=2$，$l=1$，$m=1$，$m_s=+\frac{1}{2}$

[(1) 不存在；(2) 不存在；(3) 存在；(4) 存在]

3. 写出$_9F$、$_{18}Ar$、$_{25}Mn$、$_{29}Cu$的电子排布式。

（$1s^2 2s^2 2p^5$；$1s^2 2s^2 2p^6 3s^2 3p^6$；$1s^2 2s^2 2p^6 3s^2 3p^6 3d^5 4s^2$；$1s^2 2s^2 2p^6 3s^2 3p^6 3d^{10} 4s^1$）

4. 若元素最外层仅有一个电子，该电子的量子数为$n=4$，$l=0$，$m=0$，$m_s=+\frac{1}{2}$。问：

（1）符合上述条件的元素可以有几个？原子序数各为多少？

（2）写出相应元素原子的电子结构，并指出在周期表中所处的区域和位置。

（K、Cr、Cu）

5. 在下列各组中填入合适的量子数：

（1）$n=2$，$l=?$，$m=1$，$m_s=-\frac{1}{2}$

（2）$n=3$，$l=1$，$m=?$，$m_s=+\frac{1}{2}$

（3）$n=4$，$l=0$，$m=0$，$m_s=?$

［（1）1；（2）0 或 1 或 −1；（3）$+\frac{1}{2}$或$-\frac{1}{2}$］

6. 什么是化学键？化学键有几种类型？它们形成的条件是什么？

（略）

7. 第四周期某元素，其原子失去 3 个电子，在 $l=2$ 的轨道内电子半充满，试推断该元素的原子序数，并指出该元素名称；第五周期某元素，其原子失去 2 个电子，在 $l=2$ 的轨道内电子半充满，试推断该元素的原子序数、电子结构，并指出位于周期表中的哪一族？是什么元素？

（Fe、Tc）

8. 指出相应于下列各特征元素的名称。

（1）具有 $1s^2 2s^2 2p^6 3s^2 3p^5$ 电子层结构的元素；

（2）ⅡA 族中第一电离能最大的元素；

（3）ⅥA 族中具有最大电子亲和能的元素。

［（1）Cl；（2）Be；（3）S］

9. 指出具有下列性质的元素（不查表，且稀有气体除外）。

（1）原子半径最大和最小　　（2）电离能最大和最小

（3）电负性最大和最小　　（4）电子亲和能最大和最小

［（1）钫和氢；（2）氟和铯；（3）氟和铯；（4）氯和锂］

10. 指出下列分子的中心原子采用的杂化轨道类型，并判断它们的几何构型。

（1）BeH_2；（2）SiH_4；（3）BBr_3；（4）CO_2

［（1）sp 杂化，直线形；（2）sp^3 杂化，四面体；
（3）sp^2 杂化，平面三角形；（4）sp 杂化，直线形］

11. 用杂化轨道理论解释 H_2O 分子为什么是极性分子。

（略）

12. 已知 KI 的晶格能（U）为 $-631.9\text{kJ}\cdot\text{mol}^{-1}$，钾的升华热（$S$）为 $90.0\text{kJ}\cdot\text{mol}^{-1}$，钾的电离能（$I$）为 $418.9\text{kJ}\cdot\text{mol}^{-1}$，碘的升华热（$S$）为 $62.4\text{kJ}\cdot\text{mol}^{-1}$，碘的电离能（$D$）为 $151\text{kJ}\cdot\text{mol}^{-1}$，碘的电子亲和能（$E$）为 $-310.5\text{kJ}\cdot\text{mol}^{-1}$，求碘化钾的生成热。

（$215.3\text{kJ}\cdot\text{mol}^{-1}$）

13. 由 N_2 和 H_2 每生成 1mol NH_3 放热 46.02kJ，而生成 1mol 的 NH_2-NH_2 却吸热 96.26kJ。已知 H—H 键键能为 $436\text{kJ}\cdot\text{mol}^{-1}$，N≡N 叁键键能为 $945\text{kJ}\cdot\text{mol}^{-1}$。求：（1）N—H 键的键能；（2）N—N 单键的键能。

［（1）$245.5\text{kJ}\cdot\text{mol}^{-1}$；（2）$738.7\text{kJ}\cdot\text{mol}^{-1}$］

14. 根据价键理论指出下列配离子的中心离子所采用的杂化轨道和几何构型。

(1) $[Co(NH_3)_6]^{2+}$ (2) $[Co(CN)_6]^{3-}$ (3) $[HgI_4]^{2-}$ (4) $[Au(CN)_2]^-$

[(1) sp^3d^2 杂化轨道，八面体；(2) d^2sp^3 杂化轨道，八面体；(3) sp^3 杂化轨道，四面体；(4) sp 杂化轨道，直线形]

15. 实验测得下列化合物的磁矩数值（B. M.）如下：

(1) $[CoF_6]^{3-}$ 4.5 B. M. (2) $[Ni(NH_3)_4]^{2+}$ 3.2 B. M.

(3) $[Fe(CN)_6]^{4-}$ 0 B. M. (4) $[Mn(SCN)_6]^{4-}$ 6.1 B. M.

试指出它们的杂化类型，判断哪个是内轨型，哪个是外轨型？

[(1) 外轨型；(2) 外轨型；(3) 内轨型；(4) 外轨型]

第3章　元素及其化合物的性质与变化规律

学习要求

1. 了解单质及重要化合物的物理性质、化学性质及其变化的大致规律。
2. 掌握离子极化对离子化合物性质（熔点、沸点、溶解性、颜色等）的影响。
3. 熟悉重要化合物的结构特点，判断其溶解性、酸碱性、氧化还原性及热稳定性等的变化。
4. 了解重要元素及其化合物在工程实际中的重要应用。

在周期表中，除了上方的22种非金属元素外，其余均为金属元素。它们在周期表中的位置可以通过硼-硅-砷-碲-砹和铝-锗-锑-钋之间的对角线来划分。金属和非金属的物理、化学性质有明显的区别，但对角线附近的一些元素的性质介于金属和非金属之间，也称为准金属，所以金属和非金属之间没有严格的界限。

元素及其化合物的性质与其结构有密切的关系。本章主要介绍元素及其化合物的一些主要性质如熔点、沸点、溶解性、颜色、酸碱性、热稳定性及其变化规律。

3.1　物质的熔点和沸点

物质的熔、沸点取决于该物质的化学键和晶格类型。离子晶体和共价晶体都具有很高的熔、沸点，大部分金属晶体熔点也很高，而分子晶体的熔、沸点一般较低。

3.1.1　单质的熔点和沸点

表3-1和表3-2中列出了一些单质的熔、沸点数据。

表3-1　单质的熔点　　单位：℃

	ⅠA																	ⅧA
1	H_2 −259.34	ⅡA											ⅢA	ⅣA	ⅤA	ⅥA	ⅦA	He −272.2
2	Li 180.54	Be 1278											B 2076	C 3550	N_2 −210	O_2 −222.8	F_2 −219.62	Ne −248.59
3	Na 97.72	Mg 650	ⅢB	ⅣB	ⅤB	ⅥB	ⅦB	Ⅷ			ⅠB	ⅡB	Al 660.3	Si 1414	P(白) 44.2	S(菱) 115.2	Cl_2 −101.5	Ar −189.4
4	K 63.38	Ca 842	Sc 1541	Ti 1668	V 1902	Cr 1907	Mn 1246	Fe 1538	Co 1495	Ni 1455	Cu 1084.4	Zn 419.53	Ga 29.76	Ge 937.4	As(灰) 817.2	Se(灰) 221	Br_2 −7.2	Kr −157.4
5	Rb 39.31	Sr 777	Y 1526	Zr 1855	Nb 2477	Mo 2623	Tc 2157	Ru 2334	Rh 1964	Pd 1554	Ag 961.78	Cd 321.1	In 156.6	Sn 231.93	Sb 630.63	Te 449.5	I_2 113.7	Xe −111.9
6	Cs 28.44	Ba 727	La 918	Hf 2233	Ta 3017	W 3422	Re 3186	Os 3033	Ir 2466	Pt 1768	Au 1064.2	Hg −38.84	Tl 304	Pb 327.5	Bi 271.3	Po 254	At 302	Rn −71.2

表 3-2　单质的沸点　　　　单位：℃

	ⅠA	ⅡA	ⅢB	ⅣB	ⅤB	ⅥB	ⅦB	ⅧB			ⅠB	ⅡB	ⅢA	ⅣA	ⅤA	ⅥA	ⅦA	ⅧA
1	H_2 −252.87																	He −268.9
2	Li 1342	Be 2496											B 3927	C 4827	N_2 −195.8	O_2 −183	F_2 −188.1	Ne −246.1
3	Na 882.9	Mg 1090											Al 2518	Si 2900	P 277	S 444.72	Cl_2 −34.1	Ar −185.7
4	K 760	Ca 1484	Sc 2830	Ti 3287	V 3409	Cr 2671	Mn 2061	Fe 2862	Co 2927	Ni 2913	Cu 2567	Zn 907	Ga 2204	Ge 2820	As 613.8	Se 684.9	Br_2 58.8	Kr −153.3
5	Rb 688	Sr 1382	Y 3336	Zr 4409	Nb 4744	Mo 4639	Tc 4265	Ru 4150	Rh 3695	Pd 2963	Ag 2162	Cd 767	In 2072	Sn 2602	Sb 1587	Te 989.8	I_2 184.4	Xe −108.1
6	Cs 671	Ba 1870	La	Hf 4603	Ta 5458	W 5555	Re 5596	Os 5012	Ir 4428	Pt 3825	Au 2856	Hg 356.7	Tl 1457	Pb 1740	Bi 1560	Po 962	At 337	Rn −61.8

表 3-1 中熔点较高的金属单质集中在第ⅥB 族附近：钨的熔点为 3410℃，是熔点最高的金属。第ⅥB 族两侧向左和向右，单质的熔点趋于降低；汞的熔点为−38.84℃，是常温下唯一液态的金属，铯的熔点仅为 28.40℃，低于人体温度。

金属单质的沸点变化大致与熔点的变化是平行的，钨也是沸点最高的金属。

一般来说，固态金属单质都属于金属晶体，排列在格点上的金属原子或金属正离子依靠金属键结合构成晶体；金属键的键能较大，可与离子键或共价键的键能相当。但对于不同金属，金属键的强度仍有较大的差别，这与金属的原子半径、能参加成键的价电子数以及核对外层电子的作用力等有关。每一周期开始的碱金属原子半径是同周期中最大的，价电子又最少，因而金属键最弱，熔点低。除锂外，钠、钾、铷、铯的熔点均在 100℃以下。从第ⅡA 族的碱土金属开始向右进入 d 区的副族金属，由于原子半径逐渐减小，参与成键的价电子数逐渐增加（d 区元素原子次外层 d 电子也有可能作为价电子）以及原子核对外层电子作用力的逐渐增强，金属键的键能将逐渐增大，因而熔点、沸点等也逐渐增高。第ⅥB 族原子未成对的最外层 s 电子和次外层的 d 电子数目增多，可参与成键，又由于原子半径较小，所以这些元素单质的熔沸点最高。第ⅦB 族以后，未成对的 d 电子数又逐渐减小，因而金属单质的熔点、沸点又逐渐降低。部分 ds 区及 p 区金属，晶体类型从金属晶体向分子晶体过渡，这些金属的熔点较低。

非金属单质的熔沸点按周期表呈现一定的规律，两边较低，中间较高。这完全与它们的晶体结构相一致，属于原子晶体的硼、碳、硅等单质的熔、沸点都很高，属于分子晶体的物质熔、沸点都很低，其中一些单质常温下呈气态（如稀有气体氦气、氖气、氩气及 F_2、Cl_2、O_2、N_2）或液态（如 Br_2）。氦气（He）是所有物质中熔点（−272.2℃）和沸点（−268.9℃）最低的。液态的稀有气体（He、Ne、Ar）以及 O_2、N_2 等常用来作为低温介质。如利用 He 可获得 0.001K 的超低温。金刚石的熔点（3550℃）是所有单质中最高的。石墨虽然是层状晶体，熔点也很高（3652～3697℃）。由于石墨具有良好的化学稳定性、传热导电性，在工业上用作电极、坩埚和热交换器的材料。非金属单质一般是非导体，也有一些具有半导体性质，如硼、碳、硅、硒、碲等，其中以硅和锗为最好。

3.1.2　离子晶体的熔点和沸点

由于离子晶体的晶格结点上交替排列着正、负离子，存在着离子键作用力，所以具有较

高的熔点。在标准状态下，破坏1mol离子晶体变成气态正、负离子时所吸收的能量，称为离子晶体的晶格能（U）。表达式为

$$MX_n(s) \longrightarrow M^{n+}(g) + nX^-(g) \qquad \Delta H^{\ominus} = U$$

式中，U为正值。例如，在298.15K、标准状态下，将单位物质的量的NaCl晶体变为气态Na^+和Cl^-时的能量变化为

$$NaCl(s) \longrightarrow Na^+(g) + Cl^-(g) \qquad U = 786kJ \cdot mol^{-1}$$

即NaCl的晶格能为$786kJ \cdot mol^{-1}$。晶格能越大，破坏离子晶体所需的能量越多，离子晶体越稳定。一般晶格能越大，离子晶体的熔点越高（见表3-3）。

表3-3 部分离子晶体的晶格能和熔点

晶体	NaI	NaBr	NaCl	NaF	CaO	MgO
晶格能/$kJ \cdot mol^{-1}$	692	740	780	920	1513	3889
熔点/K	933	1020	1074	1269	2843	3098

晶格能与正、负离子的电荷数乘积成正比，与正、负离子的半径之和成反比。此外，在离子化合物中，多数化合物并不是由100%离子键键合，也就是说，正、负离子之间可能发生极化作用，使得离子发生变形，从而使离子键向共价键过渡。

离子极化理论能说明离子键向共价键的转变。

将元素离子看作球形，正、负电荷中心分别重合于球心。在外电场作用下，离子中的原子核和电子会发生相对位移，产生诱导偶极，这种过程叫作离子极化。在这一过程中，离子具有双重作用。作为电场，能使周围异电荷离子极化而变形，即具有极化力；作为被极化的对象，本身被极化而变形。离子极化作用的强弱与离子的极化力和变形性两方面因素有关（图3-1）。

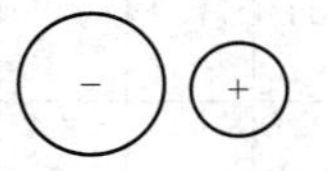

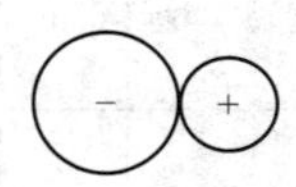

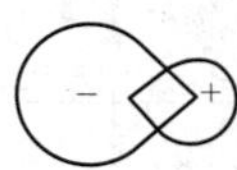

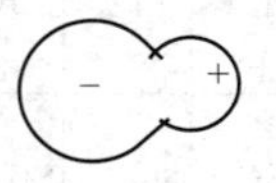

图3-1 离子极化对键型影响示意图

离子的极化力主要取决于下列三个因素：

① 离子的电荷越高，极化力越强；

② 离子半径越小，极化力越强；

③ 如果电荷相等，半径相近，则取决于外层电子构型。具有18电子构型的离子（如Cu^{2+}、Ag^+、Zn^{2+}等）和18+2电子构型的离子（如Pb^{2+}、Sb^{3+}等）极化力最强；9～17电子构型的离子（如Cr^{3+}、Mn^{2+}、Fe^{2+}、Fe^{3+}等）极化力较强；外层具有8电子构型的离子（如Na^+、Mg^{2+}等）极化力最弱。

离子的变形性大小也与离子结构有关，主要取决于下列三个因素：

① 离子正电荷减少或负电荷增加，变形性增大。例如，变形性：

$$Si^{4+} < Al^{3+} < Mg^{2+} < Na^+ < F^- < O^{2-}$$

② 离子半径越大，变形性越大。例如，变形性：

$$F^- < Cl^- < Br^- < I^-；O^{2-} < S^{2-}$$

③ 当电荷相等，半径接近时，外层18、9～17电子构型的离子变形性较大，8电子构型离子变形性较小。例如，变形性：

$$K^+ < Ag^+；Ca^{2+} < Hg^{2+}$$

离子极化规律一般来说，负离子极化力较弱，正离子变形性较小。所以考虑离子间极化作用时，主要是正离子极化引起负离子变形。但是当正离子也容易变形（如18电子构型的+1、+2价离子）时，还必须考虑负离子的极化作用。

离子极化对晶体结构和熔、沸点的影响，主要体现在键型的改变使晶体熔点发生变化。以氯化物为例说明，如表3-4和表3-5所示。氯是活泼非金属，与活泼金属Na、K、Ba等形成离子晶体，晶格能大，因而熔点、沸点较高；氯与非金属化合物形成共价型化合物，固态时是分子晶体，因而熔点、沸点较低。氯与一般金属（Mg、Al等）往往形成过渡性化合物。固态时是层状（或链状）结构晶体，不同程度呈现出向分子晶体过渡的性质，因此其熔点、沸点低于离子晶体，但高于分子晶体，常易升华。

表3-4 氯化物的熔点 单位：℃

	ⅠA	ⅡA	ⅢB	ⅣB	ⅤB	ⅥB	ⅦB	Ⅷ			ⅠB	ⅡB	ⅢA	ⅣA	ⅤA	ⅥA	ⅦA	ⅧA
1	HCl −114.8																	
2	LiCl 605	$BeCl_2$ 405											BCl_3 −107.3	CCl_4 −23	NCl_3 <-40	Cl_2O_7 −91.5	ClF −154	
3	NaCl 801	$MgCl_2$ 714											$AlCl_3$ 190*	$SiCl_4$ −70	PCl_5 166.8d PCl_3 −112	SCl_4 −30	Cl_2 −100.98	
4	KCl 770	$CaCl_2$ 782	$ScCl_3$ 939	$TiCl_4$ −25 $TiCl_3$ 440d	VCl_4 −28	$CrCl_3$ 约1150 $CrCl_2$ 824	$MnCl_2$ 650	$FeCl_3$ 306 $FeCl_2$ 672	$CoCl_2$ 724	$NiCl_2$ 1001	$CuCl_2$ 620 CuCl 430	$ZnCl_2$ 283	$GaCl_3$ 77.9	$GeCl_4$ −49.5	$AsCl_3$ −8.5	$SeCl_4$ 205		
5	RbCl 718	$SrCl_2$ 875	YCl_3 721	$ZrCl_4$ 437*	$NbCl_5$ 204.7	$MoCl_5$ 194		$RuCl_3$ >500d	$RhCl_3$ 475d	$PdCl_2$ 500d	AgCl 450	$CdCl_2$ 568	$InCl_3$ 586	$SnCl_4$ −33 $SnCl_2$ 246	$SbCl_5$ 2.8 $SbCl_3$ 73.4	$TeCl_4$ 224	α-ICl 27.2	
6	CsCl 645	$BaCl_2$ 963	$LaCl_3$ 860	$HfCl_4$ 319s	$TaCl_5$ 216	WCl_6 275 WCl_5 248		$OsCl_3$ 550d	$IrCl_3$ 763d	$PtCl_4$ 370d	$AuCl_3$ 254d AuCl 170d	$HgCl_2$ 276 Hg_2Cl_2 400s	$TlCl_3$ 25 TlCl 430	$PbCl_4$ −15 $PbCl_2$ 501	$BiCl_3$ 231			

注：表3-4～表3-6中：* 表示加压下；s表示升华；d表示分解；$RhCl_3$，$OsCl_3$，$BiCl_3$，LiCl，$ScCl_3$，P_2O_5，Br_2O，I_2O_5，TiO_2，Rb_2O_3，SeO_2 的数据有一个温度范围，表中取的是平均值。

3.1.3 氧化物的熔、沸点

氧化物是指氧与电负性比氧小的元素形成的二元化合物。表3-6列出了一些氧化物的熔点。总的来说，与氯化物相类似，但也存在一些差异。金属性强的元素的氧化物，如Na_2O、BaO、CaO、MgO等是离子晶体，熔、沸点大都较高。大多数非金属元素的氧化物如SO_2、CO_2等都是共价型化合物，固态时是分子晶体，熔、沸点低。但与所有的非金属氯化物都是分子晶体不同，非金属硅的氧化物SiO_2是原子晶体，熔、沸点较高。大多数金属性不太强的元素的氧化物是过渡型化合物，其中一些较低价态的氧化物，如 Al_2O_3、Fe_2O_3、TiO_2 等可以认为是离子晶体向原子晶体的过渡，或者说介于离子晶体和原子晶体之间，熔点较高。而高价态金属的氧化物，如 V_2O_5、CrO_3、MoO_3、Mn_2O_7 等，由于“金属离子”与“氧离子”相互极化作用强烈，偏向于共价型分子晶体，可以认为是离子晶体向分子晶体的过渡，熔、沸点较低。

表 3-5　氯化物的沸点　　单位：℃

	ⅠA	ⅡA	ⅢB	ⅣB	ⅤB	ⅥB	ⅦB	Ⅷ B			ⅠB	ⅡB	ⅢA	ⅣA	ⅤA	ⅥA	ⅦA	ⅧA
1	HCl −84.9																	
2	$LiCl$ 1342	$BeCl_2$ 520											BCl_3 12.5	CCl_4 76.8	NCl_3 <71	Cl_2O_7 82	ClF −100.8	
3	$NaCl$ 1413	$MgCl_2$ 1412											$AlCl_3$ 177.8s	$SiCl_4$ 57.57	PCl_5 162s PCl_3 75.5	SCl_4 −15d	Cl_2 −34.6	
4	KCl 1500s	$CaCl_2$ >1600	$ScCl_3$ 825s	$TiCl_4$ 136.4	VCl_4 148.5	$CrCl_3$ 1300s	$MnCl_2$	$FeCl_3$ 315d	$CoCl_2$	$NiCl_2$	$CuCl_2$ 933d $CuCl$ 1490	$ZnCl_2$ 732	$GaCl_3$ 20.3	$GeCl_4$ 84	$AsCl_3$ 130.2	$SeCl_4$ 288d		
5	$RbCl$ 1390	$SrCl_2$ 1250	YCl_3 1507	$ZrCl_4$ 331s	$NbCl_5$ 254	$MoCl_5$ 268		$RuCl_3$ 800s			$AgCl$ 1550	$CdCl_2$ 960	$InCl_3$ 600	$SnCl_4$ 114.1 $SnCl_2$ 652	$SbCl_5$ 79 $SbCl_3$ 293	$TeCl_4$ 380	α-ICl 97.4	
6	$CsCl$ 1290	$BaCl_2$ 1560	$LaCl_3$ >1000	$HfCl_4$ 319s	$TaCl_5$ 242	WCl_6 346.7 WCl_5 275.6					$AuCl_3$ 265s $AuCl$ 289.5d	$HgCl_2$ 302	$TlCl_3$ 720	$PbCl_4$ 105d $PbCl_2$ 950	$BiCl_3$ 447			

表 3-6　氧化物的熔点　　单位：℃

	ⅠA	ⅡA	ⅢB	ⅣB	ⅤB	ⅥB	ⅦB	Ⅷ B			ⅠB	ⅡB	ⅢA	ⅣA	ⅤA	ⅥA	ⅦA	ⅧA
1	H_2O 0.000																	
2	Li_2O >1700	BeO 2530											B_2O_3 450	CO_2 −56.6*	N_2O_3 −102	O_2 −218.4	OF_2 −223.8	
3	Na_2O 1275s Na_2O_2 460d	MgO 2852											Al_2O_3 2072	SiO_2 1610	P_2O_5 593 P_2O_3 23.8	SO_3 16.83 SO_2 −72.7	Cl_2O_7 -91.5 Cl_2O −20	
4	KO_2 380 K_2O 250d	CaO 2614		TiO_2 1840	V_2O_5 690	CrO_3 196 Cr_2O_3 2266	Mn_2O_7 5.9 MnO_2 535d	Fe_2O_3 1565 FeO 1369	CoO 1795	NiO 1984	CuO 1326 Cu_2O 1235	ZnO 1975	Ga_2O_3 1795	GeO_2 1115.0	As_2O_5 315d As_2O_3 312.3	SeO_3 118 SeO_2 345	Br_2O −17.5	
5	RbO_2 432 Rb_2O 400d	SrO 2430	Y_2O_3 2410	ZrO_2 2715	Nb_2O_5 1520	MoO_3 795		RuO_4 25.5	Rh_2O_3 1125d	PdO 870	Ag_2O 230d	CdO >1500		SnO_2 1630 SnO 1080d	Sb_2O_3 656	TeO_3 395d TeO_2 733	I_2O_5 325d	
6	Cs_2O_2 400 Cs_2O 400d	BaO 1918 BaO_2 450	La_2O_3 2307	HfO_2 2758	Ta_2O_5 1872	WO_3 1473	Re_2O_7 约297	OsO 40.6	IrO_2 1100d	PtO 550d	Au_2O_3 160d	HgO 500d Hg_2O 100d	Tl_2O_3 717 Tl_2O 300	PbO_2 90d PbO 886	Bi_2O_3 825			

大多数同价态的金属氧化物的熔点都高于其氯化物。例如，$MgO>MgCl_2$；$Al_2O_3>AlCl_3$；$Fe_2O_3>FeCl_3$；$CuO>CuCl_2$ 等。

3.2 化合物的溶解性

通常用溶解度(S)的大小来说明物质的溶解性。例如,$S<0.01$g/100g H_2O 的物质称为难溶物质,$S>1$g/100g H_2O 的物质称为易溶物质。

3.2.1 离子化合物的溶解性及其规律

典型离子晶体化合物有含氧酸盐、活泼金属的氟化物、氧化物和氯化物等。离子化合物在水中的溶解性对合成化学、分析化学等都是很重要的。本节主要介绍非金属含氧酸盐的溶解性。

溶解的一般规律如下：

① 阴、阳离子半径相差大的比相差小的易溶，如 $MgSO_4$ 比 $BaSO_4$ 易溶。因为当 $r^- \gg r^+$时，离子水合作用在溶解过程中占优势。而 NH_4^+ 的化合价、半径均和 K^+ 相近，因此铵盐的溶解度和相应的钾盐相近。

② 性质相近的盐，阳离子半径越小，该盐越容易溶解。室温下碱金属的高氯酸盐的溶解度的大小是：$NaClO_4>KClO_4>RbClO_4$。

③ 若阴、阳离子半径差不多，则 Z/r 大的离子所形成的盐较难溶解，如碱土金属和许多过渡金属的碳酸盐、磷酸盐等；而碱金属的硝酸盐和氯酸盐等易溶。

④ 由于离子极化作用，一些离子化合物中离子性减小、共价性增加，根据相似相溶原理，离子极化的结果导致化合物溶解性降低。例如，电负性小的金属离子和易被极化的阴离子形成的化合物溶解性降低，靠后的过渡金属和过渡金属离子的硫化物常常不溶；卤化物一般也是不溶的（氟化物除外），如 Ag^+ 和 Pb^{2+} 的化合物。Ag^+ 是 18 电子构型离子，极化力强，变形性较大。对 AgF 来说，由于 F^- 半径较小，变形性不大，Ag^+ 与 F^- 之间相互极化作用不明显，因此，所形成的化学键属于离子键。但随着 Cl^-、Br^-、I^- 半径依次增大，Ag^+ 与 X^- 之间相互极化作用不断增强，所形成化学键极性不断减弱，对 AgI 来说属于共价键化合物，见表 3-7。

表 3-7 卤化银的键型与溶解度

卤化银	AgF	AgCl	AgBr	AgI
卤素离子半径/pm	136	181	195	216
阴、阳离子半径之和/pm	262	307	321	342
实测键长/pm	246	277	288	299
键型	离子键	过渡键型	过渡键型	共价键
溶解度	172	难溶	难溶	难溶

3.2.2 含氧酸盐的溶解性规律

通常情况下，含氧酸盐的绝大部分钠盐、钾盐和铵盐以及酸式盐都易溶于水。其他含氧酸盐在水中的溶解性可以归纳如下。

硝酸盐：易溶于水，且溶解度随温度的升高而迅速增加。

硫酸盐：大部分溶于水，但 $BaSO_4$、$SrSO_4$ 和 $PbSO_4$ 难溶于水，$CaSO_4$、Ag_2SO_4 和

Hg_2SO_4 微溶于水。

碳酸盐：大多数都不溶于水，其中又以 Ca^{2+}、Sr^{2+}、Ba^{2+}、Pb^{2+} 的碳酸盐最难溶。

磷酸盐：大多数都不溶于水。

3.3 无机物的颜色及其变化规律

3.3.1 常见无机物的颜色

（1）常见水合阳离子的颜色

常见水合阳离子的颜色见表 3-8。

表 3-8　常见水合阳离子的颜色

离子	Ti^{2+}	V^{2+}	Cr^{2+}	Mn^{2+}	Fe^{2+}	Co^{2+}	Ni^{2+}	Cu^{2+}
颜色	黑	紫	蓝	浅红	绿	桃红	绿	蓝
离子	Ti^{3+}	V^{3+}	Cr^{3+}	Mn^{3+}	Fe^{3+}	Co^{3+}		
颜色	紫	绿	蓝紫	紫红	浅紫	蓝		
离子	TiO^{2+}	VO_2^+	VO^{2+}	$[Cr(OH)_4]^-$	$[Cu(OH)_4]^{2-}$			
颜色	无色	浅黄	黄	深绿	深蓝			

（2）常见水合阴离子的颜色

单原子阴离子和主族元素的含氧酸根在水溶液中均无色，过渡金属的含氧酸根常常有色。常见过渡金属水合含氧酸根离子的颜色列于表 3-9 中。

表 3-9　常见过渡金属水合含氧酸根离子的颜色

离子	VO_4^{3-}	CrO_4^{2-}	MoO_4^{2-}	WO_4^{2-}	$Cr_2O_7^{2-}$	MnO_4^-	MnO_4^{2-}	FeO_4^{2-}
颜色	黄	黄	淡黄	淡黄	橙红	紫红	深绿	紫红

（3）常见无机物的颜色

无机物的颜色丰富多彩。在金属单质中，除纯铜显紫红色、纯金显金黄色外，总体上都呈现银白色（部分呈灰白色）。非金属单质的颜色和状态则较为复杂。

在无机化合物中，氧化物和硫化物颜色最为丰富，其次是卤化物。在卤化物中，氟化物大多为无色（CuF 显红色），碱金属和碱土金属的氯化物、溴化物和碘化物的颜色逐渐加深。

主族元素的含氧酸根和主族元素阳离子形成的盐一般为无色或白色，如硝酸盐、硫酸盐、氯酸盐、磷酸盐等；主族元素的含氧酸根和过渡金属阳离子形成的盐，一般带有结晶水，因此其颜色多取决于水合阳离子的颜色。例如，$FeSO_4 \cdot 7H_2O$ 显浅绿色，而 $Fe(NO_3)_3 \cdot 9H_2O$ 显浅紫色。

过渡金属的含氧酸根一般本身具有颜色，其盐的颜色也多与其本身的颜色相同或相近。例如，锰酸盐显墨绿色，高锰酸盐显紫黑色，铬酸盐显黄色（Ag_2CrO_4 显砖红色），重铬酸盐显橙红色，高铁酸盐显紫红色。

3.3.2 无机物显色的原因

无机物选择性吸收部分可见光时，未被吸收的可见光就会透射或反射出来，因此无机物呈现的颜色（肉眼观察的颜色）就是未被吸收的可见光的混合颜色。解释具体无机物的颜色，可能是几种原因造成的。下面对无机物颜色产生的原因进行简单介绍。

离子极化使无机物产生颜色。离子的相互极化作用（与离子极化力成正比）越强，发生电荷跃迁（电子由一个原子移向相邻的另一原子的过程）的程度越大，化合物的颜色越深。从表 3-10 的数据可知，从 K^+ 到 Mn^{2+} 的极化力是依次增大的，所以它们氧化物的颜色是依次加深的。

表 3-10 第四周期元素的氧化物颜色变化规律与离子极化的关系

化合物	K_2O	CaO	Sc_2O_3	TiO_2	V_2O_5	CrO_2	Mn_2O_7
颜色	白色	白色	白色	白色	橙色	暗红色	黑绿色
离子极化力	3.6	9.7	21.3	42.7	9.7	148	225

在配体晶体场的作用下，中心离子的价层 d 轨道分裂，如此时存在未充满的 d 轨道，则低能态的 d 电子会吸收和分裂大小相同的某一可见光的光能而跃迁至高能态轨道（d-d 跃迁），此时配离子就会透射或反射出吸收光的互补光。例如，Cu^{2+} 价层 d 轨道的分裂能相当于红色光，因此 $[Cu(H_2O)_6]^{2+}$ 水溶液显红光的互补光——浅蓝色；而 $[Cu(NH_3)_4]^{2+}$ 的分裂能相当于橙黄色，因此其溶液显深蓝色。

某些无机物存在的晶格缺陷（晶体的某些晶格节点缺少部分阳离子或阴离子所致）导致其颜色。例如，萤石（CaF_2）本无色，但由于 F 色心的形成而显紫色。晶格缺陷还使得无色的 Al_2O_3 产生颜色，蓝宝石就是天然 Al_2O_3 在含有 Fe 或 Ti 时形成的，含有 Cr 时则形成红宝石。

无机物的颜色还受到晶粒粒度和聚积度的影响。当固体颗粒的直径小到与可见光的波长相近时，就会反复吸收几乎全部的可见光及其折射光。例如，HgS 会显红色或黑色，而 HgO 则会显红色或黄色，就是由于粒度不同造成的。

3.4 化合物的酸碱性

3.4.1 共价型氢化物的酸碱性

周期系各主族元素都能生成氢化物。第ⅠA 和第ⅡA 族元素（Be 和 Mg 除外）形成离子型氢化物，其固体是离子晶体。第ⅡA 族中的 Be 和 Mg，以及第ⅢA 族至第ⅦA 族元素一般形成共价型氢化物，固体为分子晶体。共价型氢化物中碳族元素和氮族元素的氢化物（除 NH_3 外）的水溶液不显酸碱性。氧族和卤族氢化物是水溶液显酸性，个别（如水）显两性。同一周期中，从左到右，如在 NH_3-H_2O-HF 系列中，H_nA 的酸性随元素 A 的电负性增加而增强；同一主族中，从上往下，如 HF→HCl→HBr→HI 系列中酸性依据 H—X 键键能的减弱而逐渐增强，氢氟酸为弱酸，而氢氯酸（盐酸）、氢溴酸和氢碘酸为强酸。

3.4.2 氧化物及其水合物的酸碱性

氧化物按其组成可分为正常氧化物（含氧离子 O^{2-}）、过氧化物（含过氧离子 O_2^{2-}，如 H_2O_2）、超氧化物（含超氧离子 O^{2-}，如 KO_2）和臭氧化物（含臭氧离子 O^{3-}，如 NaO_3）等。根据氧化物对酸、碱反应的不同，又可将氧化物分为酸性、碱性、两性和中性氧化物四类。中性氧化物又称不成盐氧化物，如 CO、NO、N_2O 等，它们不与酸碱反应，也不溶于水。与酸性、碱性和两性氧化物相对应，它们的水合物也有酸性、碱性和两性的。氧化物的水合物不论是酸性、碱性和两性，都可以看作是氢氧化物，即可用一个简化的通式 $R(OH)_x$ 来表示，其中 x 是元素 R 的氧化值。在书写酸的化学式时，习惯上总是把氢列在前面；在写碱的化学式时，则把金属列在前面写成氢氧化物的形式。例如，硼酸写成 H_3BO_3 而不写成 $B(OH)_3$；而氢氧化镧是碱，则写成 $La(OH)_3$。

当元素R的氧化值较高时，氧化物的水合物易脱去一部分水而变成含水较少的化合物。例如，硝酸 HNO_3（H_5NO_5 脱去两个水分子）；正磷酸 H_3PO_4（H_5PO_5 脱去一个水分子）等。对于两性氢氧化物如氢氧化铝，既可写成碱的形式 $Al(OH)_3$，也可写成酸的形式，即

$$\underset{\text{(氢氧化铝)}}{Al(OH)_3} + \underset{\text{(正铝酸)}}{H_3AlO_3} = \underset{\text{(偏铝酸)}}{2HAlO_2} + 2H_2O$$

周期系中元素的氧化物及其水合物的酸碱性的递变具有以下规律。

（1）氧化物及其水合物的酸碱性强弱的一般规律

① 周期系各族元素最高价态的氧化物及其水合物，从左到右（同周期）酸性增强，碱性减弱；自上而下（同族）酸性减弱，碱性增强。这一规律在主族中表现明显，副族情况大致与主族有相同的变化趋势，但要缓慢些。它们的酸碱性递变规律见表3-11和表3-12。

表3-11 主族元素氧化物的水合物酸碱性

（从左到右：酸性增强；自下而上：酸性增强；自上而下：碱性增强；从右到左：碱性增强）

ⅠA	ⅡA	ⅢA	ⅣA	ⅤA	ⅥA	ⅦA
LiOH（中强碱）	$Be(OH)_2$（两性）	H_3BO_3（弱酸）	H_2CO_3（弱酸）	HNO_3		
NaOH（强碱）	$Mg(OH)_2$	$Al(OH)_3$（两性）	H_2SiO_3（弱酸）	H_3PO_4（中强酸）	H_2SO_4（强酸）	$HClO_4$（极强酸）
KOH（强碱）	$Ca(OH)_2$（中强碱）	$Ga(OH)_3$（两性）	$Ge(OH)_4$（两性）	H_3AsO_4（中强酸）	H_2SeO_4（强酸）	$HBrO_4$（强酸）
RbOH（强碱）	$Sr(OH)_2$（强碱）	$In(OH)_3$（两性）	$Sn(OH)_4$（两性）	$H[Sb(OH)_6]$（弱酸）	H_6TeO_6（弱酸）	H_5IO_6（中强酸）
CsOH（强碱）	$Ba(OH)_2$（强碱）	$Tl(OH)_3$（弱碱）	$Pb(OH)_4$（两性）			

表3-12 副族元素氧化物的水合物酸碱性

（从左到右：酸性增强；自下而上：酸性增强；自上而下：碱性增强；从右到左：碱性增强）

ⅢB	ⅣB	ⅤB	ⅥB	ⅦB
$Sc(OH)_3$（弱碱）	$Ti(OH)_4$（两性）	HVO_3（弱酸）	H_2CrO_4（中强酸）	$HMnO_4$（强酸）
$Y(OH)_3$（中强碱）	$Zr(OH)_4$（两性）	$Nb(OH)_5$（两性）	H_2MoO_4（酸）	$HTcO_4$（酸）
$La(OH)_3$（强碱）	$Hf(OH)_4$（两性）	$Ta(OH)_5$（两性）	H_2WO_4（弱酸）	$HReO_4$（弱酸）

同一族元素较低价态的氧化物及其水合物，自上而下一般也是酸性减弱，碱性增强。例如，HClO、HBrO、HIO的酸性逐渐减弱。又如在ⅤA族元素+3价态的氧化物中，N_2O_3 和 P_2O_3 呈酸性，As_2O_3 和 Sb_2O_3 呈两性，而 Bi_2O_3 则呈碱性。与这些氧化物相对应的水合物的酸碱性也是这样。

② 同一元素形成不同价态的氧化物及其水合物时，一般高价态的酸性比低价态的要强，例如：

$$\xrightarrow[\text{酸性增强}]{HClO \quad HClO_2 \quad HClO_3 \quad HClO_4}$$

$$\xrightarrow[\text{酸性增强}]{Mn(OH)_2 \quad Mn(OH)_3 \quad Mn(OH)_4 \quad H_2MnO_4 \quad HMnO_4}$$

（2）对上述规律的解释

氧化物的水合物组成可用 R—O—H 通式表示。R 为中心离子或原子，如果电离时在 R—O 处断裂（碱式电离），则呈碱性。

$$\underset{\text{酸式电离}}{RO^- + H^+} \longleftarrow R—O—H \longrightarrow \underset{\text{碱式电离}}{R^+ + OH^-}$$

R—O—H 具体是按碱式电离还是按酸式电离，以及电离的程度如何，其影响因素比较复杂。一般可由 R^{n+} 电荷多少、半径大小等因素决定。通常使用离子势来衡量 R—O—H 的酸碱性。

$$\text{离子势}(\Phi) = \frac{\text{阳离子电荷}(z)}{\text{阳离子半径}(r)}$$

离子势大的 R—O—H 倾向于酸式电离；离子势小的倾向于碱式电离，经验规则为

$\sqrt{\Phi}$ 值	<7	7～10	>10
R—O—H 酸碱性	碱性	两性	酸性

现以第三周期元素和碱土金属元素氧化物的水合物为例，说明它们的酸碱性递变与 $\sqrt{\Phi}$ 值的关系，具体见表 3-13 和表 3-14。

表 3-13 第三周期元素氧化物的水合物的酸碱性

元素	Na	Mg	Al	Si	P	S	Cl
氧化物水合物	NaOH	$Mg(OH)_2$	$Al(OH)_3$	H_2SiO_3	H_3PO_4	H_2SO_4	$HClO_4$
R^{n+} 半径/nm	0.095	0.065	0.05	0.041	0.034	0.029	0.026
$\sqrt{\Phi}$ 值	3.24	5.55	7.75	9.88	12.1	14.4	16.4
酸碱性	强碱	中强碱	两性	弱酸	中强酸	强酸	最强酸

表 3-14 碱土金属元素氢氧化物的酸碱性

元素	Be	Mg	Ca	Sr	Ba
氢氧化物	$Be(OH)_2$	$Mg(OH)_2$	$Ca(OH)_2$	$Sr(OH)_2$	$Ba(OH)_2$
R^{n+} 半径/nm	0.031	0.065	0.099	0.113	0.135
$\sqrt{\Phi}$ 值	8.03	5.55	4.50	4.21	3.85
酸碱性	两性	中强碱	强碱	强碱	强碱

用离子势判断氧化物的酸碱性是一个经验规则，会有例外出现，如 $Zn(OH)_2$、$Cr(OH)_3$、$Sn(OH)_2$、$Pb(OH)_2$ 等两性物质。

3.4.3 酸碱的应用

（1）高温材料的选择使用

耐火材料的选用要考虑其酸碱性，酸性耐火材料（以 SiO_2 为主）在高温下与碱性物质反应而受到侵蚀；碱性耐火材料（以 MgO、CaO 为主）在高温下易受酸性物质侵蚀；而中

性耐火材料（以 Al_2O_3、Cr_2O_3 为主）则有抗酸、碱侵蚀的能力。

（2）废水废气的处理

常利用酸碱中和反应原理来处理酸性和碱性废水。用于处理酸性废水的碱性物质通常有 $CaCO_3$、$MgCO_3$、MgO、CaO，此外也可使用一些碱性废渣，必要时使用烧碱（NaOH）、纯碱（Na_2CO_3）和氨水等。碱性废水可用废弃的无机酸、酸性废气及酸性废水等进行处理。例如，烟道气中含高达24%的 CO_2 及少量 SO_2、H_2S 等酸性气体，可将烟道气通入含NaOH溶液的水池，使这些酸性气体被吸收，以避免污染空气。

$$CO_2+2NaOH = Na_2CO_3+H_2O$$

$$SO_2+2NaOH = Na_2SO_3+H_2O$$

$$H_2S+2NaOH = Na_2S+2H_2O$$

（3）药物制酸剂

人体的胃壁上有成千上万个内壁黏膜细胞，通过它们不断分泌盐酸抑制细菌的生长，同时促进食物的水解。正常情况下，这些细胞以每分钟50万个的速度在更新，因此分泌的盐酸不会伤害胃的内壁。但当摄入过多的食物后，将会引起过多的酸分泌，胃里pH下降，从而使人有不适的感觉。制酸剂就是为了减少胃内盐酸量而特制的，常见药物有氢氧化铝、氢氧化镁、碱式碳酸铋等。

（4）其他

炼铁的造渣反应：

$$CaO+SiO_2 = CaSiO_3$$

就是利用酸性氧化物与碱性氧化物之间的反应除去杂质硅石（主要是 SiO_2，由矿石中带入）。农业生产中，使用生产磷酸后的废弃物磷石膏（以 $CaSO_4$ 为主），改良碱性土壤，也是利用了物质的酸碱性。

3.5 化合物的热稳定性

化合物的热稳定性是指化合物本身是否容易分解，如分解成单质及化合物的反应等。化合物分解成单质的稳定性，可以用化合物的生成焓来衡量（此时的生成焓等于标准摩尔反应焓变）。一般来说，如果化合物的 $\Delta_f H^\ominus<0$ 时，该化合物是稳定的，且越小越稳定；若化合物的 $\Delta_f H^\ominus>0$ 时，则该化合物是不稳定的。例如，从HX的分解来看：

$$2HX(g) \longrightarrow H_2(g)+X_2(g)$$

HX(g)	HF	HCl	HBr	HI
$\Delta_f H^\ominus/kJ\cdot mol^{-1}$	−275.4	−95.3	−53.4	1.7

气态HX的 $\Delta_f H^\ominus$ 值从HF→HBr，依次增大直到HI成为正值，其稳定性按HF→HI顺序依次减小。事实上，HI较不稳定，在573K时已明显分解，而HCl（分解分数0.014%）以及HBr（分解分数0.5%）在1273K时才稍有分解，HF在此温度还相当稳定。若化合物并非分解成组成它的稳定单质，就不能用 $\Delta_f H^\ominus$ 直接判断其稳定性。

3.5.1 卤化物的热稳定性规律

各种卤化物的热稳定性有很大的不同。对元素的金属卤化物来说，s区元素的卤化物大多数是稳定的，如 NaCl、$CaCl_2$ 等；原因是金属离子具有 8 电子结构，形成稳定的离子键。p 区元素的卤化物一般稳定性较差，如 $PbCl_2$ 等；原因是金属离子具有 18＋2 电子结构，离子极化较强，键型由离子键向共价键过渡。如果同一金属、同一氧化态，则卤化物的热稳定性按 F→Cl→Br→I 依次降低。例如，AlF_3、$AlCl_3$、$AlBr_3$、AlI_3 的热稳定性依次降低。

金属元素氧化值相同的卤化物其热稳定性也可以用生成焓来估计。一般是生成焓代数值越小的卤化物，其稳定性越高。碱土金属卤化物按 Be→Mg→Ca→Sr→Ba 顺序，生成焓代数值依次减小，热稳定性依次升高。例如，$BeCl_2$、$MgCl_2$、$CaCl_2$、$SrCl_2$、$BaCl_2$ 的热稳定性依次升高。

3.5.2 含氧酸盐的热稳定性

含氧酸盐的热稳定性具有以下规律：

① 相同的金属离子和相同的成酸元素组成的含氧酸盐，其热稳定性为：

正盐＞酸式盐＞相应的酸

② 不同金属离子和相同的成酸元素组成的含氧酸盐，热稳定性为（表 3-15）：

碱金属盐＞碱土金属盐＞过渡金属盐＞铵盐

表 3-15 部分含氧酸盐的热稳定性

盐类	Na_2CO_3	$CaCO_3$	$ZnCO_3$	$(NH_4)_2CO_3$
分解温度/℃	1800	841	350	58
盐类	Na_2SO_4	$CaSO_4$	$ZnSO_4$	$(NH_4)_2SO_4$
分解温度/℃	不分解	1450	930	100

③ 相同金属离子和不同酸根组成的含氧酸，热稳定性取决于酸根的稳定性（表 3-16）。

表 3-16 不同酸根含氧酸盐的热稳定性

金属离子	分解温度/℃				
	ClO_3^-	NO_3^-	CO_3^{2-}	SO_4^{2-}	PO_4^{3-}
Na^+	300	280	1800	不分解	不分解
Ca^{2+}	100	561	841	不分解	不分解

④ 同一成酸元素，一般来说高氧化值的含氧酸稳定，主要是结构对称比较稳定。

$$HClO_4 > HClO_3 > HClO$$

$$KClO_4 > KClO_3 > KClO$$

⑤ 碱土金属元素阳离子半径越大，含氧酸一般越稳定（表 3-17）。

表 3-17 碱土金属碳酸盐热稳定性

盐类	$BeCO_3$	$MgCO_3$	$CaCO_3$	$SrCO_3$	$BaCO_3$
分解温度/℃	约 100	402	841	1098	1277
金属离子半径/pm	35	66	99	112	134

阅读拓展

元素化学与材料

一切物质由元素组成。到2012年为止，总共有118种元素被发现，其中94种是存在于地球上的。“材料是生产革命的先导”，是人类赖以生存和发展的物质基础。20世纪80年代以高技术群为代表的新技术革命，把新材料、信息技术和生物技术并列为新技术革命的重要标志，就是因为材料与国民经济建设、国防建设和人民生活密切相关，其中新型材料的发展在经济发展中起到重要作用。

1. 新型建筑涂层材料

新型建筑涂层材料是区别于传统水泥、涂料等具有特殊功能的材料，具有防腐、隔热、防火、自清洁等功能。其中，自清洁纳米涂层采用了纳米二氧化硅分形组合技术，在物体表面形成微细的纳米盾，固化后的超薄涂层可以让玻璃幕墙、建筑外墙、建筑物标识的表面拥有自清洁、抗污垢和抗静电三种功能，不需要定期请人在高空清洁打理，保证了清洁的安全性。平时的自然雨水冲刷也可以帮助外墙清洁，保持美观，极大地延长了建筑使用期限。以纳米TiO_2、ZnO等为主要成分的涂层材料同样具有自清洁、防雾等效果。除此之外，在光照条件下，能吸收短波光辐射，诱导光化学反应，具有光催化性能，产生很强的氧化和分解能力，从而达到杀灭细菌和病毒的作用。

2. 新型半导体材料

半导体是现代电子学的基础。2017年，俄罗斯莫斯科钢铁冶金学院、北京交通大学、澳大利亚昆士兰科技大学和日本国立材料科学研究所的科学家一起，制成了厚度为一个分子的氮化硼新型半导体材料。此外，一批来自加拿大皇后大学的国际研究者队伍共同研发了一种新型材料，此材料以名为“C_{60}”的半导体构成，是由石墨烯和六方氮化硼分层组织而成，轻巧耐用且导电。此材料是一个非常独特的组合品，在六方氮化硼提供稳定性和导电性的同时，C_{60}还可以将阳光转换为电能。另外，因其架构不同，它还可以减少耗电量，延缓电池寿命，并减少触电情况发生。

黑磷具有正交结构且是反应活性最低的磷同素异形体，具有诸多优异特性，故被称为比肩石墨烯的“梦幻材料”。2014年至今，已有大量研究报道证明黑磷及其量子点在晶体管、近红外光学性能、光伏器件等领域具有巨大的潜在研究价值。黑磷的研究和应用才刚开始，其非线性光学特性被国内外多家单位证实并应用于超快激光的产生中。可以预见不久的将来，它将成为“第二个石墨烯”。

习　题

1. 第ⅦA族元素的单质，常温时F_2、Cl_2是气体，Br_2为液体，I_2为固体，这是为什么？

（略）

2. 判断下列四种离子晶体熔点高低的顺序。

CaF_2，$BaCl_2$，$CaCl_2$，MgO

（$MgO > CaF_2 > CaCl_2 > BaCl_2$）

3. 根据R—O—H规律，比较下列各组化合物酸性的相对强弱。

（1）$HClO$，$HClO_2$，$HClO_3$，$HClO_4$

（2）H_3PO_4，H_2SO_4，$HClO_4$

（3）$HClO$，$HBrO$，HIO

［（1）$HClO < HClO_2 < HClO_3 < HClO_4$；（2）$H_3PO_4 < H_2SO_4 < HClO_4$；（3）$HClO > HBrO > HIO$］

4. 比较下列两组氢化物的热稳定性、还原性及水溶液的酸性。

（1）CH_4，NH_3，H_2O，HF

（2）H_2O，H_2S，H_2Se，H_2Te

［（1）热稳定性：$CH_4 < NH_3 < H_2O < HF$；还原性：$CH_4 > NH_3 > H_2O > HF$；水溶液酸性：$CH_4 < NH_3 < H_2O < HF$；（2）热稳定性：$H_2O > H_2S > H_2Se > H_2Te$；还原性：$H_2O < H_2S < H_2Se < H_2Te$；水溶液酸性：$H_2O < H_2S < H_2Se < H_2Te$］

5. 分别比较下列各组物质的热稳定性。

（1）$Mg(HCO_3)_2$，$MgCO_3$，H_2CO_3

（2）$(NH_4)_2CO_3$，$CaCO_3$，Ag_2CO_3，K_2CO_3，NH_4HCO_3

（3）$MgCO_3$，$MgSO_4$，$Mg(ClO_3)_2$

［（1）$MgCO_3 > Mg(HCO_3)_2 > H_2CO_3$；（2）$K_2CO_3 > CaCO_3 > Ag_2CO_3 > (NH_4)_2CO_3 > NH_4HCO_3$；（3）$MgSO_4 > MgCO_3 > Mg(ClO_3)_2$］

6. 试用离子极化理论解释。

（1）AgF（无色）、AgCl（白色）、AgBr（浅黄色）、AgI（黄色）溶解度依次减小，以及颜色的变化。

（2）Na_2S 易溶于水，而 ZnS 难溶于水。

（3）$HgCl_2$ 为白色，溶解度较大；HgI_2 为黄色或红色，溶解度较小。（略）

7. 碱金属单质及其氢氧化物为什么不能在自然界中存在？（略）

第4章 化学反应基本原理

学习要求

1. 理解和掌握热力学第一定律的基本内容。
2. 掌握化学反应标准摩尔焓变 $\Delta_r H_m^{\ominus}$、标准摩尔熵变 $\Delta_r S_m^{\ominus}$ 和标准摩尔吉布斯自由能变 $\Delta_r G_m^{\ominus}$ 的计算方法。
3. 掌握运用摩尔吉布斯自由能变 $\Delta_r G_m$ 判断化学反应的方向和限度。
4. 了解化学平衡的概念，掌握标准平衡常数的公式及其运算，了解影响化学平衡的各种因素。
5. 明确化学反应的速率方程式，掌握质量作用定律，了解阿伦尼乌斯方程，明确浓度、温度及催化剂对反应速率的影响。
6. 了解化学反应速率与化学平衡原理在生产中的应用。

对于一个化学反应，人们最关心的主要是以下几个问题：①化学反应过程中的能量变化规律；②化学反应的方向以及限度；③化学反应的速率以及历程等。前两项属于化学热力学的研究范畴，第三项属于化学反应动力学研究范畴。

化学热力学是研究物质在各种化学变化中所伴随的能量变化，从而对化学反应的方向和限度作出准确的判断。化学热力学主要是从能量转化的角度来研究物质的热性质，它揭示了能量从一种形式转换为另一种形式时所遵循的宏观规律。化学热力学的研究对象为宏观系统，不考虑系统微观粒子的分子结构信息等，是研究在整体上表现出来的宏观热现象及其变化发展所必须遵循的基本规律。

化学平衡是讨论在指定条件下化学反应进行的程度，化学平衡指出了反应发生的可能性和限度。化学反应速率是讨论在指定条件下化学反应进行的快慢，是从速率的角度告诉我们反应的现实性。化学平衡和化学反应速率是研究化学的两个基本问题。对于它们的研究，无论在理论上还是在化工生产和日常生活应用方面都具有重大的意义。

4.1 化学反应热效应及其计算

4.1.1 热力学基本概念

（1）系统与环境

研究物理和化学的变化过程中能量变化规律的科学称为热力学。热力学研究的对象是由大量粒子所组成的宏观物体。通常把人们所研究的对象称为系统，系统周围与系统有密切联系的其余部分称为环境。注意系统与环境的划分具有相对性。

根据系统与环境之间物质交换和能量交换的关系，可将系统分为三类：

① 敞开系统　系统与环境之间既有物质交换，又有能量交换，如一杯未加盖的开水。

② 封闭系统　系统与环境之间只有能量交换而无物质交换，如一杯加盖的开水。

③ 孤立（或隔离）系统　系统与环境之间既无能量交换亦无物质交换，如将一杯加盖的开水置于一绝热保温筒中。有时把研究的系统和环境作为一个整体看待，则这个整体为一个隔离系统。

（2）状态与状态函数

一个系统的状态是由它的一系列物理量确定的，当所有物理量都有确定的值时可以说系统处于一定的状态。如果其中任何一个物理量发生变化，系统的状态就随之改变。我们把决定系统状态的物理量称为状态函数。

系统的任一状态函数都是其他状态变量的函数。经验表明：对于一定量的纯物质或组成确定的系统，只要两个独立的状态变量确定（通常为 p、V、T 中的任意两个），状态也就确定，其他状态函数也随之确定。

状态函数具有如下特征：

① 状态函数是状态的单值函数，即状态一定时，状态函数的值也一定；

② 状态从始态变化到终态，状态函数的变化值只与始终态有关，而与变化所经过的途径无关；

③ 状态经历一个循环变化回复到始态，则状态函数的值不变。

（3）过程与途径

系统的状态发生的所有变化称为过程，完成一个过程系统所经历的具体步骤称为途径。

热力学上经常遇到的过程有下列几种：

① 恒温过程　系统始、终态温度与环境的温度相等并恒定不变（$\Delta T=0$）的过程。

② 恒压过程　系统始、终态压力与环境的压力相等且恒定不变（$\Delta p=0$）的过程。

③ 恒容过程　在状态变化过程中，系统体积恒定不变（$\Delta V=0$）的过程。

（4）热和功

热与功是系统状态发生变化时与环境能量交换的两种形式。由于系统与环境之间的温度差所引起的能量交换称为热，用符号 Q 表示，单位是焦耳（J）。按国际惯例，系统吸热，Q 为正，系统放热，Q 为负。除热交换外，系统与环境之间的一切其他能量交换均称为功（work），用符号 W 表示，单位是焦耳（J）。按国际惯例，环境对系统做功，W 为正，系统对环境做功，W 为负。功有多种形式，通常分为体积功和非体积功两大类，由于系统体积变化反抗外力所做的功称为体积功，其他形式的功统称为非体积功，如表面功、电功等。注意系统与环境之间交换的热和功除了与系统的始、终态有关外，还与过程所经历的具体途径有关，故热和功是途径函数。

（5）热力学能

热力学能又称为内能，是系统内所有粒子除整体势能及整体动能之外的全部能量的总和。它包括分子运动的动能、分子间相互作用的势能及分子内部的能量。

内能是系统的状态函数，用符号 U 表示，单位是焦耳（J）。热力学能的绝对值无法测量，但可用热力学第一定律来计算状态变化时内能的变化值 ΔU。

4.1.2 热力学第一定律

在热力学中，当系统的状态发生变化时通常都伴随着能量的变化。人们在长期实践的基础上得出这样一个经验定律：在任何过程中，能量是不会自生自灭的，只能从一种形式转化为另一种形式，从一个物体传递给另一个物体，在转化和传递过程中能量的总值不变，这就是能量守恒和转化定律。将能量守恒定律应用于热力学中即称为热力学第一定律。

对于封闭系统，热力学第一定律可用下列数学表达式来表示：

$$\Delta U = Q + W \tag{4-1}$$

式中，ΔU 为系统状态发生变化时内能的变化，而 Q 和 W 为系统在状态变化过程中与环境交换的热和功。热力学第一定律定量反映了系统状态变化过程中能量转化的定量关系。

4.1.3 化学反应热与焓变

化学反应热是指等温反应热，即当系统发生了变化后，使反应产物的温度回到反应前始态的温度，系统放出或吸收的热量。化学反应热通常有恒容反应热和恒压反应热两种。现从热力学第一定律来分析其特点。

（1）恒容反应热

系统在恒容、且非体积功为零的条件下发生化学反应时与环境交换的热，称为恒容反应热，用符号 Q_V 表示。

对封闭系统中的恒容过程，在非体积功为零的条件下，系统与环境交换的功为零，由热力学第一定律可知，在该条件下系统与环境交换的热应等于内能的变化，即

$$Q_V = \Delta U \tag{4-2}$$

也就是说，封闭系统中的等容过程，系统吸收的热全部用于系统内能的增加。

虽然过程热是途径函数，但在定义恒容反应热后，已将过程的条件加以限制，使得恒容反应热与内能的增量相等，故恒容反应热也只取决于系统的始终态，这是恒容反应热的特点。

注意：非等容反应也有 ΔU 和 Q，但此时的 ΔU 与 Q 不相等。

（2）恒压反应热与焓变

系统在恒压、且非体积功为零的化学反应过程中与环境所交换的热，称为恒压反应热，用符号 Q_p 表示。

由热力学第一定律，在恒压、非体积功为零的条件下，可得

$$\Delta U = Q_p + W_{体} = Q_p - p_{ex}(V_2 - V_1) = Q_p - (p_2V_2 - p_1V_1) = U_2 - U_1$$

整理得

$$Q_p = (U_2 + p_2V_2) - (U_1 + p_1V_1) \tag{4-3}$$

由于 U、p、V 均为系统的状态函数，$U+pV$ 的组合也必然是一个状态函数，具有状态函数的一切特征。我们将这个新的组合函数定义为焓，用符号 H 表示，即

$$H \xlongequal{\text{def}} U + pV \tag{4-4}$$

这样式(4-3)就可以简化为

$$Q_p = H_2 - H_1 = \Delta H \tag{4-5}$$

也就是说，对于在封闭系统中发生的等压化学反应，系统吸收的热全部用于增加系统的焓。

虽然过程热是途径函数，但在定义恒压反应热后，已将过程的条件加以限制，使得恒压反应热与焓的增量相等，故恒压反应热也只取决于系统的始终态，这是恒压反应热的特点。

（3）恒压反应热和恒容反应热的关系

设有一恒温反应，分别在恒压且非体积功为零、恒容且非体积功为零的条件下进行。在恒温恒压条件下，化学反应的反应热 Q_p 等于化学反应的焓变 ΔH；在恒温恒容条件下，化学反应的恒容反应热 Q_V 等于化学反应的内能的变化 ΔU。

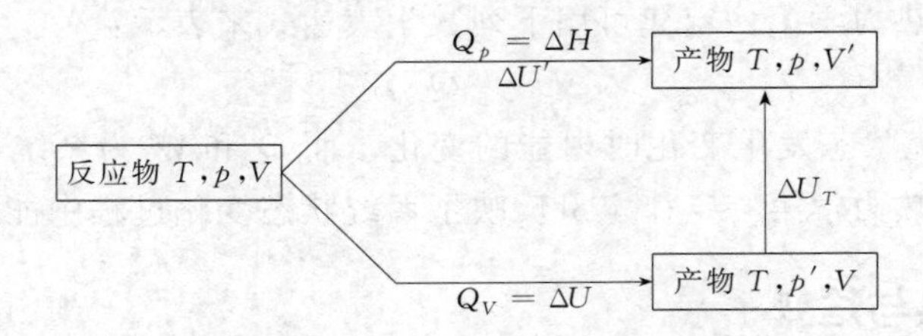

图 4-1 恒压反应热 Q_p 与恒容反应热 Q_V 的关系

如图 4-1 所示，由状态函数法，有

$$\Delta U'=\Delta U+\Delta U_T \tag{4-6}$$

式中，ΔU_T 为如图所示产物的恒温热力学能变。

根据焓的定义 $H=U+pV$

恒压过程的反应焓变与其热力学能之间有如下关系

$$\Delta H=\Delta U'+p\Delta V \tag{4-7}$$

式中，ΔV 为反应在恒压条件下进行时产物与反应物的体积之差。

将式(4-7) 中 $\Delta U'$的数据代入式(4-6) 中，整理得到

$$\Delta H-\Delta U=p\Delta V+\Delta U_T$$

理想气体的热力学能只是温度的函数，液体、固体的热力学能在温度不变、压力改变不大时，也可近似认为不变，恒温时 $\Delta U_T=0$。

同一反应的 Q_p 和 Q_V 有如下关系

$$Q_p-Q_V=p\Delta V$$

对于凝聚相系统，$\Delta V\approx 0$，所以

$$Q_p=Q_V$$

对于有气体参与的反应，气体作为理想气体处理时，有 $p\Delta V=\Delta n_{(g)}RT$。

上式中 $\Delta n_{(g)}$ 为参与反应的产物气体分子的物质的量与反应物气体分子的物质的量之差。

因此对于同一化学反应的恒压热 Q_p 与恒容热 Q_V 有如下关系：

$$Q_p-Q_V=\Delta n_{(g)}RT \tag{4-8}$$

4.1.4 化学反应热的计算

（1）化学反应进度

对任一化学反应 $a\mathrm{A}+b\mathrm{B}=\!=\!=y\mathrm{Y}+z\mathrm{Z}$

移项后可写成 $0=-a\mathrm{A}-b\mathrm{B}+y\mathrm{Y}+z\mathrm{Z}$

简化为化学计量式的通式 $0=\sum_{\mathrm{B}}\nu_{\mathrm{B}}\mathrm{B}$

式中，B 为参加反应的任一物质；ν_{B} 称为 B 物质的化学计量数。

因 $\nu_{\mathrm{A}}=-a$，$\nu_{\mathrm{B}}=-b$，$\nu_{\mathrm{Y}}=y$，$\nu_{\mathrm{Z}}=z$，可知对于反应物来说，化学计量数为负值；对于产物来说，化学计量数为正值。

反应进度是衡量化学反应进行程度的物理量，用 ξ 表示，其定义式为

$$d\xi \xlongequal{\text{def}} \frac{dn_B}{\nu_B} \tag{4-9}$$

式中，n_B 为参加反应的任一物质 B 的物质的量；ν_B 称为 B 物质的化学计量数。反应进度的单位为 mol。

若反应开始时 $\xi_0=0$，则

$$\xi=\frac{\Delta n_B}{\nu_B}=\frac{n_B-n_0}{\nu_B} \tag{4-10}$$

如果选择的始态的反应进度不为零，则该过程的反应进度变化为

$$\Delta\xi=\frac{\Delta n_B}{\nu_B}=\frac{n_2-n_1}{\nu_B} \tag{4-11}$$

化学反应进度与物质的选择无关，但与化学反应式的写法有关，例如

$$N_2(g)+3H_2(g) \xlongequal{} 2NH_3(g)$$

如果反应系统中有 1mol N_2 和 3mol H_2 反应生成 2mol 的 NH_3，若反应进度变化以 N_2 的物质的量的改变来计算，则有

$$\Delta\xi=\frac{\Delta n_{N_2}}{\nu_{N_2}}=\frac{-1\text{mol}}{-1}=1\text{mol}$$

若反应进度变化以 NH_3 的物质的量的改变来计算，则有

$$\Delta\xi=\frac{\Delta n_{NH_3}}{\nu_{NH_3}}=\frac{2\text{mol}}{2}=1\text{mol}$$

可见，无论对反应物还是生成物，$\Delta\xi$ 都具有相同的值，与物质的选择无关。但由于 $\Delta\xi$ 与化学计量数有关，而化学计量数与反应式的写法有关，故 $\Delta\xi$ 与反应式的写法有关。

如果将上述反应式写成：

$$1/2N_2(g)+3/2H_2(g) \xlongequal{} NH_3(g)$$

则上述反应系统同样的物质的量的变化，反应进度的变化值为 2mol。

(2) 热化学方程式

表示化学反应与其热效应关系的方程式称热化学方程式，例如

$$C(s)+O_2(g) \xrightleftharpoons[p^{\ominus}]{298.15K} CO_2(g) \quad \Delta_r H_m^{\ominus}(298.15K)=-393.51kJ\cdot mol^{-1}$$

式中，$\Delta_r H_m^{\ominus}$ 称为标准摩尔反应焓，其中 H 的左下标“r”表示特定的反应，$\Delta_r H$ 表示反应的焓变，即恒压反应热。$\Delta_r H$ 为正，表示反应为吸热反应；$\Delta_r H$ 为负，表示反应为放热反应。H 的右下标“m”表示反应进度的变化为 1mol，H 的右上标“$\ominus$”表示该反应在标准状态下进行，即参加反应的物质都处于标准态。物质的状态不同，标准态的含义亦不同，气体指压力为标准压力（100kPa，记作 $p^{\ominus}$）的纯理想气体，固体和液体是指标准压力下的纯固体和纯液体。故该热化学方程式表示在 298.15K 和 100kPa 下，1mol C 和 1mol O_2 反应生成 1mol CO_2，放出 393.51kJ 的热量。

书写热化学方程式应注意以下三点：①应注明反应的温度和压力；②必须标出物质的聚集状态；③反应热效应应与反应方程式相对应。

(3) 盖斯（Hess）定律

1840 年，盖斯从热化学实验中总结出一条经验规律：对于恒温、恒压或恒温、恒容条件下进行的反应，不管化学反应式是一步完成还是分步完成，其热效应总是相等，这就是盖斯定律。盖斯定律实际上是热力学第一定律的必然结果，其实质是内能和焓，是系统的状态函数，它们的变化值只由系统的始终态决定，而与变化的途径无关，因为 $\Delta H = Q_p$，$\Delta U = Q_V$。

盖斯定律有着广泛的应用，如利用一些已知反应热的数据来计算出另一些反应的未知反应热，尤其是不易直接准确测定或根本不能直接测定的反应热。例如 C 与 O_2 化合生成 CO 的反应热很难准确测定，因为在反应过程中很难控制反应全部生成 CO 而不生成 CO_2，但 C 与 O_2 化合生成 CO_2 的反应热和 CO 与 O_2 化合生成 CO_2 的反应热是可准确测定的，因此可利用盖斯定律把 C 与 O_2 化合生成 CO 的反应热计算出来。

【例 4.1】 已知

(1) $C(s) + O_2(g) = CO_2(g)$，$\Delta_r H^{\ominus}_{m,1} = -393.51 kJ \cdot mol^{-1}$

(2) $CO(g) + 1/2 O_2(g) = CO_2(g)$，$\Delta_r H^{\ominus}_{m,2} = -283.0 kJ \cdot mol^{-1}$

求 (3) $C(s) + 1/2 O_2(g) = CO(g)$ 的 $\Delta_r H^{\ominus}_{m,3}$。

解 这三个反应的关系如图 4-2 所示，由图可见，在始态（$C+O_2$）和终态（CO_2）之间有两条途径：(1) 和 (3)+(2)，根据盖斯定律，这两种途径的焓变值应该相等。

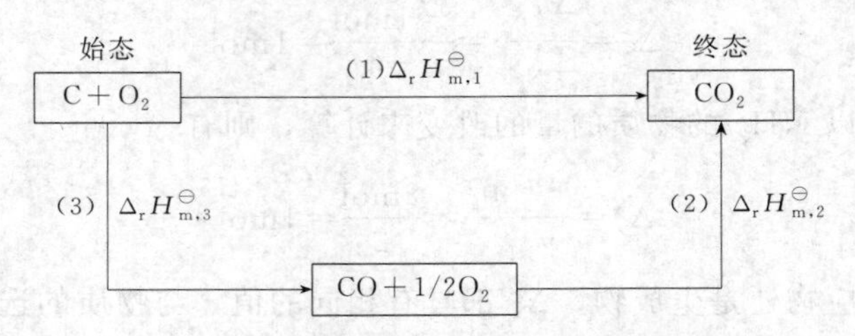

图 4-2 由 C 和 O_2 变成 CO_2 的两种途径

$$\Delta_r H^{\ominus}_{m,1} = \Delta_r H^{\ominus}_{m,3} + \Delta_r H^{\ominus}_{m,2}$$

$$\Delta_r H^{\ominus}_{m,3} = \Delta_r H^{\ominus}_{m,1} - \Delta_r H^{\ominus}_{m,2} = [-393.51 - (-283.0)] kJ \cdot mol^{-1} = -110.51 kJ \cdot mol^{-1}$$

用盖斯定律计算反应热时，利用反应式之间的代数关系计算更为方便，例如上述各反应的关系为

$$(3) = (1) - (2)$$

所以

$$\Delta_r H^{\ominus}_{m,3} = \Delta_r H^{\ominus}_{m,1} - \Delta_r H^{\ominus}_{m,2}$$

注意：通过热化学方程式的代数运算计算反应热时，在计算过程中，只有反应条件（温度、压力）相同的反应才能相加减，而且只有种类和状态都相同的物质才能进行代数运算。

(4) 标准摩尔生成焓和标准摩尔焓变

在指定温度和标准压力下，由稳定相态的单质生成 1mol 物质 B 的热效应，叫作物质 B 在温度 T 下的标准摩尔生成焓，用 $\Delta_f H^{\ominus}_m$ 表示，单位为 $kJ \cdot mol^{-1}$，H 的左下标“f”表示生成反应。附录 2 中列出了常见物质在 298.15K 时的标准摩尔生成焓 $\Delta_f H^{\ominus}_m$。

根据标准摩尔生成焓的定义，稳定单质的标准摩尔生成焓为零。例如碳以石墨、金刚石等多种晶态存在，其中石墨是碳的最稳定单质，它的标准摩尔生成焓为零。

根据盖斯定律可以推导出下列公式，即

$$\Delta_r H_m^{\ominus} = \sum_B \nu_B \Delta_f H_m^{\ominus}(B) \tag{4-12}$$

如图4-3所示有 T、$p^{\ominus}$ 下的任意反应 $a\text{A}+b\text{B}=y\text{Y}+z\text{Z}$，根据盖斯定律一个反应一步完成或分步完成，其焓变值应该相等，因此有 $\Delta_r H_{m,1}^{\ominus}+\Delta_r H_m^{\ominus}=\Delta_r H_{m,2}^{\ominus}$。

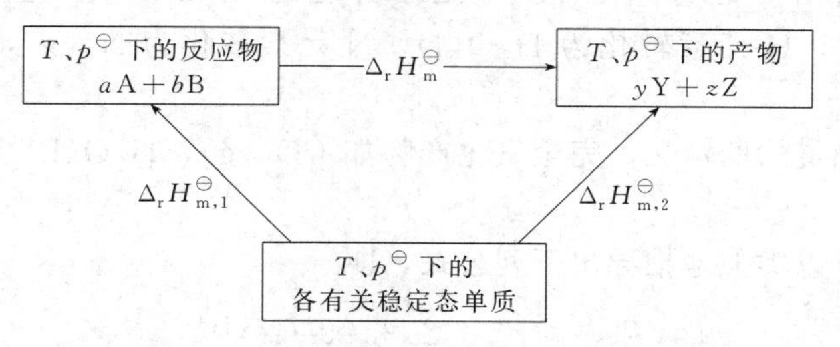

图4-3 利用标准摩尔生成焓计算标准摩尔焓变

由于

$$\Delta_r H_{m,2}^{\ominus} = [y\Delta_f H_m^{\ominus}(\text{Y}) + z\Delta_f H_m^{\ominus}(\text{Z})]$$
$$\Delta_r H_{m,1}^{\ominus} = [a\Delta_f H_m^{\ominus}(\text{A}) + b\Delta_f H_m^{\ominus}(\text{B})]$$

因此
$$\begin{aligned}\Delta_r H_m^{\ominus} &= \Delta_r H_{m,2}^{\ominus} - \Delta_r H_{m,1}^{\ominus} \\ &= [y\Delta_f H_m^{\ominus}(\text{Y}) + z\Delta_f H_m^{\ominus}(\text{Z})] - [a\Delta_f H_m^{\ominus}(\text{A}) + b\Delta_f H_m^{\ominus}(\text{B})] \\ &= \sum_B \nu_B \Delta_f H_m^{\ominus}(\text{B})\end{aligned}$$

【例4.2】 已知

(1) $CH_3OH(g)+3/2O_2(g) \longrightarrow CO_2(g)+2H_2O(l)$　　$\Delta_r H_{m,1}^{\ominus}=-763.9\text{kJ}\cdot\text{mol}^{-1}$

(2) $C(s)+O_2(g) \longrightarrow CO_2(g)$　　$\Delta_r H_{m,2}^{\ominus}=-393.51\text{kJ}\cdot\text{mol}^{-1}$

(3) $H_2(g)+1/2O_2(g) \longrightarrow H_2O(l)$　　$\Delta_r H_{m,3}^{\ominus}=-285.83\text{kJ}\cdot\text{mol}^{-1}$

(4) $CO(g)+1/2O_2(g) \longrightarrow CO_2(g)$　　$\Delta_r H_{m,4}^{\ominus}=-283.0\text{kJ}\cdot\text{mol}^{-1}$

求 ① $CO(g)$ 和 $CH_3OH(g)$ 的标准摩尔生成焓。

② $CO(g)+2H_2(g) = CH_3OH(g)$ 的 $\Delta_r H_m^{\ominus}$。

解 ① 由式(2)－式(4) 得

$$C(s)+1/2O_2(g) \longrightarrow CO(g)$$

$$\begin{aligned}\Delta_r H_m^{\ominus} &= -393.51\text{kJ}\cdot\text{mol}^{-1} - (-283.0\text{kJ}\cdot\text{mol}^{-1}) \\ &= -110.51\text{kJ}\cdot\text{mol}^{-1}\end{aligned}$$

所以
$$\Delta_f H_m^{\ominus}(CO,g) = -110.51\text{kJ}\cdot\text{mol}^{-1}$$

由式(2)＋2×式(3)－式(1) 得

$$C(s)+2H_2(g)+1/2O_2(g) = CH_3OH(g)$$

$$\begin{aligned}\Delta_r H_m^{\ominus} &= -393.51\text{kJ}\cdot\text{mol}^{-1} + 2\times(-285.83\text{kJ}\cdot\text{mol}^{-1}) - (-763.9\text{kJ}\cdot\text{mol}^{-1}) \\ &= -201.27\text{kJ}\cdot\text{mol}^{-1}\end{aligned}$$

则
$$\Delta_f H_m^{\ominus}(CH_3OH,g) = -201.27\text{kJ}\cdot\text{mol}^{-1}$$

②
$$CO(g)+2H_2(g) = CH_3OH(g)$$

$$\Delta_r H_m^{\ominus} = \sum_B \nu_B \Delta_f H_m^{\ominus}(\text{B}) = (-1)\times\Delta_f H_m^{\ominus}(CO,g) + 1\times\Delta_f H_m^{\ominus}(CH_3OH,g)$$

$$=-201.27\text{kJ}\cdot\text{mol}^{-1}-(-110.51\text{kJ}\cdot\text{mol}^{-1})=-90.76\text{kJ}\cdot\text{mol}^{-1}$$

（5）标准摩尔燃烧焓和标准摩尔焓变

在指定温度和标准压力下，1mol 物质 B 完全氧化燃烧过程的焓变，叫作物质 B 在温度 T 下的标准摩尔燃烧焓（热），用 $\Delta_c H_m^\ominus$ 表示，单位为 $\text{kJ}\cdot\text{mol}^{-1}$。完全氧化指物质中的 C 元素转化为 $CO_2(g)$，H 元素转化为 $H_2O(l)$，N 元素转化为 $N_2(g)$，S 元素转化为 $SO_2(g)$ 等。

根据标准摩尔燃烧焓的定义，完全氧化产物如 $CO_2(g)$、$H_2O(l)$ 等的标准摩尔燃烧焓为零。

根据盖斯定律可以类似地推导出下列公式，即

$$\Delta_r H_m^\ominus=-\sum_B \nu_B \Delta_c H_m^\ominus(B) \tag{4-13}$$

【例 4.3】 已知 $H_2O(l)$ 和 $CO_2(g)$ 在 25℃时的标准摩尔生成焓分别为 $-285.83\text{kJ}\cdot\text{mol}^{-1}$ 及 $-393.51\text{kJ}\cdot\text{mol}^{-1}$，求反应 $C(石墨,s)+2H_2O(l)=\!=\!=2H_2(g)+CO_2(g)$ 在 25℃时的标准摩尔反应焓为多少？

解 C(石墨，s)和 $H_2(g)$ 是稳定相态的单质，其标准摩尔生成焓均为零。

$$\begin{aligned}\Delta_r H_m^\ominus &=\sum_B \nu_B \Delta_f H_m^\ominus(B)\\ &=1\times\Delta_f H_m^\ominus(CO_2,g)+2\times\Delta_f H_m^\ominus(H_2,g)+(-1)\times\Delta_f H_m^\ominus(C,石墨,s)+\\ &\quad(-2)\times\Delta_f H_m^\ominus(H_2O,l)\\ &=-393.51\text{kJ}\cdot\text{mol}^{-1}+(-2)\times(-285.83\text{kJ}\cdot\text{mol}^{-1})\\ &=178.15\text{kJ}\cdot\text{mol}^{-1}\end{aligned}$$

4.2 化学反应的方向及其判据

4.2.1 化学反应的自发性

自发过程是指在无外界环境影响下而能自动发生的过程，自发过程都有一定的方向和限度。例如热量从高温物体自发地传向低温物体，直到两者最后温度相等。气体（或溶液）从高压（或高浓度）向低压（或低浓度）扩散，直到各处压力（或浓度）相等。电流从高电位流向低电位直到最后电位相等。这些自发过程都有一个共同的特征，一旦过程发生系统不可能自动回复到原来的状态，即具有不可逆性。

化学反应在给定的条件下能否自发进行？进行到什么程度？显然这是人们所关心的。那么，根据什么来判断化学反应的方向呢？

鉴于大多数能自发进行的反应都是放热反应，曾有化学家试图用反应的焓变来作为反应能否自发进行的依据，并认为反应放热越多，反应越易进行，如下列反应都是自发反应。

$$C(s)+O_2(g)=\!=\!=CO_2(g) \quad \Delta_r H_m^\ominus(298.15\text{K})=-393.51\text{kJ}\cdot\text{mol}^{-1}$$

$$3Fe(s)+2O_2(g)=\!=\!=Fe_3O_4(s) \quad \Delta_r H_m^\ominus(298.15\text{K})=-1118.4\text{kJ}\cdot\text{mol}^{-1}$$

但是有些自发反应却是吸热反应，如工业上将石灰石煅烧使分解为生石灰和 CO_2 的反应是吸热反应，即

$$CaCO_3(s)=\!=\!=CaO(s)+CO_2(g) \quad \Delta_r H_m^\ominus>0$$

在 101.325kPa 和 1183K 时，$CaCO_3(s)$ 能自发且剧烈地进行热分解生成 $CaO(s)$ 和

$CO_2(g)$。显然，在给定条件下不能仅用反应的焓变来判断一个反应能否自发进行，那么，除了焓变这一重要因素外，还存在其他什么因素呢？

4.2.2 化学反应的熵变

(1) 熵的概念

自然界中的自发过程普遍存在两种现象：第一，系统倾向于取得最低势能，如物体自高处自然落下；第二，系统倾向于微观粒子的混乱度增加，如气体（或溶液）的扩散。

系统的混乱度可用一个被称为熵的状态函数来描述，符号为 S。系统内微观粒子的混乱度越大，系统的熵值越大，根据统计热力学有

$$S = k\ln\Omega \tag{4-14}$$

上式称为玻尔兹曼公式，其中 k 为玻尔兹曼常数；Ω 称为系统的热力学概率，是一定宏观状态对应的微观状态总数，此式是联系热力学和统计热力学的桥梁公式。

(2) 标准摩尔熵

系统内微观粒子的混乱度与物质的聚集状态和温度等有关。对纯净物质的完美晶体，在热力学温度 0K 时分子间排列有序，且分子的任何热运动也停止了，这时系统完全有序化，热力学概率为 1，根据玻尔兹曼公式，系统的熵值为 0。因此，热力学第三定律指出，在热力学温度 0K 时，任何纯物质的完美晶体的熵值都等于零，即

$$S\,(\text{完美晶体},0\text{K}) = 0 \tag{4-15}$$

以此为基准，若知道某一物质从热力学零度到指定温度下的一些热力学数据如热容等，就可以求出此物质在温度 T 时熵的绝对值（内能和焓的绝对值无法求得），即

$$S_T - S_0 = \Delta S = S_T \tag{4-16}$$

式中，S_T 称为该物质在温度 T 时的规定熵。

在标准状态下，1mol 纯物质的规定熵称为该物质的标准摩尔熵，用符号 $S_m^\ominus$ 表示，单位为 $J \cdot mol^{-1} \cdot K^{-1}$。书末附录 2 中列出了一些单质和化合物在 298.15K 时的标准摩尔熵的数据。

需要说明的是水合离子的标准摩尔熵不是绝对值，而是在规定标准态下水合 H^+ 的熵值为零的基础上求得的相对值。

根据熵的物理意义，可以得出下面的一些规律。

① 同一物质的不同聚集状态之间，熵值大小次序是 $S_m^\ominus(g) > S_m^\ominus(l) > S_m^\ominus(s)$，如

$$S_m^\ominus(H_2O, g, 298.15K) = 188.72 J \cdot mol^{-1} \cdot K^{-1}$$

$$S_m^\ominus(H_2O, l, 298.15K) = 69.92 J \cdot mol^{-1} \cdot K^{-1}$$

$$S_m^\ominus(H_2O, s, 298.15K) = 39.33 J \cdot mol^{-1} \cdot K^{-1}$$

② 同一物质在相同的聚集状态时，其熵值随温度的升高而增大，如

$$S_m^\ominus(H_2O, g, 400K) = 198.6 J \cdot mol^{-1} \cdot K^{-1}$$

$$S_m^\ominus(H_2O, g, 1000K) = 232.6 J \cdot mol^{-1} \cdot K^{-1}$$

③ 在温度和聚集状态相同时，一般来说，复杂分子较简单分子的熵值大，如

$$S_m^\ominus(C_3H_8, g, 298.15K) = 270.2 J \cdot mol^{-1} \cdot K^{-1}$$

$$S_m^\ominus(CH_4, g, 298.15K) = 186.2 J \cdot mol^{-1} \cdot K^{-1}$$

④ 结构相似的物质，分子量大的熵值大，如

$$S_m^{\ominus}(HF, g, 298.15K)=173.78J\cdot mol^{-1}\cdot K^{-1}$$

$$S_m^{\ominus}(HI, g, 298.15K)=206.59J\cdot mol^{-1}\cdot K^{-1}$$

⑤ 分子量相同，分子构型越复杂，熵值越大。

⑥ 混合物和溶液的熵值一般大于纯物质的熵值。

⑦ 一个导致气体分子数增加的化学反应，引起熵值增大，即 $\Delta S>0$；如果反应后气体分子数减少，则 $\Delta S<0$。

(3) 化学反应熵变的计算

化学反应的熵变用 $\Delta_r S_m^{\ominus}$ 表示，由于熵与焓一样为状态函数，所以系统的状态发生变化时系统的熵变只与始终态有关，而与状态变化所经历的途径无关，故化学反应熵变（$\Delta_r S_m^{\ominus}$）的计算可类似于化学反应焓变（$\Delta_r H_m^{\ominus}$）的计算。

对于化学反应 $aA+bB = yY+zZ$

可用公式

$$\Delta_r S_m^{\ominus}=\sum_B \nu_B S_m^{\ominus}(B) \tag{4-17}$$

计算化学反应的熵变 $\Delta_r S_m^{\ominus}$。一些物质在 298.15K 时的 $S_m^{\ominus}$ 列于附录 2。

虽然物质的标准摩尔熵随着温度的升高而增大，但只要温度升高没有引起物质聚集状态的改变，则化学反应的 $\Delta_r S_m^{\ominus}$ 随温度变化不大，在近似计算中可认为 $\Delta_r S_m^{\ominus}$ 基本不随温度的变化而变化，即：

$$\Delta_r S_m^{\ominus}(T)\approx\Delta_r S_m^{\ominus}(298.15K)$$

化学反应的熵变 $\Delta_r S_m^{\ominus}$ 是决定化学反应方向的又一重要因素。

【例 4.4】 试计算反应 $6Fe_2O_3(s) = 4Fe_3O_4(s)+O_2(g)$ 在 298.15K 时的标准摩尔熵变 $\Delta_r S_m^{\ominus}$。

解 由附录 2 可查得

	$Fe_2O_3(s)$	$Fe_3O_4(s)$	$O_2(g)$
$S_m^{\ominus}(B)/J\cdot mol^{-1}\cdot K^{-1}$	87.40	146.4	205.14

$$\Delta_r S_m^{\ominus}=\sum_B \nu_B S_m^{\ominus}(B)$$

$$=4\times146.4J\cdot mol^{-1}\cdot K^{-1}+1\times205.14J\cdot mol^{-1}\cdot K^{-1}-6\times87.40J\cdot mol^{-1}\cdot K^{-1}$$

$$=266.34J\cdot mol^{-1}\cdot K^{-1}$$

4.2.3 吉布斯自由能变与化学反应的方向

如前所述，自然界的某些自发过程（或反应），常有增大系统混乱度的倾向。但是，正如前面所述不能仅用化学反应的焓变的正、负值作为反应自发性的普遍判据一样，单纯用物质的熵变的正、负值来作为自发性的判据也有缺陷，如 $SO_2(g)$ 氧化为 $SO_3(g)$ 的反应在 298.15K、标准态下是一个自发反应，但其 $\Delta_r S_m^{\ominus}(298.15K)<0$。又如水转化为冰的过程，其 $\Delta_r S_m^{\ominus}(298.15K)<0$，但在 $T<273.15K$ 的条件下却是自发过程。这表明过程或反应的自发性不仅与焓变和熵变有关，而且还与温度条件有关。

为了确定一个过程（或反应）自发性的判据，1878 年美国著名的物理化学家吉布斯（J. W. Gibbs）提出了一个综合了系统的焓变、熵变和温度三者关系的新的状态函数变量，称为吉布斯自由能变，以 ΔG 表示。G 为系统的吉布斯自由能，其定义为

$$G \xlongequal{\text{def}} H - TS \tag{4-18}$$

吉布斯自由能是组合函数，与焓、熵一样，亦为系统的状态函数。

在恒温、恒压条件下，吉布斯自由能变与焓变、熵变、温度之间有如下关系

$$\Delta G = \Delta H - T\Delta S \tag{4-19}$$

此式称为吉布斯公式。

在标准态时可表示为

$$\Delta G^{\ominus} = \Delta H^{\ominus} - T\Delta S^{\ominus} \tag{4-20}$$

对于化学反应有

$$\Delta_r G_m = \Delta_r H_m - T\Delta_r S_m \tag{4-21}$$

式中，$\Delta_r G_m$ 称为化学反应的摩尔吉布斯自由能变（molar Gibbs free energy change）。吉布斯提出，在恒温、恒压条件下，$\Delta_r G_m$ 可作为反应能否自发进行的判据。

$\Delta_r G_m < 0$ 自发过程，化学反应可正向进行

$\Delta_r G_m = 0$ 反应处于平衡状态

$\Delta_r G_m > 0$ 非自发过程，化学反应可逆向进行

在等温、等压和只做体积功的情况下，任何自发反应总是向着吉布斯自由能（G）减小的方向进行，当 $\Delta_r G_m = 0$ 时，反应达平衡，系统的吉布斯自由能降至最小值，此即为最小自由能原理。

由 $\Delta_r G_m = \Delta_r H_m - T\Delta_r S_m$ 可以看出，在恒温、恒压下，$\Delta_r G_m$ 取决于 $\Delta_r H_m$、$\Delta_r S_m$ 和 T 值。表 4-1 是按 $\Delta_r H_m$、$\Delta_r S_m$ 的符号和温度 T 对化学反应 $\Delta_r G_m$ 的影响归纳的 4 种反应情况。

表 4-1 恒压下 $\Delta_r H_m$、$\Delta_r S_m$ 及 T 对化学反应的 $\Delta_r G_m$ 的影响

反应实例	$\Delta_r H_m$ 的符号	$\Delta_r S_m$ 的符号	$\Delta_r G_m$ 的符号	反应情况
(1)$H_2(g)+Cl_2(g) = 2HCl(g)$	(−)	(+)	(−)	任何温度下均为自发反应
(2)$CO(g) = C(s)+1/2O_2(g)$	(+)	(−)	(+)	任何温度下均为非自发反应
(3)$CaCO_3(s) = CaO(s)+CO_2(g)$	(+)	(+)	常温(+) 高温(−)	常温条件下为非自发反应 高温下为自发反应
(4)$N_2(g)+3H_2(g) = 2NH_3(g)$	(−)	(−)	常温(−) 高温(+)	常温下为自发反应 高温下为非自发反应

4.2.4 摩尔吉布斯自由能变的计算

4.2.4.1 标准摩尔吉布斯自由能变 $\Delta_r G_m^{\ominus}$ 的计算

（1）利用物质的 $\Delta_f G_m^{\ominus}(B)$ 计算

在指定温度和标准压力下由稳定纯态单质生成 1mol 某物质的吉布斯自由能变称为该物质在该温度下的标准摩尔生成吉布斯自由能，用符号 $\Delta_f G_m^{\ominus}$ 表示。根据定义，稳定单质的标准摩尔生成吉布斯自由能为 0。一些物质在 298.15K 的 $\Delta_f G_m^{\ominus}$ 列于附录 2。类似于由化学反应的标准摩尔生成焓计算化学反应的标准摩尔焓变的方法，有了物质的标准摩尔生成吉布斯自由能，就可很方便地由下式计算任何反应的标准摩尔吉布斯自由能变，即

$$\Delta_r G_m^{\ominus} = \sum_B \nu_B \Delta_f G_m^{\ominus}(B) \tag{4-22}$$

（2）利用物质的 $\Delta_f H_m^{\ominus}(B)$ 和 $S_m^{\ominus}(B)$ 计算

$$\Delta_r G_m^\ominus = \Delta_r H_m^\ominus - T\Delta_r S_m^\ominus \tag{4-23}$$

式中
$$\Delta_r H_m^\ominus = \sum_B \nu_B \Delta_f H_m^\ominus(B)$$
$$\Delta_r S_m^\ominus = \sum_B \nu_B S_m^\ominus(B)$$

(3) 任意温度下 $\Delta_r G_m^\ominus(T)$ 的计算

一般来说，温度变化时，化学反应的 $\Delta_r H_m^\ominus$、$\Delta_r S_m^\ominus$ 变化不大，而 $\Delta_r G_m^\ominus$ 却变化很大。因此，当温度变化不太大时，可把 $\Delta_r H_m^\ominus$、$\Delta_r S_m^\ominus$ 看作不随温度而变的常数。因此，在其他温度时，反应的标准摩尔吉布斯自由能变 $\Delta_r G_m^\ominus(T)$ 可近似估算为

$$\Delta_r G_m^\ominus(T) = \Delta_r H_m^\ominus(298.15\text{K}) - T\Delta_r S_m^\ominus(298.15\text{K}) \tag{4-24}$$

【例 4.5】 计算反应 $Fe_2O_3(s) + 3/2C(石墨, s) \longrightarrow 2Fe(s) + 3/2CO_2(g)$ 在 298.15K、标准压力下，能否自发进行，若要反应自发进行，温度最低为多少？

解
$$\Delta_r G_m^\ominus = \sum_B \nu_B \Delta_f G_m^\ominus(B)$$
$$= 2\times 0 + 3/2\times(-394.36\text{kJ·mol}^{-1}) + (-1)\times(-742.2\text{kJ·mol}^{-1}) + (-3/2)\times 0 = 150.66\text{kJ·mol}^{-1}$$

在 $p^\ominus$、298.15K 时，$\Delta_r G_m^\ominus > 0$，反应不能自发进行，但反应是熵增过程，可能在高温下自发反应。

$$\Delta_r H_m^\ominus = \sum_B \nu_B \Delta_f H_m^\ominus(B)$$
$$= 2\times 0 + 3/2\times(-393.51\text{kJ·mol}^{-1}) + (-1)\times(-824.2\text{kJ·mol}^{-1}) + (-3/2)\times 0 = 233.94\text{kJ·mol}^{-1}$$

$$\Delta_r S_m^\ominus = \sum_B \nu_B S_m^\ominus(B)$$
$$= 2\times 27.3\text{J·mol}^{-1}\text{·K}^{-1} + 3/2\times 213.6\text{J·mol}^{-1}\text{·K}^{-1} + (-1)\times 87.4\text{J·mol}^{-1}\text{·K}^{-1} + (-3/2)\times 5.74\text{J·mol}^{-1}\text{·K}^{-1}$$
$$= 2.79\times 10^2\ \text{J·mol}^{-1}\text{·K}^{-1}$$

$$\Delta_r G_m^\ominus = \Delta_r H_m^\ominus - T\Delta_r S_m^\ominus < 0$$

由于 $T > \dfrac{\Delta_r H_m^\ominus}{\Delta_r S_m^\ominus} = 233.94\times 10^3\text{J·mol}^{-1}/2.79\times 10^2\text{J·mol}^{-1}\text{·K}^{-1} = 838\text{K}$

所以反应进行的最低温度为 838K。

4.2.4.2 非标准态摩尔吉布斯自由能变 $\Delta_r G_m$ 的计算

标准摩尔吉布斯自由能变 $\Delta_r G_m^\ominus$ 只能用于判断标准状态下反应的方向，但通常遇到的体系都是非标准态，对于非标准态下进行的反应，需要用 $\Delta_r G_m$ 来判断反应的方向。

热力学研究表明，对于一化学反应 $aA + bB \longrightarrow yY + zZ$，$\Delta_r G_m$ 与 $\Delta_r G_m^\ominus$ 有如下关系：

$$\Delta_r G_m = \Delta_r G_m^\ominus + RT\ln Q \tag{4-25}$$

式(4-25) 称为化学反应等温式，式中 Q 为反应商。

如果反应物和产物均为气态，则 Q 用 Q_p 表示

$$Q_p = \frac{\left\{\dfrac{p(Y)}{p^\ominus}\right\}^y \left\{\dfrac{p(Z)}{p^\ominus}\right\}^z}{\left\{\dfrac{p(A)}{p^\ominus}\right\}^a \left\{\dfrac{p(B)}{p^\ominus}\right\}^b} \tag{4-26}$$

则
$$\Delta_r G_m = \Delta_r G_m^{\ominus} + RT\ln \frac{\left\{\frac{p(Y)}{p^{\ominus}}\right\}^y \left\{\frac{p(Z)}{p^{\ominus}}\right\}^z}{\left\{\frac{p(A)}{p^{\ominus}}\right\}^a \left\{\frac{p(B)}{p^{\ominus}}\right\}^b} \tag{4-27}$$

式中，$p^{\ominus}$表示标准压力；$p/p^{\ominus}$表示相对压力。

如果反应物和产物均为液态，则Q用Q_c表示

$$Q_c = \frac{\left\{\frac{c(Y)}{c^{\ominus}}\right\}^y \left\{\frac{c(Z)}{c^{\ominus}}\right\}^z}{\left\{\frac{c(A)}{c^{\ominus}}\right\}^a \left\{\frac{c(B)}{c^{\ominus}}\right\}^b} \tag{4-28}$$

则
$$\Delta_r G_m = \Delta_r G_m^{\ominus} + RT\ln \frac{\left\{\frac{c(Y)}{c^{\ominus}}\right\}^y \left\{\frac{c(Z)}{c^{\ominus}}\right\}^z}{\left\{\frac{c(A)}{c^{\ominus}}\right\}^a \left\{\frac{c(B)}{c^{\ominus}}\right\}^b} \tag{4-29}$$

式中，$c^{\ominus}$表示标准浓度；$c/c^{\ominus}$表示相对浓度。

若有纯固态、纯液态物质参与反应，它们的浓度项不出现在Q_c表达式中，稀溶液中溶剂的浓度也不出现在Q_c表达式中。

4.3 化学反应的限度和化学平衡

对于化学反应，不仅需要知道反应在给定条件下的产物，而且还需要知道在该条件下反应可以进行到什么程度，所得的产物最多有多少，如要进一步提高产率，应该采取哪些措施等。这些都是化学平衡理论需要解决的问题。

4.3.1 化学平衡和标准平衡常数

4.3.1.1 化学平衡

通常化学反应都有可逆性，只是可逆程度有所不同，少部分的化学反应在一定条件下几乎能进行到底，这样的反应称为不可逆反应，如

$$2KClO_3 \xrightarrow[\triangle]{MnO_2} 2KCl + 3O_2\uparrow$$

$$HCl + NaOH \longrightarrow NaCl + H_2O$$

但绝大多数化学反应，在同一条件下，既能向正方向进行又能向逆方向进行，这类反应称为可逆反应，如合成氨反应中的CO变换反应

$$CO(g) + H_2O(g) \rightleftharpoons CO_2(g) + H_2(g)$$

为表示反应的可逆性，在方程式中用箭头“$\rightleftharpoons$”代替“$\longrightarrow$”。上述CO的变换反应，在一定温度下，于密闭容器中进行，反应开始时$CO(g)$和$H_2O(g)$的浓度大，正反应速率较大，随着反应的进行，反应物$CO(g)$和$H_2O(g)$的浓度逐渐减小，而生成物$CO_2(g)$和$H_2(g)$的浓度不断增加，正反应速率逐渐减小，逆反应速率不断增大，经过一段时间后，当$v_{正}=v_{逆}$时，反应物和生成物的浓度不再随时间而改变，反应已经达到极限。将可逆反应的正、逆反应速率相等，反应物和生成物浓度恒定时反应系统所处的状态称为化学平衡状态，简称化学平衡。化学平衡的建立过程如图4-4所示。

化学平衡具有如下特点。

① 化学平衡是种动态平衡。反应系统达到平衡后，从表面上看，反应已经“终止”，而实际上，处于平衡状态的系统内正、逆反应均仍在继续进行，只是由于$v_{正}=v_{逆}$。此时在单位时间内因正反应使反应物减少的量和因逆反应使反应物增加的量恰好相等，致使各物质的浓度不变。因此，这种平衡实际上是一种动态平衡。

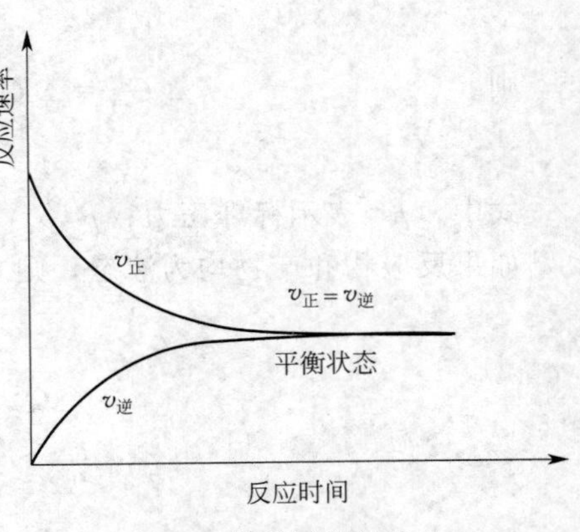

图 4-4 化学平衡的建立

② 可逆反应达平衡后，在一定条件下各物质浓度（或分压）不再随时间而变化。

③ 化学平衡是有条件的、相对的。当外界条件（如浓度、压力、温度）改变时，原有平衡被破坏，系统将在新的条件下达到新的平衡。

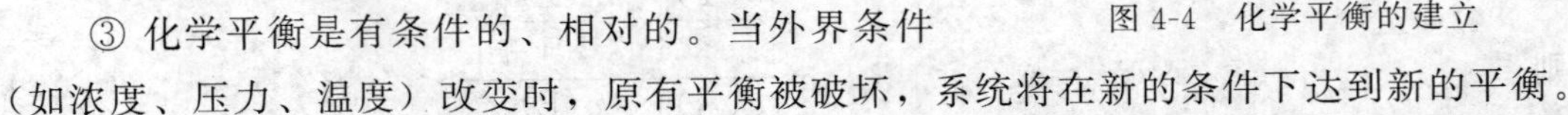

④ 化学平衡是可逆反应在一定条件下所能达到的最终状态。因此到达平衡的途径，可从正反应开始，也可从逆反应开始。

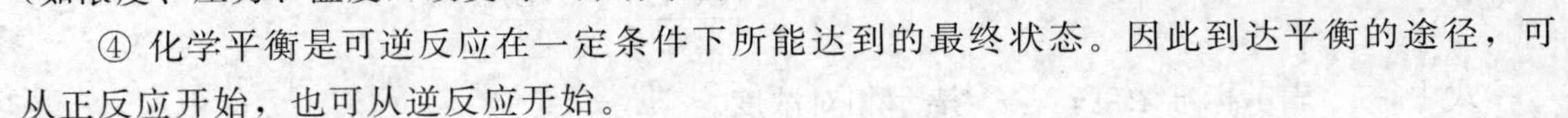

4.3.1.2 标准平衡常数

平衡常数是表明化学反应限度的特征值，平衡常数除了可用实验测定外，还可通过热力学方法计算得到，因此热力学平衡常数也称为标准平衡常数，用$K^{\ominus}$表示。

对于各气体均为理想气体的下列反应

$$aA(g)+bB(g) \rightleftharpoons yY(g)+zZ(g)$$

化学反应等温式为

$$\Delta_r G_m=\Delta_r G_m^{\ominus}+RT\ln\frac{\left\{\frac{p(Y)}{p^{\ominus}}\right\}^y\left\{\frac{p(Z)}{p^{\ominus}}\right\}^z}{\left\{\frac{p(A)}{p^{\ominus}}\right\}^a\left\{\frac{p(B)}{p^{\ominus}}\right\}^b} \tag{4-30}$$

反应达到平衡时，$\Delta_r G_m=0$，此时系统中气体物质的分压均称为平衡分压，则

$$\ln\frac{\left\{\frac{p(Y)}{p^{\ominus}}\right\}^y\left\{\frac{p(Z)}{p^{\ominus}}\right\}^z}{\left\{\frac{p(A)}{p^{\ominus}}\right\}^a\left\{\frac{p(B)}{p^{\ominus}}\right\}^b}=\frac{-\Delta_r G_m^{\ominus}}{RT} \tag{4-31}$$

在给定条件下，反应的T和$\Delta_r G_m^{\ominus}$均为定值，所以$\frac{-\Delta_r G_m^{\ominus}}{RT}$亦为定值，故

$$\frac{\left\{\frac{p(Y)}{p^{\ominus}}\right\}^y\left\{\frac{p(Z)}{p^{\ominus}}\right\}^z}{\left\{\frac{p(A)}{p^{\ominus}}\right\}^a\left\{\frac{p(B)}{p^{\ominus}}\right\}^b}=常数 \tag{4-32}$$

令此常数为$K^{\ominus}$，则

$$K^{\ominus}=\frac{\left\{\frac{p(Y)}{p^{\ominus}}\right\}^y\left\{\frac{p(Z)}{p^{\ominus}}\right\}^z}{\left\{\frac{p(A)}{p^{\ominus}}\right\}^a\left\{\frac{p(B)}{p^{\ominus}}\right\}^b} \tag{4-33}$$

可得

$$\ln K^{\ominus}=\frac{-\Delta_r G_m^{\ominus}}{RT} \tag{4-34}$$

对于水溶液中的反应，即

$$aA(aq)+bB(aq) \rightleftharpoons yY(aq)+zZ(aq)$$

同理可得

$$K^{\ominus}=\frac{\left\{\frac{c(Y)}{c^{\ominus}}\right\}^y\left\{\frac{c(Z)}{c^{\ominus}}\right\}^z}{\left\{\frac{c(A)}{c^{\ominus}}\right\}^a\left\{\frac{c(B)}{c^{\ominus}}\right\}^b} \tag{4-35}$$

由上述方程可知：标准平衡常数 $K^{\ominus}$ 是量纲为 1 的量，$K^{\ominus}$ 值越大，说明正反应进行得越彻底。$K^{\ominus}$ 的值只与温度有关，不随浓度或分压而改变。

书写平衡常数表达式时，应注意以下几点。

① 平衡常数表达式与化学方程式的写法要对应，例如合成氨反应

$$N_2(g)+3H_2(g) \rightleftharpoons 2NH_3(g) \qquad K_1^{\ominus}=\frac{\left\{\frac{p(NH_3)}{p^{\ominus}}\right\}^2}{\left\{\frac{p(N_2)}{p^{\ominus}}\right\}\left\{\frac{p(H_2)}{p^{\ominus}}\right\}^3}$$

$$1/2N_2(g)+3/2H_2(g) \rightleftharpoons NH_3(g) \qquad K_2^{\ominus}=\frac{\left\{\frac{p(NH_3)}{p^{\ominus}}\right\}}{\left\{\frac{p(N_2)}{p^{\ominus}}\right\}^{1/2}\left\{\frac{p(H_2)}{p^{\ominus}}\right\}^{3/2}}$$

$$1/3N_2(g)+H_2(g) \rightleftharpoons 2/3NH_3(g) \qquad K_3^{\ominus}=\frac{\left\{\frac{p(NH_3)}{p^{\ominus}}\right\}^{2/3}}{\left\{\frac{p(N_2)}{p^{\ominus}}\right\}^{1/3}\left\{\frac{p(H_2)}{p^{\ominus}}\right\}}$$

其中三个平衡常数的关系为

$$K_1^{\ominus}=(K_2^{\ominus})^2=(K_3^{\ominus})^3$$

因此，在使用和查阅平衡常数时，必须注意它们所对应的反应方程式。

② 当有纯液体、纯固体参加反应时，其浓度均不写入平衡常数的表达式中，如

$$CaCO_3(s) \rightleftharpoons CaO(s)+CO_2(g)$$

$$K^{\ominus}=\frac{p(CO_2)}{p^{\ominus}}$$

③ 在稀溶液反应中，水是大量的，其浓度不写入平衡常数表达式中，如

$$Cr_2O_7^{2-}(aq)+H_2O(l) \rightleftharpoons 2H^+(aq)+2CrO_4^{2-}(aq)$$

$$K^{\ominus}=\frac{\left\{\frac{c(H^+)}{c^{\ominus}}\right\}^2\left\{\frac{c(CrO_4^{2-})}{c^{\ominus}}\right\}^2}{\left\{\frac{c(Cr_2O_7^{2-})}{c^{\ominus}}\right\}}$$

【例 4.6】 计算反应 $4NH_3(g)+5O_2(g) \rightleftharpoons 4NO(g)+6H_2O(g)$ 的 $\Delta_r G_m^{\ominus}(298.15K)$，并计算反应在 298.15K 时的标准平衡常数 $K^{\ominus}$。

解	$NH_3(g)$	$O_2(g)$	$NO(g)$	$H_2O(g)$
$\Delta_f G_m^\ominus/kJ\cdot mol^{-1}$	-16.5	0	86.55	-228.59

则

$$\Delta_f G_m^\ominus = \sum_B \nu_B \Delta_f G_m^\ominus(B) = 4\times 86.55 + 6\times(-228.59) + (-4)\times(-16.5) + (-5)\times 0$$

$$= -959.34(kJ\cdot mol^{-1})$$

$$\ln K^\ominus = \frac{-\Delta_r G_m^\ominus}{RT} = -\frac{-959.34\times 10^3}{8.314\times 298.15} = 387.0$$

$$K^\ominus = 1.80\times 10^{168}$$

4.3.1.3 多重平衡规则

化学反应的平衡常数也可利用多重平衡规则计算而得，如果某反应可以由几个反应相加（或相减）而得，则该反应的平衡常数等于几个反应平衡常数之积（或商）。这种关系称为多重平衡原则。

设反应（1）、反应（2）和反应（3）在温度 T 时的标准平衡常数分别为 $K_1^\ominus$、$K_2^\ominus$、$K_3^\ominus$，各自的标准吉布斯自由能变分别为 $\Delta_r G_1^\ominus$、$\Delta_r G_2^\ominus$、$\Delta_r G_3^\ominus$，如果

$$\text{反应(3)} = \text{反应(1)} + \text{反应(2)}$$

则有

$$\Delta_r G_3^\ominus = \Delta_r G_1^\ominus + \Delta_r G_2^\ominus$$

$$-RT\ln K_3^\ominus = -RT\ln K_1^\ominus + (-RT\ln K_2^\ominus)$$

$$\ln K_3^\ominus = \ln K_1^\ominus + \ln K_2^\ominus$$

$$K_3^\ominus = K_1^\ominus K_2^\ominus$$

同理若

$$\text{反应(3)} = \text{反应(1)} - \text{反应(2)}$$

则有

$$K_3^\ominus = K_1^\ominus / K_2^\ominus$$

若

$$\text{反应(3)} = n\times\text{反应(1)}$$

则有

$$K_3^\ominus = (K_1^\ominus)^n$$

若

$$\text{反应(3)} = \text{反应(1)}/n$$

则有

$$K_3^\ominus = (K_1^\ominus)^{1/n}$$

根据多重平衡规则，可以应用若干已知反应的平衡常数，按上述原则求得某些其他反应的平衡常数，无需一一通过实验测得。

【例 4.7】 已知下列三个反应的标准平衡常数

(1) $H_2(g) + 1/2O_2(g) \rightleftharpoons H_2O(g)$ $K_1^\ominus$

(2) $N_2(g) + O_2(g) \rightleftharpoons 2NO(g)$ $K_2^\ominus$

(3) $4NH_3(g) + 5O_2(g) \rightleftharpoons 4NO(g) + 6H_2O(g)$ $K_3^\ominus$

求式(4) $N_2(g) + 3H_2(g) \rightleftharpoons 2NH_3(g)$ 的标准平衡常数 $K_4^\ominus$。

解 式(4)＝式(2)＋3×式(1)－1/2×式(3)

$$K_4^\ominus = \frac{K_2^\ominus (K_1^\ominus)^3}{(K_3^\ominus)^{1/2}}$$

4.3.2 化学平衡的计算

利用标准平衡常数可以计算达到平衡时各反应物和生成物的浓度或分压，以及反应物的转化率。某反应物的转化率是指该反应物已转化的量占起始量的百分率，可以表示为

$$\text{某反应物的转化率}=\frac{\text{该反应物已转化的量}}{\text{该反应物的起始量}}\times 100\% \tag{4-36}$$

对一些有气体参加的反应，由于用压力表测得的是混合气体的总压力，直接测量各组分气体的分压很困难，通常用道尔顿分压定律来计算有关组分气体的分压。道尔顿分压定律的主要内容是，混合气体的总压力等于各组分气体的分压力之和，某组分气体的分压等于该组分气体的摩尔分数与混合气体总压之积，其数学表达式为

$$p=\sum_i p_i$$

$$p_i=\frac{n_i}{n}p=y_i p \tag{4-37}$$

其中，p_i、n_i 分别为第 i 种组分气体的分压和物质的量；p、n 分别为混合气体的总压力和总物质的量。

道尔顿分压定律仅适用于理想气体混合物，对低压下的气体混合物近似适用。

【例 4.8】 CO 的转化反应 $CO(g)+H_2O(g)\rightleftharpoons CO_2(g)+H_2(g)$ 在 797K 时的标准平衡常数 $K^{\ominus}=0.5$，若在该温度下使 2.0mol CO(g) 和 3.0mol $H_2O(g)$ 在密闭容器内反应，试计算在此条件下的平衡转化率。

解 设达到平衡时 CO 转化了 x mol

	$CO(g)$	$+H_2O(g)\rightleftharpoons$	$CO_2(g)$	$+H_2(g)$
初始时物质的量/mol	2.0	3.0	0	0
平衡时物质的量/mol	$2.0-x$	$3.0-x$	x	x

平衡时总物质的量 $n=2.0-x+3.0-x+x+x=5.0\text{mol}$

设平衡时系统的总压力为 p，各物质的分压为

$$p(CO)=\frac{2.0-x}{5.0}p$$

$$p(CO_2)=p(H_2)=\frac{x}{5.0}p$$

$$p(H_2O)=\frac{3.0-x}{5.0}p$$

$$K^{\ominus}=\frac{\dfrac{p(CO_2)}{p^{\ominus}}\dfrac{p(H_2)}{p^{\ominus}}}{\dfrac{p(CO)}{p^{\ominus}}\times\dfrac{p(H_2O)}{p^{\ominus}}}=\frac{p(CO_2)p(H_2)}{p(CO)p(H_2O)}=0.5$$

即

$$\frac{\dfrac{x}{5.0}p\times\dfrac{x}{5.0}p}{\dfrac{2.0-x}{5.0}p\times\dfrac{3.0-x}{5.0}p}=0.5$$

$$\frac{x^2}{(2.0-x)(3.0-x)}=0.5$$

$$x=1.0\text{mol}$$

故 CO 的转化率为$\frac{1.0}{2.0}\times 100\%=50\%$。

4.3.3 化学平衡的移动

一切化学平衡都是相对的和暂时的，当外界条件改变了，旧的平衡就会被破坏，从而引起系统中各物质的浓度或分压发生变化，直到在新的条件下建立新的平衡。这种因外界条件的改变使化学反应从原来的平衡状态转变到新的平衡状态的过程叫作化学平衡的移动。从能量角度来说，可逆反应达到平衡时，$\Delta G=0$，$Q=K^{\ominus}$，因此一切能导致 ΔG 值发生变化的外界条件（浓度、压力、温度等）都会使原平衡发生移动。

4.3.3.1 浓度对化学平衡的影响

对某一可逆反应

$$a\text{A(g)}+b\text{B(g)}\rightleftharpoons y\text{Y(g)}+z\text{Z(g)}$$

$$\Delta_r G_m=\Delta_r G_m^{\ominus}+RT\ln Q \tag{4-38}$$

$$Q=\frac{\left\{\frac{p(\text{Y})}{p^{\ominus}}\right\}^y\left\{\frac{p(\text{Z})}{p^{\ominus}}\right\}^z}{\left\{\frac{p(\text{A})}{p^{\ominus}}\right\}^a\left\{\frac{p(\text{B})}{p^{\ominus}}\right\}^b}$$

将 $\Delta_r G_m^{\ominus}=-RT\ln K^{\ominus}$ 代入式(4-38) 中，得

$$\Delta_r G_m=RT\ln\frac{Q}{K^{\ominus}} \tag{4-39}$$

① $Q<K^{\ominus}$，$\frac{Q}{K^{\ominus}}<1$，$\Delta_r G_m<0$，反应向正方向进行，平衡正向移动。

② $Q=K^{\ominus}$，$\frac{Q}{K^{\ominus}}=1$，$\Delta_r G_m=0$，处于平衡状态。

③ $Q>K^{\ominus}$，$\frac{Q}{K^{\ominus}}>1$，$\Delta_r G_m>0$，反应向逆方向进行，平衡逆向移动。

化学平衡的移动实际上是系统条件改变后，重新考虑化学反应的方向和程度问题。对于已达到平衡的体系，如果增加反应物的浓度或减少生成物的浓度，则使 $Q<K^{\ominus}$，平衡正向移动，移动的结果使 Q 增大，直至重新等于 $K^{\ominus}$，此时体系又建立起新的平衡。

【例 4.9】 在例 4.8 的系统中，保持 797K 不变，再向已达平衡的容器中加入 3.0mol 的水蒸气，问 CO 的总转化率为多少？

解 设加入水蒸气后，CO 又转化了 y mol

	$CO(g)$ +	$H_2O(g)\rightleftharpoons$	$CO_2(g)$ +	$H_2(g)$
旧平衡时各物质的量/mol	1.0	2.0	1.0	1.0
加入 3.0mol H_2O 瞬间	1.0	5.0	1.0	1.0
新平衡时各物质的量/mol	$1.0-y$	$5.0-y$	$1.0+y$	$1.0+y$

新平衡时总物质的量　$n=1.0-y+5.0-y+1.0+y+1.0+y=8.0\text{mol}$

新平衡时每种物质的分压为

$$p(CO)=\frac{1.0-y}{8.0}p$$

$$p(CO_2)=p(H_2)=\frac{1.0+y}{8.0}p$$

$$p(H_2O)=\frac{5.0-y}{8.0}p$$

$$K^{\ominus}=\frac{\frac{p(CO_2)}{p^{\ominus}}\times\frac{p(H_2)}{p^{\ominus}}}{\frac{p(CO)}{p^{\ominus}}\times\frac{p(H_2O)}{p^{\ominus}}}=\frac{p(CO_2)p(H_2)}{p(CO)p(H_2O)}=\frac{\left(\frac{1.0+y}{8}p\right)^2}{\frac{1.0-y}{8}p\times\frac{5.0-y}{8}p}=\frac{(1.0+y)^2}{(1.0-y)(5.0-y)}=0.5$$

$y=0.29\text{mol}$

CO的总转化率为 $\frac{2.0-(1.0-0.29)}{2.0}\times100\%=64.5\%$。

加入3.0mol的水蒸气后，CO的总转化率从50%增加到64.5%，上述例子表明几种物质参加反应时，为了使价格昂贵物质得到充分利用，常常加大价格低廉物质的投料量，以降低成本，提高经济效益。

4.3.3.2　压力对化学平衡的影响

对于有气体参加的化学平衡，改变系统的总压力势必引起各组分气体分压同等程度的改变，这时平衡移动的方向就要由反应系统本身来决定，下面分几种情况讨论。

对于可逆反应

$$a\text{A(g)}+b\text{B(g)}\rightleftharpoons y\text{Y(g)}+z\text{Z(g)}$$

① 反应前后气体分子总数相等的反应，即 $\Delta n=(y+z)-(a+b)=0$，系统总压力改变，同等程度地改变了反应物和生成物的分压，但 Q 值仍等于 $K^{\ominus}$，故平衡不发生移动。

② 反应前后气体分子总数不相等的反应，即 $\Delta n\neq0$，如表4-2所示，压力对于 $\Delta n>0$ 和 $\Delta n<0$ 的反应的化学平衡的影响不同。对于 $\Delta n>0$ 的反应，增大压力平衡向逆反应方向移动，减小压力平衡向正反应方向移动，而对于 $\Delta n<0$ 的反应，压力对化学平衡移动的影响则正好相反。

表4-2　压力对化学平衡的影响

平衡移动方向	$\Delta n>0$（气体分子总数增加的反应）	$\Delta n<0$（气体分子总数减少的反应）
增加压力	$Q>K^{\ominus}$ 平衡逆向移动	$Q<K^{\ominus}$ 平衡正向移动
减小压力	$Q<K^{\ominus}$ 平衡正向移动	$Q>K^{\ominus}$ 平衡逆向移动

③ 有惰性气体参加反应，在恒温、恒容条件下，对化学平衡无影响；恒温、恒压条件下，惰性气体引入造成各组分气体分压减小，化学平衡将向气体分子总数增加的方向移动。

④ 对于液相和固相反应的系统，压力改变不影响化学平衡。

4.3.3.3　温度对化学平衡的影响

浓度和压力对化学平衡的影响是在温度不变的条件下讨论的，标准平衡常数 $K^{\ominus}$ 不变，而温度对化学平衡的影响则会改变标准平衡常数 $K^{\ominus}$，即

$$\Delta G^{\ominus}=-RT\ln K^{\ominus}$$

$$\Delta_r G_m^{\ominus}=\Delta_r H_m^{\ominus}-T\Delta_r S_m^{\ominus}$$

$$-RT\ln K^{\ominus}=\Delta_r H_m^{\ominus}-T\Delta_r S_m^{\ominus}$$

$$\ln K^{\ominus}=-\frac{\Delta_r H_m^{\ominus}}{RT}+\frac{\Delta_r S_m^{\ominus}}{R}$$

$$\ln K^{\ominus}\approx-\frac{\Delta_r H_m^{\ominus}(298.15\text{K})}{RT}+\frac{\Delta_r S_m^{\ominus}(298.15\text{K})}{R} \tag{4-40}$$

对一定反应来说，$\ln K^{\ominus}$与$\frac{1}{T}$呈线形关系。

设某一可逆反应，温度为T_1、T_2时，对应的标准平衡常数为$K_1^{\ominus}$和$K_2^{\ominus}$。

$$\ln K_1^{\ominus}\approx-\frac{\Delta_r H_m^{\ominus}(298.15\text{K})}{R}\frac{1}{T_1}+\frac{\Delta_r S_m^{\ominus}(298.15\text{K})}{R} \tag{4-41}$$

$$\ln K_2^{\ominus}\approx-\frac{\Delta_r H_m^{\ominus}(298.15\text{K})}{R}\frac{1}{T_2}+\frac{\Delta_r S_m^{\ominus}(298.15\text{K})}{R} \tag{4-42}$$

式(4-42)－式(4-41) 得

$$\ln\frac{K_2^{\ominus}}{K_1^{\ominus}}=-\frac{\Delta_r H_m^{\ominus}(298.15\text{K})}{R}\left(\frac{1}{T_2}-\frac{1}{T_1}\right) \tag{4-43}$$

式(4-40) 是表示标准平衡常数$K^{\ominus}$与温度T关系的重要方程，利用此式不仅可计算出某一温度下的标准平衡常数$K^{\ominus}$，也可从已知两温度下的平衡常数值转而求出反应的焓变。表4-3列出了温度对化学平衡常数的影响，对于放热反应（$\Delta H<0$）和吸热反应（$\Delta H>0$）的影响不同。对于放热反应温度升高，平衡向逆反应方向移动，$K^{\ominus}$变小，温度降低平衡向正反应方向移动，$K^{\ominus}$变大，而对于吸热反应，温度对化学平衡移动的影响则正好相反。

表 4-3 温度对化学平衡常数的影响

温度变化	焓变	
	$\Delta H<0$(放热反应)	$\Delta H>0$(吸热反应)
温度升高	$K^{\ominus}$变小 $Q>K^{\ominus}$,平衡逆向移动	$K^{\ominus}$变大 $Q<K^{\ominus}$,平衡正向移动
温度降低	$K^{\ominus}$变大 $Q<K^{\ominus}$,平衡正向移动	$K^{\ominus}$变小 $Q>K^{\ominus}$,平衡逆向移动

【例 4.10】 已知反应 $2SO_2(g)+O_2(g)\rightleftharpoons 2SO_3(g)$ 在 298.15K 时的 $K_1^{\ominus}=6.8\times10^{24}$，$\Delta_r H_m^{\ominus}(298.15\text{K})=-197.78\text{kJ}\cdot\text{mol}^{-1}$，计算 500K 时的 $K_2^{\ominus}$，并说明温度升高对此反应平衡的影响。

解

$$\ln\frac{K_2^{\ominus}}{K_1^{\ominus}}=-\frac{\Delta_r H_m^{\ominus}(298.15\text{K})}{R}\left(\frac{1}{T_2}-\frac{1}{T_1}\right)$$

$$\ln\frac{K_2^{\ominus}}{6.8\times10^{24}}=-\frac{-197.78\times10^3}{8.314}\times\left(\frac{1}{500}-\frac{1}{298.15}\right)=-32.2$$

$$K_2^{\ominus}=7.1\times10^{10}$$

由计算结果可以看出，温度升高，标准平衡常数变小，表明温度升高平衡向生成反应物的方向移动。

4.3.3.4 催化剂与化学平衡的关系

催化剂降低了反应的活化能，因此可以加快反应速率。对于任一可逆反应来说，催化剂能同等程度地加快正、逆反应速率，而使标准平衡常数 $K^{\ominus}$ 保持不变，所以，催化剂不影响化学平衡。在尚未达到平衡状态的反应系统中加入催化剂，可以加快反应速率，缩短反应到达平衡状态的时间，即缩短了完成反应所需要的时间，这在工业生产上具有重要意义。

4.3.3.5 吕 · 查德原理

总的来说，浓度、压力和温度在一定条件下都能影响化学平衡，但温度的影响是使标准平衡常数改变，而浓度和压力不改变标准平衡常数。增加反应物的浓度，平衡向生成物方向移动；增加气体的压力，平衡向气体分子数减少的方向移动；升温反应向吸热反应方向进行，以上这些结论可以概括为一条普遍的规律：假如改变平衡系统的条件之一，如浓度、压力或温度，平衡就向能减弱这个改变的方向移动，这就是吕 · 查德原理。

4.4 化学反应的速率及其控制

不同的化学反应,它们的反应速率是不相同的。有的反应进行得很快,几乎瞬时就可完成,例如:爆炸反应、感光反应、无机化学中的酸碱中和反应等;相反,有些化学反应则进行得很慢,例如,有机合成反应一般需要几十分钟、几小时甚至几天才能完成;金属的腐蚀、塑料和橡胶的老化更是缓慢;还有的化学反应如岩石的风化、石油形成的过程需要经历几十万年甚至更长的岁月。在化工生产中为了尽快生产更多的产品,就需要设法加快化学反应速率,而对于有害的反应,如金属腐蚀、塑料的老化等则需要设法抑制和最大限度地降低其反应速率,以减少损失。还有某些反应在理论上从热力学上判断,其正向自发趋势很明显,但实际上进行的速率却很慢。因此对反应速率及其影响因素的研究,具有重要的理论意义和实际意义。

4.4.1 化学反应速率及其表示法

为了描述化学反应速率，可以用反应物物质的量随时间不断降低来表示，也可用生成物的量随时间不断增加来表示。反应速率用符号 v 来表示，单位是 $mol \cdot L^{-1} \cdot s^{-1}$、$mol \cdot L^{-1} \cdot min^{-1}$ 或 $mol \cdot L^{-1} \cdot h^{-1}$。例如合成氨的反应 $N_2(g)+3H_2(g) \longrightarrow 2NH_3(g)$

其反应速率可分别表示为

$$\bar{v}(N_2)=-\frac{\Delta c(N_2)}{\Delta t}$$

$$\bar{v}(H_2)=-\frac{\Delta c(H_2)}{\Delta t}$$

$$\bar{v}(NH_3)=\frac{\Delta c(NH_3)}{\Delta t}$$

式中，$\Delta c(N_2)$、$\Delta c(H_2)$ 和 $\Delta c(NH_3)$ 分别表示在 Δt 时间内反应物 N_2、H_2 和生成物 NH_3 浓度的变化。

上述反应速率表达式表示的是在 Δt 时间内的平均速率。由于反应方程式中生成物和反应物的化学计量数往往不同，所以用不同物质的物质的量的变化率来表示反应速率时，其数值可能有所不同，但相互之间存在固定关系：

$$\frac{\bar{v}(N_2)}{1}=\frac{\bar{v}(H_2)}{3}=\frac{\bar{v}(NH_3)}{2}$$

即 $\Delta c(N_2):\Delta c(H_2):\Delta c(NH_3)=1:3:2$，与它们在反应方程式中的化学计量数绝对值之比相同。

当 Δt 趋于无限小，即 $\Delta t\to 0$ 时的反应速率叫瞬时反应速率，可表达为

$$v(N_2)=\lim_{\Delta t\to 0}\frac{-\Delta c(N_2)}{\Delta t}=\frac{-dc(N_2)}{dt}$$

按国际纯粹与应用化学联合会（IUPAC）的推荐，化学反应速率定义为反应进度 ξ 随时间的变化率。

对于化学反应 $$aA+bB\longrightarrow yY+zZ$$

反应速率 $$J=\frac{d\xi}{dt} \tag{4-44}$$

式中，ξ 为反应进度；t 为时间。

由于反应进度的改变 $d\xi$ 与物质 B 的改变量 dn_B 有如下关系，即

$$d\xi=\frac{1}{\nu_B}dn_B \tag{4-45}$$

式中，ν_B 为物质 B 在反应式中的化学计量数，对于反应物，ν_B 取负值，表示减少；对于生成物，ν_B 取正值，表示增加。这样化学反应速率可写成

$$J=\frac{1}{\nu_B}\frac{dn_B}{dt} \tag{4-46}$$

若反应系统的体积为 V，V 不随时间 t 而变，可以定义恒容反应速率 v

$$v=\frac{J}{V}=\frac{1}{V\nu_B}\frac{dn_B}{dt}=\frac{1}{\nu_B}\frac{dc_B}{dt} \tag{4-47}$$

对于上述反应有

$$v=\frac{1}{-a}\frac{dc(A)}{dt}=\frac{1}{-b}\frac{dc(B)}{dt}=\frac{1}{y}\frac{dc(Y)}{dt}=\frac{1}{z}\frac{dc(Z)}{dt} \tag{4-48}$$

以合成氨的反应为例，反应方程式 $N_2(g)+3H_2(g)\longrightarrow 2NH_3(g)$ 的化学反应速率为

$$v=-\frac{dc(N_2)}{dt}=-\frac{1}{3}\frac{dc(H_2)}{dt}=\frac{1}{2}\frac{dc(NH_3)}{dt}$$

由此可见，以浓度为基础的化学反应速率 v 的数值，对于同一反应系统与选用何种物质为基准无关，只与化学反应计量方程式有关。

反应速率是通过实验测得的，实验中常用化学法或物理法在不同时刻取样测定反应物或生成物的浓度，有了浓度随时间的变化关系，通过作切线，即可得到不同时刻的反应速率。

【例 4.11】 在 CCl_4 溶剂中，N_2O_5 的分解反应方程式为

$$2N_2O_5\longrightarrow 2N_2O_4+O_2$$

在 40.0℃下，不同反应时间时 N_2O_5 的浓度实验数据如下表所示：

t/min	0	5	10	15	20	30	
$c(N_2O_5)$/mol·L^{-1}	0.200	0.180	0.161	0.144	0.130	0.104	
t/min	40	50	70	90	110	130	∞
$c(N_2O_5)$/mol·L^{-1}	0.084	0.068	0.044	0.028	0.018	0.012	0

用作图法计算出反应时间 $t=45$min 的瞬间速率。

解　根据表中给出的实验数据，得到如图4-5所示的$c(N_2O_5)$-t曲线：

通过A点（$t=45\text{min}$）作切线，再求出A点的切线斜率

$$A\text{点的切线斜率}=\frac{-(0.144-0)}{93-0}=-1.55\times10^{-3}\,\text{mol}\cdot\text{L}^{-1}\cdot\text{min}^{-1}$$

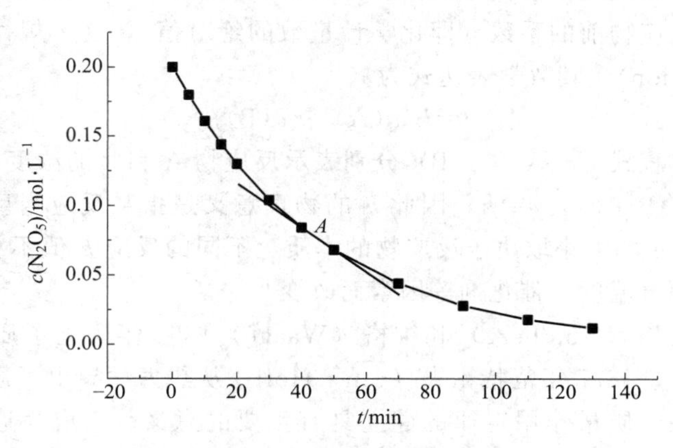

图4-5　N_2O_5的浓度与时间的关系曲线

4.4.2 影响化学反应速率的因素

影响化学反应速率的内因是物质的本性，因为不同的反应物质具有不同的活化能，所以各种化学反应的速率千差万别；但对于同一化学反应，由于外界条件如浓度（或分压）、温度、催化剂等因素改变，也会引起其反应速率的改变。本节将分别讨论浓度、温度和催化剂等因素对化学反应速率的影响。

4.4.2.1 浓度对反应速率的影响

（1）基元反应与非基元反应

化学反应方程式往往只表示反应的始态和终态是何种物质以及它们之间的化学计量关系，并不反映所经过的实际过程。化学反应经历的途径叫反应机理或反应历程。

反应物分子经过有效碰撞一步直接转化成生成物分子的反应称为基元反应，例如

$$NO_2(g)+CO(g)\longrightarrow NO(g)+CO_2(g)$$

$$2NO(g)+O_2(g)\longrightarrow 2NO_2(g)$$

基元反应若按反应分子数（molecularity）划分，可分为单分子反应、双分子反应和三分子反应。绝大多数基元反应是双分子反应，在分解反应或异构化反应中可能出现单分子反应，三分子反应很少，一般只出现在原子复合或自由基复合反应中。

大多数反应为非基元反应。非基元反应是由两个或两个以上的基元步骤所组成的化学反应，例如

$$H_2(g)+I_2(g)\longrightarrow 2HI(g)$$

长期以来，一直认为此反应是由H_2和I_2直接碰撞的基元反应，但后来发现它是个非基元反应，现已证明它的反应历程如下：

第一步　$I_2(g)\longrightarrow 2I(g)$　　快反应

第二步　$H_2(g)+2I(g)\longrightarrow 2HI(g)$　　慢反应

（2）质量作用定律

对于一般基元反应

$$aA+bB \longrightarrow yY+zZ$$

在一定温度下，反应速率与反应物浓度幂的乘积成正比，其中各反应物浓度的指数为基元反应方程式中各反应物前的系数（即化学计量数的绝对值），这一规律称为质量作用定律(the law of mass action)，其数学表达式为

$$v=k\{c(A)\}^a\{c(B)\}^b \tag{4-49}$$

此式称为速率方程式，$c(A)$、$c(B)$ 分别表示反应物 A 和 B 的浓度；k 为速率常数，当 $c(A)=c(B)=1mol\cdot L^{-1}$时，$v=k$，因此 k 的物理意义是指某反应当反应物浓度均为单位浓度时的反应速率，k 的大小取决于反应物的本质，不同的反应 k 值不相同，k 值大小与反应物浓度无关，但随着温度、催化剂等因素而改变。

挪威学者古德贝格（Guldberg）和维格（Waage）1867 年确立了质量作用定律的数学形式和物理化学意义，1877 年范特霍夫（van't Hoff）从热力学导出了质量作用定律并用实验验证了它的正确性。质量作用定律的建立具有重要的意义，它成为近代化学发展的里程碑，是反应速率理论和化学平衡理论的重要组成部分。它与热力学结合研究化学平衡，成为化学热力学的重要内容，与反应机理（历程）一起成为化学动力学的主要研究内容。

应用质量作用定律时应注意以下几个问题：

① 质量作用定律适用于基元反应。对于非基元反应，只能对其反应机理中的每一个基元反应应用质量作用定律，不能根据总反应方程式直接书写速率方程式。

② 固体或纯液体参加的化学反应，如果它们不溶于其他反应介质，则不必把固体或纯液体的浓度项列入反应速率方程式中，如

$$C(s)+O_2(g) \longrightarrow CO_2(g)$$

$$v=kc(O_2)$$

③ 若反应物中有气体，在速率方程中也可用气体分压来代替浓度，上述反应的速率方程式也可写成

$$v=k'p(O_2)$$

质量作用定律可用分子碰撞理论加以解释。在一定温度下，反应物活化分子的百分数是一定的，当增加反应物浓度时，活化分子百分数虽未改变，但单位体积中活化分子总数相应增大，在单位时间及单位体积内有效碰撞次数必然增加，所以反应速率加快。

（3）非基元反应速率方程式

不同于基元反应，非基元反应的速率方程式不能由质量作用定律直接写出，而必须是符合实验数据的经验表达式，可采取任何形式。

对于化学计量反应

$$aA+bB \longrightarrow yY+zZ$$

由实验数据得出的经验速率方程式，常常也可写成与式(4-49）相类似的幂乘积的形式

$$v=k\{c(A)\}^\alpha\{c(B)\}^\beta \tag{4-50}$$

式中，各组分浓度的方次 α 和 β（一般不等于各组分化学计量数的绝对值），分别称为反应组分 A 和 B 的反应分级数（order），反应总级数（overall order）为各组分反应分级数的代数和，即 $\alpha+\beta$。

如 $2NO(g)+2H_2(g) \longrightarrow N_2(g)+2H_2O(g)$，经实验测定，其反应速率方程为

$$v=k\{c(NO)\}^2\{c(H_2)\}^1$$

而不是$v=k\{c(NO)\}^2\{c(H_2)\}^2$，由此可见，非基元反应速率方程式浓度的指数与反应物的化学计量数的绝对值不一定相等，其指数必须由实验测定。有些反应通过实验测定的速率方程式中，反应物浓度的指数恰好等于方程式中该物质的化学计量数的绝对值，也不能断言一定是基元反应。

【例 4.12】 某一温度下乙醛的分解反应 $CH_3CHO(g) \longrightarrow CH_4(g)+CO(g)$ 在一系列不同浓度的初始反应速率的实验数据如下表：

$c(CH_3CHO)/mol \cdot L^{-1}$	0.10	0.20	0.30	0.40
$v/mol \cdot L^{-1} \cdot s^{-1}$	0.020	0.081	0.182	0.318

求：(1) 此反应对乙醛是几级？

(2) 计算反应速率常数 k；

(3) $c(CH_3CHO)=0.15mol \cdot L^{-1}$时的反应速率。

解 (1) 设该反应的速率方程

$$v=k\{c(CH_3CHO)\}^m$$

将四组数据代入

$$0.020=k \cdot 0.10^m$$

$$0.081=k \cdot 0.20^m$$

$$0.182=k \cdot 0.30^m$$

$$0.318=k \cdot 0.40^m$$

解得 $m=2$，所以此反应对乙醛是2级。

(2) 计算反应的速率常数 k

$$v=k\{c(CH_3CHO)\}^2$$

将$c(CH_3CHO)=0.20mol \cdot L^{-1}$和$v=0.081mol \cdot L^{-1} \cdot s^{-1}$代入，得

$$k=2.00L \cdot mol^{-1} \cdot s^{-1}$$

(3) 将上面的数据代入，得

$$v=2\{c(CH_3CHO)\}^2$$

$$c(CH_3CHO)=0.15mol \cdot L^{-1}$$

代入，得

$$v=2 \times 0.15^2=0.045mol \cdot L^{-1} \cdot s^{-1}$$

4.4.2.2 温度对化学反应速率的影响

温度是影响反应速率的主要因素之一。对于绝大多数反应来说，反应速率随温度的升高而增大。

(1) van't Hoff 规则

一般化学反应，反应物浓度不变的情况下，在一定温度范围内，温度每升高10K，反应速率或反应速率常数一般增加到原来的2～4倍，即

$$\frac{v_{T+10}}{v_T}=\frac{k_{T+10}}{k_T}=2 \sim 4$$

此规则称为 van't Hoff 规则。

温度升高使反应速率显著增大，主要是因为温度升高，分子运动速度加快，分子间的碰撞次数增加。同时温度升高，分子的能量升高，活化分子百分数增大，因而有效碰撞次数显著增加，导致了化学反应速率明显加快。

(2) Arrhenius 方程

1889 年，瑞典物理化学家 Arrhenius 在大量实验基础上提出反应速率常数 k 和温度 T 之间的关系，即

$$k=A\mathrm{e}^{\frac{-E_a}{RT}} \tag{4-51}$$

或写成

$$\ln\frac{k}{A}=\frac{-E_a}{RT} \tag{4-52}$$

式中，E_a 为反应活化能，其单位为 $\mathrm{J\cdot mol^{-1}}$；R 为摩尔气体常数；T 为热力学温度；A 为“指前因子”，是反应的特性常数，其单位与 k 相同；e 为自然对数的底（e=2.718）。

从上式可见，反应速率常数 k 与热力学温度 T 成指数关系，温度的微小变化都会使 k 值有较大的变化，体现了温度对反应速率的显著影响。

Arrhenius 方程较好地反映了反应速率常数 k 与温度 T 的关系。若以 $\ln k$ 对 $1/T$ 作图可得一直线，直线的斜率为 $-E_a/R$，截距为 $\ln A$，由这些数据即可求出活化能 E_a 和指前因子 A。若已知某一反应在 T_1 时的反应速率常数为 k_1，在 T_2 时的反应速率常数为 k_2，有

$$\ln\frac{k_1}{A}=\frac{-E_a}{RT_1} \tag{4-53}$$

$$\ln\frac{k_2}{A}=\frac{-E_a}{RT_2} \tag{4-54}$$

式(4-54)－式(4-53) 得

$$\ln\frac{k_2}{k_1}=-\frac{E_a}{R}\left(\frac{1}{T_2}-\frac{1}{T_1}\right) \tag{4-55}$$

利用式(4-55) 可计算反应的活化能以及不同温度下的反应速率常数 k。

(3) 反应活化能

过渡状态理论认为，化学反应并不是通过反应物分子的简单碰撞完成的，在反应物到产物的转变过程中，必须通过一种过渡状态，这种中间状态可用下式表示，即

$$\underset{\text{反应物}}{\mathrm{A{-}B + C}} \rightleftharpoons \underset{\text{活化配合物}}{[\mathrm{A\cdots B\cdots C}]} \longrightarrow \underset{\text{产物}}{\mathrm{A + B{-}C}}$$

过渡状态理论是在量子力学和统计力学的基础上提出来的，该理论认为在反应过程中当分子 C 以足够大的动能克服 AB 分子对它的排斥力向 AB 分子接近时，AB 间的结合力逐渐减弱，这时既有旧键的部分破坏（A…B），又有新键的部分生成（B…C），此时 AB 与 C 处于过渡状态，并形成了一个类似配合物结构的物质（A…B…C），该物质称为活化配合物。活化配合物相对于反应物和产物具有较高的能量（见图 4-6），处于一种不稳定状态，它可以转变为原来的反应物分子，也可以分解为产物分子，这取决于各自的反应速率。

把具有平均能量的反应物分子形成活化配合物时所吸收的最低能量称为正反应的活化能（$E_{a,正}$），把具有平均能量的产物分子形成活化配合物时所吸收的最低能量称为逆反应的活化能（$E_{a,逆}$），正、逆反应活化能之差即为该反应的反应热。

$$\Delta_r H_m=E_{a,正}-E_{a,逆} \tag{4-56}$$

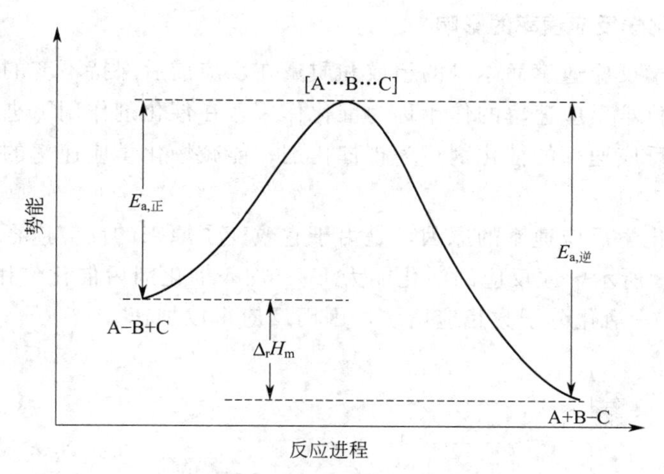

图 4-6　反应过程势能变化示意图

由图 4-6 可看出，反应的活化能越小，反应物分子需要越过的势能（有时称阈能）越低，越容易形成活化配合物，反应速率也就越快。但活化能与反应过程有关，不具有状态函数的性质，反应过程一旦改变，活化能随之改变，这就是催化剂能降低反应活化能，改变反应速率的原因。

【例 4.13】　已知某反应 A → B+C，在不同温度下测得的反应速率常数 k 如下表。

T/K	773.5	786	797.5	810	824	834
$k\times10^3/s^{-1}$	1.63	2.95	4.19	8.13	14.9	22.2

求反应的活化能。

解　根据题意得

$\frac{1}{T}\times10^3/K^{-1}$	1.29	1.27	1.25	1.23	1.21	1.20
$\ln(k/s^{-1})$	−6.42	−5.83	−5.48	−4.81	−4.21	−3.81

如图 4-7 所示作 $\ln k$-$1/T$ 曲线，由图可求得斜率$-\frac{E_a}{R}=-28432.87$，将 $R=8.314$ 代入得 $E_a=236.4\text{kJ}\cdot\text{mol}^{-1}$。

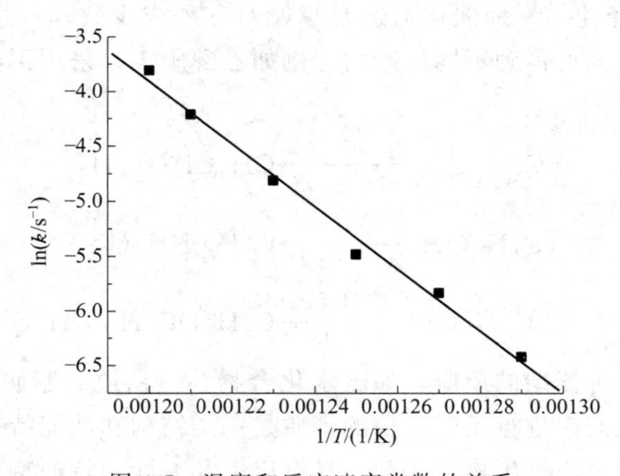

图 4-7　温度和反应速率常数的关系

4.4.2.3 催化剂对化学反应速率的影响

能显著改变化学反应速率而本身的组成和质量在反应前后保持不变的一类物质称为催化剂。催化剂能改变化学反应速率的作用称为催化作用，在催化剂作用下进行的反应称为催化反应，能加快化学反应速率的催化剂称为正催化剂，能减慢化学应速率的催化剂称为负催化剂或抑制剂。

催化剂能加快化学反应速率的原因，是由于它改变了原来的反应途径，从而降低了反应的活化能。如图 4-8 所示，原反应的活化能为 E_a，加入催化剂后催化作用改变了反应途径，使活化能降低为 E'_a，活化分子数相应增多，因而反应得以加速。

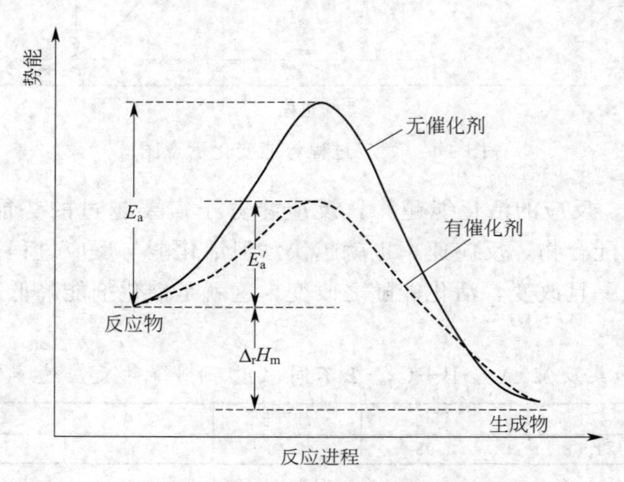

图 4-8 催化剂改变反应途径示意图

从图 4-8 中可看出，在正向反应活化能降低的同时，逆向反应活化能也降低同样多，故逆向反应也同样得到加速。

关于催化剂的催化作用，需要注意以下几方面。

① 催化剂只能通过改变反应途径来改变反应速率，但不改变反应的 ΔH、ΔG 或 $\Delta G^{\ominus}$，它无法使不能自发进行的反应得以进行。

② 催化剂能同等程度地改变可逆反应的正逆反应速率，因此催化剂能缩短达到化学平衡的时间，但不会导致化学平衡常数的改变，也不会影响化学平衡的移动。

③ 催化剂具有选择性，一种催化剂通常只能对一种或少数几种反应起催化作用，同样的反应物用不同的催化剂可得到不同的产物。例如乙醇脱氢，采用不同的催化剂所得的产物不同，即

$$C_2H_5OH \xrightarrow[473\sim523K]{Cu} CH_3CHO + H_2$$

$$C_2H_5OH \xrightarrow[623\sim633K]{Al_2O_3} C_2H_4 + H_2O$$

$$2C_2H_5OH \xrightarrow[413K]{浓\ H_2SO_4} C_2H_5OC_2H_5 + H_2O$$

生物体内进行着各种复杂的反应，如碳水化合物、蛋白质、脂肪等物质的合成和分解，基本上都是以酶为催化剂来进行反应，酶的本质是一类结构和功能特殊的蛋白质，被酶催化的对象称为底物，酶作为一种生物催化剂，具有以下几方面独特的特点。

① 高度的专一性　酶催化作用选择性很强，一种酶往往只对一种特定的反应有效。

② 高的催化效率　酶的催化效率比通常的无机或有机催化剂高出 10^8～10^{12} 倍，能大大降低反应的活化能。例如蔗糖水解反应，在转化酶作用下可使其活化能从 107.1kJ·mol^{-1}降至 39.1kJ·mol^{-1}。

③ 温和的催化条件　酶催化剂反应所需的条件温和，一般在常温常压就能进行，不像有的催化剂反应要在高温高压下进行。

④ 对特殊的酸碱环境要求　酶只在一定的 pH 值范围内才表现出其活性，若溶液 pH 值不适宜，就可能因酶的分子结构发生改变而失去活性。

阅读拓展

纳米反应器的设计及在催化反应中的应用

纳米反应器（nanoreactor）包含一个限制性的微腔，并且可以通过结合相互作用和诱导的空腔效应来封装客体物种。纳米反应器所提供的反应空间可以通过底物与活性位点的相互作用，在化学反应机理和反应速率方面影响反应的进行。此外，纳米反应器能够保护催化剂不失活，有助于催化剂的分离，提高催化剂的可再生性。纳米反应器主要有核壳结构、空心、蛋黄蛋壳结构以及多壳结构等多种类型。近年来，一些不同的有机、无机和杂化纳米反应器如树枝状大分子、介孔二氧化硅、金属-有机骨架（MOFs）和沸石等被开发出来，并用于纳米粒子的封装。纳米反应器的壳可以选择硅壳、碳壳、聚合物外壳等。在现有的无机基质中，二氧化硅具有无毒、高生物相容性、热稳定性、力学稳定性以及易于功能化等特点。

1. 纳米反应器在催化降解染料中的应用

空心二氧化硅纳米反应器（HSNs）被认为是具有潜在催化应用前景的材料，特别是负载有金属或金属氧化物纳米粒子在其空腔中的空心介孔氧化硅纳米反应器，由于其介孔壁提供的快速传质和环境保护，可作为高效催化剂。

废水处理是环境领域的研究热点之一，造纸业、印刷业和塑料工业排放的废水中的染料污染物是高度着色的物质，即使浓度很低也能看得见。目前，人们已开发出一系列去除染料污染物的方法，如吸附法、湿空气氧化法、过渡金属离子法和芬顿氧化法。但这些策略也存在一定的缺陷，如芬顿氧化过程中会释放出有毒金属离子，湿空气氧化过程需要较高的温度，造成能量的浪费，缩短了催化剂的使用寿命。使用过渡金属氧化物或者纯净的稀土金属氧化物与过氧化氢混合可以在室温下降解染料并减少金属离子的释放。在空心二氧化硅纳米反应器的空腔中负载过渡金属氧化物纳米粒能够在过氧化氢存在下高效降解染料。

2. 纳米反应器在催化加氢还原反应中的应用

大多数化工生产加氢反应所需的氢气压力很高，即需要回收大量的高压 H_2，这将导致大量的能源消耗，并且需要高成本的工业装置。其次，由于大多数氢化反应是连续的，产物的选择性很难控制，因此极大地阻碍了加氢技术在工业上的应用。纳米反应器正好能够解决这些问题。纳米反应器的中空结构可以有效地吸附 H_2 小分子，使其富集，减少损耗。纳米反应器的核壳结构可用于引入活性位点以及分离反应物和中间体。负载钯的氟改性二氧化硅微球为疏水核、介孔二氧化硅为亲水壳的核壳结构催化剂对丙烯酸酯在水中加氢具有良好的催化活性。

3. 纳米反应器在催化还原硝基苯酚反应中的应用

农药和合成染料的过度使用是农业和工业快速发展的结果。对硝基苯酚及其衍生物作为生产这些产品的中间体，现已成为污染地表水的污染源之一。由于对硝基苯酚在自然环境中具有高度的稳定性，以硼氢化钠为还原剂还原对硝基苯酚成为对氨基苯酚通常效率较低，需要加入催化剂。负载有催化剂的纳米反应器因其对环境友好，具有高催化活性以及方便回收利用得到广泛研究。蛋黄壳型纳米结构是一种新型的纳米催化剂，其核心被包裹在空心胶囊中。通过相互隔离的贵金属纳米核，高孔隙率的壳层可以有效地防止纳米粒子的严重团聚。此外，可自由移动的纳米核可以充分暴露其活性位点，与反应物接触，可以大大提高催化活性。

4. 纳米反应器在催化氧化反应中的应用

苯乙酮作为乙苯选择性氧化的主要产物，是生产香料、医药和酒精的重要原料。过渡金属（如 Fe、Co、Mn、Ni）催化剂可以提高苯乙酮的产率。然而，苛刻的反应条件给苯乙酮的选择性氧化以及催化剂的分离和回收带来了许多困难。过渡金属配位氮掺杂碳材料具有优异的催化性能，可以实现对贵金属基纳米催化剂的替代。将催化剂包封在纳米孔壳内形成纳米反应器是一个很有前途的选择。

环氧化合物是制造各种精细化学品的重要原料。传统的工业方法都存在明显的缺点，如环境问题、副产物多、均相催化剂分离困难等。钼基蛋黄蛋壳结构的纳米反应器可用于烯烃环氧化反应，超细、高度分散的钼活性位点被封装在空心介孔二氧化硅球的内腔中，该纳米反应器成功地应用于烯烃的环氧化反应中，表现出了较高的活性和优异的稳定性。

5. 纳米反应器在催化偶联反应中的应用

碳碳偶联反应是有机合成中最重要、最基本的反应之一。因此，到目前为止，许多催化剂已被开发用于一系列过程，如 Suzuki 偶联反应、Sonogashira 反应、Negishi 偶联反应和 Stille 反应。在基于纳米粒子的体系中，大多数研究都集中在钯基纳米粒子上，钯基纳米粒子被认为是最有效的偶联反应催化作用。在介孔二氧化硅壳内侧负载钯纳米粒子的空心结构纳米反应器在水介质中实现了催化 Suzuki-Miyaura 偶联反应。该纳米反应器具有稳定性较高、单分散性良好、催化效率高等优点。

习 题

1. 选择题

(1) 已知物质

	$C_2H_6(g)$	$C_2H_4(g)$	$HF(g)$
$\Delta_f H_m^{\ominus}/kJ\cdot mol^{-1}$	−84.7	52.3	−271.0

则反应：$C_2H_6(g)+F_2(g)=\!=\!=C_2H_4(g)+2HF(g)$ 的 $\Delta_r H_m^{\ominus}$ 为（　　）。

A. $405kJ\cdot mol^{-1}$　　B. $134kJ\cdot mol^{-1}$

C. $-134kJ\cdot mol^{-1}$　　D. $-405kJ\cdot mol^{-1}$

(2) 反应 $Na_2O(s)+I_2(g)$ ══ $2NaI(s)+1/2O_2(g)$ 的 $\Delta_r H_m^\ominus$ 为（ ）。

A. $2\Delta_f H_m^\ominus(NaI,s)-\Delta_f H_m^\ominus(Na_2O,s)$

B. $\Delta_f H_m^\ominus(NaI,s)-\Delta_f H_m^\ominus(Na_2O,s)-\Delta_f H_m^\ominus(I_2,g)$

C. $2\Delta_f H_m^\ominus(NaI,s)-\Delta_f H_m^\ominus(Na_2O,s)-\Delta_f H_m^\ominus(I_2,g)$

D. $\Delta_f H_m^\ominus(NaI,s)-\Delta_f H_m^\ominus(Na_2O,s)$

(3) 在下列反应中，焓变等于 AgBr(s) 的 $\Delta_f H_m^\ominus$ 的反应是（ ）。

A. $Ag^+(aq)+Br^-(aq)$ ══ $AgBr(s)$

B. $2Ag(s)+Br_2(g)$ ══ $2AgBr(s)$

C. $Ag(s)+1/2Br_2(l)$ ══ $AgBr(s)$

D. $Ag(s)+1/2Br_2(g)$ ══ $AgBr(s)$

(4) 已知反应 $CuCl_2(s)+Cu(s)$ ══ $2CuCl(s)$ 的 $\Delta_r H_m^\ominus$ 为 $170kJ\cdot mol^{-1}$，反应 $Cu(s)+Cl_2(g)$ ══ $CuCl_2(s)$ 的 $\Delta_r H_m^\ominus$ 为 $-206kJ\cdot mol^{-1}$，则 CuCl(s) 的 $\Delta_f H_m^\ominus$ 应为（ ）。

A. $36kJ\cdot mol^{-1}$　　B. $18kJ\cdot mol^{-1}$

C. $-18kJ\cdot mol^{-1}$　　D. $-36kJ\cdot mol^{-1}$

(5) 冰融化时，在下列各性质中增大的是（ ）。

A. 蒸气压　　B. 熔化热　　C. 熵　　D. 体积

(6) 若 $CH_4(g)$、$CO_2(g)$、$H_2O(l)$ 的 $\Delta_f G_m^\ominus$ 分别为 $-50.8kJ\cdot mol^{-1}$、$-394.4kJ\cdot mol^{-1}$、$-237.2kJ\cdot mol^{-1}$，则 298K 时，$CH_4(g)+2O_2(g)$ ══ $CO_2(g)+2H_2O(l)$ 的 $\Delta_r G_m^\ominus$ 为（ ）$kJ\cdot mol^{-1}$。

A. -818　　B. 818　　C. -580.8　　D. 580.8

(7) 已知：$Mg(s)+Cl_2(g)$ ══ $MgCl_2(s)$，$\Delta_r H_m^\ominus=-642kJ\cdot mol^{-1}$，则（ ）。

A. 在任何温度下，正向反应是自发的

B. 在任何温度下，正向反应是不自发的

C. 高温下，正向反应是自发的；低温下，正向反应不自发

D. 高温下，正向反应是不自发的；低温下，正向反应自发

(8) 如果体系经过一系列变化，最后又变到初始状态，则体系的（ ）。

A. $Q=0$，$W=0$，$\Delta U=0$，$\Delta H=0$

B. $Q\neq 0$，$W\neq 0$，$\Delta U=0$，$\Delta H=Q$

C. $Q=-W$，$\Delta U=Q+W$，$\Delta H=0$

D. $Q\neq -W$，$\Delta U=Q+W$，$\Delta H=0$

(9) $H_2(g)+1/2O_2(g)\xrightarrow{298.15K}H_2O(l)$ 的 $\Delta_r H_m$ 与 $\Delta_r U_m$ 之差是（ ）$kJ\cdot mol^{-1}$。

A. -3.7　　B. 3.7　　C. 1.2　　D. -1.2

(10) 已知 $Zn(s)+1/2O_2(g)$ ══ $ZnO(s)$，$\Delta_r H_m^\ominus=-351.5kJ\cdot mol^{-1}$，$Hg(l)+1/2O_2(g)$ ══ HgO(s，红)，$\Delta_r H_m^\ominus=-90.8kJ\cdot mol^{-1}$，则 $Zn(s)+HgO$(s，红) ══ $ZnO(s)+Hg(l)$ 的 $\Delta_r H_m$ 为（ ）$kJ\cdot mol^{-1}$。

A. 442.3　　B. 260.7　　C. -260.7　　D. -442.3

(11) 在标准条件下石墨燃烧反应的焓变为 $-393.7kJ\cdot mol^{-1}$，金刚石燃烧反应的焓变为 $-395.6kJ\cdot mol^{-1}$，则石墨转变为金刚石反应的焓变为（ ）。

A. -789.3kJ·mol^{-1}　　B. 0kJ·mol^{-1}

C. 1.9kJ·mol^{-1}　　D. -1.9kJ·mol^{-1}

(12) 稳定单质在 298.15K、100kPa 下，下述正确的为（　　）。

A. $S_m^{\ominus}$、$\Delta_f G_m^{\ominus}$ 均为零　　B. $\Delta_f H_m^{\ominus}$ 不为零

C. $S_m^{\ominus}$ 不为零，$\Delta_f H_m^{\ominus}$ 为零　　D. $S_m^{\ominus}$、$\Delta_f G_m^{\ominus}$、$\Delta_f H_m^{\ominus}$ 均为零

(13) 下列物质在 0K 时的标准熵为 0 的是（　　）。

A. 理想溶液　　B. 理想气体　　C. 完美晶体　　D. 纯液体

(14) 关于熵，下列叙述中正确的是（　　）。

A. 298.15K 时，纯物质的 $S_m^{\ominus}=0$

B. 一切单质的 $S_m^{\ominus}=0$

C. 对孤立体系而言，$\Delta_r S_m^{\ominus}>0$ 的反应总是自发进行的

D. 在一个反应过程中，随着生成物的增加，熵变增大

2. 已知下述各反应的 $\Delta_r H_m^{\ominus}$，求 $Al_2Cl_6(s)$ 的标准摩尔生成焓。

	$\Delta_r H_m^{\ominus}/\text{kJ·mol}^{-1}$
(1) $2Al(s)+6HCl(aq)=Al_2Cl_6(aq)+3H_2(g)$	-1003
(2) $H_2(g)+Cl_2(g)=2HCl(g)$	-184.0
(3) $HCl(g)=HCl(aq)$	-72.0
(4) $Al_2Cl_6(s)=Al_2Cl_6(aq)$	-643.0

（-1344kJ·mol^{-1}）

3. 已知 298.15K 时，丙烯加 H_2 生成丙烷的反应焓变 $\Delta_r H_m^{\ominus}=-123.9\text{kJ·mol}^{-1}$，丙烷定容燃烧热 $Q_V=-2213.0\text{kJ·mol}^{-1}$，$\Delta_f H_m^{\ominus}(CO_2,g)=-393.5\text{kJ·mol}^{-1}$，$\Delta_f H_m^{\ominus}(H_2O,l)=-286.0\text{kJ·mol}^{-1}$。

计算：(1) 丙烯的燃烧焓；(2) 丙烯的生成焓。

[(1) $-2058.3\text{kJ·mol}^{-1}$；(2) 19.8kJ·mol^{-1}]

4. 有 A、B、C、D 四个反应，在 298.15K 时它们的 $\Delta_r H_m^{\ominus}$ 和 $\Delta_r S_m^{\ominus}$ 分别为：

	$\Delta_r H_m^{\ominus}/\text{kJ·mol}^{-1}$	$\Delta_r S_m^{\ominus}/\text{J·mol}^{-1}\text{·K}^{-1}$
A	10.5	30.0
B	1.80	−113
C	−1268	4.0
D	−11.7	−105

问：(1) 在标准状态下，哪些反应可以自发进行？

(2) 其余反应在什么温度时可变为自发进行？

[(1) C 可以自发进行；(2) 略]

5. 已知

	$SO_2(g)$	$+1/2O_2(g)=$	$SO_3(g)$
$\Delta_f H_m^{\ominus}/\text{kJ·mol}^{-1}$	−296.8	0	−395.7
$S_m^{\ominus}/\text{J·mol}^{-1}\text{·K}^{-1}$	248.1	205.0	256.6

通过计算说明在 1000K 时，SO_3、SO_2、O_2 的分压分别为 0.10MPa、0.025MPa、0.025MPa 时，正反应是否自发进行？

（不能自发进行；过程略）

6. 工业上由CO和H_2合成甲醇：$CO(g)+2H_2(g)$═══$CH_3OH(g)$，$\Delta_r H_m^\ominus(298.15K)=-90.67kJ \cdot mol^{-1}$，$\Delta_r S_m^\ominus(298.15K)=-221.4J \cdot mol^{-1} \cdot K^{-1}$。为了加速反应必须升高温度，但温度又不宜过高。通过计算说明此温度最高不得超过多少？

（409.5K）

7. 某化工厂生产中需用银作催化剂，它的制法是将浸透$AgNO_3$溶液的浮石在一定温度下焙烧，使发生下列反应$AgNO_3(s)$═══$Ag(s)+NO_2(g)+1/2O_2(g)$，试从理论上估算$AgNO_3$分解成金属银所需的最低温度。

已知：

$AgNO_3(s)$的$\Delta_f H_m^\ominus=-123.14kJ \cdot mol^{-1}$，$S_m^\ominus=140J \cdot mol^{-1} \cdot K^{-1}$

$NO_2(g)$的$\Delta_f H_m^\ominus=35.15kJ \cdot mol^{-1}$，$S_m^\ominus=240.6J \cdot mol^{-1} \cdot K^{-1}$

$Ag(s)$的$S_m^\ominus=42.68J \cdot mol^{-1} \cdot K^{-1}$，$O_2(g)$的$S_m^\ominus=205J \cdot mol^{-1} \cdot K^{-1}$

（645K）

8. 碘钨灯发光效率高，使用寿命长，灯管中所含少量碘与沉积在管壁上的钨会化合生成为$WI_2(g)$，即

$$W(s)+I_2(g) \Longrightarrow WI_2(g)$$

WI_2又可扩散到灯丝周围的高温区，分解成钨蒸气沉积在钨丝上。

已知298.15K时，$\Delta_f H_m^\ominus(WI_2,g)=-8.37kJ \cdot mol^{-1}$，$S_m^\ominus(WI_2,g)=0.2504kJ \cdot mol^{-1} \cdot K^{-1}$，$S_m^\ominus(W,s)=0.0335kJ \cdot mol^{-1} \cdot K^{-1}$，$\Delta_f H_m^\ominus(I_2,g)=62.24kJ \cdot mol^{-1}$，$S_m^\ominus(I_2,g)=0.2600kJ \cdot mol^{-1} \cdot K^{-1}$。

计算：(1) 反应在623K时的$\Delta_r G_m^\ominus$；

(2) 反应$WI_2(g)$═══$I_2(g)+W(s)$发生时的最低温度是多少？

[(1) $-43.76kJ \cdot mol^{-1}$；(2) 1638K]

9. 已知下列反应在1362K时的标准平衡常数：

(1) $H_2(g)+1/2S_2(g) \rightleftharpoons H_2S(g)$　　$K_1^\ominus=0.80$

(2) $3H_2(g)+SO_2(g) \rightleftharpoons H_2S(g)+2H_2O(g)$　　$K_2^\ominus=1.8 \times 10^4$

计算反应$4H_2(g)+2SO_2(g) \rightleftharpoons S_2(g)+4H_2O(g)$在此温度下的标准平衡常数$K^\ominus$。

（5.06×10^8）

10. 乙烷裂解生成乙烯$C_2H_6(g) \rightleftharpoons C_2H_4(g)+H_2(g)$，已知在1273K、100kPa下，反应达到平衡时，$p(C_2H_6)=2.62kPa$、$p(C_2H_4)=48.7kPa$、$p(H_2)=48.7kPa$，计算该反应的标准平衡常数$K^\ominus$。在实际生产中可在定温定压下采用加入过量水蒸气的方法来提高乙烯的产率（水蒸气作为惰性气体加入），试以平衡移动原理来解释。

（9.05；过程略）

11. 某温度时8.0mol SO_2和4.0mol O_2在密闭容器中进行反应生成SO_3气体，测得起始时和平衡时（温度不变）系统的总压力分别为300kPa和220kPa。试求该温度时反应$2SO_2(g)+O_2(g) \rightleftharpoons 2SO_3(g)$的标准平衡常数和$SO_2$的转化率。

（80；80%）

12. 在294.8K时NH_4HS的分解反应（初始只有NH_4HS固体）$NH_4HS(s) \rightleftharpoons$

$NH_3(g)+H_2S(g)$ 的标准平衡常数 $K^{\ominus}=0.070$，求：

(1) 平衡时该气体混合物的总压；

(2) 在同样的实验中，NH_3 的最初分压为25.3kPa，H_2S 的平衡分压为多少？

[(1) 53kPa；(2) 16.7kPa]

13. PCl_5 加热后发生分解，反应如下

$$PCl_5(g) \rightleftharpoons PCl_3(g)+Cl_2(g)$$

在10L密闭容器内装有2mol PCl_5，某温度下达平衡时有1.5mol PCl_5 分解，求该温度下的标准平衡常数 $K^{\ominus}$。若往达平衡后的密闭容器内再通入1mol Cl_2，问达新平衡后 PCl_5 的总转化率为多少？

(0.45；66%)

14. 反应 $H_2(g)+I_2(g) \rightleftharpoons 2HI(g)$ 在773K时 $K^{\ominus}=120$，在623K时 $K^{\ominus}=17.0$，计算：

(1) 该反应的 $\Delta_r H_m^{\ominus}$；

(2) 473K时的 $K^{\ominus}$；

(3) 623K时，$H_2(g)$、$I_2(g)$、$HI(g)$ 的起始分压分别为405.2kPa、405.2kPa、202.6kPa，判断反应方向。 [(1) 52.17kJ·mol^{-1}；(2) 0.7；(3) 向右自发进行]

15. 在密闭容器内装入CO和水蒸气，在972K下使这两种气体进行下列反应

$$CO(g)+H_2O(g) \rightleftharpoons CO_2(g)+H_2(g)$$

若开始反应时两种气体的分压均为8080kPa，达到平衡时已知有50%的CO转化为 CO_2。问：

(1) 判断上述反应在298.15K、标准态下能否自发进行？并求出298.15K条件下的 $K^{\ominus}$；

(2) 欲使上述反应在标准态下能自发进行，对反应的温度条件有何要求；

(3) 计算972K下的 $K^{\ominus}$；

(4) 若在原平衡体系中再通入水蒸气，使密闭容器内水蒸气的分压在瞬间达到8080 kPa，通过计算 Q 值，判断平衡移动的方向；

(5) 欲使上述水煤气变换反应有90% CO转化为 CO_2，问水煤气变换原料比 $p(H_2O)/p(CO)$ 应为多少。 [(1) 能自发，1.04×10^5；(2) $T<980K$；(3) 1；(4) 向右；(5) 9]

16. 实验测得反应 $CO(g)+NO_2(g) \longrightarrow CO_2(g)+NO(g)$ 在650K时的动力学数据如下表。

实验编号	$c(CO)$/mol·L^{-1}	$c(NO_2)$/mol·L^{-1}	$\frac{dc(NO)}{dt}$/mol·L^{-1}·s^{-1}
1	0.025	0.040	2.2×10^{-4}
2	0.05	0.040	4.4×10^{-4}
3	0.025	0.120	6.6×10^{-4}

(1) 计算并写出反应的速率方程；

(2) 求650K的速率常数；

(3) 当 $c(CO)=0.10$mol·L^{-1}，$c(NO_2)=0.16$mol·L^{-1} 时，求650K的反应速率；

(4) 若800K时的速率常数为23.0mol^{-1}·L·s^{-1}，求反应的活化能。

[(1) $dc(NO)/dt = kc(CO)c(NO_2)$；(2) $0.22mol^{-1} \cdot L \cdot s^{-1}$；(3) $3.52 \times 10^{-3} mol \cdot L^{-1} \cdot s^{-1}$；(4) $134kJ \cdot mol^{-1}$]

17. 研究指出反应 $2NO(g) + Cl_2(g) \longrightarrow 2NOCl(g)$ 在一定温度范围内为基元反应，求

(1) 该反应的速率方程；

(2) 该反应的反应分子数是多少；

(3) 当其他条件不变，如果将容器的体积增加到原来的 2 倍，反应速率如何变化？

(4) 如果容器体积不变而将 NO 的浓度增加到原来的 3 倍，反应速率又如何变化？

[(1) $-dc(Cl_2)/dt = k\{c(NO)\}^2 c(Cl_2)$；(2) 3；(3) 略；(4) 略]

18. 某一化学反应，当温度由 300K 升高到 310K 时，反应速率增大了一倍，求这个反应的活化能。

($53.6kJ \cdot mol^{-1}$)

19. 反应 $N_2O_5(g) \longrightarrow N_2O_4(g) + 1/2O_2(g)$，在不同温度下的速率常数如下：

k/s^{-1}	0.0787×10^5	3.46×10^5	13.5×10^5	49.8×10^5	150×10^5	487×10^5
T/K	273.15	298.15	308.15	318.15	328.15	338.15

求该温度范围内反应的平均活化能？该反应为几级反应？

($103.3kJ \cdot mol^{-1}$；一级)

20. 某反应 $A(g) \longrightarrow 2B(g)$ 的 $E_a = 262kJ \cdot mol^{-1}$，当温度为 600K 时，$k_1 = 6.10 \times 10^{-8}\ s^{-1}$。求当 $k_2 = 1.00 \times 10^{-4}\ s^{-1}$，温度是多少？

(698K)

第5章 水溶液化学

学习要求

1. 了解水溶液的通性，蒸气压下降、沸点升高、凝固点下降及渗透压数值的原理及应用。
2. 了解酸碱理论，掌握酸碱质子理论，明确酸碱的解离平衡和缓冲溶液概念，掌握同离子效应及酸碱溶液的pH计算及控制。
3. 掌握溶解度和溶度积的相关计算，理解溶度积规则及应用，了解沉淀溶解与转化。
4. 了解表面活性剂的性质及其应用。

溶液是物质（溶质）以分子、原子或离子的形式分散在另一物质（溶剂）中，组成均匀、稳定的分散体系。许多工程上的化学反应都在溶液中进行，它与人类的生产、生活和生命现象都密切相关。溶液是一种复杂的混合物，有许多种类，根据聚集状态不同，存在三种状态，即气态溶液、液态溶液和固态溶液。空气就是大家熟知的气态溶液，有一些合金属于固态溶液，而常见的溶液是以水为溶剂形成的液态溶液。

5.1 水溶液通性

溶液有两大类性质，一类与溶质的本性有关，例如溶液的颜色、密度、酸碱度、导电性等；另一类是所有溶液的一些通性，例如溶液的蒸气压、沸点、凝固点及渗透压，与溶液中溶质的粒子数有关，而与溶质的本性无关，故称为依数性。这种依数性在非电解质稀溶液中表现出明显的规律，本节主要讨论难挥发非电解质稀溶液的依数性。

5.1.1 溶液蒸气压的下降

（1）蒸气压

在一定温度下，将某一液体置于密闭容器中，液体分子内部能量较大的一些分子由于热运动，会克服液体分子间的引力从表面逸出，成为气相，这个过程叫作蒸发（或者汽化），是吸热过程。相反，蒸发出的蒸气分子热运动更剧烈，在液面上不断撞击，其中一部分受液体分子吸引重新进入液体，这个过程叫作凝聚，是放热过程。由于液体在一定温度时的蒸发速率是恒定的，蒸发起初，蒸气分子不多，凝聚的速率远小于蒸发的速率，蒸发过程占据优势。随着蒸发的进行，水蒸气密度逐渐增大，凝聚的速率也随之增大。当液体的蒸发速率等于凝聚速率时，液体和它的蒸气就处于两相平衡状态。此时，液体蒸气所具有的压力称为该温度下液体的饱和蒸气压，简称蒸气压。以水为例，373.15K 时，水的蒸气压为

101.325kPa，即是水与水蒸气在该温度下达到相平衡时 $H_2O(g)$ 所具有的压力 $p(H_2O)$。

蒸气压只与液体的性质和温度有关。且随温度的升高而增大，水的蒸气压与温度的关系见表5-1。

表5-1 不同温度下水的蒸气压

温度/℃	蒸气压/kPa	温度/℃	蒸气压/kPa
0	0.611	40	7.381
5	0.873	60	19.932
10	1.228	80	47.373
20	2.339	100	101.325
30	4.246	200	1553.600

（2）溶液的蒸气压下降

由实验可以测出，当纯溶剂A（水）中加入难挥发的溶质时，溶液的蒸气压下降了。因为当加入溶质时，溶液表面部分被溶质分子所占据，单位时间内从溶液表面蒸发出的溶剂分子比纯溶剂少，因此在同一温度下，溶液的蒸气压总是低于纯溶剂的蒸气压，而与溶质的本性无关。

1887年，法国物理学家拉乌尔（Raoult）在研究了大量难挥发非电解质溶液与溶质浓度的关系后，总结出定量关系：在一定温度下，难挥发非电解质稀溶液的蒸气压下降（Δp）与溶质的摩尔分数成正比，其数学表达式为：

$$\Delta p = p_A^{\ominus} - p = \frac{n_B}{n} \times p_A^{\ominus} = x_B p_A^{\ominus} \tag{5-1}$$

式中，Δp 表示蒸气压的下降；$\frac{n_B}{n}$表示溶质B的摩尔分数；$p_A^{\ominus}$ 代表纯溶剂A的饱和蒸气压；p 代表溶液的饱和蒸气压；x_B 代表溶液中溶质B的摩尔分数。

表5-2列出了293K时不同浓度的葡萄糖水溶液的蒸气压下降值，显然溶液的浓度越大，溶液的蒸气压下降就越多。

表5-2 293K时不同浓度的葡萄糖水溶液的蒸气压下降值

$m/\text{mol}\cdot\text{kg}^{-1}$	Δp(理论计算值)/Pa	Δp(实验测量值)/Pa
0.0984	4.1	4.1
0.3945	16.5	16.4
0.5858	24.8	24.9
0.9968	41.0	41.2

$CaCl_2$、NaOH、P_2O_5 等易潮解的固态物质，常用作干燥剂，其原理即为蒸气压下降。因其易吸收空气中的水分在其表面形成溶液，该溶液蒸气压较空气中水蒸气的分压小，使空气中的水蒸气不断凝结进入溶液而达到消除空气中水蒸气的目的。

5.1.2 溶液沸点的升高

在一定温度下，当某一液体的蒸气压力等于外界压力时，液体就会沸腾，此时的温度称为该液体的沸点，以 T_b（boiling point）表示。若无特殊说明，外界压力常指一个大气压101.325kPa，该压力下的沸点称为正常沸点。现以水溶液为例说明，以温度为横坐标，蒸气压为纵坐标，画出水和冰的蒸气压曲线，如图5-1所示。当溶液所具有的蒸气压刚好等于外界压力101.325kPa时，此时纯溶剂水的正常沸点是373.15K；如果水中溶解了难挥发性

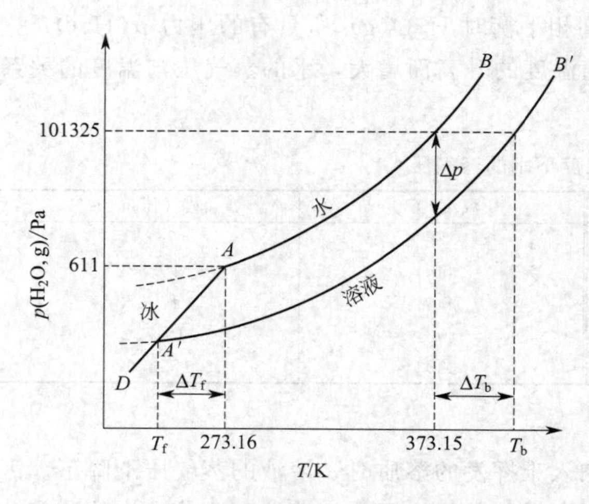

图 5-1 水溶液的沸点升高和凝固点下降示意图

的溶质制成稀溶液，其蒸气压就要下降。因此，溶液中溶剂的蒸气压力曲线就低于纯水的蒸气压力曲线，在 373.15K 时溶液的蒸气压力就低于 101.325kPa。故要使溶液的蒸气压力与外界相等，以达到其沸点，就必须把溶液的温度升高到 373.15K 以上。由图 5-1 可见，溶液的沸点比水的沸点高 ΔT_b（沸点上升度数），即为溶液的沸点 T_b 与纯溶剂的沸点的差值。

溶液的沸点升高是溶液蒸气压下降的必然结果。溶液浓度越大，沸点升高越显著。拉乌尔根据实验研究，溶有难挥发的非电解质的稀溶液的沸点升高值 ΔT_b 与溶液的质量摩尔浓度成正比，与溶质的本性无关，即：

$$\Delta T_b = K_b \cdot b_B \tag{5-2}$$

式中，ΔT_b 代表溶液的沸点升高值；K_b 代表溶剂的沸点升高常数；b_B 代表溶质的质量摩尔浓度。K_b 的数值大小只取决于溶剂本身，不同的溶剂数值不同，其中水的 K_b 等于 0.512。常见溶剂的沸点升高常数列于表 5-3 中。稀溶液沸点升高的适用条件是：溶质是难挥发的非电解质。

表 5-3 几种常见溶剂的沸点升高常数 K_b 和凝固点降低常数 K_f

溶剂	$T_b^\ominus$/K	K_b/K·kg·mol^{-1}	$T_f^\ominus$/K	K_f/K·kg·mol^{-1}
水	373.15	0.512	273.15	1.86
乙醇	351.65	1.22	155.85	—
丙酮	329.35	1.71	177.8	—
苯	353.25	2.53	278.65	4.9
乙酸	391.05	3.07	289.75	3.9
氯仿	334.85	3.63	209.65	—
萘	492.05	5.80	353.65	6.87
硝基苯	483.95	5.24	278.85	7.00
苯酚	454.85	3.56	316.15	7.40

在钢铁发黑处理工艺中所用的氧化液，因含 NaOH、$NaNO_2$ 等，加热至氧化液沸点 420K 左右也不会沸腾。但需注意的是 NaOH、$NaNO_2$ 是强电解质，且所用氧化液浓度较高，故式中 b_B 应加以修正。

5.1.3 溶液凝固点的下降

固体也具有饱和蒸气压。当某物质固态的蒸气压等于其液态蒸气压时，所对应的温度称为该物质的凝固点，此时液体的凝固和固体的熔化处于平衡状态。某物质的凝固点（或熔点）是该物质的液相蒸气压力和固相蒸气压力相等时所对应的温度，以 T_f（freezing point）表示。一切可形成晶体的纯物质，在给定条件下，都有一定的凝固点。若固相蒸气压力大于液相蒸气压力，则固相就要向液相转变，即固体熔化。反之，若固相蒸气压力小于液相蒸气压力，则液相就要向固相转变。总之，若固液两相的蒸气压力不等，两相就不能共存，必有一相向另一相转化。

以水溶液的例子来说明，如图 5-1 可以看出，AD 为冰的蒸气压曲线，AB 为纯溶剂水的蒸气压曲线，两条曲线的交点 A 即为水的凝固点，此时冰的蒸气压和水的蒸气压相等，均为 611Pa。由于溶质的加入使所形成的溶液的溶剂蒸气压力下降。这里必须注意到，溶质是溶于水中而不溶于冰中，因此只影响水（液相）的蒸气压力，对冰的蒸气压力没有影响。这样在 273.16K 时，溶液的蒸气压力必定低于冰的蒸气压力，冰与溶液不能共存，冰要转化为水，所以溶液在 273.16K 时不能结冰。若此时溶液中放入冰，冰就会融化，在融化过程中要从系统中吸收热量，因此系统的温度就会降低。在 273.16K 以下某一温度时，冰的蒸气压力曲线与溶液的溶剂蒸气压力曲线可以相交于一点，此温度计为溶液的凝固点，它比纯水的凝固点要低 ΔT_f（凝固点下降值）。

溶液的溶剂蒸气压力下降值与溶液的浓度有关，而溶剂的蒸气压力下降又是凝固点下降的根本原因。因此，溶液的凝固点下降也必然与溶液的浓度有关。根据实验研究表明：溶有难挥发的非电解质的稀溶液的凝固点下降值 ΔT_f 可由下式定量计算：

$$\Delta T_f = K_f \cdot b_B \tag{5-3}$$

式中，K_f 为溶剂的凝固点下降常数，只取决于溶剂本身。常见溶剂的 K_f 值列在表 5-3 中。其中水的 $K_f = 1.86$。

溶液的沸点升高和凝固点降低可用于测定溶质的摩尔质量。由于水的凝固点降低常数比沸点升高常数大，测定结果准确度高，所以用凝固点降低的方法测定分子量应用更为广泛。

【例 5.1】 将 15.0g 谷氨酸溶于 100g 水中，测得溶液的凝固点为 271.25K，求谷氨酸的摩尔质量。

解　设谷氨酸的摩尔质量为 M，谷氨酸在水溶液中的质量摩尔浓度为 b_B，根据 $\Delta T_f = K_f \cdot b_B$ 有

$$\Delta T_f = 273.15 - 271.25 = 1.86 b_B$$

解得：

$$b_B = 1.02 \text{mol} \cdot \text{kg}^{-1}$$

$$M = \frac{15.0\text{g}}{b_B} \times \frac{1000}{100} = \frac{15.0\text{g}}{1.02\text{mol} \cdot \text{kg}^{-1}} \times \frac{1000}{100} = 147 \text{g} \cdot \text{mol}^{-1}$$

实验测得的谷氨酸 [$COOH(CH_2)_2CHNH_2COOH$] 的分子量就是实际分子量 147，可见实验室通过凝固点下降原理测定的结果误差很小。

溶液的凝固点降低在实际生活、工业中有许多重要的应用。例如防冻剂工作原理，冬天为防止汽车水箱结冰，可加入甘油、乙二醇等以降低水的凝固点，避免因结冰，体积膨胀而使水箱破裂；在水泥砂浆中加入 NaCl 或 $CaCl_2$ 防止冬季砂浆冻结。再如工业冷冻剂原理，在冰水中加氯化钙固体，由于溶液中水的蒸气压小于冰的蒸气压，使冰迅速融化而大量吸热，使周围物质的温度降低；例如低熔点合金的制备，利用固态溶液凝固点下降原理，可制备许多有很大实用价值的合金。如 33%Pb（熔点 327.5℃）与 67%Sn（熔点 232℃）组成的焊锡，熔点为 180℃，用于焊接时不会使焊件过热，还用作保险丝。又如自动灭火设备和蒸汽锅炉装置的伍德合金，熔点为 70℃，组成为 Bi 50%、Pb 25%、Sn 12.5%、Cd 12.5%。

5.1.4　溶液的渗透压

在现实生活中，一些水果和蔬菜如苹果、梨、萝卜、芹菜等，放置时间长了，会失去水

分而发蔫。但如果将其放在水中浸泡一会，会发现它们重新变得饱满。产生这种现象的原因在于大多数水果和蔬菜的表皮是一层半透膜，它只允许水分子通过，而不允许其他分子透过。浸泡在水中，水分子重新通过半透膜进入水果蔬菜，使其饱满。天然的半透膜还有动物的膀胱、肠衣等，人工合成的半透膜有聚砜纤维膜等。

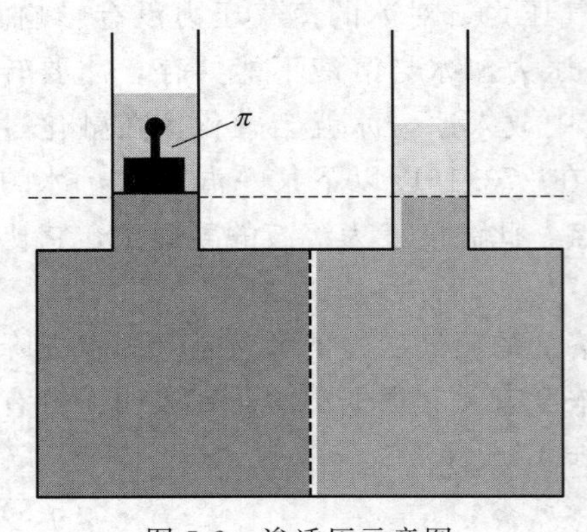

图 5-2 渗透压示意图

渗透压是因溶液中的溶剂分子可以透过半透膜，溶质不能通过而产生的压力。若被半透膜隔开的两边溶液浓度不同时就会发生渗透现象。如图 5-2 所示在一个容器中间放置一张半透膜，容器一边放入纯溶剂水，另一边放入非电解质稀溶液（如蔗糖溶液），并使半透膜两边的液面高度相同。放置一段时间后，发现纯溶剂水通过半透膜向稀溶液中渗透，造成纯溶剂的液面逐渐下降，而稀溶液的液面逐渐升高，最后达到平衡状态。这样就在溶液与纯溶剂之间产生了一个压力差，由于此压力差的产生是溶剂的渗透造成的，所以将其称为渗透压(osmotic pressure)，用符号 π 表示。此时若在浓度高的溶液一侧液面施加一定的外压，可以阻止溶剂分子的净移动。当施加的压力等于渗透压 π 时，溶剂两侧液面恢复相平，所以渗透压其实就是为了阻止渗透作用而需加给溶液侧的额外压力。当施加的外压大于 π 时，溶剂分子会从浓溶液侧向稀溶液或从稀溶液侧向溶剂方向移动，这种现象称为反渗透（reverse osmosis)。反渗透的原理可用来进行海水的淡化处理、废水处理和溶液的浓缩等方面，具有清洁、高效、无污染等优点。

1886 年，荷兰物理学家范特霍夫（van't Hoff）指出，稀溶液的渗透压与温度、溶质浓度的关系同理想气态方程一致，因此当温度一定时，稀溶液的渗透压与溶液的浓度呈正比，即：

$$\pi = c_B RT = \frac{n}{V}RT \quad 或 \quad \pi V = nRT \tag{5-4}$$

式中，c_B 代表溶液的浓度，$mol \cdot m^{-3}$；R 是摩尔气体常数（其取值决定于 π 和 c_B 的量纲）；T 代表热力学温度；n 为溶质的物质的量，mol；V 为溶液的体积，m^3。

渗透压具有非常重要的生物意义。它是引起水在生物体中运动的重要推动力。一般植物细胞的渗透压可达 2000kPa，所以水分可以从根部运到数十米高的顶端。人体血液的平均渗透压为 780kPa，临床上注射或静脉输液时，必须使用与人体内的渗透压基本相等的溶液，即等渗溶液。临床上常用的是 $9.0g \cdot dm^{-3}$ 的 NaCl 溶液或 $50g \cdot dm^{-3}$ 的葡萄糖溶液作为等渗溶液。这两种溶液与红细胞、血浆都是等渗溶液（即渗透压相等）。因此，给患者输液时，要求输液的渗透压必须与患者血液的渗透压相等，不然会造成血管内外压差过大，使血管要么胀裂，要么被压扁堵塞，给患者造成生命危险。在医药生产中等渗液的配制要求非常严格。

【例 5.2】 已知 310K 时人的血液的渗透压大约为 776.15kPa（7.66atm），如果用葡萄糖溶液给患者输液的话，在 1000mL 水中应溶解多少克葡萄糖？

解 根据 $\pi = c_B RT$

解得 $$c_B = \frac{\pi}{RT} = \frac{776.15kPa}{8.314J \cdot mol^{-1} \cdot K^{-1} \times 310K} = 0.301mol \cdot L^{-1}$$

假设溶解葡萄糖后水的体积不变，则在 1000mL 水中溶解的葡萄糖的物质的量就是 0.301mol，

葡萄糖的摩尔质量为 $180g \cdot mol^{-1}$，那么所需葡萄糖的质量为

$$m = 180g \cdot mol^{-1} \times 0.301mol = 54.2g$$

5.1.5　电解质溶液的通性

电解质溶液或浓度较大的溶液同样具有蒸气压下降、沸点升高、凝固点降低、渗透压等性质。例如，海水的凝固点低于 273.15K，沸点则高于 373.15K，所以冬天时也不易结冰。食品包装袋中常采用易潮解的氯化钙作为干燥剂，就是因为其表面吸潮后所形成的溶液的蒸气压力显著下降，当它低于空气中水蒸气的分压时，空气中水蒸气便不断凝聚而进入溶液，即这些物质能不断吸收空气中水分。

但是，电解质溶液和浓溶液却不具有稀溶液定律所遵循的定量关系。阿伦尼乌斯根据电解质溶液不服从稀溶液定律的现象，提出了电离理论。1903 年他因此获得了诺贝尔化学奖。电离理论认为电解质分子在水溶液中解离成离子，使得溶液中的粒子数增大，故它们的蒸气压、沸点、熔点的改变和渗透压数值都比非电解质大。此时稀溶液的依数性取决于溶质分子、离子的总组成量度，使稀溶液定律的定量关系产生了偏差，必须加以校正。这一偏差可用电解质溶液与同浓度的非电解质溶液的凝固点降低的比值 i 来表达，如表 5-4 所示。

表 5-4　几种电解质质量摩尔浓度为 $0.100mol \cdot kg^{-1}$ 时水溶液中的 i 值

电解质	实验值 $\Delta T_f'/K$	计算值 $\Delta T_f/K$	$i = \Delta T_f'/\Delta T_f$
NaCl	0.348	0.186	1.87
HCl	0.355	0.186	1.91
K_2SO_4	0.458	0.186	2.46
CH_3COOH	0.188	0.186	1.01

由表 5-4 可见，电解质溶液凝固点降低的实验值均比计算值大。NaCl、HCl（AB 型）等强电解质的 i 比值接近于 2，K_2SO_4（A_2B 型）的 i 在 2～3 之间；弱电解质如 CH_3COOH 的 i 略大于 1。因此，可以看出，产生的偏差有以下规律：

$$A_2B(AB_2)\text{强电解质} > AB\text{强电解质} > \text{弱电解质} > \text{非电解质}$$

【例 5.3】 将质量摩尔浓度均为 $0.10mol \cdot kg^{-1}$ 的 $BaCl_2$、HCl、HAc 和蔗糖水溶液的粒子数、蒸气压、沸点、凝固点和渗透压按从大到小次序排列。

解　按从大到小次序排列如下

粒子数：　$BaCl_2$＞HCl＞HAc＞蔗糖

蒸气压：　蔗糖＞HAc＞HCl＞$BaCl_2$

沸点：　$BaCl_2$＞HCl＞HAc＞蔗糖

凝固点：　蔗糖＞HAc＞HCl＞$BaCl_2$

渗透压：　$BaCl_2$＞HCl＞HAc＞蔗糖

5.2　酸碱理论与酸碱平衡

5.2.1　酸碱的概念

酸碱理论经历了一个由浅到深，由低级到高级，由感性到理性的过程。最初，酸是具有酸味、能使石蕊变红的一类物质；碱是具有涩味，可以使石蕊变蓝的一类物质。18 世纪后期认为氧元素是酸的必要成分，19 世纪初认为氢元素是酸的必要成分。随着科学的发展，人们的

认知也在逐渐进步。19 世纪末阿伦尼乌斯提出了酸碱电离理论，是当时的酸碱经典理论。1923 年，布朗斯特和劳莱同时分别提出酸碱质子理论，同年路易斯的电子理论也被提出。

（1）酸碱电离理论

酸碱电离理论认为，在水中电离出 H^+ 且电离出的全部阳离子都是 H^+ 的物质为酸；能在水中电离出 OH^- 且电离出的全部阴离子都是 OH^- 的物质是碱。酸碱中和反应的实质是 H^+ 和 OH^- 结合成水。这个理论取得了很大成功，它以物质在水中电离为基础去定义酸碱，使人们对酸碱的认识有了本质的深刻了解，是酸碱理论发展的重要里程碑，至今还在广泛使用。

但是酸碱电离理论存在局限性，它不适用于非水体系和无溶剂体系。酸碱仅限于在水溶液中讨论，就不能解释由 $NH_3(g)$ 和 $HCl(g)$ 直接反应生成的盐 NH_4Cl，把碱仅限于氢氧化物，但 CO_3^{2-}、S^{2-} 等物质也显碱性，这些现象用酸碱电离理论不能得到很好的解释。为了克服电离理论的局限性，在近代酸碱理论的发展中，先后提出了“酸碱溶剂理论”“酸碱质子理论”及“酸碱电子理论”等，其中最著名的就是在 1923 年由布朗斯特和劳莱分别提出的酸碱质子理论。

（2）酸碱质子理论

酸碱质子理论认为，凡是能给出质子的物质（分子或离子）就是酸，凡是能接受质子的物质就是碱，简单地说，酸是质子给体，碱是质子受体。酸给出质子后成为碱，碱接受质子后即为酸。酸碱质子理论对酸碱的区别是以质子 H^+ 为判据的。如在水溶液中

$$HAc(aq) \rightleftharpoons H^+(aq) + Ac^-(aq)$$

$$NH_4^+(aq) \rightleftharpoons H^+(aq) + NH_3(aq)$$

$$H_2PO_4^-(aq) \rightleftharpoons H^+(aq) + HPO_4^{2-}(aq)$$

其中 HAc、NH_4^+、$H_2PO_4^-$ 都能给出质子，所以认定它们都是酸。而根据定义 Ac^-、NH_3、HPO_4^{2-} 都是碱。所以酸与对应的碱有相互依存、相互转化的关系，称为共轭关系，可表示为：

$$\text{酸} \rightleftharpoons \text{质子} + \text{碱}$$

酸失去质子后形成的碱叫作该酸的共轭碱，如 NH_3 是 NH_4^+ 的共轭碱。碱结合质子后形式的酸叫作该碱的共轭酸，如 NH_4^+ 是 NH_3 的共轭酸，酸与其共轭碱（或碱与其共轭酸）组成一个共轭酸碱对。表 5-5 列出了一些常见的共轭酸碱对。

表 5-5 一些常见的共轭酸碱对

	酸 ⇌ 质子 + 碱
酸性增强（↑）	$HCl \rightleftharpoons H^+ + Cl^-$
	$H_3O^+ \rightleftharpoons H^+ + H_2O$
	$HSO_4^- \rightleftharpoons H^+ + SO_4^{2-}$
	$H_3PO_4 \rightleftharpoons H^+ + H_2PO_4^-$
	$HAc \rightleftharpoons H^+ + Ac^-$
	$H_2CO_3 \rightleftharpoons H^+ + HCO_3^-$
	$H_2S \rightleftharpoons H^+ + HS^-$
	$H_2PO_4^- \rightleftharpoons H^+ + HPO_4^{2-}$
	$NH_4^+ \rightleftharpoons H^+ + NH_3$
	$HCO_3^- \rightleftharpoons H^+ + CO_3^{2-}$
	$H_2O \rightleftharpoons H^+ + OH^-$

由表5-5可见，酸碱可以是中性分子、正离子或负离子。还有一些$H_2PO_4^-$、HCO_3^-、HS^-、$H_2PO_4^{2-}$等物质既可以得到质子又可失去质子，既可作为酸，又可作为碱，称为两性物质。两性物质遇到比它更强的酸时，它就接受质子，表现出碱的特性；而遇到比它更强的碱时，它就放出质子，表现出酸的特性。根据酸碱共轭关系，若酸越易给出质子，其共轭碱就越难接受质子，即酸越强，其共轭碱就越弱。反之，酸越弱，其共轭碱就越强。

酸碱质子理论认为，酸碱反应的实质是两个共轭酸碱对的质子传递反应，酸碱反应方向是较强碱夺取较强酸放出的质子而转化为各自的共轭弱酸和弱碱。若相互作用的酸、碱越强，则反应进行得越完全，如：

$$\underset{\text{强酸}}{HCl} + \underset{\text{中强碱}}{NH_3} \xrightarrow{H^+} \underset{\text{弱酸}}{NH_4^+} + \underset{\text{极弱碱}}{Cl^-}$$

质子的传递过程并不要求必须在水溶液中进行，酸碱反应也可在非水溶液、无溶剂条件下进行。由此可见酸碱质子理论不仅扩大了酸碱的范围，而且还扩大了酸碱反应的范围，从质子传递的观点来看，电离子中所有酸碱盐之间的离子平衡，都可视为质子酸碱反应。但对一些不含质子的物质，如酸性物质SO_3和碱性物质CaO等参加的酸碱反应无法解释。

(3) 酸碱电子理论

在酸碱质子理论提出的同年，路易斯提出了酸碱电子理论，认为凡是能接受电子对的物质为酸；凡是能提供电子对的为碱。酸碱电子理论的基础是电子对的给出与接受，它不仅包含了酸碱电离、酸碱质子理论的解释范畴，还可以解释不含质子物质的酸碱性，所包含的范围更为广泛。但目前尚无统一的标度来确定路易斯酸碱的强度，因此应用中难以确定酸碱反应的方向。

5.2.2 水的解离平衡

水是最重要的溶剂，许多生物、地质和环境化学反应以及多数化工产品的生产都是在水溶液中进行的。水溶液的酸碱性取决于溶质和水的解离平衡，这里首先讨论水的解离。

水是一种极弱的电解质，纯水的解离实质上是一个水分子从另一个分子中夺取H^+而生成H_3O^+和OH^-的过程。

简写成：

$$H_2O \rightleftharpoons H^+ + OH^-$$

实验证明，295K时，1L纯水中仅有1.0×10^{-7}mol水分子发生解离，所以

$$c(H^+)=c(OH^-)=1.0\times10^{-7}\,mol\cdot L^{-1}$$

那么

$$K_w=\frac{c(H^+)}{c^\ominus}\times\frac{c(OH^-)}{c^\ominus}=1.0\times10^{-14} \tag{5-5}$$

上式表明：在一定温度下，水中的氢离子浓度和氢氧根离子浓度的乘积为一常数，这个常数K_w称为水的离子积。水的解离是吸热反应，温度升高解离度增大，水的离子积也增大。

5.2.3 酸碱的解离平衡

(1) 一元弱酸、弱碱的解离平衡

弱电解质在水中近似完全解离，不存在固定的平衡和平衡常数。而弱电解质在水溶液中

只是部分电离，绝大部分仍以未电离的分子状态存在，因此在弱电解质溶液中，始终存在着已电离的弱电解质的离子和未电离的弱电解质分子之间的平衡，这种平衡称为解离平衡，如一元弱酸 HAc 在水溶液中存在如下解离平衡，即

$$HAc \rightleftharpoons H^+ + Ac^-$$

解离常数
$$K_a = \frac{c(H^+)c(Ac^-)}{c(HAc)} \tag{5-6}$$

同理，一元弱碱，如 $NH_3 \cdot H_2O$ 的解离平衡和解离常数为：

$$NH_3 \cdot H_2O \rightleftharpoons NH_4^+ + OH^-$$

解离常数
$$K_b = \frac{c(NH_4^+)c(OH^-)}{c(NH_3 \cdot H_2O)} \tag{5-7}$$

一般用 K_a 表示弱酸的解离常数，K_b 表示弱碱的解离常数。对于给定电解质来说，它与温度有关，与浓度无关。由于弱电解质解离过程中的焓变较小，所以温度对 K 的影响不大。解离常数 K 是衡量弱电解质解离程度大小的特性常数，K 越小说明弱电解质解离程度越小，电解质越弱。常见的弱电解质在水溶液中的解离常数 $K_a(K_b)$ 值列于附录 3 中。

（2）解离度

弱电解质在溶液中的电离能力大小，也可以用解离度 α 来表示，其表达式为

$$\alpha = \frac{\text{已解离的电解质分子数}}{\text{溶液中原有电解质分子数}} \times 100\% \tag{5-8}$$

解离度犹如化学平衡中的转化率，其大小主要取决于电解质的本性，除此之外还受溶液的浓度、温度和其他电解质存在等因素的影响。

（3）多元弱酸的解离平衡

含有一个以上可置换 H^+ 的酸称为多元酸，如 H_2CO_3、H_2S、H_2SO_3 是二元酸，H_3PO_4 是三元酸。多元酸的解离是分级进行的，每一级都有一个解离常数，以水溶液中的 H_2S 为例，其解离过程分两步进行。

一级解离为：
$$H_2S \rightleftharpoons H^+ + HS^-$$

$$K_{a1} = \frac{[c(H^+)/c^\ominus][c(HS^-)/c^\ominus]}{c(H_2S)/c^\ominus} = 9.1 \times 10^{-8} \tag{5-9}$$

二级电离为：
$$HS^- \rightleftharpoons H^+ + S^{2-}$$

$$K_{a2} = \frac{[c(H^+)/c^\ominus][c(S^{2-})/c^\ominus]}{c(HS^-)/c^\ominus} = 1.1 \times 10^{-12} \tag{5-10}$$

式中，K_{a1} 和 K_{a2} 分别表示 H_2S 的一级解离常数和二级解离常数，$K_{a1} \gg K_{a2}$ 说明第二级解离比第一级解离困难得多，这是因为带有两个负电荷的 S^{2-} 对 H^+ 的吸引要比带一个负电荷的 HS^- 对 H^+ 的吸引要强得多，而且第一级解离出来的 H^+ 将对第二级解离产生同离子效应，抑制后者解离。因此多元弱酸（多元弱碱）的强弱主要取决于 $K_{a1}(K_{b1})$ 值的大小。

5.3 酸碱溶液 pH 计算及控制

5.3.1 溶液的酸碱性和 pH 值

K_w 反映了水溶液中 $c(H^+)$ 和 $c(OH^-)$ 的关系，知道 $c(H^+)$ 就可计算出 $c(OH^-)$，

反之亦然。根据水溶液中 H^+ 和 OH^- 相互依存、相互制约的关系，可以统一用 $c(H^+)$ 或 $c(OH^-)$ 来表示溶液的酸碱性。在室温范围内：

中性溶液 $c(H^+)=c(OH^-)=1.0\times10^{-7}\,mol\cdot L^{-1}$

酸性溶液 $c(H^+)>c(OH^-)$，$c(H^+)>1.0\times10^{-7}\,mol\cdot L^{-1}$

碱性溶液 $c(H^+)>c(OH^-)$，$c(H^+)<1.0\times10^{-7}\,mol\cdot L^{-1}$

在生产和科学研究中，经常使用一些酸性或碱性很弱的溶液，用 $mol\cdot L^{-1}$ 为单位表示溶液的酸碱性，数值往往是10的负若干次方，很不方便。通常用氢离子浓度的负对数来表示溶液的酸碱性，这个负对数称为pH值，其定义是

$$pH=-\lg\left\{\frac{c(H^+)}{c^{\ominus}}\right\} \tag{5-11}$$

pOH是氢氧根离子浓度的负对数，称为pOH值，表示为

$$pOH=-\lg\left\{\frac{c(OH^-)}{c^{\ominus}}\right\} \tag{5-12}$$

对于同一溶液中，有pH+pOH=14.0，pH和pOH都可作为溶液酸碱性的量度，但一般都习惯用pH值来表示，pH值的常用范围是0～14，中性溶液中pH=7，酸性溶液pH<7，碱性溶液pH>7。当溶液的pH<0或pH>14，就直接用 $c(H^+)$ 或 $c(OH^-)$ 来表示溶液的酸碱性。测定和控制溶液的酸碱性十分重要。例如正常情况下人体血液的pH值为7.35～7.45，如不在此范围内，将会引起酸中毒或碱中毒，如果pH>7.8或pH<7.0，则人将死亡；又如不少化学反应或化工生产过程必须控制在一定pH值范围才能进行或完成。在精制硫酸铜除铁杂质过程中，必须控制pH值在4左右才能收到良好的效果；此外，各种农作物的生长发育都要求土壤保持一定pH值范围，水稻为6～7、小麦为6.3～7.5、玉米为6～7等。

5.3.2 一元弱酸（弱碱）离子浓度及pH计算

利用解离平衡常数 K_a 或 K_b 可计算溶液中的各种离子浓度，以HAc溶液为例：

$$HAc \rightleftharpoons H^+ + Ac^-$$

初始浓度/$mol\cdot L^{-1}$　　c　　0　　0

平衡浓度/$mol\cdot L^{-1}$　　$c-c\alpha$　　$c\alpha$　　$c\alpha$

$$K_a=\frac{[c(H^+)/c^{\ominus}][c(Ac^-)/c^{\ominus}]}{[c(HAc)/c^{\ominus}]}=\frac{c\alpha\times c\alpha}{(c-c\alpha)c^{\ominus}}=\frac{c\alpha^2}{(1-\alpha)c^{\ominus}}$$

由于 $c^{\ominus}=1mol\cdot L^{-1}$，一般当 $c/K_a>380$，$\alpha\leqslant5\%$，$1-\alpha\approx1$，采用近似计算，上式可简化为

$$K_a=c\alpha^2$$

则

$$\alpha=\sqrt{\frac{K_a}{c}} \tag{5-13}$$

上式表明：在一定温度下，一元弱酸的解离度与其浓度的平方根成反比，即浓度越稀，解离度越大，这一关系称为稀释定律，但这并不意味着溶液中的离子浓度也必定相应地增大，可以计算出此时溶液中 H^+ 的浓度为：

$$c(H^+)=c\alpha=\sqrt{K_a c} \tag{5-14}$$

即溶液中 H^+ 的浓度是随着酸浓度的减小而减小的。

该弱酸溶液的 pH 为

$$pH=-\lg\left\{\frac{c(H^+)}{c^\ominus}\right\}=-\lg\sqrt{K_a c} \tag{5-15}$$

同理，可以求得一元弱碱溶液中

$$\alpha=\sqrt{\frac{K_b}{c}} \tag{5-16}$$

$$c(OH^-)=\sqrt{K_b c} \tag{5-17}$$

该弱碱溶液的 pH 为

$$pOH=-\lg\left\{\frac{c(OH^-)}{c^\ominus}\right\}=-\lg\sqrt{K_b c} \tag{5-18}$$

$$pH=pK_w-pOH=14-pOH \tag{5-19}$$

【例 5.4】 已知 298.15K 时，醋酸 HAc 的 $K_a=1.75\times10^{-5}$，试分别计算 $0.20mol\cdot L^{-1}$、$0.04mol\cdot L^{-1}$ HAc 溶液中 $c(H^+)$、α 值及 pH，并将结果加以比较。

解 (1) $0.20mol\cdot L^{-1}$ HAc 溶液中

$$\alpha_1=\sqrt{\frac{K_a}{c_1}}=\sqrt{\frac{1.75\times10^{-5}}{0.20}}=0.0094=0.94\%$$

$$c(H^+)=c_1\alpha_1=0.20\times0.0094=1.9\times10^{-3}mol\cdot L^{-1}$$

$$pH_1=-\lg(1.9\times10^{-3})\approx2.72$$

(2) $0.04mol\cdot L^{-1}$ HAc 溶液中

$$\alpha_2=\sqrt{\frac{K_a}{c_2}}=\sqrt{\frac{1.75\times10^{-5}}{0.04}}=0.021=2.1\%$$

$$c(H^+)=c_2\alpha_2=0.04\times0.021=8.6\times10^{-4}mol\cdot L^{-1}$$

$$pH_2=-\lg(8.6\times10^{-4})\approx3.07$$

由计算结果可知对于同一电解质，随着溶液的稀释，其解离将增大，但溶液中的 $c(H^+)$ 反而降低，pH 增大。

5.3.3 多元弱酸（弱碱）离子浓度的计算

以氢硫酸溶液为例，计算氢硫酸溶液中的 H^+ 浓度时，应将各级解离出来的 H^+ 浓度都考虑在内，但由于 $K_{a1}\gg K_{a2}$，可以认为溶液中的 H^+ 基本上是由第一级解离产生的，所以在近似计算多元弱酸溶液中的 $c(H^+)$ 时，可略去后续各级解离，只用第一级解离常数 K_{a1} 计算便可。

$$c(H^+)=\sqrt{K_{a1}c} \tag{5-20}$$

但是计算 S^{2-} 不能忽略二级解离，因为 S^{2-} 是由二级解离产生，故根据二级解离平衡计算为

$$K_{a2}(H_2S)=\frac{c(H^+)c(S^{2-})}{c(HS^-)}$$

$$c(S^{2-})=K_{a2}(H_2S)\frac{c(HS^-)}{c(H^+)} \tag{5-21}$$

由于$K_{a1} \gg K_{a2}$，所以$c(HS^-) \approx c(H^+)$，则$c(S^{2-}) \approx K_{a2}(H_2S) = 1.3 \times 10^{-13} mol \cdot L^{-1}$，结果表明，二元弱酸溶液中酸根离子$c(S^{2-})$近似等于$K_{a2}$，与弱酸的浓度关系不大。

【例 5.5】 常温常压下H_2S在水中的溶解度为$0.10 mol \cdot L^{-1}$，求H_2S饱和溶液中$c(H^+)$、$c(S^{2-})$及H_2S的解离度。

解 设第一步解离的$c(H^+)$为$x\ mol \cdot L^{-1}$

$$H_2S \rightleftharpoons H^+ + HS^-$$

	H_2S	H^+	HS^-
初始浓度$/mol \cdot L^{-1}$	0.10	0	0
平衡浓度$/mol \cdot L^{-1}$	$0.10-x$	x	x

$$K_{a1}^{\ominus} = \frac{x^2}{0.10-x} \approx \frac{x^2}{0.10}$$

$$1.1 \times 10^{-7} \approx \frac{x^2}{0.10}，解得：x = 1.1 \times 10^{-4}(mol \cdot L^{-1})$$

$$HS^- \rightleftharpoons H^+ + S^{2-}$$

$$K_{a2}(H_2S) = \frac{c(H^+)c(S^{2-})}{c(HS^-)}$$

$$c(S^{2-}) = K_{a2}(H_2S)\frac{c(HS^-)}{c(H^+)}$$

由于$c(HS^-) \approx c(H^+)$

$$c(S^{2-}) \approx K_{a2}^{\ominus} = 1.3 \times 10^{-13}(mol \cdot L^{-1})$$

则 $$\alpha = \sqrt{\frac{K_{a1}^{\ominus}}{c}} = \sqrt{\frac{1.1 \times 10^{-7}}{0.10}} = 0.11\%$$

5.4 同离子效应和缓冲溶液

5.4.1 同离子效应

水溶液中的解离平衡与所有化学平衡移动原理一样，当溶液的浓度、温度等条件改变时，弱电解质的解离平衡也会发生改变或移动。对浓度的改变，除用稀释方法外，还可以在弱酸或弱碱溶液中加入具有相同离子的强电解质以改变离子浓度，此时解离平衡会发生移动。例如，在HAc溶液中加入NaAc，会发生怎样的改变呢？

在一支试管中加入10mL $1mol \cdot L^{-1}$ HAc溶液，再加指示剂甲基橙2滴，溶液呈红色，表明HAc溶液为酸性。若加入少量固体NaAc，边振荡边观察颜色，发现前者的红色变成黄色（甲基橙在酸中为红色，在微酸和碱中为黄色）。实验表明，在HAc溶液中，因加入NaAc后，酸性逐渐降低，pH增大。由于NaAc是强电解质，水解完全电离为Na^+和Ac^-，使试管中Ac^-的总浓度增加，这时HAc的解离平衡就要向着生成HAc分子方向移动，结果HAc浓度增大，H^+的浓度减小，即HAc解离度降低。又如，往NH_3水溶液中加入NH_4Cl，也等于在溶液中加入了NH_4^+，这时平衡就要向着生成$NH_3 \cdot H_2O$方向移动，结果$NH_3 \cdot H_2O$浓度增大，OH^-浓度减少，即氨水解离度降低。存在解离平衡即

$$HAc \rightleftharpoons H^+ + Ac^-$$

$$NH_3 \cdot H_2O \rightleftharpoons NH_4^+ + OH^-$$

这种在弱酸溶液中加入该酸的共轭碱，或在弱碱的溶液中加入该碱的共轭酸时，可使这些弱酸、弱碱的解离度降低的现象，称为同离子效应。

【例 5.6】 在 1.0L 0.20mol·L^{-1}氨水中，加入 0.20mol 固体 NH_4Cl，假设加入固体前后溶液的体积未变，求加入固体 NH_4Cl 前后溶液中的 $c(OH^-)$。

解 (1) 加入 NH_4Cl 固体前氨水溶液中

$$c(OH^-) = \sqrt{K_b c_1} = \sqrt{1.74 \times 10^{-5} \times 0.2} = 1.87 \times 10^{-3}\,\mathrm{mol \cdot L^{-1}}$$

(2) 加入 NH_4Cl 固体后氨水溶液中，设溶液中的 $c(OH^-)$ 为 x mol·L^{-1}

$$NH_3 \cdot H_2O \rightleftharpoons NH_4^+ + OH^-$$

	$NH_3 \cdot H_2O$	NH_4^+	OH^-
初始浓度/mol·L^{-1}	0.2	0.2	0
平衡浓度/mol·L^{-1}	$0.2-x$	$0.2+x$	x

$$K_b = \frac{c(NH_4^+)c(OH^-)}{c(NH_3 \cdot H_2O)} = \frac{(0.2+x)x}{0.2-x}$$

由于同离子效应抑制解离，x 很小，故 $0.2+x \approx 0.2$，$0.2-x \approx 0.2$

$$K_b = \frac{0.2x}{0.2} = 1.74 \times 10^{-5}$$

$$x = 1.74 \times 10^{-5}\,(\mathrm{mol \cdot L^{-1}})$$

与同浓度的氨水相比，加入 NH_4Cl 固体后，溶液中的 $c(OH^-)$ 从 1.87×10^{-3}mol·L^{-1}降到 1.74×10^{-5}mol·L^{-1}，可见同离子效应的影响是相当大的。

5.4.2 缓冲溶液

一般水溶液，若受到酸、碱或水的作用，其 pH 值易发生明显的变化，而许多化学反应和生产过程常要求控制在一定的 pH 范围内，这就需要试剂对 pH 值有一定的控制。例如，当往 HAc 和 NaAc 混合溶液中加入少量强酸时，H^+ 与 Ac^- 结合形成 HAc 分子，使得 HAc 解离平衡向左移动，HAc 浓度略有增加，但 H^+ 浓度不会有明显的变化。如果加入少量强碱，强碱会与 H^+ 结合，则平衡又向右移动，使得 HAc 浓度减少，H^+ 浓度仍然不会有显著的变化。溶液的这种能对抗外来少量强酸或强碱或稍加稀释，而使其 pH 值基本保持不变的作用，叫缓冲作用。具有缓冲作用的溶液称为缓冲溶液。

缓冲溶液的组成通常有以下几种。

① 弱酸及其弱酸盐　例如 HAc-NaAc 的混合溶液。

② 弱碱及其弱碱盐　例如 $NH_3 \cdot H_2O$-NH_4Cl 的混合液。

③ 多元酸的酸式盐及其次级酸盐　例如 $NaHCO_3$-Na_2CO_3、NaH_2PO_4-Na_2HPO_4 的混合液。

【例 5.7】 若在 0.05L 0.150mol·L^{-1}$NH_3 \cdot H_2O$ 和 0.200mol·L^{-1} NH_4Cl 组成的缓冲溶液中，加入 1.0×10^{-4}L 1.00mol·L^{-1}的 HCl，求加入 HCl 前后溶液的 pH 值各为多少?

解 (1) 加入 HCl 前：

$$pH = 14.00 - pK_b^{\ominus}(NH_3 \cdot H_2O) + \lg \frac{c(NH_3 \cdot H_2O)}{c(NH_4^+)}$$

$$pH=14.00+\lg(1.77\times10^{-5})+\lg\frac{0.150}{0.200}=9.13$$

(2) 加入 HCl 后：

$$c(HCl)=\frac{1.00\times1.0\times10^{-4}}{0.0501}=0.0020mol\cdot L^{-1}$$

$$NH_3\cdot H_2O \rightleftharpoons NH_4^+ \quad + \quad OH^-$$

初始浓度/$mol\cdot L^{-1}$	$0.150-0.0020$	$0.200+0.002$	0
平衡浓度/$mol\cdot L^{-1}$	$0.148-x$	$0.202+x$	x

$$\frac{x(0.202+x)}{0.148-x}=K_b^{\ominus}(NH_3\cdot H_2O)=1.77\times10^{-5}$$

$$x=1.3\times10^{-5}mol\cdot L^{-1}, pH=14.00+\lg(1.3\times10^{-5})=9.11$$

从结果可以看出，加入 HCl 前后，pH 变化并不明显。

5.4.3 缓冲溶液的选择和配制

各种弱酸（或弱碱）及其盐所组成的缓冲溶液，其 pH 值是不同的，所以在实际工作中应根据所需要的 pH 值来选择缓冲溶液的体系。缓冲溶液的 pH 值取决于 pK_a（或 pK_b）以及酸（或碱）与盐的浓度比。当缓冲溶液的体系确定后，K_a（K_b）就确定了，通过改变 c(酸)/c(碱) 或 c(碱)/c(盐) 的比值（通常在 0.1～10 之间变化），便可得到不同 pH 值的缓冲溶液。

对于弱酸及其弱酸盐所组成的缓冲溶液，一般有

$$pH=pK_a\pm1.00$$

由上述关系可知选择和配制缓冲溶液的方法是：根据要求选择与所需 pH 值相近的一种 pK_a 弱酸及其弱酸盐（或与所需 pOH 相近的一种 pK_b 弱碱及弱碱盐）为缓冲溶液，再调节 c(酸)/c(碱) 或 c(碱)/c(盐) 的比值达到所要求的 pH 值，表 5-6 为常见缓冲溶液的 pH 值范围。

表 5-6 常见缓冲溶液的 pH 值范围

缓冲溶液	pK_a 或 pK_b	pH 值范围
HAc-NaAc	4.76	3.76～5.76
$NH_3\cdot H_2O$-NH_4Cl	9.25	8.25～10.25
NaH_2PO_4-Na_2HPO_4	7.20	6.20～8.20
$NaHCO_3$-Na_2CO_3	10.33	9.33～11.33

5.4.4 缓冲溶液的应用

缓冲溶液在工农业生产、医学、生物学、化学等方面都有广泛的应用。例如，在半导体工业中常用 HF 和 NH_4F 混合腐蚀液除去硅片表面的氧化物（SiO_2）；电镀液常需用缓冲溶液来调节它的 pH 值；土壤中由于含有 H_2CO_3-$NaHCO_3$、NaH_2PO_4-Na_2HPO_4、腐植酸-腐植酸盐等缓冲体系，才能使土壤维持一定的 pH 值，有利于微生物的正常活动和农作物的发育生长。

人体血液 pH 值维持在 7.35～7.45，因为这一 pH 值范围最适于细胞代谢及整个机体的生存。人体血液的酸碱度之所以能保持恒定，主要是由于各种排泄器官将过多的酸、碱物质排出体外，但也是血液中具有多种缓冲体系的缘故，人体血液中的主要缓冲体系有 H_2CO_3-

$NaHCO_3$、NaH_2PO_4-Na_2HPO_4、血红蛋白-血红蛋白盐等，其中以 H_2CO_3-$NaHCO_3$ 起主要的缓冲作用。当机体新陈代谢过程中产生的酸（如磷酸、乳酸等）进入血液时，则发生 $HCO_3^- + H^+ \longrightarrow H_2CO_3$，$H_2CO_3$ 分子被血液带到肺部，以 CO_2 的形式排出体外；当代谢产生的碱进入血液时，则发生 $H_2CO_3 + OH^- \longrightarrow HCO_3^- + H_2O$，$H_2O$ 通过肾、毛孔排出体外，从而防止了酸、碱中毒。

5.5 溶解度和溶度积

严格来说，在水中绝对不溶的物质是没有的，通常把溶解度小于 0.1g/(100g H_2O) 的物质称为难溶物质，如 AgCl、Ag_2CrO_4、$Mg(OH)_2$ 等。尽管难溶电解质的溶解度很小，但总能有一部分溶解，且一旦溶解则以离子形式存在。前面讨论的酸碱解离平衡属于单相平衡，难溶电解质在水溶液中这种溶解平衡则属于多相离子平衡。

5.5.1 溶度积

在一定温度下，将难溶电解质晶体放入水中时，就会发生溶解和沉淀两个过程，以 AgCl 为例，AgCl(s) 是由 Ag^+ 和 Cl^- 组成的晶体，将其放入水中时，晶体中的 Ag^+ 和 Cl^- 在水分子的作用下，不断由晶体表面溶入溶液中，成为无规则运动的水合离子，这一过程称为溶解过程；与此同时，已经溶解在溶液中的 Ag^+(aq) 和 Cl^-(aq) 在不断运动中相互碰撞或与未溶解的 AgCl(s) 表面碰撞，也会不断地从液相回到固相表面，并且以 AgCl(s) 形式析出，这一过程称为沉淀。任何难溶电解质的溶解和沉淀过程都是相互可逆的，开始时，溶解速率大于沉淀速率，经过一定时间后，溶解和沉淀速率相等时，溶液成为 AgCl(s) 的饱和溶液，同时溶液中建立了一种动态的多相离子平衡。固体难溶电解质的饱和溶液中存在的电解质与由它解离产生的离子之间的平衡称为沉淀溶液平衡。以 AgCl(s) 为例可表示为

$$AgCl(s) \underset{溶解}{\overset{沉淀}{\rightleftharpoons}} Ag^+(aq) + Cl^-(aq)$$

该动态平衡的标准平衡常数表示为

$$K^{\ominus} = K_{sp}^{\ominus}(AgCl) = \frac{c(Ag^+)}{c^{\ominus}} \times \frac{c(Cl^-)}{c^{\ominus}} \tag{5-22}$$

对于难溶电解质的解离平衡，其平衡常数 K_{sp} 又称为溶度积常数，简称溶度积，其中 $c(Ag^+)$ 和 $c(Cl^-)$ 是饱和溶液中 Ag^+ 和 Cl^- 的浓度。

对于一般的沉淀反应，$c^{\ominus} = 1mol \cdot L^{-1}$，如

$$A_nB_m(s) \rightleftharpoons nA^{m+}(aq) + mB^{n-}(aq)$$

溶度积通式为：

$$K_{sp}^{\ominus}(A_nB_m) = \{c(A^{m+})\}^n\{c(B^{n-})\}^m \tag{5-23}$$

上式表明，在一定温度下，难溶电解质的饱和溶液中，各组分离子浓度幂的乘积为一常数，K_{sp} 的大小间接反映了难溶电解质溶解能力的大小，同时它也表示了难溶的强电解质处于沉淀溶解平衡的一种状态。任何难溶的强电解质，无论其溶解度多么小，它们的饱和溶液中总有达成沉淀溶解平衡的离子；任何沉淀反应，无论进行得多么完全，溶液中总有沉淀物的组分离子，并且离子浓度的幂的乘积为常数。K_{sp} 只受温度的影响，常见难溶强电解质的

溶度积常数列于附录4中。值得注意的是，上述溶度积常数表达式虽是根据难溶强电解质多相离子平衡推导而来的，其结论同样运用于难溶弱电解质的多相离子平衡。

5.5.2 溶解度与溶度积的关系

溶度积和溶解度都可以用来表示难溶电解质的溶解性，两者既有联系又有区别。在一定条件下，它们可以相互换算，既可以从溶解度求得溶度积，也可以从溶度积求得溶解度。但它们之间也有区别，溶度积是未溶解的固相与溶液中相应离子达到平衡时的离子浓度的乘积，只与温度有关。溶解度不仅与温度有关，还与系统的组成、pH的改变、配合物的生成等因素有关。另外，由于难溶电解质的溶解度很小，溶液浓度很小，难溶电解质饱和溶液的密度可近似认为等于水的密度。一般溶解度用符号 s 表示，s 与 K_{sp} 之间的关系与物质的类型有关，下面以具体例子说明。

【例5.8】 已知在298K时，AgCl和 Ag_2CrO_4 的溶度积分别为 1.56×10^{-10} 和 9.0×10^{-12}，试求该温度下，AgCl和 Ag_2CrO_4 的溶解度。

解 AgCl属于AB型难溶电解质，其溶解度

$$s_1=\sqrt{K_{sp}(AgCl)}=\sqrt{1.56\times10^{-10}}\ mol\cdot L^{-1}=1.25\times10^{-5}\ mol\cdot L^{-1}$$

Ag_2CrO_4 属于 A_2B 型难溶电解质，其溶解度

$$s_2=\sqrt[3]{\frac{K_{sp}^{\ominus}(Ag_2CrO_4)}{4}}=\sqrt[3]{\frac{9.0\times10^{-12}}{4}}\ mol\cdot L^{-1}=1.31\times10^{-4}\ mol\cdot L^{-1}$$

由计算可见，虽然 $K_{sp}(Ag_2CrO_4)$ 小于 $K_{sp}(AgCl)$，但 Ag_2CrO_4 溶解度要大于AgCl，这是由于两者的溶度积表示式类型不同。所以 K_{sp} 虽然也可表示难溶电解质的溶解度大小，但只能用来比较相同类型的电解质，如同是AB型或是 AB_2 型等，此时 K_{sp} 越小，其溶解度也越小，而对于不同类型的难溶电解质不能简单地用 K_{sp} 直接判断溶解度的大小。

5.5.3 溶度积规则

对一给定的难溶电解质，在一定条件下沉淀能够生成或溶解，可用反应商 Q 和溶度积 K_{sp} 的比较来判断，应用于一般反应沉淀溶解平衡，即

$$A_nB_m(s)\rightleftharpoons nA^{m+}(aq)+mB^{n-}(aq)$$

此时：

$$Q=\left[\frac{c(A^{m+})}{c^{\ominus}}\right]^n\left[\frac{c(B^{n-})}{c^{\ominus}}\right]^m \tag{5-24}$$

式中，Q 称为离子积（又称反应商），表示在任何情况下的溶液中离子浓度的乘积，而 K_{sp} 是指难溶电解质和溶液中的离子达到平衡（饱和溶液）时的离子浓度的乘积，K_{sp} 是平衡条件下的 Q。

在任何给定的溶液中，可根据 Q 和 K_{sp} 的大小来判断沉淀的生成和溶解。

① 当 $Q<K_{sp}$ 时，$\Delta G<0$，溶液为不饱和溶液，无沉淀析出，若已有沉淀存在时，沉淀将会溶解；

② 当 $Q=K_{sp}$ 时，$\Delta G=0$，达到动态平衡，溶液恰好饱和，无沉淀析出，或饱和溶液和未溶固体建立平衡；

③ 当 $Q>K_{sp}$ 时，$\Delta G>0$，溶液为过饱和溶液，沉淀从溶液中析出。

这一规则称为溶度积规则，它是判断沉淀生成和溶解的定量依据。

5.6 沉淀的生成和溶解

5.6.1 沉淀的生成

根据溶度积规则，在某难溶电解质溶液中，如果$Q>K_{sp}$，则物质有沉淀生成，这是沉淀生成的必要条件。

【例 5.9】 在 $0.1mol\cdot L^{-1}$ $FeCl_3$ 溶液中，加入等体积的含有 $0.20mol\cdot L^{-1}$ $NH_3\cdot H_2O$ 和 $2.0mol\cdot L^{-1}$ NH_4Cl 的混合溶液，问能否产生 $Fe(OH)_3$ 沉淀？

解 由于等体积混合，各物质的浓度均减小一半

$c(Fe^{3+})=0.05mol\cdot L^{-1}$，$c(NH_4Cl)=1.0mol\cdot L^{-1}$，$c(NH_3\cdot H_2O)=0.1mol\cdot L^{-1}$

设 $c(OH^-)$ 为 x $mol\cdot L^{-1}$，即

$$NH_3\cdot H_2O \rightleftharpoons NH_4^+ + OH^-$$

平衡浓度/$mol\cdot L^{-1}$ $\quad 0.10-x \quad 1.0+x \quad x$

$$K_b^{\ominus}(NH_3\cdot H_2O)=\frac{c(NH_4^+)c(OH^-)}{c(NH_3\cdot H_2O)}=1.7\times10^{-5}$$

$$\frac{(1.0+x)x}{0.10-x}=1.7\times10^{-5}$$

因为解离很少，故 $\quad 0.10-x\approx0.1, 1.0+x\approx x$

$$\frac{1.0x}{0.1}=1.7\times10^{-5}, x=1.7\times10^{-6}mol\cdot L^{-1}$$

$Q=c(Fe^{3+})\{c(OH^-)\}^3=0.05\times(1.7\times10^{-6})^3=2.5\times10^{-19}>K_{sp}^{\ominus}[Fe(OH)_3]=4\times10^{-18}$

所以，溶液中有 $Fe(OH)_3$ 沉淀生成。

在难溶的强电解质的饱和溶液中，加入具有相同离子的易溶强电解质，难溶电解质的多相离子平衡将发生移动，如同弱酸或弱碱溶液中的同离子效应一样，使难溶强电解质的溶解度减小。

在实际应用中，可利用沉淀反应来分离溶液中的离子。依据同离子效应，加入适当过量的沉淀试剂，如生成 CaF_2 沉淀时加 NaF 溶液过量，这样可使沉淀反应趋于完全。所谓完全，并不是使溶液中的某种被沉淀离子浓度等于零，实际上这是做不到的。一般情况下，只要溶液中被沉淀的离子浓度不超过 $10^{-5}mol\cdot L^{-1}$，即认为这种离子沉淀完全了。在洗涤沉淀时，也常应用离子效应。从溶液中析出的沉淀常含有杂质，要得到纯净的沉淀，就必须洗涤。为了减少洗涤过程中沉淀的损失，常用与沉淀含有相同离子的溶液来洗涤，而不用纯水来洗涤。例如可使用 NH_4Cl 溶液来洗涤 AgCl 沉淀。

同离子效应在分析鉴定和分离提纯中应用很广泛。但是任何事物都具有两重性，在实际应用中，如果认为沉淀试剂过量愈多沉淀愈完全，因而大量使用沉淀试剂，如果加入沉淀试剂太多，不仅不会产生明显的同离子效应，往往还会因其他副反应的发生，反而会使沉淀的溶解度增大。如 AgCl 沉淀中加入过量的 HCl，可以生成配离子 $[AgCl_2]^-$，而使 AgCl 溶解度增大，甚至能溶解。

某些难溶电解质如氢氧化物和硫化物，它们的溶解度与溶液的酸度有关，因此控制溶液的 pH 值就可以促使某些沉淀生成。

【例 5.10】 废水中 Cr^{3+} 的浓度为 $0.010mol\cdot L^{-1}$，加入固体 NaOH 使之生成 $Cr(OH)_3$ 沉淀，设加入固体 NaOH 后溶液体积不变，计算（1）开始生成沉淀时，溶液中 OH^- 的最

低浓度；（2）若要使 Cr^{3+} 的浓度小于 $7.7\times10^{-5}\,mol\cdot L^{-1}$ 以达到排放标准，此时溶液的 pH 值最小应为多少？$K_{sp}=6.3\times10^{-31}$

解 （1） $$Cr(OH)_3(s) \rightleftharpoons Cr^{3+}(aq)+3OH^-(aq)$$

要生成沉淀时，$Q>K_{sp}$，设 $c(OH^-)=x$

$c(Cr^{3+})\cdot c(OH^-)^3=0.010x^3>6.3\times10^{-31}$，得

$$x>4.0\times10^{-10}\,mol\cdot L^{-1}$$

（2）$7.7\times10^{-5}x^3\geqslant6.3\times10^{-31}$，解得 $x\geqslant2.0\times10^{-9}\,mol\cdot L^{-1}$

$pOH=-\lg c(OH^-)<8.7$，即 $pH\geqslant14-8.7=5.3$

5.6.2 沉淀的溶解

根据溶度积规则，沉淀溶解的必要条件是 $Q<K_{sp}$，因此一切能降低多相离子平衡系统中有关离子浓度的方法，都能促使平衡向沉淀溶解的方向移动。

（1）酸碱溶解法

利用酸、碱或某些盐类（如铵盐）与难溶电解质组分离子结合成弱电解质（包括弱酸、弱碱和水），以溶解某些弱碱盐、弱酸盐、酸性或碱性氧化物和氢氧化物等难溶物的方法，称为酸碱溶解法。如

$$Fe(OH)_3+3H^+ \rightleftharpoons Fe^{3+}+3H_2O$$

$$CaCO_3+2H^+ \rightleftharpoons Ca^{2+}+H_2O+CO_2$$

$$Mg(OH)_2+2NH_4^+ \rightleftharpoons Mg^{2+}+2NH_3+2H_2O$$

（2）氧化还原法

有些金属硫化物，如 CuS、HgS 等，其溶度积特别小，在饱和溶液中，S^{2-} 浓度特别少，不能溶于非氧化性强酸，只能用强氧化性酸将 S^{2-} 氧化，降低其浓度，以达到溶解沉淀的目的。

$$CuS(s) \rightleftharpoons Cu^{2+}(aq)+S^{2-}(aq)$$

$$S^{2-}(aq) \xrightarrow{+HNO_3} S+NO+H_2O$$

溶解反应方程式：

$$3CuS(s)+2NO_3^-(aq)+8H^+(aq) \rightleftharpoons 3Cu^{2+}(aq)+3S(s)+2NO(g)+4H_2O(l)$$

（3）配位溶解法

通过加入配位剂，使难溶电解质的组分离子形成稳定的配离子，降低难溶电解质组分离子的浓度，从而使其溶解。如 AgCl 难溶于稀硝酸，但可溶于氨水，其溶解过程为

$$AgCl(s) \rightleftharpoons Ag^+(aq)+Cl^-(aq)$$

$$Ag^+(aq)+2NH_3(aq) \rightleftharpoons [Ag(NH_3)_2]^+(aq)$$

总溶解反应方程式为

$$AgCl(s)+2NH_3(aq) \rightleftharpoons [Ag(NH_3)_2]^+(aq)+Cl^-(aq)$$

5.6.3 沉淀的转化

在实践中，有时需要在含有沉淀的溶液中加入相应试剂将一种沉淀转化为另一种沉淀，

这种过程叫作沉淀的转化。沉淀的转化在生产和科研中是常常遇到的问题。例如工业上锅炉用水，时间久了，锅炉底部结成了锅垢，如不及时清除，将因传热不匀，容易发生危险，燃料耗费也多。由于锅垢中含有的 $CaSO_4$ 微溶于水，较难除去，若加入一种试剂 Na_2CO_3，可使 $CaSO_4$ 转化为疏松且可溶于酸的 $CaCO_3$ 沉淀，锅垢即可除去。

$CaSO_4$ 转化为 $CaCO_3$ 的反应为：

(1) $CaSO_4(s) \rightleftharpoons Ca^{2+}(aq) + SO_4^{2-}(aq) \quad K_1 = K_{sp}^{\ominus}(CaSO_4)$

加入 Na_2CO_3 后，提供了大量的 CO_3^{2-}

(2) $CaSO_4(s) + CO_3^{2-}(aq) \rightleftharpoons CaCO_3(s) + SO_4^{2-}(aq) \quad K_2 = 1/K_{sp}^{\ominus}(CaCO_3)$

(1)+(2) 得 $\quad CaSO_4(s) + CO_3^{2-}(aq) \rightleftharpoons CaCO_3(s) + SO_4^{2-}(aq)$

总反应的平衡常数：

$$K^{\ominus} = \frac{c(SO_4^{2-})}{c(CO_3^{2-})} = K_1 K_2 = \frac{K_{sp}^{\ominus}(CaSO_4)}{K_{sp}^{\ominus}(CaCO_3)} = \frac{9.1\times10^{-6}}{2.8\times10^{-9}} = 3.3\times10^{3}$$

上述计算表明，这一沉淀转化反应向右进行的趋势相当大，所以可利用沉淀转化反应来去除锅垢。对于类型相同的难溶电解质，沉淀转化程度的大小取决于两种难溶电解质溶度积的相对大小。一般来说，溶度积较大的难溶电解质容易转化为溶度积较小的难溶电解质，两种沉淀物的溶度积相差越大，沉淀转化越完全。

阅读拓展

表面活性剂及其应用

与固体一样，液体表面层的质点受到上方气体分子的拉力比其受到液相内部质点的拉力小得多。液体表面质点受内部质点拉力的影响，有向液体内部迁移，使液相表面积自动缩小的趋势。水滴呈圆球形就是这个道理。液体表面的收缩引力，称为表面张力。凡能显著降低溶液表面张力的物质叫作表面活性剂。从化学分子结构上看，所有的表面活性剂分子中同时存在着极性的亲水基团（如羟基、羧基、磺酸基、氨基等）和非极性的亲油基团（又叫作疏水基团，如烷基等）。亲水基团使分子伸向水相，而亲油基团则使分子离开水相伸向油相，因此表面活性剂是双亲分子。表面活性剂可以从用途、物理性质或化学结构等方面来分类，一般多按化学结构分类。根据结构，一般分为阳离子型、阴离子型、非离子型和两性表面活性剂等类型。以洗涤剂常见成分硬脂酸钠为例，在水溶液中，$C_{17}H_{35}COONa$ 解离成 $C_{17}H_{35}COO^-$ 和 Na^+，它是阴离子型表面活性物质，其中 $C_{17}H_{35}$—为亲油基团，—COO^- 为亲水基团。常见的几类表面活性剂列于表 5-7 中。

表 5-7 常见的几类表面活性剂

类型	化合物类别	实例
阳离子型	伯胺盐	$[RNH_3]^+Cl^-$
	仲胺盐	$[RNH_2(CH_3)]^+Cl^-$
	叔胺盐	$[RNH(CH_3)_2]^+Cl^-$
	季铵盐	$[RN(CH_3)_3]^+Cl^-$

续表

类型	化合物类别	实例
阳离子型	羧酸盐	$R—COONa$
	硫酸酯盐	$R—O—SO_3Na$
	磺酸盐	$R—SO_3Na$
	磷酸酯盐	$R—O—PO_3Na_2$
两性	氨基酸类	$R—NH—CH_2CH_2—COOH$
	内胺盐类	$R—\overset{+}{N}(CH_3)_2—CH_2—COO^-$
非离子型	聚氧乙烯醚类	$R—O—(CH_2—CH_2—O)_n—H$
	多元醇类	$R—COOCH_2C(CH_2OH)_3$

注：R代表羟基，包括脂肪羟基和芳香羟基。

表面活性剂具有许多独特的性质和作用，故在工农业生产及日常生活工作中广泛地应用于乳化、洗涤、发泡、增溶、润湿、柔软等用途，举例如下。

1. 乳化作用

两种互不相溶的液体，若将其中一种均匀地分散成极细的液滴于另一液体中，便形成乳化液。例如，滴一些油在水中，搅拌使油均匀分散于水中，就形成了油水乳化液，但这种乳化液不稳定，静置片刻便可使油水分层。要获得稳定的乳状液，就必须加入乳化剂。乳化剂大多为表面活性剂，在油滴或者水滴周围形成一层有一定力学强度的保护膜，阻碍分散的油滴或水滴相互结合凝聚。这种由于加入表面活性剂形成稳定乳化剂的作用叫作乳化作用。牛奶就是典型的 O/W 型乳状液，新开采的含水原油就是细小水珠分散在石油中形成的 W/O 型乳状液。

2. 破乳作用

在工业生产中也会遇到一些有害的乳状液。例如以 W/O 型乳状液形式存在的含水原油会促使石油设备腐蚀，而不利于石油的蒸馏。因此必须预先加入破乳剂进行破乳。破乳剂也是一种表面活性剂，能取代原来的乳状液中形成保护膜的乳化剂，而生成新的一种强度低的膜，较易被破坏。例如：异戊醇、辛醇、乙醚等常见的破乳剂。

3. 洗涤作用

洗涤作用可定义为从浸在某种介质，一般为水中的固体表面除去污垢的过程。在此过程中借助洗涤剂以减弱污垢与固体表面的黏附作用，并施以外力，包括机械搅拌或人工搓洗，使污垢与固体表面分离而悬浮于介质中。洗涤剂是一种表面活性剂，肥皂是含 17 个碳原子的硬脂酸的钠盐，合成洗涤剂的主要成分是十二烷基苯磺酸钠。当用洗涤剂洗涤衣服或织物上的油污时，油污进入表面活性剂形成的胶束中，经过搓洗使得胶束进入水中，便可除去织物上的油污。

4. 发泡作用

泡沫是不溶性气体分散于液体或熔融固体中所形成的分散系统。例如，肥皂泡沫、啤酒泡沫等是气体分散在液体中的泡沫；泡沫塑料、泡沫玻璃等是气体分散在固体中。用机械搅拌形成的气泡一旦停止搅拌气泡很快消失，若想气泡能较长时间稳定存在，需加入一种表面活性剂叫发泡剂。肥皂、十二烷基苯磺酸钠等都有良好的发泡性能。

习 题

1. 什么叫饱和蒸气压，其大小受哪些因素影响？

2. 为什么冬天在水中加入乙二醇可以防冻？比较在内燃机水箱中使用乙醇或乙二醇的优缺点。

3. 稀溶液依数性的内容是什么？

4. 酸碱质子理论如何定义酸碱？有什么优势和局限？什么叫作共轭酸碱对？

5. 什么叫溶液的渗透现象？产生渗透压的原理是什么？盐碱土地上栽种植物难以生长，试以渗透现象解释。

6. 写出下列各种物质的共轭酸。

CO_3^{2-}　　HS^-　　H_2O　　HPO_4^{2-}　　S^{2-}　　NH_3　　HCO_3^-

（HCO_3^-、H_2S、H_3O^+、$H_2PO_4^-$、HS^-、NH_4^+、H_2CO_3）

7. 写出下列各种物质的共轭碱。

H_3PO_4　　HAc　　HS^-　　HNO_3　　HClO　　H_2CO_3

（$H_2PO_4^-$、Ac^-、S^{2-}、NO_3^-、ClO^-、HCO_3^-）

8. 什么是缓冲溶液和缓冲作用？当缓冲溶液中加入大量的酸或碱，或者用很大量的水稀释时，pH 是否仍保持基本不变？说明原因。

9. 要使沉淀溶解，可采用哪些措施？举例说明。

10. 在多相离子体系中，同离子效应的作用是什么？

11. 计算下列溶液的 pH 值：

(1) $0.20mol \cdot L^{-1}$的 $HClO_4$ 溶液

(2) $4.0 \times 10^{-3} mol \cdot L^{-1}$的 $Ba(OH)_2$ 溶液

(3) $0.02mol \cdot L^{-1}$的氨水溶液

(4) 将 pH 为 8.00 和 10.00 的 NaOH 溶液等体积混合

(5) 将 pH 为 2.00 的强酸和 pH 为 13.00 的强碱溶液等体积混合

(6) $0.30mol \cdot L^{-1}$ NaAc 溶液

(7) $0.20mol \cdot L^{-1}$ NH_4Cl 溶液

[(1) 0.70；(2) 11.90；(3) 10.78；(4) 9.70；(5) 12.65；(6) 9.03；(7) 4.98]

12. 已知 HAc 溶液的浓度为 $0.20mol \cdot L^{-1}$

(1) 求该溶液中的 $c(H^+)$、pH 值和解离度；

(2) 在上述溶液中加入 NaAc 晶体，使其溶解的 NaAc 的浓度为 $0.20mol \cdot L^{-1}$，求所得溶液中 $c(H^+)$、pH 值和 HAc 解离度；

(3) 比较上述 (1) (2) 两小题的计算结果，说明什么问题？

[(1) $1.91 \times 10^{-3} mol \cdot L^{-1}$，2.72，0.94%；(2) $1.8 \times 10^{-5} mol \cdot L^{-1}$，4.74，0.0088%；(3) 略]

13. 现有 125mL $1.0mol \cdot L^{-1}$ NaAc 溶液，欲配制 250mL pH 值为 5.0 的缓冲溶液，需加入 $6.0mol \cdot L^{-1}$ HAc 溶液多少毫升？

(11.6mL)

14. 在烧杯中盛放 20.00mL $0.100mol \cdot L^{-1}$氨的水溶液，逐步加入 $0.100mol \cdot L^{-1}$ HCl

溶液。试计算：

(1) 当加入10.00mL HCl后，混合液的pH值；

(2) 当加入20.00mL HCl后，混合液的pH值；

(3) 当加入30.00mL HCl后，混合液的pH值。

[(1) 9.25；(2) 5.27；(3) 1.70]

15. 如何从化学平衡观点来解释溶度积规则？试用溶度积规则解释下列事实。

(1) $CaCO_3$溶于稀HCl溶液中；

(2) $Mg(OH)_2$溶于NH_4Cl溶液中；

(3) ZnS能溶于盐酸和稀硫酸中，而CuS不溶于盐酸和稀硫酸中，却能溶于硝酸中；

(4) $BaSO_4$不溶于稀盐酸中。

(略)

16. 根据PbI_2的溶度积，计算（25℃时）

(1) PbI_2在水中的溶解度（$mol\cdot L^{-1}$）；

(2) PbI_2饱和溶液中的Pb^{2+}和I^-的浓度；

(3) PbI_2在$0.010mol\cdot L^{-1}$ KI饱和溶液中Pb^{2+}的浓度；

(4) PbI_2在$0.010mol\cdot L^{-1}$ $Pb(NO_3)_2$溶液中的溶解度。

[(1) $1.51\times10^{-3}mol\cdot L^{-1}$；(2) $1.51\times10^{-3}mol\cdot L^{-1}$，$3.02\times10^{-3}mol\cdot L^{-1}$；(3) $1.39\times10^{-4}mol\cdot L^{-1}$；(4) $5.89\times10^{-4}mol\cdot L^{-1}$]

17. 根据AgI和Ag_2CrO_4的溶度积，通过计算判断：

(1) 在纯水中，哪种沉淀的溶解度大？

(2) 在$0.01mol\cdot L^{-1}$ $AgNO_3$溶液中，哪种沉淀的溶解度大？

(略)

18. 一种混合溶液中含有$3.0\times10^{-2}mol\cdot L^{-1}$ Pb^{2+}和$2.0\times10^{-2}mol\cdot L^{-1}$ Cr^{3+}，若向其中逐滴加入浓NaOH溶液（忽略溶液体积的变化），Pb^{2+}与Cr^{3+}均有可能形成氢氧化物沉淀。问：

(1) 哪种离子先被沉淀？

(2) 若要分离这两种离子，溶液的pH值应控制在什么范围？

(略)

第6章 氧化还原反应与电化学

学习要求

1. 理解氧化数和电极电势的概念。
2. 掌握 Nernst 方程式及有关计算。
3. 了解原电池电动势与吉布斯自由能变的关系。
4. 掌握电极电势有关方面的应用。
5. 了解化学电源分类及其应用。
6. 了解金属腐蚀原理及防腐方法。

反应物之间发生电子转移的化学反应称为氧化还原反应。如果反应物间不直接接触，而是通过导体来实现电子的转移，产生电子的定向流动（即电流），这类氧化还原反应称为电化学反应。电化学反应分为两类：一类是利用自发的氧化还原反应（$\Delta_r G_m < 0$）产生电流的反应；另一类是利用外加电流使原来不能自动发生的氧化还原反应（$\Delta_r G_m > 0$）而发生的反应。前者能使化学能转化为电能，后者是把电能转化为化学能。电化学是研究氧化还原反应中化学能和电能相互转化及其规律的一门科学。原电池、电解、电镀、金属的腐蚀与防腐都是电化学研究的重要内容。

6.1 氧化数

6.1.1 氧化数的概念

氧化还原反应中涉及电子转移，存在元素的原子所带电荷状态的改变。为了描述某元素的原子电荷数的不同，人们提出了氧化数的概念。所谓氧化数，又称氧化值，是指分子或离子中某元素的一个原子所带的表观电荷数，这种电荷数是假设把每个成键中电子都归于电负性较大的原子而求得的。

6.1.2 确定元素氧化数的规则

确定元素氧化数的规则如下：

① 单质中元素的氧化数为零。

② 所有元素的原子，其氧化数的代数和在多原子的分子中等于零，在多原子的离子中等于离子所带的电荷数。

③ 氢在化合物中的氧化数一般为+1。但在活泼金属的氢化物（如 NaH、CaH_2 等）中，氢的氧化数为−1。

④ 氧在化合物中的氧化数一般为−2。但在过氧化物（如 H_2O_2）中，氧的氧化数为−1；

在超氧化合物（如 KO_2）中，氧化数为-0.5；在二氟化氧 OF_2 中，氧化数为$+2$。

6.2 原电池与电极电势

6.2.1 原电池

原电池是利用自发的氧化还原反应产生电流的装置，如铜-锌原电池（图6-1）。

将锌片插入含有 $ZnSO_4$ 溶液的烧杯中，铜片插入含有 $CuSO_4$ 溶液的烧杯中，用盐桥将两个烧杯中的溶液沟通，将铜片、锌片用导线与检流计相连形成外电路，就会发现有电流通过。实验表明，在两极发生的反应为

$$(+)Zn-2e^{-} \rightleftharpoons Zn^{2+}$$

$$(-)Cu^{2+}+2e^{-} \rightleftharpoons Cu$$

电池反应：$Cu^{2+}+Zn \rightleftharpoons Cu+Zn^{2+}$

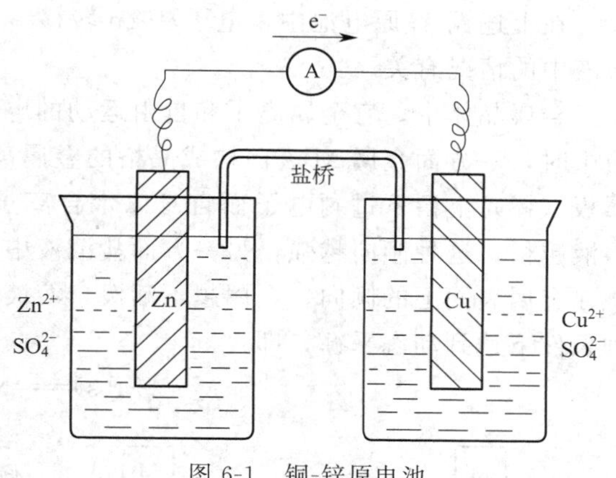

图6-1 铜-锌原电池

盐桥通常是U形管，其中装入含有琼胶的饱和氯化钾溶液。盐桥中的 K^+ 和 Cl^- 分别向硫酸铜溶液和硫酸锌溶液中移动，使锌盐溶液和铜盐溶液一直保持电中性。因此，锌的溶解和铜的析出得以继续进行，电流得以继续流动。

在原电池中，每一个半电池是由含同一种元素不同氧化值的两种物质所构成。一种是处于低氧化值的可作还原剂的物质，称为还原型物质，例如锌半电池中的Zn，铜半电池中的Cu。另一种是处于高氧化值的可作氧化剂的物质，称为氧化态物质，例如锌半电池中的 Zn^{2+}，铜半电池中的 Cu^{2+}。这种由同一元素的氧化态物质和其对应的还原态物质所构成的整体，称为氧化还原电对，常用氧化态/还原态表示，例如 Zn^{2+}/Zn、Cu^{2+}/Cu 电对。氧化态物质和还原态物质在一定条件下可相互转化，即

$$a\times \text{氧化态}+ne^{-} \rightleftharpoons b\times \text{还原态}$$

这种关系式称为电极反应。原电池是由两个氧化还原电对组成的，理论上讲，任何氧化还原反应均可设计成原电池。

为了简便和统一，原电池的装置可以用符号表示，如铜-锌原电池可表示为

$$(-)Zn(s)\mid ZnSO_4(c_1)\parallel CuSO_4(c_2)\mid Cu(s)(+)$$

习惯上把负极（$-$）写在左边，正极（$+$）写在右边。其中“|”表示两相界面；“‖”表示盐桥；c_1 和 c_2 表示溶液的浓度，当溶液浓度为 $1mol\cdot L^{-1}$ 时可略去不写。若有气体参加电极反应，还需注明气体的分压。

值得注意的是，如果电极反应中的物质本身不能作为导电电极，则用惰性电极（如铂电极、石墨电极等）作为导电电极，而且参加电极反应的物质中有纯气体、液体或固体时，如 $Cl_2(g)$、$Br_2(l)$、$I_2(s)$ 应写在导电电极一边。另外，若电极反应中含有多种离子，可用逗号把它们分开。例如

$$5Fe^{2+}+MnO_4^{-}+8H^{+} \rightleftharpoons 5Fe^{3+}+Mn^{2+}+4H_2O$$

对应的原电池符号为

$$(-)Pt|Fe^{2+}(c_1), Fe^{3+}(c_2) \| MnO_4^-(c_3), Mn^{2+}(c_4), H^+(c_5)|Pt(+)$$

又如

$$Sn^{2+} + Hg_2Cl_2 \rightleftharpoons Sn^{4+} + 2Hg + 2Cl^-$$

对应的原电池符号为

$$(-)Pt|Sn^{2+}(c_1), Sn^{4+}(c_2) \| Cl^-(c_3)|Hg_2Cl_2|Hg(+)$$

6.2.2 电极电势

在上述铜-锌原电池中，电子从 Zn 转移给 Cu^{2+} 而不是从 Cu 转移给 Zn^{2+}，这与金属在溶液中的情况有关。

金属晶体中，有金属离子和自由运动的电子存在，当把金属 M 板（棒）放入它的盐溶液中时，一方面金属 M 表面构成晶格的金属离子和极性大的水分子互相吸引，有一种使金属板（棒）上留下过剩电子而自身以水合离子 M^{n+} 的形式进入溶液的倾向，金属越活泼，溶液越稀，这种倾向越强；另一方面盐溶液中的 M^{n+} 又有一种从金属 M 表面获得电子而沉积在金属表面上的倾向，金属越不活泼，溶液越浓，这种倾向越弱，这两种对立的倾向在某种条件下达到动态平衡，即

$$M(s) \rightleftharpoons M^{n+} + ne^-$$

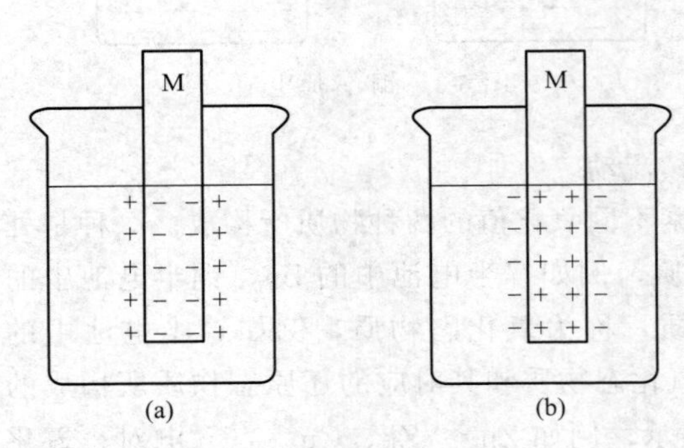

图 6-2 双电层示意图

在某一给定浓度的溶液中，若失去电子的倾向大于获得电子的倾向，到达平衡时的最后结果将是金属离子进入溶液，金属板（棒）上带负电荷，靠近金属板（棒）附近的溶液带正电荷，形成了双电层结构，如图 6-2(a) 所示。相反，如果离子沉积的趋势大于金属溶解的趋势，达到平衡时，金属和溶液的界面上形成了金属带正电、溶液带负电的双电层结构，如图 6-2(b) 所示。这时在金属和盐溶液之间产生电位差，这种产生在金属和它的盐溶液之间的电势叫作金属的电极电势。金属的电极电势除与金属本身的活泼性和金属离子在溶液中的浓度有关外，还取决于温度。

在铜-锌原电池中，Zn 片与 Cu 片分别插在它们各自的盐溶液中，构成 Zn^{2+}/Zn 电极与 Cu^{2+}/Cu 电极。如将两电极连以导线，电子流将由锌电极流向铜电极。这说明 Zn 片上留下的电子要比 Cu 片上多，也就是 Zn^{2+}/Zn 电极的上述平衡比 Cu^{2+}/Cu 电极的平衡更偏于右方，或 Zn^{2+}/Zn 电对与 Cu^{2+}/Cu 电对两者具有不同的电极电势，Zn^{2+}/Zn 电对的电极电势比 Cu^{2+}/Cu 电对要负一些。由于两极电势不同，电子流（或电流）可以通过这根导线。

6.2.2.1 标准氢电极和标准电极电势

电极电势的绝对值无法测量，只能选定某种电极作为标准，其他电极与之比较，求得电极电势的相对值，通常选定的是标准氢电极。

标准氢电极：将镀有铂黑的铂片置于氢离子浓度为 $1mol \cdot L^{-1}$（严格地说应是活度为 1）的硫酸溶液中，如图 6-3 所示。在 298.15K 时，从玻璃管上部的支管中不断地通入压力为 100.00kPa 的纯氢气，使铂黑吸附氢气达到饱和，形成一个氢电极，在这个电极的周围建立

了如下的平衡，即

$$2H^{+}+2e^{-} \rightleftharpoons H_2(g)$$

此时产生在标准压力下的 H_2 饱和了的铂片和 H^{+} 浓度为 $1mol \cdot L^{-1}$ 的硫酸溶液之间的电势叫作氢的标准电极电势，将它作为电极电势的相对标准，令其为零，即 $\varphi^{\ominus}(H^{+}/H_2)=0.0000V$。

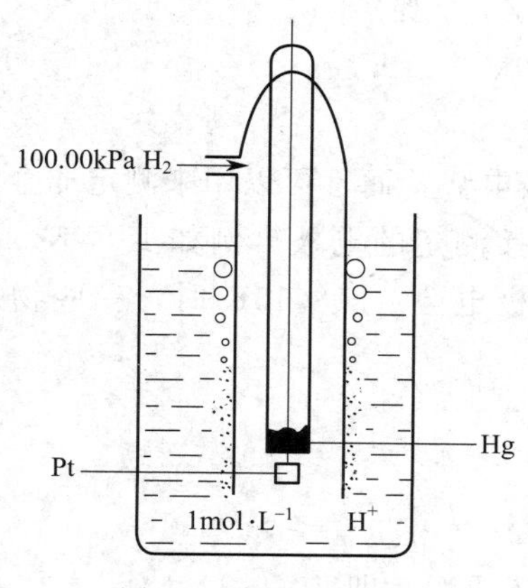

图 6-3 标准氢电极

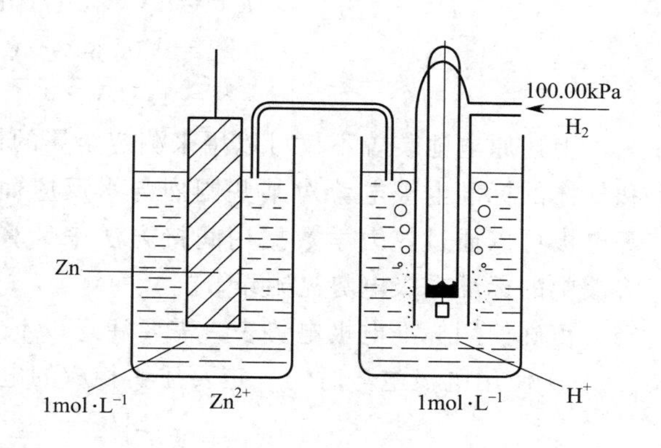

图 6-4 测量锌电极标准电极电势的装置

用标准氢电极与其他各种标准状态下的电极组成原电池测得这些电池的电动势，从而计算各种电极的标准电极电势，通常测定时的温度为 298.15K。所谓标准状态是指组成电极的离子其浓度为 $1mol \cdot L^{-1}$（对于氧化还原电极来讲，氧化态离子和还原态离子浓度比为 1），气体的分压为 100.00kPa，液体或固体都是纯净物质。例如测定 Zn^{2+}/Zn 电对的标准电极电势是将纯净的 Zn 片放在 $1mol \cdot L^{-1}$ $ZnSO_4$ 溶液中，把它和标准氢电极用盐桥连接起来组成一个原电池，如图 6-4 所示，用直流电压表测知电流从氢电极流向锌电极，故铜电极为正极，锌电极为负极。电池反应为

$$2H^{+}+Zn(s) \rightleftharpoons H_2(g)+Zn^{2+}$$

原电池的电动势是在没有电流通过的情况下，两个电极的电极电势之差，即

$$E=\varphi_{+}-\varphi_{-} \tag{6-1}$$

在 298.15K 时用电位计测得标准氢电极和标准锌电极所组成的原电池，其电动势为 0.7628V，根据上式计算 Zn^{2+}/Zn 电对的标准电极电势 $\varphi^{\ominus}(Zn^{2+}/Zn)$。

因为
$$E^{\ominus}=\varphi_{+}^{\ominus}-\varphi_{-}^{\ominus} \tag{6-2}$$

所以
$$E^{\ominus}=\varphi^{\ominus}(H^{+}/H_2)-\varphi^{\ominus}(Zn^{2+}/Zn)$$

即
$$0.7628V=0-\varphi^{\ominus}(Zn^{2+}/Zn)$$

所以
$$\varphi^{\ominus}(Zn^{2+}/Zn)=-0.7628V$$

用同样的方法可测得 Cu^{2+}/Cu 电对的电极电势。在标准 Cu^{2+}/Cu 电极与标准氢电极组成的原电池中，铜电极为正极，氢电极为负极。在 298.15K，测得铜-氢电池的电动势为 0.34V，即

$$E^{\ominus}=\varphi^{\ominus}(Cu^{2+}/Cu)-\varphi^{\ominus}(H^{+}/H_2)$$

即
$$0.34V=\varphi^{\ominus}(Cu^{2+}/Cu)-0$$

所以
$$\varphi^{\ominus}(Cu^{2+}/Cu)=+0.34V$$

从上面测定的数据来看，Zn^{2+}/Zn 电对的标准电极电势带负号，Cu^{2+}/Cu 电对的标准电极电势带正号。带负号表明锌失去电子的倾向大于 H_2，或 Zn^{2+} 获得电子变成金属 Zn 的倾向小于 H_2。带正号表明铜失去电子的倾向小于 H_2，或 Cu^{2+} 获得电子变成金属铜的倾向大于 H^+，也可以说 Zn 比 Cu 活泼，因为 Zn 比 Cu 更容易失去电子转变为 Zn^{2+}。

如果把锌和铜组成一个电池，电子必定从锌极向铜极流动，电动势为

$$\begin{aligned} E^{\ominus} &= \varphi^{\ominus}(Cu^{2+}/Cu) - \varphi^{\ominus}(Zn^{2+}/Zn) \\ &= +0.34V - (-0.7628V) \\ &= 1.10V \end{aligned}$$

上述原电池装置不仅可以用来测定金属的标准电极电势，而且可以用来测定非金属离子和气体的标准电极电势对某些剧烈与水反应而不能直接测定的电极。例如 K^+/K、F_2/F^- 等电极可以通过热力学数据用间接方法来计算标准电极电势。298.15K 时，一些物质在水溶液中的标准电极电势见附录 5。

正确使用标准电极电势表，需要注意以下几方面。

① 使用电极电势时，一定要注明相应的电对。在

$$M^{n+} + ne^- \rightleftharpoons M(s)$$

电极反应中，M^{n+} 为物质的氧化型，M 为物质的还原型，即

$$a \times \text{氧化态} + ne^- \rightleftharpoons b \times \text{还原态}$$

同一种物质在某一电对中是氧化剂，在另一电对中也可以是还原剂。例如，Fe^{2+} 在电极反应

$$Fe^{2+} + 2e^- \rightleftharpoons Fe \qquad \varphi^{\ominus}(Fe^{2+}/Fe) = -0.440V$$

中是氧化态；在电极反应

$$Fe^{3+} + e^- \rightleftharpoons Fe^{2+} \qquad \varphi^{\ominus}(Fe^{3+}/Fe^{2+}) = +0.771V$$

中是还原态。所以在讨论与 Fe^{2+} 有关的氧化-还原反应时，若 Fe^{2+} 是作为还原剂而被氧化为 Fe^{3+}，则必须用与还原态的 Fe^{2+} 相对应的电对的电势值（+0.771V），反之，若 Fe^{2+} 是作为氧化剂而被还原为 Fe，则必须用与氧化态的 Fe^{2+} 相对应的电对的电势值（−0.440V）。

② 从附录 5 可以看出，氧化态物质获得电子的本领或氧化能力自上而下依次增强；还原态物质失去电子的本领或还原能力自下而上依次增强。其强弱程度可从电极电势值大小来判别。比较还原能力必须用还原态物质所对应的电势；比较氧化能力必须用氧化态物质所对应的电势值。

③ 由于氧化还原反应常常与介质的酸度有关，故标准电极电势表又分为酸表（$\varphi_A^{\ominus}$）和碱表（$\varphi_B^{\ominus}$）。应用时应根据实际的反应情况查表。如电极反应中有 H^+ 应查酸表；电极反应中有 OH^- 应查碱表；若电极反应中没有出现 H^+ 或 OH^-，则应根据物质的实际存在条件去查表，如查 $Fe^{3+} + e^- \rightleftharpoons Fe^{2+}$ 电极的标准电极电势，由于 Fe^{3+} 和 Fe^{2+} 只能存在于酸性条件，所以应查酸表。

④ 标准电极电势值反映物质得失电子趋势的大小，是强度因素，与电极反应的书写形式无关。例如

$$Cu^{2+} + 2e^- \rightleftharpoons Cu \qquad \varphi^{\ominus}(Cu^{2+}/Cu) = +0.337V$$

$$Cu \rightleftharpoons Cu^{2+} + 2e^- \qquad \varphi^{\ominus}(Cu^{2+}/Cu) = +0.337V$$

$$2Cu^{2+} + 4e^- \rightleftharpoons 2Cu \qquad \varphi^{\ominus}(Cu^{2+}/Cu) = +0.337V$$

⑤ 附录5为298.15K时的标准电极电势，由于电极电势随温度变化，故在室温下可以借用表列数据。

6.2.2.2 电极的类型

(1) 金属-金属离子电极

它是金属置于含有同一金属离子的盐溶液中所构成的电极。例如 Zn^{2+}/Zn 电对所组成的电极即是。其电极反应为

$$Zn^{2+}+2e^{-} \rightleftharpoons Zn$$

电极符号为 $Zn|Zn^{2+}(c)$。

(2) 气体-离子电极

氢电极、氯电极是气体-离子电极，这类电极的构成需要一个固体导电体，该导电固体对所接触的气体和溶液都不起作用，但它能催化气体电极反应的进行，常用的固体导电体是铂和石墨。氢电极和氯电极的电极反应分别为

$$2H^{+}+2e^{-} \rightleftharpoons H_2(g)$$

$$Cl_2(g)+2e^{-} \rightleftharpoons 2Cl^{-}$$

电极符号分别为 $Pt|H_2(g,p)|H^{+}(c)$，$Pt|Cl_2(g,p)|Cl^{-}(c)$。

(3) 金属-金属难溶盐或氧化物-阴离子电极

这类电极是这样组成的：将金属表面涂以该金属的难溶盐（或氧化物），然后将它放在与该盐具有相同阴离子的溶液中。例如表面涂有AgCl的银丝插在KCl溶液中构成氯化银电极（图6-5）。它的电极反应是

$$AgCl+e^{-} \rightleftharpoons Ag+Cl^{-}$$

电极符号为 $Ag|AgCl|Cl^{-}(c)$。

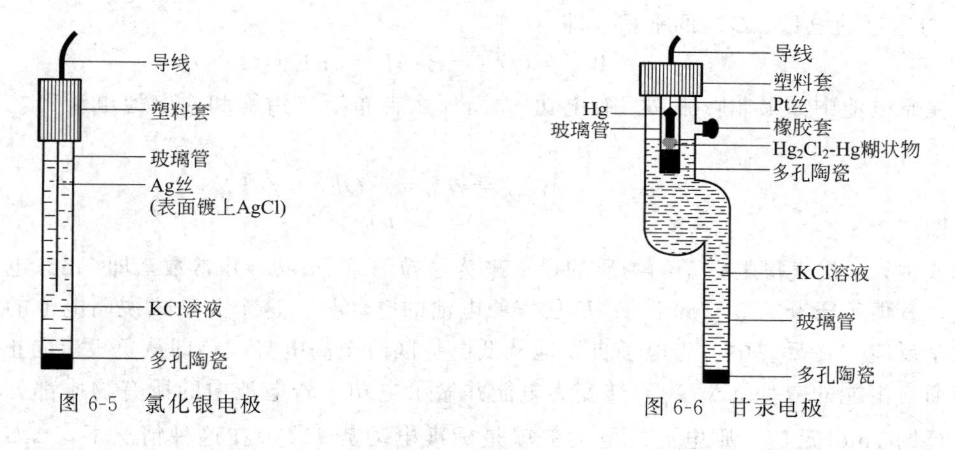

图6-5 氯化银电极

图6-6 甘汞电极

应该指出的是，氯化银电极与银电极是不相同的，虽然从电极反应看，两者都是 Ag^{+} 和Ag之间的氧化还原。我们知道，在一定温度下，某电极的电极电势是与溶液中相应离子的浓度有关系的。Ag^{+}/Ag 电对的电极电势，随Ag丝相接触的溶液中 Ag^{+} 浓度不同而变化。AgCl/Ag电对的电极电势，也与溶液中 Ag^{+} 的浓度有关，但它却受控于溶液中 Cl^{-} 的浓度，这是因为在有AgCl固相存在的溶液中存在

$$Ag^{+}+Cl^{-} \rightleftharpoons AgCl(s)$$

因而 Ag^{+} 浓度受 Cl^{-} 浓度的控制。

实验室常用的甘汞电极（图6-6）也是这一类电极。它是由金属 Hg、难溶盐甘汞 Hg_2Cl_2 和 KCl 溶液组成的电极，甘汞电极的电极反应为

$$Hg_2Cl_2(s)+2e^- \rightleftharpoons 2Hg(l)+2Cl^-$$

电极符号为：$Hg|Hg_2Cl_2|Cl^-(c)$。

(4)"氧化还原"电极

这类电极的组成，是将惰性导电材料（铂或石墨等）放在某种溶液中，这种溶液含有同一元素不同氧化数的两种离子，如 Pt 插在含有 Fe^{3+}、Fe^{2+} 的溶液中，Fe^{3+}/Fe^{2+} 电极的电极反应为：

$$Fe^{3+}+e^- \rightleftharpoons Fe^{2+}$$

电极符号为：$Pt|Fe^{3+}(c_1)$，$Fe^{2+}(c_2)$。这里 Fe^{3+} 与 Fe^{2+} 处于同一液相，用逗点分开。

6.2.2.3 影响电极电势的因素

前面已经指出，电极电势的大小，不但取决于电极的本质，而且也与溶液中离子的浓度、气体的压力和温度等因素有关。

(1) 能斯特（Nernst）方程式

对于任意一个氧化还原反应

$$a\,Ox_1+b\,Re_2 \rightleftharpoons c\,Re_1+d\,Ox_2$$

式中，Ox_1/Re_1、Ox_2/Re_2 分别是氧化还原过程中的两对电对；a、b、c 和 d 为各物质的计量数。

从热力学中已知一个氧化还原反应体系的吉布斯自由能的减少，等于体系在等温等压下所做的最大有用功（非膨胀功），即 $-\Delta_r G_m = W'_{max}$。如果该氧化还原反应可以设计成原电池，那么在恒温恒压下，原电池所做的最大有用功就是电功。电功（$W_电$）等于电动势（E）与通过的电量（Q）的乘积，即

$$W_电 = Q\cdot E = E\cdot nF = nFE$$

在原电池中如果非膨胀功只有电功一种，那么吉布斯自由能和原电池电动势之间就有下列关系

$$-\Delta_r G_m = W'_{max} = W_电 = -QE = -nFE$$

即

$$\Delta_r G_m = -nFE \tag{6-3}$$

式中，n 代表得失电子的物质的量；F 为法拉第（Faraday）常数，即 1mol 电子所带的电量，其值等于 $96485C\cdot mol^{-1}$；E 代表原电池的电动势。这个关系式说明电池的电能来源于化学反应。在反应中，当电子自发地从低电势区流至高电势区，即从负极流向正极，反应吉布斯自由能的减少（$\Delta_r G_m$）转变为电能并做了电功。若电池中的所有物质都处在标准状态进行的 1mol 反应，则电池的电动势就是标准电动势 $E^\ominus$。在这种情况下，$\Delta_r G_m$ 就是标准自由能变化 $\Delta_r G_m^\ominus$，则上式可以写为

$$\Delta_r G_m^\ominus = -nFE^\ominus$$

等温等压下，由热力学等温方程式可知

$$\Delta_r G_m = \Delta_r G_m^\ominus + RT\ln Q$$

将 $\Delta_r G_m = -nFE$，$\Delta_r G_m^\ominus = -nFE^\ominus$ 代入上式得

$$E = E^\ominus - \frac{RT}{nF}\ln Q \tag{6-4}$$

上式称为Nernst（德国化学家W. Nernst）方程式。式中 n 为电池反应电子转移数；Q 为反应商。Nernst方程式表达了一个氧化还原反应任意状态下电池电动势 E 与标准电池电动势 $E^{\ominus}$ 及反应商 Q 之间的关系。同时，Nernst方程式也是计算任意状态下电池电动势的理论依据。

将 $E=\varphi_{+}-\varphi_{-}$，$E^{\ominus}=\varphi_{+}^{\ominus}-\varphi_{-}^{\ominus}$，$Q=\dfrac{[c(\mathrm{Re}_1)/c^{\ominus}]^c[c(\mathrm{Ox}_2)/c^{\ominus}]^d}{[c(\mathrm{Ox}_1)/c^{\ominus}]^a[c(\mathrm{Re}_2)/c^{\ominus}]^b}$ 代入式(6-4)，经整理可得

$$E=E^{\ominus}-\frac{RT}{nF}\ln\frac{[c(\mathrm{Re}_1)/c^{\ominus}]^c[c(\mathrm{Ox}_2)/c^{\ominus}]^d}{[c(\mathrm{Ox}_1)/c^{\ominus}]^a[c(\mathrm{Re}_2)/c^{\ominus}]^b}$$

或

$$E=\left\{\varphi_{+}^{\ominus}+\frac{RT}{nF}\ln\frac{[c(\mathrm{Ox}_1)/c^{\ominus}]^a}{[c(\mathrm{Re}_1)/c^{\ominus}]^c}\right\}-\left\{\varphi_{-}^{\ominus}+\frac{RT}{nF}\ln\frac{[c(\mathrm{Ox}_2)/c^{\ominus}]^d}{[c(\mathrm{Re}_2)/c^{\ominus}]^b}\right\}$$

由于在原电池中两个电极是相互独立的，φ 值大小在一定温度时只与电极本性及参加电极反应的物质浓度有关，因此上式可分解为两个独立的部分，即

$$\varphi_{+}=\varphi_{+}^{\ominus}+\frac{RT}{nF}\ln\frac{[c(\mathrm{Ox}_1)/c^{\ominus}]^a}{[c(\mathrm{Re}_1)/c^{\ominus}]^c} \tag{6-5a}$$

$$\varphi_{-}=\varphi_{-}^{\ominus}+\frac{RT}{nF}\ln\frac{[c(\mathrm{Ox}_2)/c^{\ominus}]^d}{[c(\mathrm{Re}_2)/c^{\ominus}]^b} \tag{6-5b}$$

上述两式的形式完全一样，其实它具有普遍的意义。设电极反应为

$$a\mathrm{Ox}+ne^{-}\rightleftharpoons b\mathrm{Re}$$

则

$$\varphi=\varphi^{\ominus}(\mathrm{Ox/Re})+\frac{RT}{nF}\ln\frac{[c(\mathrm{Ox})/c^{\ominus}]^a}{[c(\mathrm{Re})/c^{\ominus}]^b} \tag{6-6}$$

上式称为电极反应的Nernst方程式。该式表明在任意状态时电极电势与标准状态下的电极电势及电极反应物质浓度之间的关系。

在实际工作中，测定的是溶液的浓度，而Nernst方程式中应为活度，当溶液无限稀释时，离子间的相互作用趋于零，活度也就接近于浓度。在本书中，如无特别说明，Nernst方程式中的活度均用相对浓度（$c/c^{\ominus}$）代替。若在298.15K时将自然对数变换为以10为底的对数并代入 R 和 F 等常数的数值，则有

$$\varphi=\varphi^{\ominus}(\mathrm{Ox/Re})+\frac{0.0592\mathrm{V}}{n}\lg\frac{[c(\mathrm{Ox})/c^{\ominus}]^a}{[c(\mathrm{Re})/c^{\ominus}]^b} \tag{6-7}$$

式(6-6)和式(6-7)是两个十分重要的公式，它们是处理非标准态下氧化还原反应的理论依据。

在应用Nernst方程式时应注意以下几个方面：

① 若电极反应中有固态物质或纯液体，则其不出现在方程式中。若为气体物质，则以气体的相对分压（$p/p^{\ominus}$）来表示。

② 若电极反应中，除氧化态、还原态物质外，还有参加电极反应的其他物质，如 H^{+}、OH^{-} 存在，则这些物质的相对浓度项也应出现在能斯特方程式中。

③ 若有纯液体（如 Br_2）、纯固体（如Zn）和水参加电极反应，它们的相对浓度为1。

（2）浓度对电极电势的影响

Nernst方程式表明，对于一个固定的电极，在一定温度下，其电极电势值的大小只与

参加电极反应的物质的浓度有关。Nernst 方程式的重要应用就是分析电极物质浓度的变化对电极电势的影响。

【例 6.1】 计算当 $c(Zn^{2+})=0.001mol\cdot L^{-1}$ 时，电对 Zn^{2+}/Zn 在 298.15K 时的电极电势。

解 此电对的电极反应是

$$Zn^{2+}+2e^{-}\rightleftharpoons Zn$$

按式(6-7)，写出其 Nernst 方程式为

$$\varphi(Zn^{2+}/Zn)=\varphi^{\ominus}(Zn^{2+}/Zn)+\frac{0.0592V}{2}\lg[c(Zn^{2+})/c^{\ominus}]$$

代入有关数据，则

$$\varphi(Zn^{2+}/Zn)=-0.7628V+\frac{0.0592V}{2}\lg 0.001=-0.8516V$$

即
$$\varphi(Zn^{2+}/Zn)=-0.8516V$$

【例 6.2】 计算 298K 下，pH=13 时的电对 O_2/OH^- 的电极电势 $[p(O_2)=100.00kPa]$。

解 此电对的电极反应是

$$O_2+2H_2O+4e^{-}\rightleftharpoons 4OH^{-}$$

当 pH=13 时，$c(OH^-)=0.1mol\cdot L^{-1}$，按式(6-7)，写出其 Nernst 方程式为

$$\varphi(O_2/OH^-)=\varphi^{\ominus}(O_2/OH^-)+\frac{0.0592V}{4}\lg\frac{p(O_2)/p^{\ominus}}{[c(OH^-)/c^{\ominus}]^4}$$

代入有关数据，则

$$\varphi(O_2/OH^-)=+0.401V+\frac{0.0592V}{4}\lg\frac{1}{(0.100)^4}$$
$$=+0.460V$$

即
$$\varphi(O_2/OH^-)=+0.460V$$

通过上述两个例题可以看出，当氧化态或还原态离子浓度变化时，电极电势的代数值将受到影响，不过这种影响不大。当氧化态（如 Zn^{2+}）浓度减少时，其电极电势的代数值减少，这表明此电对（如 Zn^{2+}/Zn）中的还原态（如 Zn）的还原性将增强；当还原态（如 OH^-）浓度减少时，其电极电势的代数值增大，这表明此电对（如 O_2/OH^-）中的氧化态（如 O_2）的氧化性将增强。

(3) 酸度对电极电势的影响

【例 6.3】 在 298K 下，将 Pt 片浸入 $c(Cr_2O_7^{2-})=c(Cr^{3+})=1mol\cdot L^{-1}$，$c(H^+)=10.0mol\cdot L^{-1}$ 溶液中。计算电对 $Cr_2O_7^{2-}/Cr^{3+}$ 的电极电势。

解 此电对的电极反应是

$$Cr_2O_7^{2-}+14H^{+}+6e^{-}\rightleftharpoons 2Cr^{3+}+7H_2O$$

按式(6-7)，写出其 Nernst 方程式为

$$\varphi(Cr_2O_7^{2-}/Cr^{3+})=\varphi^{\ominus}(Cr_2O_7^{2-}/Cr^{3+})+\frac{0.0592V}{n}\lg\frac{[c(Cr_2O_7^{2-})/c^{\ominus}][c(H^+)/c^{\ominus}]^{14}}{[c(Cr^{3+})/c^{\ominus}]^2}$$

代入有关数据，则

$$\varphi(Cr_2O_7^{2-}/Cr^{3+})=+1.33V+\frac{0.0592V}{6}\lg\frac{1\times(10.0)^{14}}{1}$$
$$=+1.47V$$

即 $\varphi(Cr_2O_7^{2-}/Cr^{3+})=+1.47V$

由上例可以看出，介质的酸碱性对氧化还原电对的电极电势影响较大。当 $c(H^+)$ 从 $1mol·L^{-1}$ 增加到 $10.0mol·L^{-1}$ 时，φ 从 $+1.33V$ 增大到 $+1.47V$，使重铬酸盐的氧化能力增强。可见，重铬酸盐在酸性介质中的氧化能力较强。

6.2.2.4 电极电势的应用

(1) 判断氧化剂和还原剂的相对强弱

电极电势的高低表明得失电子的难易，也就是表明了氧化还原能力的强弱。电极电势越正，氧化态的氧化性越强，还原态的还原性越弱。电极电势越负，还原态的还原性越强，氧化态的氧化性越弱。因此，判断两个氧化剂（或还原剂）的相对强弱时，可用对应的电极电势的大小来判断。若处于标准态，标准电极电势是很有用的。根据标准电极电势对应的电极反应，这种半电池反应常写为

$$a\times 氧化态+ne^- \rightleftharpoons b\times 还原态$$

则 $\varphi^\ominus$ 愈大，$\Delta_r G_m^\ominus$ 愈小，电极反应向右进行的趋势愈强；即 $\varphi^\ominus$ 愈大，电对的氧化态得电子能力愈强，还原态失电子能力愈弱。或者说，某电对的 $\varphi^\ominus$ 愈大，其氧化态是愈强的氧化剂，还原态是愈弱的还原剂。反之，某电对的 $\varphi^\ominus$ 愈小，其还原态是愈强的还原剂，氧化态是愈弱的氧化剂。若处于非标准态，用 φ 判断，φ 由 Nernst 方程计算求得，然后再比较氧化剂或还原剂的相对强弱。

例如判断 Zn 与 Fe 还原性的强弱，查附录 5 可知 $\varphi^\ominus(Fe^{2+}/Fe)=-0.440V$，$\varphi^\ominus(Zn^{2+}/Zn)=-0.7628V$。这表示在酸性介质中处于标准态时，Zn 的还原性强于 Fe，Zn^{2+} 的氧化性弱于 Fe^{2+}。

(2) 判断氧化还原反应进行的方向和程度

由 $\Delta_r G_m$（或 E）判断氧化还原反应进行的方向和限度。等温、等压条件下，$\Delta_r G_m<0$，$E^\ominus>0$，反应正向自发进行；$\Delta_r G_m>0$，$E^\ominus<0$，反应正向不自发进行，逆向自发；$\Delta_r G_m=0$，$E=0$，反应达到平衡状态。如果电池反应是在标准态下进行的，则有 $\Delta_r G_m^\ominus<0$，$E^\ominus>0$，反应正向自发进行；$\Delta_r G_m^\ominus>0$，$E^\ominus<0$，反应正向不自发进行，逆向自发；$\Delta_r G_m^\ominus=0$，$E^\ominus=0$，反应达到平衡状态。通常对非标准态的氧化还原反应，也可以用标准电池电动势来粗略判断。在电极反应中，若没有 H^+ 或 OH^- 参加，也无沉淀生成且 $E^\ominus>0.2V$ 时，反应一般正向进行，浓度或分压的变化不易引起反应方向的变化。若 $0<E^\ominus$，则须通过 Nernst 方程计算后，再用 E 判断。若电极反应有 H^+ 或 OH^- 参加，$E^\ominus>0.5V$ 反应一般正向进行。若 $0<E^\ominus<0.5V$，则须通过 Nernst 方程计算后，再用 E 判断。事实上参与反应的氧化态和还原态物质，其浓度和分压并不都是 $1mol·L^{-1}$ 或标准大气压。不过在大多数情况下，用标准电极电势来判断，结论还是正确的，这是因为我们经常遇到的大多数氧化还原反应，如果组成原电池，其电动势都是比较大的，一般大于 0.2V。在这种情况下，浓度或分压的变化虽然会影响电极电势，但不会因为浓度的变化而使 $E^\ominus$ 值正负变号。但也有个别的氧化还原反应组成原电池后，它的电动势相当小，这时判断反应方向，必须考虑浓度对电极电势的影响，否则会出差错，例如判断下列反应的反应方向

$$Sn+Pb^{2+}(0.1mol·L^{-1}) \rightleftharpoons Sn^{2+}(1mol·L^{-1})+Pb$$

按式(6-6)，写出其 Nernst 方程式为

$$\varphi(Pb^{2+}/Pb)=\varphi^{\ominus}(Pb^{2+}/Pb)+\frac{0.0592V}{2}\lg[c(Pb^{2+})/c^{\ominus}]$$

从附录5可查得 $\varphi^{\ominus}(Pb^{2+}/Pb)=-0.1262V$，代入有关数据，则

$$\varphi(Pb^{2+}/Pb)=-0.1262V+\frac{0.0592V}{2}\lg(0.1000)=-0.1558V$$

$$\varphi^{\ominus}(Sn^{2+}/Sn)=-0.1375V=\varphi(Sn^{2+}/Sn)>\varphi(Pb^{2+}/Pb)=-0.1558V$$

所以上述反应可以逆向进行。

在用电极电势来判断氧化还原反应进行的方向和进行的程度时，应该注意下列两点。

① 电极电势只能判断氧化还原反应能否进行，进行的程度如何，但不能说明反应的速率，因热力学和动力学是两回事。

② 含氧化合物（例如 $K_2Cr_2O_7$）参加氧化还原反应时，用电极电势判断反应进行的方向和限度，还要考虑溶液的酸度，这是因为有时酸度能影响到反应的方向和反应的限度。

(3) 求平衡常数和溶度积常数

① 求平衡常数

氧化还原反应同其他反应如沉淀反应和酸碱反应等一样，在一定条件下也能达到化学平衡。那么，氧化还原反应的平衡常数怎样求得呢？

在化学平衡一章中，已介绍过标准自由能变和平衡常数之间的关系为

$$\Delta_r G_m^{\ominus}=-RT\ln K^{\ominus}$$

而所有的氧化还原反应从原则上讲又都可以用它构成原电池，电池的电动势与反应自由能变化之间的关系为

$$\Delta_r G_m^{\ominus}=-nFE^{\ominus}$$

所以由以上两式可得

$$\ln K^{\ominus}=\frac{nE^{\ominus}}{RT} \quad (6\text{-}8a)$$

在298.15K时

$$\ln K^{\ominus}=\frac{nE^{\ominus}}{0.0257V} \quad (6\text{-}8b)$$

或

$$\lg K^{\ominus}=\frac{nE^{\ominus}}{0.0592V} \quad (6\text{-}8c)$$

由式(6-8)可知，若知道了电池的电动势和电子的转移数，便可计算氧化还原反应的平衡常数。但是在应用式(6-8)时，应注意准确地取用 n 的数值，因为同一个电池反应，可因反应方程式中的计量数不同而有不同的电子转移数 n。

【例6.4】 求反应 $Sn+Pb^{2+}(1mol\cdot L^{-1})\rightleftharpoons Sn^{2+}(1mol\cdot L^{-1})+Pb$ 的平衡常数。[$\varphi^{\ominus}(Sn^{2+}/Sn)=-0.1375V$]

解 从附录5标准电极电势表可查得 $\varphi^{\ominus}(Pb^{2+}/Pb)=-0.1262V$，则

$$E^{\ominus}=\varphi^{\ominus}(Pb^{2+}/Pb)-\varphi^{\ominus}(Sn^{2+}/Sn)=-0.1262V-(0.1375V)=0.0113V$$

将 $E^{\ominus}=0.0113V$ 和 $n=2$ 代入式(6-8c)，得

$$\lg K^{\ominus}=\frac{nE^{\ominus}}{0.0592V}=\frac{2\times0.0113V}{0.0592V}$$

$$=0.382$$

即

$$K^{\ominus}=2.41$$

② 求溶度积常数

【例 6.5】 测定 AgCl 的溶度积常数 $K_{sp}^{\ominus}$。

解 可设计一种由 AgCl/Ag 和 Ag^{+}/Ag 两个电对所组成的原电池，测定 AgCl 的溶度积常数 $K_{sp}^{\ominus}$。在 AgCl/Ag 半电池中，Cl^{-} 浓度为 $1mol \cdot L^{-1}$，在 Ag^{+}/Ag 半电池中，Ag^{+} 的浓度为 $1mol \cdot L^{-1}$。这个原电池可设计为

$$(-)Ag(s)|AgCl(s)|Cl^{-}(1mol \cdot L^{-1}) \| Ag^{+}(1mol \cdot L^{-1})|Ag(s)(+)$$

正极反应：　$Ag^{+}+e^{-} \rightleftharpoons Ag$　　$\varphi^{\ominus}(Ag^{+}/Ag)=+0.7996V$

负极反应：　$AgCl+e^{-} \rightleftharpoons Ag+Cl^{-}$　　$\varphi^{\ominus}(AgCl/Ag)=+0.22V$

电池反应：　$Ag^{+}+Cl^{-} \rightleftharpoons AgCl$　　$E^{\ominus}=+0.7996V-0.22V=0.58V$

将 $E^{\ominus}=0.58V$ 和 $n=1$ 代入式(6-8c)得

$$K^{\ominus}=6.3\times10^{9}$$

$$K_{sp}^{\ominus}(AgCl)=1/K^{\ominus}=1.6\times10^{-10}$$

由于 AgCl 在水中的溶解度很小，用一般的化学方法很难测得其 $K_{sp}^{\ominus}$ 值，而利用原电池的方法来测定 AgCl 的溶度积常数是很容易的。

根据氧化还原反应的标准平衡常数与原电池的标准电动势间的定量关系，同样可以用测定原电池电动势的方法来推算弱酸的解离常数、水的离子积和配离子的稳定常数等。

6.2.3 电池的电动势和化学反应吉布斯自由能变

从热力学中已知体系的吉布斯自由能的减少，等于体系在等温等压下所做的最大有用功(非膨胀功)，即电功：

$$\Delta_{r}G_{m}=-nFE \tag{6-9}$$

由 $\Delta_{r}G_{m}$（或 E）可判断氧化还原反应进行的方向和限度。等温、等压条件下有：

① $\Delta_{r}G_{m}>0$，$E<0$，反应正向不自发进行，逆向自发；

② $\Delta_{r}G_{m}=0$，$E=0$，反应达到平衡状态；

③ $\Delta_{r}G_{m}<0$，$E>0$，反应正向自发进行。

【例 6.6】 根据下列电池写出反应式并计算在 298.15K 时电池的 $E^{\ominus}$ 值和 $\Delta_{r}G_{m}^{\ominus}$ 值。

$$(-)Zn|ZnSO_{4}(1mol \cdot L^{-1}) \| CuSO_{4}(1mol \cdot L^{-1})|Cu(+)$$

解 从上述电池看出锌是负极，铜是正极，电池的氧化还原反应式为

$$Zn+Cu^{2+} \rightleftharpoons Zn^{2+}+Cu$$

查附录 5 可知

$$\varphi^{\ominus}(Zn^{2+}/Zn)=-0.7628V，\varphi^{\ominus}(Cu^{2+}/Cu)=+0.34V$$

$$E^{\ominus}=\varphi^{\ominus}(Cu^{2+}/Cu)-\varphi^{\ominus}(Zn^{2+}/Zn)$$

$$=+0.34V-(-0.7628V)=1.10V$$

即

$$E^{\ominus}=1.10V$$

将 $E^{\ominus}$ 代入 $\Delta_{r}G_{m}^{\ominus}=-nFE^{\ominus}$ 得

$$\Delta_{r}G_{m}^{\ominus}=-2\times96.5kJ \cdot V^{-1} \cdot mol^{-1}\times1.10V=-212kJ \cdot mol^{-1}$$

即

$$\Delta_{r}G_{m}^{\ominus}=-212kJ \cdot mol^{-1}$$

【例 6.7】 求下列电池在 298K 时的电动势 $E^{\ominus}$ 值和 $\Delta_{r}G_{m}^{\ominus}$ 值，试回答此反应是否能够进行？

$$(-)Cu|CuSO_{4}(1mol \cdot L^{-1}) \| H^{+}(1mol \cdot L^{-1})|H_{2}(100.00kPa)|Pt(+)$$

解 从上述电池看出铜是负极，氢是正极，电池的氧化还原反应式为

$$Cu+2H^+ \rightleftharpoons Cu^{2+}+H_2(100.00kPa)$$

查附录5知道，$\varphi^{\ominus}(Cu^{2+}/Cu)=0.34V$

$$E^{\ominus}=\varphi^{\ominus}(H^+/H_2)-\varphi^{\ominus}(Cu^{2+}/Cu)=0-0.34V=-0.34V$$

即 $$E^{\ominus}=-0.34V$$

将 $E^{\ominus}$ 代入 $\Delta_r G_m^{\ominus}=-nFE^{\ominus}$ 得

$$\Delta_r G_m^{\ominus}=-2\times 96.5kJ\cdot V^{-1}\cdot mol^{-1}\times(-0.34V)=65.62kJ\cdot mol^{-1}$$

即 $$\Delta_r G_m^{\ominus}=65.62kJ\cdot mol^{-1}>0$$

因 $|\Delta_r G_m^{\ominus}|>40kJ\cdot mol^{-1}$，可以用 $\Delta_r G_m^{\ominus}$ 代替 $\Delta_r G_m$ 判断反应方向；所以 $\Delta_r G_m^{\ominus}$ 是正值，此反应不可能进行，反之，逆反应能自发进行。

【例 6.8】 已知反应 $H_2(g)+Cl_2(g) \rightleftharpoons 2HCl(g)$，$\Delta_r G_m^{\ominus}=-262.4kJ\cdot mol^{-1}$，计算298.15K时该电池的电动势 $E^{\ominus}$ 和 $\varphi^{\ominus}(Cl_2/Cl^-)$。

解 设上述反应在原电池中进行，电极反应为

$$(-)H_2-2e^- \rightleftharpoons 2H^+ \qquad \varphi^{\ominus}(H^+/H_2)=0$$

$$(+)Cl_2+2e^- \rightleftharpoons 2Cl^- \qquad \varphi^{\ominus}(Cl_2/Cl^-)=?$$

由 $\Delta_r G_m^{\ominus}=-nFE^{\ominus}$ 得

$$-262.4kJ\cdot mol^{-1}=-2\times 96.5kJ\cdot V^{-1}\cdot mol^{-1}\times E^{\ominus}$$

即 $$E^{\ominus}=+1.36V$$

又 $$E^{\ominus}=\varphi^{\ominus}(Cl_2/Cl^-)-\varphi^{\ominus}(H^+/H_2)$$

所以 $+1.36V=\varphi^{\ominus}(Cl_2/Cl^-)-\varphi^{\ominus}(H^+/H_2)=\varphi^{\ominus}(Cl_2/Cl^-)-0=\varphi^{\ominus}(Cl_2/Cl^-)$

即 $$\varphi^{\ominus}(Cl_2/Cl^-)=+1.36V$$

6.3 化学电源

借自发的氧化还原反应将化学能转变为电能的装置叫作化学电源。化学电源所供应的电源比较稳定可靠，又便于移动。化学电源一般分为一次电池、二次电池和连续电池三类。下面简单介绍一些常见的化学电源。

6.3.1 一次电池

所谓一次电池是指放电后不能充电或补充化学物质使其复原的电池。常见的一次电池包括酸性的锌锰干电池、锌银电池和锂电池等。

锌锰干电池的结构如图6-7所示。由于使用方便，价格低廉，至今仍是一次电池中使用最广、产值和产量最大的一种电池。它以金属锌筒作为负极，正极材料为 MnO_2 和石墨棒（导电材料），两极间为 $ZnCl_2$ 和 NH_4Cl 的糊状混合物。

锌锰干电池可表示为：

$$(-)Zn|ZnCl_2,NH_4Cl(\text{糊状})|MnO_2|C(+)$$

电极反应：

$$(-)\quad Zn(s)-2e^- = Zn^{2+}(aq)$$

$$(+)\quad 2MnO_2(s)+2NH_4^+(aq)+2e^- = Mn_2O_3(s)+2NH_3(g)+H_2O(l)$$

电池反应：

$$Zn(s)+2MnO_2(s)+2NH_4^+(aq)=\!=\!=Zn^{2+}(aq)+Mn_2O_3(s)+2NH_3(g)+H_2O(l)$$

锌锰干电池的电动势 1.5V 与电池体积的大小无关。但锌锰干电池的缺点是产生的氨气能被石墨棒吸附，导致反应不可逆和电池内阻增加，电动势下降，性能较差，寿命有限。已有若干改良型，如碱性锌锰干电池，放电时间是上述酸性电池的 5～7 倍。

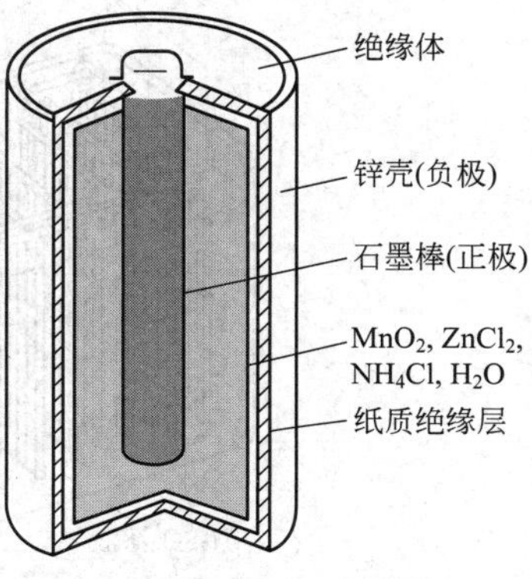

图 6-7　锌锰干电池的结构示意图

锌银电池是一种放电电压十分平稳、比能量大的新颖电池（也可做成二次电池）。常制成纽扣状或矩形状电池，广泛用于航天、通信、导弹、手表、相机和计算器中，但价格比较昂贵。锌银电池的工作电压约为 1.6V，可表示为：

$$(-)Zn|KOH|Ag_2O|C(+)$$

电极反应：

$$(-)Zn(s)+2OH^-(aq)-2e^- =\!=\!= Zn(OH)_2(s)$$

$$(+)Ag_2O(s)+H_2O(l)+2e^- =\!=\!= 2Ag(s)+2OH^-(aq)$$

电池反应：

$$Zn(s)+Ag_2O(s)+H_2O(l)=\!=\!=Zn(OH)_2(s)+2Ag(s)$$

锂电池是以金属锂作为负极的新型电池，能量密度高、稳定性好、电池电压高（2.8～3.6V）等性能十分吸引人。但是，由于金属锂遇水会发生剧烈反应引起爆炸，因此电池的电解质溶液选用非水溶液。例如锂-铬酸银电池的导电介质为含有高氯酸锂（$LiClO_4$）的碳酸丙烯酯（PC）溶液，可表示为：

$$(-)Li|LiClO_4,PC|Ag_2CrO_4|Ag(+)$$

电极反应：

$$(-)2Li-2e^- =\!=\!= 2Li^+$$

$$(+)Ag_2CrO_4+2Li^++2e^- =\!=\!= 2Ag+Li_2CrO_4$$

电池反应：

$$Ag_2CrO_4+2Li =\!=\!= 2Ag+Li_2CrO_4$$

6.3.2　二次电池

二次电池是指放电后通过充电使其复原的电池。常用的二次电池有铅蓄电池、镍镉电池、镍氢电池和锂离子电池等。

铅蓄电池是由两组相互间隔的铅锑合金隔板作为电极导电材料，其中一组隔板的孔穴中填充 PbO_2，另一组隔板的孔穴中填充海绵状金属 Pb，并用密度为 1.25～1.30g·mL^{-1} 的稀硫酸作为电解质溶液而组成的（图 6-8）。铅蓄电池放电时就是一个原电池，其电池可表示为：

$$(-)Pb|H_2SO_4(1.25\sim1.30g\cdot mL^{-1})|PbO_2(+)$$

放电时电极反应：

$$(-)Pb(s)+SO_4^{2-}(aq)-2e^- \rightleftharpoons PbSO_4(s)$$

$$(+)PbO_2(s)+4H^+(aq)+SO_4^{2-}(aq)+2e^- \rightleftharpoons PbSO_4(s)+2H_2O(l)$$

电池反应：

$$Pb(s)+PbO_2(s)+2H_2SO_4(aq) \rightleftharpoons 2PbSO_4(s)+2H_2O(l)$$

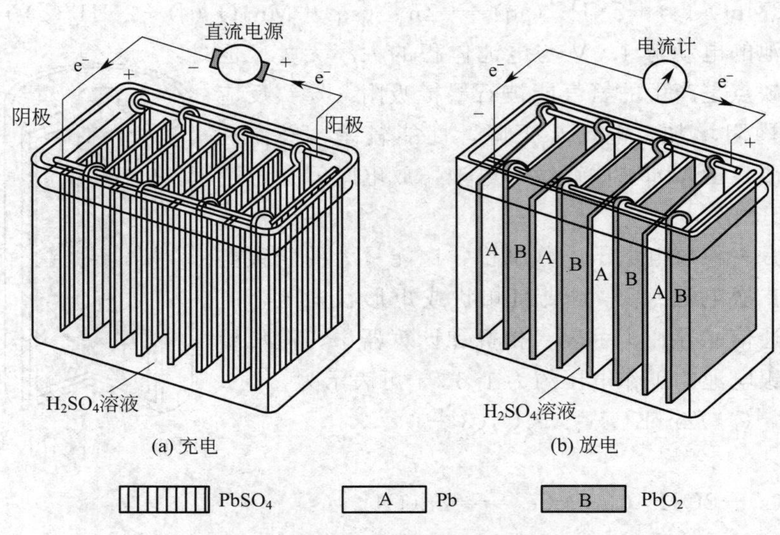

图 6-8 铅蓄电池结构示意图

铅蓄电池在放电后，可以利用外界直流电源进行充电，输入能量，使两电极恢复原状。充电时，两极反应为放电时的逆反应。若正常蓄电池中硫酸密度低于 $1.20g \cdot mL^{-1}$，则表示已部分放电，需充电后才能使用。铅蓄电池具有原料易得、价格低廉、技术成熟、使用可靠，又可大电流放电等优点，是二次电池中使用最广泛技术最成熟的。主要用于汽车和柴油机车的启动电源，搬运车辆，坑道、矿山车辆和潜艇的动力电源，以及变电站的备用电源。但是，由于铅蓄电池的比能量低（笨重）、不环保，有被其他新型电池取代的趋势。

镍镉电池是一种常见的碱性二次电池，具有内阻小，电压平稳，可快速充电，使用寿命长，维护简单，且能在低温环境下工作的特点。镍镉电池可表示为：

$$(-)Cd|KOH(1.19 \sim 1.21g \cdot mL^{-1})|NiO(OH)|C(+)$$

放电时电极反应：

$$(-)Cd(s)+2OH^-(aq)-2e^- \rightleftharpoons Cd(OH)_2(s)$$

$$(+)2NiO(OH)(s)+2H_2O(l)+2e^- \rightleftharpoons 2Ni(OH)_2(s)+2OH^-(aq)$$

电池反应：

$$Cd(s)+2NiO(OH)(s)+2H_2O(l) \rightleftharpoons 2Ni(OH)_2(s)+Cd(OH)_2(s)$$

镍镉电池充电时的反应是上述反应的逆反应。但是，镍镉电池最致命的缺点是，在充放电过程中如果处理不当，会使使用寿命缩短。此外，镍镉电池中镉是有毒的，存在严重的镉污染问题，不利于生态环境保护。

镍氢电池是最近开发的新型二次电池，其各项性能与镍镉电池相似，但它的能量密度更高，使用寿命长，对环境无污染，是一种“绿色环保电池”。镍氢电池负极以钛镍合金等新型储氢材料，正极为镍电极，电解液为氢氧化钾水溶液，电池电动势约为 1.20V，电池符号可表示为：

$$(-)Ti\text{-}Ni|H_2(p)|KOH(c)|NiO(OH)|C(+)$$

锂离子电池是一种最近开发的二次电池，具有工作电压高、能量密度高、循环寿命长和安全性能高的优点，在新能源汽车及高端数码产品等领域应用前景广泛。锂离子电池没有金属锂存在，只有锂离子，以含锂的化合物（比如锰酸锂、钴酸锂或镍钴锰酸锂）作正极，以碳素材料（例如石墨或近似石墨结构的碳）为负极，溶解有高氯酸锂或六氟磷酸锂等锂盐溶解在碳酸酯类溶剂中形成的有机电解液（或聚合物凝胶状电解液）作电解质溶液。锂离子电池的充放电过程，就是锂离子的嵌入和脱嵌过程：充电时，Li^+ 从正极脱嵌，经过电解质嵌入负极，负极处于富锂状态；放电时则相反。

6.3.3 连续电池

连续电池是在放电过程中可以不断地输入化学物质，通过反应把化学能转变成电能，连续产生电流的电池。

燃料电池就是一种连续电池。燃料电池是名副其实地把能源中燃料燃烧反应的化学能直接转化为电能的“能量转换机器”。能量转换率很高，理论上可达100%。实际转化率为70%～80%。燃料电池被称为是继水力、火力、核能之后第四代发电装置和替代内燃机的动力装置。

燃料电池由燃料（氢气、甲烷、肼、烃、甲醇、煤气、天然气等）、氧化剂（氧气、空气等）、电极和电解质溶液等组成。燃料，如氢气，连续不断地输入负极作还原活性物质，把氧连续不断地输入正极，作氧化活性物质，通过反应连续产生电流。

依据电解质的不同，燃料电池分为碱性燃料电池、磷酸型燃料电池、熔融碳酸盐燃料电池、固体氧化物燃料电池及质子交换膜燃料电池等。其中，存在碱性燃料电池和酸性燃料电池，不存在所谓的中性燃料电池，只有电解质溶液为弱酸或弱碱而接近中性的燃料电池。下面简要介绍碱性氢氧燃料电池。

碱性氢氧燃料电池常用30%～50%的KOH为电解质溶液，燃料是氢气和氧气，燃烧产物是水，电池可用简图式表示为：

$$(-)C|H_2(g)|KOH(aq)|O_2(g)|C(+)$$

电极反应：

$$(-)2H_2(g)+4OH^-(aq)-4e^- = 4H_2O(l)$$

$$(+)O_2(g)+2H_2O(l)+4e^- = 4OH^-(aq)$$

电池反应为：

$$2H_2(g)+O_2(g) = 2H_2O(l)$$

需要特别说明的是，氢氧燃料电池的电极反应式与其电解质的酸碱性紧密联系。当电解质溶液接近中性时，电极反应为：

$$(-)2H_2(g)-4e^- = 4H^+(aq)$$

$$(+)O_2(g)+2H_2O(l)+4e^- = 4OH^-(aq)$$

当电解质溶液呈酸性时，电极反应为：

$$(-)2H_2(g)-4e^- = 4H^+(aq)$$

$$(+)O_2(g)+4H^+(aq)+4e^- = 2H_2O(l)$$

但是，无论是中性、酸性还是碱性，氢氧燃料电池的电池反应均为：

$$2H_2(g)+O_2(g) = 2H_2O(l)$$

6.3.4 化学电源与生态环境污染

废旧电池如果随便丢弃，电池中的酸、碱和重金属（如汞、锰、镉、铅、锌等）会导致水源、土壤等生态环境污染。例如，重金属通过食物链后在人体内聚积，就会对健康造成严重的危害；当聚积到一定量后会使人产生中毒现象，严重的将导致死亡。因此，加强废旧电池的管理，不乱扔废旧电池实现有害废弃物的“资源化、无害化”管理。另一方面，研究和开发研制生产无汞、无镉、无铅的新电池，推广使用无污染的燃料电池，对于减少废旧电池的污染危害也将起到十分重要的作用。

6.4 电解

电解是环境对系统做电功的电化学过程。在电解过程中，电能转变为化学能。对于一些不能自发进行的氧化还原反应，例如：298.15K

$$2H_2O(l) \longrightarrow 2H_2(p^{\ominus}) + O_2(p^{\ominus})$$

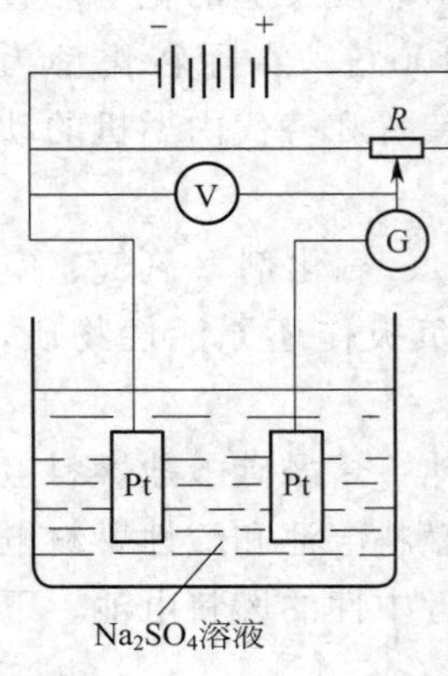

图 6-9 电解装置示意图
G—安培计；R—可变电阻；
V—伏特计

如果环境对系统做非体积功（例如电功），就有可能迫使水进行分解反应。实现电解的装置称为电解池（或电解槽，图 6-9）。

在电解池中，与直流电源的正极相连的极叫作阳极，与直流电源的负极相连的极叫作阴极。电子由外电源的负极沿着导线流入电解池的阴极；另一方面，电子从电解池的阳极离去，沿着导线流回外电源的正极。这样电解池的阳极与外电源正极相连，带正电压，是缺电子的，电解质溶液（或熔融液）中的负离子移向阳极，在阳极上给出电子，发生氧化反应。而电解池的阴极与外电源负极相连，带负电压，是富电子的，电解质溶液（或熔融液）中的正离子移向阴极，在阴极上得到电子，发生还原反应。在电解池的两个电极反应中的氧化态物质得到电子或还原态物质给出电子的过程都叫作放电。通过电极反应这一特殊形式，使金属导线的电子与电解质溶液（或熔融液）中离子导电联系起来。

6.4.1 分解电压和超电压

(1) 分解电压和析出电位

向电解池的两个电极间加上电压，通常并不能使电解顺利开始，这时通过电解池的电流密度很小，接近于零。欲使电解开始，需要逐渐提高外加电压。当外加电压增加到某一数值后，电解才能正常进行。表现在通过电解池的电流密度迅速增大。以电解池两极间的电压对流过电解池的电流密度作图（图 6-10），可以看出随外加电压的增加，开始电流密度很低，表明电解并未开始，当外加电压达某一数值（D）之后，电流密度迅速上升，曲线出现一个突跃，表明电解实际开始，这以后可以观察到电解造成的各种变化。这样一个保证电解真正开始，并能顺利进行下去所需的最低外加电压称为分解电压（$E_{分解}$）。分解电压的大小，主要取决于被电解物质的本性，也与其浓度有关。当外加于两极间的电压为分解电压时，电解池两个电极上的电位分别称为阳极和阴极的析出电位。

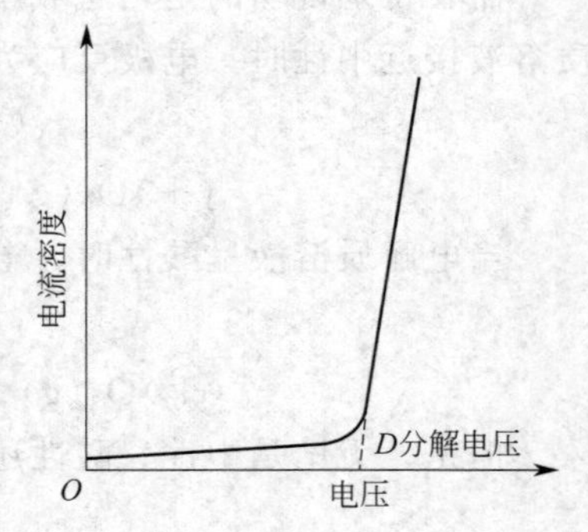

图 6-10 测定分解电压的电压-电流密度曲线

（2）超电压与电极的极化作用

电解反应是相应的原电池反应的逆过程。在电解池的两电极上发生的电极反应，也应是相应的原电池的电极反应的逆过程。例如，在电解水时，阴极上发生的反应为 H^+ 被还原成 H_2：$2H^+ + 2e^- \longrightarrow H_2(g)$。此反应的逆过程：$H_2(g) \rightleftharpoons 2H^+ + 2e^-$，正好就是氢氧原电池中负极上发生的电极反应。实际上每个指定电子对的电极反应都是一个可逆平衡，只不过在原电池反应中和在电解反应中，电极反应的实际进行方向正好是相反的。因此对于任何电解反应而言，任一指定电极物质的析出电位的理论值，就应该等于相应电对电极电势 φ。可以根据相应的标准电极电位及电极物质的浓度，用能斯特方程来计算。这种由理论计算得到的电极电势，称之为理论析出电位。以铂作电极，电解 $0.100\text{mol}\cdot\text{L}^{-1}$ Na_2SO_4 溶液为例，阴、阳极上的理论析出电位（即电解时 H^+ 和 OH^- 的理论析出电位）可按相应的电极反应和能斯特方程式求出：

阳极：

$$4OH^- \rightleftharpoons 2H_2O + O_2(g) + 4e^-$$

$$\begin{aligned}\varphi(O_2/OH^-) &= \varphi^{\ominus}(O_2/OH^-) + \frac{0.0592\text{V}}{4}\lg\frac{p(O_2)/p^{\ominus}}{[c(OH^-)/c^{\ominus}]^4} \\ &= 0.401\text{V} + \frac{0.0592\text{V}}{4}\lg\frac{100\text{kPa}/100\text{kPa}}{(1.00\times10^{-7})^4} \\ &= 0.815\text{V}\end{aligned}$$

阴极：

$$4H^+ + 4e^- \rightleftharpoons 4H_2(g)$$

$$\begin{aligned}\varphi(H^+/H_2) &= \varphi^{\ominus}(H^+/H_2) + \frac{0.0592\text{V}}{4}\lg\frac{[c(H^+)/c^{\ominus}]^4}{[p(H_2)/p^{\ominus}]^2} \\ &= 0\text{V} + \frac{0.0592\text{V}}{4}\lg\frac{(1.00\times10^{-7})^4}{(100\text{kPa}/100\text{kPa})^2} \\ &= -0.412\text{V}\end{aligned}$$

当外加在电解池两极间的电压等于被电解物质的理论分解电压（$E_{分解,t}$）时，电解池两极的电极电势分别等于相应的放电离子在阴、阳极上的理论析出电势。上例中水的理论分解电压：

$$E_{分解,t} = \varphi(O_2/OH^-) - \varphi(H^+/H_2) = 0.815\text{V} - (-0.412\text{V}) = 1.23\text{V}$$

这时两个电极反应正好都处在可逆反应的平衡点，从理论上讲，只要外加电压略大于分解电压，也就是使阴、阳两极的电极电势的绝对值略超过其相应的理论析出电位，电解反应就应该能顺利进行。然而实际情况并非如此，往往需要外加比理论分解电压更大得多的电压，才能使电解进行。以 $E_{分解,r}$ 表示实际分解电压，$E_{超}$ 表示实际分解电压比理论值超出的部分，则有：

$$E_{超} = E_{分解,r} - E_{分解,t} \tag{6-10}$$

式中，$E_{超}$ 称为超电压。上述以铂作电极，电解 $0.100\text{mol}\cdot\text{L}^{-1}$ Na_2SO_4 溶液的超电压为：

$$E_{超} = E_{分解,r} - E_{分解,t} = 1.7\text{V} - 1.23\text{V} = 0.47\text{V}$$

由于在实际电解过程中，外加电能不可能100%地转化为化学能，而为使电解过程能有效开始或持续进行，也必须有部分能量被用来提高反应物的能级，增加其反应活性及克服反应中的障碍能垒。超电压正是为此而被超额消耗的能量，是外加能量中不能被转化为化学能应用的部分。虽然超电压不可能完全消除，但可用各种方法使超电压尽量降低到最小。

由于超电压的存在，在电解过程中，电解池两极的实际析出电势都偏出了各自的理论电极电势，即阳极上的实际电极电势要比理论电极电势更高（更正），而阴极上的实际析出电势要比理论电极电势更低（更负）。用 η 表示单个电极的超电势，则有：

$$\eta=|\varphi_r-\varphi_t| \tag{6-11}$$

这种实际析出电势偏离理论析出电势值的现象称为电极的极化，实际析出电势与理论析出电势值之差称为电极的超电势或过电势。电解池两电极上的超电势之和就是电解池的超电压。这表明，正是这个实际电解过程中两电极上存在极化作用，形成超电势，进而造成电解过程中的超电压。超电压与超电势的关系为：

$$E_{超}=\eta_{阳极}+\eta_{阴极} \tag{6-12}$$

电极的极化作用主要包括浓差极化和电化学极化。

在电解过程中，由于离子在电极上放电，使电极附近该种离子浓度降低，而溶液本体中的该种离子却由于扩散速率较慢来不及及时补充，造成该类放电离子在电极附近的实际浓度低于溶液中的实际浓度，这样一种浓度差是不利于该离子进一步放电的。为此就必须消耗一定的能量来克服这种浓差所造成的障碍，这就导致了电极的极化。这种极化称为浓差极化。搅拌和升温可以使浓差极化降低。

在电解电极的放电过程中，由于其中某一环节（或几个环节），如离子放电变成原子，原子合并成分子或分子聚集成气泡，气泡长大，离开极板等受到阻滞，使整个放电过程变得更为困难，由此引起的极化称为电化学极化。电化学极化目前尚无法克服与消除。

影响超电势的因素主要有以下四个方面。

① 电解产物　除 Fe、Co、Ni 以外，金属析出过程的超电势一般很小，多数可忽略不计。而生成气体的电极过程的超电势一般较大，特别是析出氢和氧的超电势更应受到重视。

② 电极材料和表面状态　不同材料的电极上析出的超电势能不同，而且电极表面状态不同，超电势也不同。

③ 电流密度　电流密度愈大，超电势愈大。

④ 温度　温度升高可以降低超电势的数值。

6.4.2 电解池中两极的电解产物

如果电解的是熔融盐，采用石墨或铂等惰性电极，则电极产物只可能是熔融盐的正、负离子分别在阴、阳两极上进行还原和氧化后的产物。例如，电解熔融的 $CuCl_2$，在阴极得到金属铜，在阳极得到氯气。

如果电解的是电解质水溶液，除了电解质的离子外，还有由水电离产生的 H^+ 和 OH^-。因此，可能在阴极上放电的正离子通常有金属离子和 H^+，而在阳极上可能放电的负离子，包括酸根离子和 OH^-。当用锌、镍、铜等金属做阳极时，往往还会发生阳极板金属被氧化成相应的金属离子的反应，即所谓阳极溶解。在这些可能发生的电极过程中，究竟哪一种电解反应会优先发生就值得讨论了。

从热力学的角度考虑，在阳极上，实际析出电势最低（最负）的电对中的还原态物质最易于失去电子而被氧化；而在阴极上，实际析出电势最高（最正）的电对的氧化态物质优先得到电子而被还原。而电解池中各种可能放电物质的实际析出电势，可由其理论析出电势及其在电极上放电时的超电势估算出来。据此不难判断电解的实际产物。一般而言，简单电解质溶液的电解产物可简单归纳如下。

(1) 阳极产物

① 当用石墨（或其他非金属惰性物质）做电极，电解硫化物、卤化物等简单负离子的盐时，体系中可能在阳极放电的负离子主要是 OH^- 及相应的硫负离子 S^{2-} 或卤素负离子 X^-，在阳极上优先析出硫 S 或卤素 X_2。

② 当用石墨或其他惰性物质作电极，电解含氧酸盐的水溶液时，在阳极通常是 OH^- 优先放电，析出氧气。

③ 当用一般金属（除 Pt 等惰性金属外）作阳极时，通常阳极首先被氧化成相应的金属离子。

(2) 阴极产物

① 不活泼金属［电动序中位于氢后面的金属，电极电势代数值比 $\varphi(H^+/H_2)$ 大］离子在阴极上发生还原析出相应的金属。

② 活泼金属［电动序中位于铝前面的金属，电极电势代数值比 $\varphi(H^+/H_2)$ 小很多］离子在阴极上不易还原析出金属，总是 H^+ 优先放电，析出氢气。

③ 一些不太活泼的金属［电动序中位于氢前面不太远的金属，如铁、锌、镍、镉、锡、铅等，电极电势代数值比 $\varphi(H^+/H_2)$ 小］离子，由于析出氢的超电势较大，通常要比析出金属的超电势大得多。因此这种情况下，金属析出。

6.4.3 电解的应用

电解的应用很广，在机械、电子工业中广泛应用电解原理进行金属材料的加工和表面处理。最常见的是精炼铜、镍等金属，还可进行电镀、电铸、电沉积、电抛光、电解切削等。20 世纪 80 年代，在我国兴起应用电刷镀的方法对机械的局部进行修复，在铁道、航空、船舶和军事工业等方面均已推广使用，下面简要介绍电镀、阳极氧化和电刷镀的原理。

(1) 电镀

电镀是应用电解原理在某些金属表面镀上一薄层其他金属或合金的过程，既可防腐蚀又可起装饰的作用。在电镀时，一般将需要镀层的零件作为阴极（连接电源负极），而用作镀层的金属（如 Ni-Cr 合金、Au 等）作为阳极（连接电源正极）。电镀液一般选用含镀层金属配离子的溶液。例如电镀锌时，电镀用的锌盐一般不能直接用简单的锌离子的盐溶液。若直接用 $ZnSO_4$ 作电镀液，由于锌离子浓度较大，结果使得镀层粗糙、厚度不均匀，镀层与基体金属结合力差。若采用 $Na_2[Zn(OH)_4]$ 作电镀液，则镀层细致光滑。

(2) 阳极氧化

阳极氧化是用电解的方法通以阳极电流，使金属表面形成氧化膜，以达到防腐耐蚀目的的一种工艺。以铝及其合金的阳极氧化为例，采用稀硫酸或铬酸或草酸溶液，铝作阳极，铅板作阴极。在阳极铝表面上发生两种化学反应：一种是 Al_2O_3 的形成反应，另一种是 Al_2O_3 被电解液不断溶解的反应。当 Al_2O_3 的生成速率大于溶解速率时，氧化膜就能顺利地生长，并保持一定的厚度。具体的电极反应如下：

阳极（Al）：　$2Al+3H_2O-6e^- \xlongequal{} Al_2O_3+6H^+$　（主要反应）

$2H_2O-4e^- \xlongequal{} 4H^+ +O_2(g)$　（次要反应）

阴极（Pb）：　$2H^+ +2e^- \xlongequal{} H_2(g)$

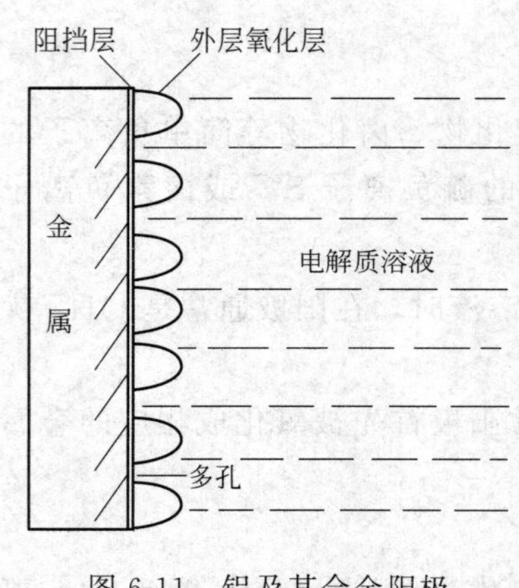

图 6-11 铝及其合金阳极氧化成膜结构示意图

阳极氧化所得到的氧化物膜与金属结合得很牢固，因而大大提高了铝及其合金的耐腐蚀性和耐磨性，并能提高表面的电阻和热绝缘性。靠近铝和铝合金基体的膜是纯度较高的致密 Al_2O_3 层，厚度 0.01～0.05μm，称为阻挡层。而靠近电解液的膜是由 Al_2O_3 和 $Al_2O_3 \cdot H_2O$ 所形成的，硬度较低，疏松多孔，厚度可达 5～300μm，可使电解液流通，见图 6-11。

(3) 电刷镀

电刷镀是把适当的电镀液刷镀到受损的机械零部件上，使其回生的技术。几乎所有与机械有关的工业部门都在推广应用，能以很低的成本换得较大的经济效益。用镀笔作阳极，工件作阴极，并在操作中不断旋转。电刷镀的电镀液不是放在电镀槽中，而是在电刷镀过程中不断滴加电镀液，使之浸湿在棉花包套中，在直流电的作用下不断刷镀到工件阴极上。这样就把固定的电镀槽改变为不固定形状的棉花包套，从而摆脱了庞大的电镀槽，使设备简单而操作方便。

6.5 金属的腐蚀

金属或合金，由于坚固、耐用，而在工农业生产、交通运输和日常生活中广泛应用。金属受环境（大气中的氧气、水蒸气、酸雾以及酸、碱、盐等各种物质）作用发生化学变化而失去其优良性能的过程称为金属腐蚀。金属腐蚀非常普遍，小到人们日常生活中钢铁制品生锈，大到各种大型机器设备、建筑会因腐蚀而报废，造成的经济损失也非常惊人。全世界每年由于腐蚀而损失的金属约一亿吨，占年产量的 20%～40%（质量分数）。更严重的是，在生产中由于机器、设备等受到腐蚀而损坏，造成环境污染、劳动条件恶化、危害人体健康和影响产品质量，甚至造成恶性事故和危害更是难以衡量。因此，了解金属腐蚀的原理及如何有效地防止金属腐蚀，对于保护劳动者的安全和健康、维护生产的正常进行是十分必要的。

6.5.1 金属的化学腐蚀

根据金属腐蚀的原理不同，将金属腐蚀分为化学腐蚀和电化学腐蚀两大类。单纯由化学作用引起的腐蚀称为化学腐蚀。化学腐蚀的特征是，腐蚀介质为非电解质溶液或干燥气体，腐蚀过程中电子在金属与氧化剂之间直接传递而无电流产生。当金属在一定温度下与某些气体（如 O_2、SO_2、H_2S、Cl_2 等）接触时，会在金属表面生成相应的化合物（氧化物、硫化物、氯化物等）而使金属表面腐蚀。这种腐蚀在低温时反应速率较慢，腐蚀不显著；但在高温时则会因反应速率加快而使腐蚀加速。例如在高温下钢铁容易被氧化，生成 FeO、Fe_2O_3 和 Fe_3O_4 组成氧化层，同时钢铁中的渗碳钢 Fe_3C 与周围的 H_2O、CO_2 等可发生下列脱碳反应，即

$$Fe_3C + O_2 \xlongequal{\text{高温}} 3Fe + CO_2$$

$$Fe_3C + CO_2 \xlongequal{\text{高温}} 3Fe + 2CO$$

$$Fe_3C + H_2O \xlongequal{\text{高温}} 3Fe + CO + H_2$$

脱碳反应的发生，致使碳不断地从邻近的尚未反应的金属内部扩散到反应区。于是金属内部的碳逐渐减少，形成脱碳层。同时，反应生成的 H_2 在金属内部扩散，使钢铁产生氢脆。脱碳和氢脆的结果都会使钢铁表面硬度和抗疲劳性降低。

金属在一些液态有机物（如苯、氯仿、煤油、无水酒精等）中的腐蚀，也是化学腐蚀，其中最值得注意的是金属在原油中的腐蚀。原油中含有多种形式的有机硫化物，与钢铁作用生成疏松的硫化亚铁是原油输送管道及储器腐蚀的一大原因。

6.5.2 金属的电化学腐蚀

金属与周围的物质发生电化学反应（原电池作用）而产生的腐蚀，称为电化学腐蚀。

电化学腐蚀的特征是，电子在金属与氧化剂之间的传递是间接的，即金属的氧化与介质氧化剂的还原在一定程度上可以各自独立地进行，从而形成了腐蚀微电池。电化学腐蚀在通常条件下，比化学腐蚀速度快、更普遍，危害性更大，所以了解电化学腐蚀的原理及如何防止电化学腐蚀显得更为迫切。

将纯金属锌片插入稀硫酸中，几乎看不到有气体 H_2 产生，但向溶液中滴加几滴 $CuSO_4$ 溶液，锌片上立刻有大量的气体 H_2 产生。纯金属不易被腐蚀，但加入 $CuSO_4$ 后，锌置换出铜覆盖在锌表面，形成了微型的原电池，即

锌为负极 $\qquad Zn(s)-2e^- = Zn^{2+}(aq)$

铜为正极 $\qquad Cu^{2+}(aq)+2e^- = Cu(s)$

$\qquad 2H^+(aq)+2e^- = H_2(g)$

因而加大了锌的溶解和氢气的产生。

当两种金属或两种不同的金属制成的物体相接触，同时又与其他介质（如潮湿空气、其他潮湿气体、水或电解质溶液等）相接触时，就形成了一个原电池，进行原电池的电化学作用。例如在铜板上有一些铁的铆钉，长期暴露在潮湿的空气中，在铆钉的部位就容易生锈，如图 6-12 所示。这是因为铜板暴露在潮湿的空气中时表面上会凝结一层薄薄的水膜，空气里的 CO_2、工厂区的 SO_2、沿海地区潮湿空气中的 NaCl 都能溶解到这一薄层水膜中形成电解质溶液，这就形成了原电池。其中铁是负极，铜是正极。在负极上一般都是金属溶解的过程（即金属被腐蚀的过程），如 Fe 发生氧化反应，即

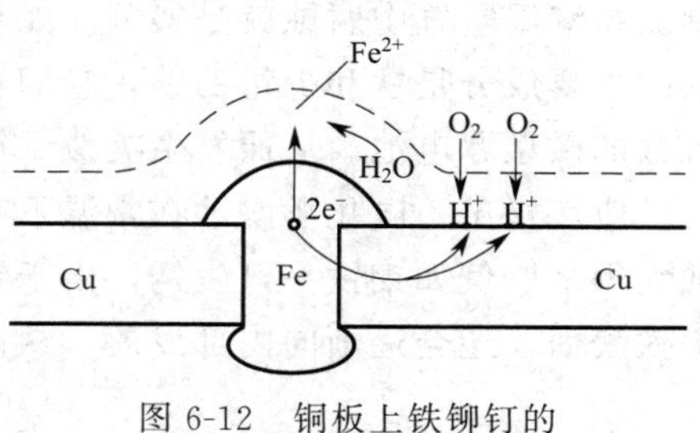

图 6-12 铜板上铁铆钉的电化学腐蚀示意图

$$Fe(s) = Fe^{2+}(aq)+2e^-$$

在正极上，由于条件不同可能发生不同的反应。如在正极 Cu 上发生下列两种还原反应：

① 氢离子还原成 $H_2(g)$ 析出（亦称为析氢腐蚀），即

$$2H^+(aq)+2e^- = H_2(g)$$

$$\varphi(H^+/H_2)=\frac{RT}{2F}\ln\frac{[c(H^+)/c^{\ominus}]^2}{p(H_2)/p^{\ominus}}$$

② 大气中的氧气在正极上获得电子，发生还原反应（亦称为吸氧腐蚀），即

$$4H^+(aq)+O_2(g)+4e^- = 2H_2O(l)$$

$$\varphi(O_2/H_2O)=\varphi^{\ominus}(O_2/H_2O)+\frac{RT}{4F}\ln\{[p(O_2)/p^{\ominus}][c(H^+)/c^{\ominus}]^4\}$$

一般工业生产中钢铁在大气中的腐蚀主要是吸氧腐蚀。尽管钢铁表面处于一些酸性水膜中，但是只要空气中的氧气不断溶解于水膜，并扩散到正极，由于 $\varphi^{\ominus}(O_2/H_2O)=1.229V$，在空气中 $p(O_2)\approx 21kPa$，显然 $\varphi(O_2/H_2O)$ 比 $\varphi(H^+/H_2)$ 大得多，虽然腐蚀速率很慢，但是空气中的氧气可不断溶于水膜中，即吸氧腐蚀比析氢腐蚀容易发生，也就是说当有氧气存在时 Fe 的腐蚀更为严重。即使纯铁在浓度为 $0.5mol\cdot L^{-1}$ 的硫酸溶液的薄膜下，也是如此。但是如果将铁完全浸没在浓度为 $0.5mol\cdot L^{-1}$ 的硫酸溶液中时，铁与酸反应速率快，空气中的氧气来不及进入水溶液中，这时便可能发生析氢腐蚀了。例如，在钢铁酸洗时就可能发生析氢腐蚀。

由于两种金属紧密连接，电池反应不断地进行，Fe 变成 Fe^{2+} 而进入溶液，多余的电子移向铜极，在铜极上氧气和氢离子被消耗掉，生成水，Fe^{2+} 就与溶液中的 OH^- 结合，生成氢氧化亚铁 $Fe(OH)_2$，然后又与潮湿空气中的水分和氧发生作用，最后生成铁锈（铁锈是铁的各种氧化物和氢氧化物的混合物）

$$Fe^{2+}(aq)+2OH^-(aq) = Fe(OH)_2(s)$$

$$4Fe(OH)_2(s)+O_2(g)+2H_2O(l) = 4Fe(OH)_3(s)$$

结果铁就被腐蚀了。

普通金属通常含有杂质（如碳等），当金属表面在介质如潮湿空气、电解质溶液等中，易形成微型原电池，金属作负极，杂质作正极，从而发生电化学作用造成金属的腐蚀。钢铁制品在潮湿空气中腐蚀就是实例。如在酸雾较大的环境下，金属表面形成一层理性水膜，钢铁的主要成分是铁和少量的碳，它们被浸在电解质溶液中，以 Fe 为负极，C 为正极形成了无数的微型原电池。从而发生类似于铜板上铁铆钉电化学腐蚀的两种主要情况。

应该指出，电化学腐蚀在常温下就能较快地进行，因此也比较普遍，危害性也比化学腐蚀大得多。例如钢铁一旦生锈，由于铁锈质地疏松又能导电，因此可使腐蚀蔓延，不仅破坏钢铁表面，还会逐渐向内部发展，从而加剧了钢铁的腐蚀。

阅读拓展

船体防护与监测

目前，多数船舶采用金属外壳，而金属长期处于水环境中，特别是海洋环境中，腐蚀程度严重，因腐蚀会导致结构损坏和破坏，严重影响船舶的性能、使用寿命和航行安全。为了保护船体免受腐蚀侵害，国内外防腐专家们探索和实践了各种船体防护和监测的技术方法和措施。

船体防护系统主要由防腐涂漆系统和阴极保护系统组成。船舶防腐涂漆的品种主要有：船底防腐和防污漆、船壳漆、甲板漆、内舱漆、饮水舱漆、压载水舱涂料、水性涂料等。船体的阴极保护技术包括牺牲阳极法和外加电流法。其中。牺牲阳极法是通过在船体外表面安装电位更负的锌-铝-镉三元合金、高效铝合金阳极、铁合金阳极等充当阳极，以保护作为阴极的船体钢板不被腐蚀。而外加电流法是直接在辅助阳极和作为阴极的钢板之间加一直流电源，并与海水构成电流回路，迫使电子从辅助阳极流向被保护的钢板阴极，使船体电位始终低于周围环境。

此外，防止不正当的操作（如单线焊接、不正确的双线焊接或其他不正确的焊接引起的电化学腐蚀，从而导致一些船体出现异常快的腐蚀穿孔）和减少异种金属部件的直接接触（如不同金属之间未加电绝缘，当它们周围有海水时会发生电化学腐蚀）也是船体防护的重要措施。

船体防腐蚀监测包括船体腐蚀状况监测和船体腐蚀防护效果监测，涉及船体腐蚀电位和阴极保护效果监测（船体电位监测）、船体腐蚀速度和结构厚度变化状况监测（超声波测钢板厚，X射线腐蚀测试，钢板表面腐蚀坑深度监测）、水下电视监测系统（船体水下腐蚀及海洋生物污损状况监测）等。目前，我国的船舶防腐蚀监测技术比较薄弱，但随着材料、机械、电子、信息等技术的发展，防腐蚀监测技术正在不断得到新的发展。

习题

1. 用氧化数法配平下列各反应方程式：

（1）$Fe^{3+}+I^- \longrightarrow Fe^{2+}+I_2$

（2）$MnO_4^-+Cl^- \longrightarrow Mn^{2+}+Cl_2+H_2O$（酸性介质）

（3）$Cr_2O_7^{2-}+H_2S \longrightarrow Cr^{3+}+S$

（4）$Cu_2S+HNO_3 \longrightarrow Cu(NO_3)_2+H_2SO_4+NO$

2. 根据标准电极电势，判断下列氧化剂的氧化能力的大小并排列。

O_2　$Cr_2O_7^{2-}$　MnO_4^-　Zn^{2+}　Fe^{3+}　Sn^{4+}　F_2

3. 根据标准电极电势，判断下列还原剂的还原能力的大小并排列。

Sn^{2+}　Sn　Fe　Cl^-　Br^-　I^-

4. 写出下列各原电池的电极反应式和电池反应式，并计算各原电池的电动势（298.15K）：

（1）$Sn|Sn^{2+}(1mol\cdot L^{-1})\parallel Pb^{2+}(1mol\cdot L^{-1})|Pb$

（2）$Sn|Sn^{2+}(1mol\cdot L^{-1})\parallel Pb^{2+}(0.1mol\cdot L^{-1})|Pb$

（3）$Sn|Sn^{2+}(0.1mol\cdot L^{-1})\parallel Pb^{2+}(0.01mol\cdot L^{-1})|Pb$

[（1）0.0113V；（2）－0.0183V；（3）－0.0183V]

5. 计算说明，$K_2Cr_2O_7$ 能否与 $10mol\cdot L^{-1}$ 盐酸作用放出氯气（设其他物质均处于标准态）。

[$\varphi(Cr_2O_7^{2-}/Cr^{3+})=1.47V>\varphi(Cl_2/Cl^-)=1.30V$，能放出氯气]

6. 计算下列反应在298.15K时的平衡常数 $K^\ominus$。

$$\frac{1}{2}O_2(p^\ominus)+H_2(p^\ominus)=\!=\!=H_2O(l)$$

（3.3×10^{41}）

7. 已知298K时，$\varphi^\ominus(PbSO_4/Pb)=-0.356V$，$\varphi^\ominus(Pb^{2+}/Pb)=-0.1262V$，求 $PbSO_4$ 溶度积 $K_{sp}^\ominus$。

(1.68×10^{-8})

8. 根据 $\varphi^{\ominus}(Hg_2^{2+}/Hg)$ 和 Hg_2Cl_2 的溶度积计算 $\varphi^{\ominus}(Hg_2Cl_2/Hg)$。如果溶液中 Cl^- 浓度为 $0.1mol\cdot L^{-1}$，Hg_2Cl_2/Hg 电对的电位为多少？

(0.268V，0.327V)

9. 已知 298.15K 时电池 $Cu|Cu(Ac)_2|AgAc(s)|Ag$ 的电动势 $E=0.372V$，又知 298.15K 时 $E^{\ominus}[AgAc(s)/Ag]=0.638V$，$E^{\ominus}(Cu^{2+}/Cu)=0.342V$。

(1) 写出电极反应和电池反应；

(2) 298.15K 时，计算反应的 $\Delta_r G_m$ 和 $\Delta_r G_m^{\ominus}$。

[(1) 阳极：$Cu-2e^- \longrightarrow Cu^{2+}$，阴极：$2AgAc(s)+2e^- \longrightarrow 2Ag+2Ac^-$，电池反应：$Cu+2AgAc(s) \longrightarrow 2Ag+Cu^{2+}+2Ac^-$；(2) $-71.78kJ\cdot mol^{-1}$，$-57.12kJ\cdot mol^{-1}$]

10. 简述金属腐蚀对日常生活和国民经济的危害。

第7章 工程及材料中的化学

学习要求

1. 了解工程材料的分类、结构及性能。
2. 了解工程材料腐蚀研究的发展过程及分类。
3. 学习工程材料的腐蚀及相应防护方法，掌握全面腐蚀、局部腐蚀、点蚀及缝隙腐蚀的特点。
4. 学习气相沉积、化学和电化学处理、等离子体表面处理等材料表面处理技术。
5. 了解煤化工、石油化工、化学储能、新型能源-海洋能等能源工程以及机械和建筑工程中的化学。
6. 了解和学习金属材料的腐蚀、化学热处理以及化学刻蚀等金属材料工程中的化学。
7. 了解热化学、化学平衡、水溶液化学在焊接中的应用及焊接腐蚀。

化学加速了人类文明的进步速度，化学既是自然科学，也是应用学科，是认识生命过程和进化的手段，也是人类生存和获得解放的手段。工程和材料等领域无不需要化学基础，并直接或间接关系到自然、人类和社会的发展。

7.1 工程材料结构与性能

7.1.1 工程材料概述

现代工程材料种类繁多，根据材料结合键的性质，一般将工程材料分为金属材料、无机非金属材料、高分子材料和复合材料。按性能特点和用途分类，可将工程材料分为结构材料和功能材料两大类。结构材料主要是利用材料的物理、化学性质和力学性能，广泛应用于机械制造、工程建设、交通运输和能源等工业部门。功能材料是利用材料的光、电、热、磁、生物学等性能及其相互转化的功能，实现对信息和能量的感受、计测、显示、控制和转换，用于电子、通信、激光、能源和生物工程等诸多领域。

(1) 金属材料

金属材料是极为重要的工程材料，以金属为主体的金属材料本质为金属原子以金属键键合的金属晶体及其合金体。

工业上把金属及其合金分为两大部分。

① 黑色金属　黑色金属是工业上对铁、铬和锰及其合金的统称（钢、铸铁和铁合金），矿藏丰富，应用广泛，工程性能比较优越，价格比较便宜，是最重要的工程金属材料，占整个结构材料和工具材料的90%以上。

② 有色金属　黑色金属以外的所有金属及其合金，可分为轻金属、易熔金属、难熔金

属、贵金属、铀金属、稀土金属等，是重要的特殊用途材料。

（2）无机非金属材料

无机非金属材料是以某些元素的氧化物、碳化物、氮化物、硼化物以及硅酸盐、铝酸盐、硼酸盐等物质组成的材料，是除金属材料和有机材料之外的材料统称，也称陶瓷材料，如陶瓷、水泥、玻璃等，耐高温、耐摩擦、耐化学腐蚀，广泛应用于工业建筑、道路桥梁、高温设备等传统领域。新型陶瓷材料的化学组成远远超出了硅酸盐范围，如超硬材料、电子陶瓷、光学陶瓷和生物陶瓷等，在新科技领域，如航空航天、信息科学、生物工程、海洋技术等有广泛应用，例如陶瓷汽车发动机、高速超导磁悬浮列车。

（3）高分子材料

高分子材料为有机合成材料，又称高分子聚合物，是一类分子量很大的化合物，高达10^4～10^6。高分子材料可以是组成和结构相同的简单单元或不同的单元通过共价键重复连接而成，而大分子之间的结合力为较弱的范德华力。

高分子材料种类众多，工程上通常根据力学性能和用途将其分为塑料、纤维、橡胶、胶黏剂等，基本性能是质轻，弹性、可塑性、绝缘性以及耐腐蚀性好。近年来功能高分子材料研究较为活跃，与新技术研究的前沿领域有着密切的关系，如光敏高分子材料、导电高分子材料、高分子液晶材料、医用功能高分子材料等。

（4）复合材料

复合材料是由两种或两种以上的不同材料组合而成的一种多相固体材料。复合材料既能保持各组成材料原有的长处，又能弥补其不足，可以根据对材料性能、结构的需要来进行设计和制造，得到综合性能优异的新型材料。复合材料为新材料的研制和使用提供了更大的自由度，开辟了广阔的应用前景。

在复合材料中，通常有一种材料为连续相，称为基体；另一种材料为分散相，称为增强材料。增强材料分散分布在整个连续的基体材料中，各相之间存在着相界面。古时候人们用来筑墙的草和泥就是一种复合材料，泥是基体，草是增强材料。我们熟悉的混凝土也是复合材料，水泥是基体，砂石是增强材料。

由于可作为基体材料和增强材料的物质很多，故复合材料产品品种繁多，性能各异，分类方法也不尽统一。原则上讲，复合材料可以由金属材料、高分子材料和陶瓷材料中任两种或几种制备而成。按基体相的种类，可以分为聚合物基、金属基、陶瓷基、碳基及混凝土基复合材料；按增强相的种类可分为颗粒增强、晶须增强和纤维增强复合材料。

7.1.2 工程材料的性能特征

材料的性能取决于材料的化学成分和其内部的组织结构。固态物质按其原子（离子或分子）的聚集状态可分为两大类：晶体与非晶体。原子（离子或分子）在三维空间有规则地周期性排列的物体称为晶体，如金刚石、氯化钠等。原子（离子或分子）在空间无规则排列的物体称为非晶体，如石蜡、玻璃等。

7.1.2.1 金属材料的特性

金属一般是晶体，主要以金属键结合，大多数金属晶体具有比较高的对称性和高的配位数。金属材料元素价电子的电离能低，电子容易电离为整个晶体所有。外层电子在金属正离子组成的晶格内自由运动，使得金属材料具有很多区别于其他材料的特征。

金属材料具有许多优良的性能，因此被广泛应用于制造各种构件、机械零件、工具和日常生活用品。金属材料的性能包含工艺性能和使用性能两方面。工艺性能是指在制造工艺过程中材料适应各种加工、处理的性能；使用性能是指金属材料在使用条件下所表现出来的性能，它包含力学（也称机械性能）、物理（密度、熔点、导电导热性、磁性等）和化学性能。

金属材料的性能特点如下：

① 价格低，来源丰富。

② 优良的力学性能，包括强度、屈服点、抗拉强度、延伸率、断面收缩率、硬度、冲击韧性等。

③ 优良的工艺性能，包括铸造性、焊接性、冲压性、可塑成型性、切削加工及电加工等性能。

④ 化学性能。材料的化学性能包含耐腐蚀性和抗氧化性，指金属材料与周围介质接触时抵抗发生化学或电化学反应的性能。金属材料的化学性质一般比较活泼，尤其在潮湿的空气中，发生化学腐蚀和电化学腐蚀的可能性大些。

⑤ 可处理性及其表面改性。通过一定的加热与冷却方法（退火、淬火、回火等），可大幅度改善和提高材料性能，或通过化学热处理、表面强化以及其他表面处理方法改善工件的表层性能。

7.1.2.2 无机非金属材料的特性

① 大多数无机非金属材料元素间的结合力是离子键、共价键或者离子-共价键。具有高的键能和键强，赋予材料具有高的化学稳定性、耐高温、耐腐蚀、高强度等属性。

② 弹性模量大、刚度好。

③ 脆性，断裂前无塑性变形，冲击韧性低，抗拉伸和抗压强度低。

④ 硬度高。

⑤ 熔点高，耐高温性能好。

⑥ 导电力在很大范围内变化，即可作为绝缘材料，也可作为半导体材料，还可作压电材料和热电材料、磁性材料等使用。有的生物相容性好，还可作为人造器官（生物陶瓷）。

7.1.2.3 高分子材料的特性

① 密度小。一般为 $1000\sim2000\text{kg}\cdot\text{m}^{-3}$，比常用金属钢铁、铜轻得多，与铝、镁相当，对产品轻质化有利。

② 强度低，但比强度高。一般高分子材料的抗拉强度只有几十兆帕，比金属低得多；但由于密度低，其比强度却很高，甚至超过钢铁，使得某些工程塑料能够部分替代金属。

③ 弹性高，弹性模量低。高聚物的弹性变形量大，可达到 $100\%\sim1000\%$，而一般金属材料只有 $0.1\%\sim1.0\%$。高聚物的弹性模量低，为 $2\sim20\text{MPa}$，而一般金属材料为 $1\times10^3\sim2\times10^5\text{MPa}$。

④ 电绝缘性能好。它是电机、电器、仪表、电线电缆中绝缘材料的主要成分。

⑤ 良好的减摩、耐磨和自润滑性能。许多高分子材料可以在液体介质摩擦条件下使用，耐磨性甚至超过金属。且自润滑性能好，磨损率低，消声、吸震能力强，在无润滑和少润滑的摩擦条件下，它们的耐磨、减磨性能是金属材料无法比拟的。

⑥ 耐腐蚀性好。对酸、碱和某些化学药品具有良好的耐腐蚀性能。

⑦ 塑性好。高聚物由许多很长的大分子链组成，加热时分子链的一部分受热，其他部分不受或少受热。因此材料不会立即熔化，而先有一软化过程，所以塑性很好，可以用模具注塑成型、机械切削等方法成型和加工。

⑧ 韧性较好。在非金属材料中，高聚物的韧性是比较好的，但与金属相比，高聚物的冲击韧性仍然过小，仅为金属的百分之一数量级。通过提高高聚物的强度，可以提高其韧性。

高分子材料的一个主要缺点是易老化，老化指聚合物材料在加工、储存和使用过程中，长期受物理、化学以及生物等因素的综合影响，发生复杂的化学变化，而导致性能逐渐变差的现象。例如，塑料制品变脆、纤维发黄等。为了延长聚合物的使用寿命，常常采取物理或化学措施，以减缓其老化过程。例如，可在聚合物主链或支链中引入无机元素（硅、磷、铝等），提高其耐热性。另外，利用聚合物材料的降解特性也可以设计合成使用后在自然环境下容易分解而且不会污染环境的高分子材料（也称自降解高分子）。

7.1.2.4 复合材料的性能特点

复合材料不仅保留单一组成材料的优点，同时具有许多优越的特性，这是复合材料应用越来越广泛的主要原因。

（1）比强度和比模量

比强度和比模量是指材料的强度或模量与其密度之比。材料比强度或比模量越高，构件的自重就会越小，或者体积会越小。通常，复合材料的复合结果是密度大大减小，因而高的比强度和比模量是复合材料的突出性能特点。

（2）抗疲劳和抗断裂性能

通常，复合材料中的纤维缺陷少，因而本身抗疲劳能力高；而基体的塑性和韧性好，能够消除或减少应力集中，不易产生微裂痕；塑性变形的存在又使微裂痕产生钝化而减缓了其扩展。这样就使得复合材料具有很好的抗疲劳性能。

纤维增强复合材料的基体中有大量的细小纤维存在，在较大载荷下部分纤维断裂时，载荷由韧性好的基体重新分配到其他未断裂的纤维上，从而构件不至于在瞬间失去承载能力而断裂。所以，复合材料同时具有好的抗断裂能力。

（3）高温性能

通常，聚合物基复合材料的使用温度为100～350℃；金属基复合材料按不同基体，使用温度为350～1100℃；SiC、Al_2O_3 和陶瓷复合材料可在1200～1400℃范围内保持很高的强度；碳纤维复合材料在非氧化气氛下可在2400～2800℃下长期使用。

（4）减摩、耐磨、减振性能

由于复合材料的比弹性模量高，其自振频率也高，因而构件在一般工作状态下不易发生共振；同时由于纤维与基体界面有吸收振动能量的作用，即使在产生振动时也会很快衰减下来。因此，复合材料具有良好的减摩、耐磨和较强的减振能力。

（5）其他特殊性能

金属基复合材料具有高韧性和抗热冲击性能，是因为这种材料能通过塑性变形吸收能量。玻璃纤维增强塑料具有优良的电绝缘性能，可制造各种绝缘零件；同时这种材料不受电磁作用，不反射无线电波，微波透过性好，所以可用于制造飞机、导弹等。

7.2 工程材料腐蚀与防护

材料是人类从事生产和生活的物质基础，是人类文明的重要支柱。但材料及其制品在使用过程中会遭受不同形式的损坏，其中最常见、最重要的损坏形式是断裂、磨损和腐蚀。许多事实证明，断裂、磨损和腐蚀三种破坏形式往往互相交叉、互相渗透、互相促进，材料的破坏通常是由两种甚至三种破坏形式共同作用造成的。在材料的各种形式的损坏中，腐蚀引起了人们的特殊关注。因为，在现代工程实际中，特别是在高温、高压、多相流作用下，材料腐蚀格外严重。因此，只有研制适宜的耐蚀材料、涂层及保护措施，才能防止或控制材料腐蚀，满足工业生产的要求。

7.2.1 材料腐蚀概述

金属和它所处的环境介质之间发生化学、电化学或物理作用，引起金属的变质和破坏，称为金属腐蚀。随着非金属材料越来越多地用作工程材料，非金属材料失效现象也越来越引起人们的重视。因此，腐蚀科学家们主张把腐蚀的定义扩展到所有材料。较确切的定义为：腐蚀是材料由于环境的作用而引起的破坏和变质。

7.2.1.1 金属材料的腐蚀

（1）全面腐蚀

全面腐蚀又称均匀腐蚀，是指腐蚀发生在材料的全部或大部分面积上，生成或不生成腐蚀产物膜。其中不成膜腐蚀是一个连续腐蚀过程，如 $Fe + 2HCl = Fe^{2+} + 2Cl^- + H_2\uparrow$ 等，这种情况工程上极少发生，除非选材严重错误。成膜腐蚀中若形成钝化膜，如不锈钢、铬、铝等因氧化作用产生的氧化膜，致密，具有较优异的保护性。工程中用的均相电极（纯金属）或微观复相电极（均匀的合金）的自溶解过程也属于成膜腐蚀，如碳素钢浸于稀硫酸中的腐蚀行为，钢铁在大气、水溶液中的腐蚀行为等。全面腐蚀的特征是化学腐蚀或电化学腐蚀，其电化学腐蚀过程的原电池原理见 6.5 节。

工程材料的腐蚀实际上更多是局部腐蚀，亦称不均匀腐蚀，金属表面各部分的腐蚀速率不尽相同，此类现象十分普遍，危害性极大。局部腐蚀的特点是阳极区和阴极区截然分开，腐蚀电池中的阳极反应和腐蚀剂的还原反应可以在不同的区域发生。通常阳极区面积很小，阴极区面积较大，从而加剧局部阳极区腐蚀。表 7-1 对全面腐蚀与局部腐蚀在电化学行为和腐蚀产物等方面进行了比较。

表 7-1　全面腐蚀与局部腐蚀基本特征比较

比较项目	全面腐蚀	局部腐蚀
腐蚀形象	腐蚀分布在整个金属表面上	腐蚀破坏集中在一定区域，其他部分不遭受腐蚀
腐蚀电池	阴、阳极在表面上变幻不定，不可分辨	阴、阳极在微观可分辨
电极面积	阳极＝阴极	阳极＜阴极
电位	阳极电位＝阴极电位＝腐蚀电位	阳极电位＜阴极电位
腐蚀产物	可能对金属具有保护作用	无保护作用
极化图	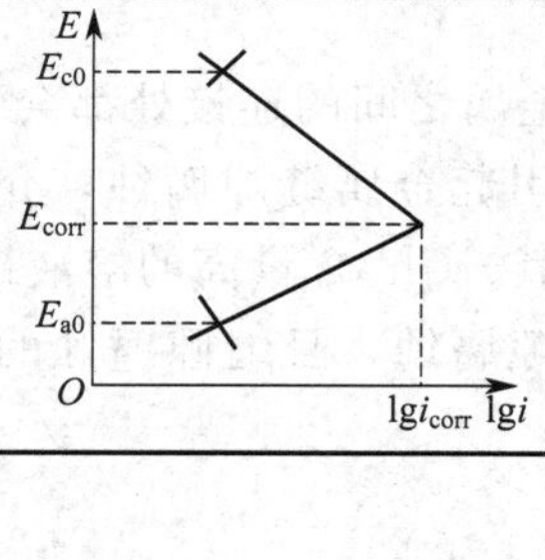 E, E_{c0}, E_{corr}, E_{a0}, O, $\lg i_{corr}$, $\lg i$	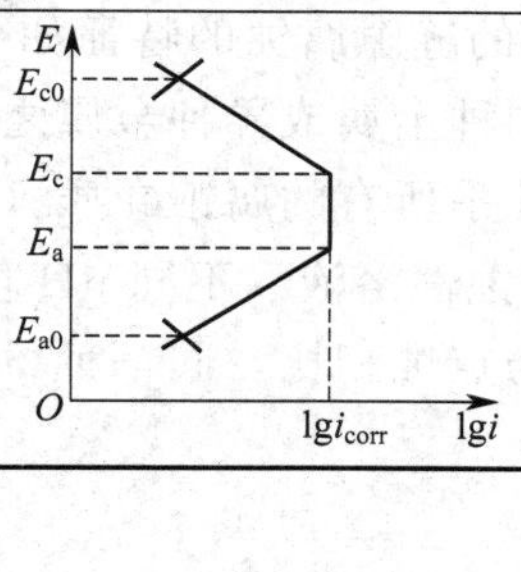 E, E_{c0}, E_c, E_a, E_{a0}, O, $\lg i_{corr}$, $\lg i$

（2）点蚀

点蚀又称为小孔腐蚀或孔蚀，是指金属的大部分表面不发生腐蚀或腐蚀很轻微，但局部地方出现腐蚀小孔并深入金属内部的腐蚀形态。点蚀是破坏性和隐患最大的腐蚀形态之一，仅次于应力腐蚀断裂。它在设备失重很小的情况下，就会发生穿孔破坏，造成介质流失，设备报废。此外，在受应力情况下作为应力腐蚀源，会诱发腐蚀断裂。

点蚀形貌是多种多样的，如图7-1所示，有的窄深，有的宽浅，有的蚀孔小（一般直径只有数十微米）且深（深度大于或等于孔径），分布在金属表面上，有的较分散，有的较密集。孔口多数有腐蚀产物覆盖，少数呈开放式（无腐蚀产物覆盖）。通常认为，小孔的形状既与蚀孔内腐蚀溶液的组成有关，也与金属的性质、组织结构有关。

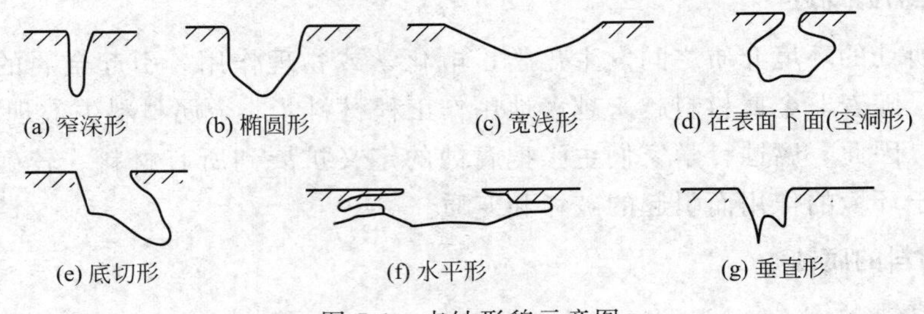

图7-1　点蚀形貌示意图

具有自钝化特性的金属和合金，如不锈钢、铝、钛及其合金，在一定介质中（如含 Cl^- 介质）常发生点蚀。金属发生点蚀时具有下列特征：点蚀常在有特殊离子的介质中发生，如氧化剂（如空气中的氧）和活性阴离子（如卤素离子 X^-）共存的溶液中。活性阴离子会破坏金属的钝性而引起点蚀，卤素离子对不锈钢引起点蚀敏感性的作用顺序为 $Cl^- > Br^- > I^-$。这些特殊阴离子在合金表面的不均匀吸附导致膜的不均匀破坏，诱发点蚀，海洋环境中大量存在 Cl^-。铁合金发生点蚀需最低 Cl^- 浓度，对于不同的金属材料，可以根据这个最低的 Cl^- 浓度来评定其耐点蚀性能。

表面生成钝化膜的金属或合金（如不锈钢、铝及铝合金等）或表面有阴极性镀层的金属（如镀Sn、Cd、Cu或Ni的碳钢表面）表面易发生点蚀，特别是表面的钝化膜或镀层出现局部破坏时，未受破坏的区域和受到破坏已裸露基体金属的区域形成了“活化-钝化腐蚀电池”，钝化表面为阴极，且面积比破坏处的阳极活化区大得多，腐蚀向基体深处发展而形成蚀孔。

（3）缝隙腐蚀

许多设备或构件由于设计不合理或安装、加工过程等原因不可避免会造成缝隙。例如，法兰连接面、螺母压紧面、铆钉头、焊缝气孔、焊渣、溅沫、锈层、污垢等，它们与金属的接触面上，无形中形成了缝隙（图7-2）。

介质进入金属表面的缝隙难以迁移（一般0.025～0.1mm），其中腐蚀相关的物质会引起缝内金属腐蚀加速，主要有衬垫腐蚀、沉积物腐蚀及丝状腐蚀等。

金属的缝隙腐蚀的特征如下：

① 同种金属或异种金属之间，或金属与非金属之间的连接处都会引起缝隙腐蚀。

② 几乎所有的腐蚀介质（包括淡水）都能引起金属缝隙腐蚀，介质可以是任何酸性或中性的侵蚀性溶液（不同pH值），而含有溶解氧、Cl^- 含量高的溶液最易引起缝隙腐蚀。

③ 与点蚀相比，同一种材料更容易发生缝隙腐蚀，且缝隙腐蚀的临界电位比点蚀电位还低。

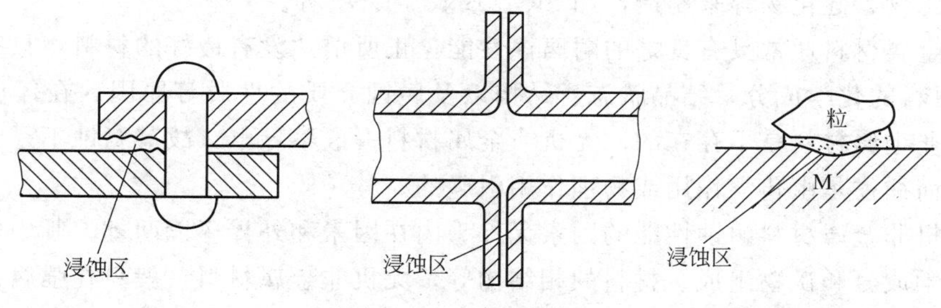

图 7-2　缝隙腐蚀举例

④ 电解质溶液温度升高，增加阳极反应。在敞开系统的海水中，水温 80℃时达到最大腐蚀速率，即缝隙腐蚀危险性最大，超过 80℃，由于挥发作用溶解氧浓度下降，缝隙腐蚀速率下降。

⑤ Cr、Ni、Mo、Cu、Si、N 等能有效提高钢耐缝隙腐蚀性能，而 Rh、Pd 则是有害元素。

缝隙腐蚀与点蚀有许多相似之处，机理基本一致。因而有些研究者把点蚀看作是以孔隙作为缝隙的一种缝隙腐蚀。其实，两者之间还是有很大差异的，具体内容见表 7-2。

表 7-2　缝隙腐蚀与点蚀的区别

比较内容	缝隙腐蚀	点蚀
材料	可发生在所有的金属及合金上，特别容易发生在依赖钝化耐蚀的金属材料表面	多发生在表面生成钝化膜的金属或合金上（如不锈钢）或表面有阴极性镀层的金属（如镀 Sn、Cd、Cu 或 Ni 的碳钢表面）上
部位	集中在体系的几何形状受到限制的表面上	在材料表面非均质处萌生，如非金属夹杂物和晶界
介质	在不含有活性阴离子的介质溶液（静止）中也可发生	必须在含有活性阴离子的介质溶液（静止或流动）中才发生
临界电位	缝隙腐蚀的发生与成长电位范围比点蚀宽，其临界电位比点蚀的低	发生在点蚀电位以上，一般高于缝隙腐蚀的临界电位
腐蚀形态	蚀孔相对广而浅	蚀孔窄而深
腐蚀过程	事先已有缝隙，腐蚀一开始很快形成闭塞电池而加速腐蚀，闭塞程度较小	通过腐蚀逐渐形成闭塞电池，然后才加速腐蚀，闭塞程度大

材料的局部腐蚀还有很多种，如电偶腐蚀、晶间腐蚀、选择性腐蚀、应力腐蚀断裂、氢脆、腐蚀疲劳等。只有在对材料腐蚀原因及机理清楚把握的基础上，才能研制适宜的耐蚀材料及采取适宜的防护措施，达到控制腐蚀的目的。

7.2.1.2　非金属材料的腐蚀

无机非金属材料是除有机高分子材料和金属材料之外的固体材料。无机非金属材料种类繁多，应用很广。大多数传统无机非金属材料为硅酸盐材料，硅酸盐材料指主要由硅和氧组成的天然岩石、铸石、陶瓷、玻璃、水泥等。随着科技的发展，在传统硅酸盐材料的基础上，用无机非金属物质为原料，经粉碎、配制、成形和高温烧结制得了大量新型无机材料，如功能陶瓷、特种玻璃、特种涂层等。现代陶瓷作为结构材料和功能材料发挥着越来越大的作用。

传统无机非金属材料的主要成分为各种氧化物，如 SiO_2、Al_2O_3、TiO_2、Fe_2O_3、CaO、MgO、K_2O、Na_2O、PbO 等。现代陶瓷材料对性能有很高的要求，采用人工合成的碳化物、氮化物、硅化物等来制造，如 SiC、BN、Si_3N_4 等。

无机非金属材料通常具有良好的耐腐蚀性能。正所谓“没有最好的材料，只有最合适的材料”，因材料的化学成分、结晶状态、结构以及腐蚀介质的性质等原因，在任何情况下都耐蚀的无机非金属材料是不存在的。无机非金属材料一般不导电，故其腐蚀不是由电化学过程引起的，而往往是由化学作用或物理作用引起的。

影响无机非金属材料耐蚀性能的因素无外乎内在因素和外界环境两类，其中内在因素包括材料的化学成分和矿物组成、材料的相结构等，无机非金属材料一般只在强腐蚀环境下才能受到严重的腐蚀，因此外界环境中腐蚀介质状况对其影响最严重。非金属材料腐蚀的影响因素如下。

(1) 材料的化学成分和矿物组成

硅酸盐材料成分中以酸性氧化物 SiO_2 为主，它们耐酸而不耐碱，SiO_2 含量较高的耐酸材料，除氢氟酸和高温磷酸外，它能耐所有无机酸的腐蚀。

含有大量碱性氧化物（CaO、MgO）的材料属于耐碱材料。它们与耐酸材料相反，完全不能抵抗酸类的作用。

由硅酸盐组成的普通陶瓷材料不耐氢氟酸和碱腐蚀，而一些新型陶瓷如高氧化铝陶瓷、氮化物陶瓷（如 Si_3N_4）、碳化物陶瓷（如 SiC）等的耐腐蚀性能却明显提高。

(2) 材料的相结构与孔隙率

无机非金属材料的相结构由晶相、玻璃相和气相组成，晶相是固相，一般而言，玻璃相可以看作是过冷液相，因此陶瓷是包含着三态的混合体。

硅酸盐材料的耐蚀性与其结构有关，晶体结构的化学稳定性较无定形玻璃相结构高。例如，结晶的二氧化硅（石英），虽属耐酸材料但也有一定的耐碱性，而无定形的二氧化硅就易溶于碱溶液中。

除熔融制品外，无机非金属材料或多或少总具有一定的孔隙率（气相）。孔隙会降低材料的耐腐蚀性，因为孔隙的存在会使材料受腐蚀作用的面积增大，侵蚀作用也就显得强烈，使得腐蚀不仅发生在表面上，而且也发生在材料内部。当化学反应生成物出现结晶时还会造成物理性的破坏。

如果在材料的表面及孔隙中腐蚀生成的化合物为不溶性的，则在某些场合它们能保护材料不再受到破坏，例如，水玻璃耐酸胶泥的酸化处理。当孔隙为闭孔时，受腐蚀性介质的影响要比开口的孔隙小。因为当孔隙为开口时，腐蚀性液体容易透入材料内部。

(3) 腐蚀介质状况

硅酸盐材料的腐蚀速率似乎与酸的性质无关（除氢氟酸和高温磷酸外），而与酸的浓度有关。酸的电离度越大，对材料的破坏作用也越大。酸的温度升高，解离度增大，其破坏作用也就增强。此外酸的黏度会影响它们通过孔隙向材料内部扩散的速率。例如，盐酸比同一浓度的硫酸黏度小，在同一时间内渗入材料的深度就大，其腐蚀作用也较硫酸强。同样，同一种酸的浓度不同，其黏度也不同，因而它们对材料的腐蚀速率也不相同。

7.2.1.3 高分子材料的腐蚀

高分子材料包括塑料、橡胶、合成纤维、合成涂料和合成胶黏剂 5 类，高分子材料以其优异的性能被广泛应用于日常生活和工程结构中。高分子材料在一般的使用环境下具有较好的耐蚀性，但这并不是说它们在任何环境下都耐蚀。与金属材料相比，大部分高分子材料在酸、碱和盐的水溶液中具有较好的耐蚀性，但在有机介质中其耐蚀性却不如金属。橘子皮挤出的水就能溶解聚苯乙烯泡沫塑料，有些塑料在无机酸、碱溶液中也会很快被腐蚀，如尼龙只能耐较稀的酸、碱溶液，而在浓酸、浓碱中则会遭到腐蚀。

高分子材料的腐蚀一般称为老化，是指高分子材料在制备、加工、储存和使用过程中，由于内外因素的综合作用，其物理、化学性能和力学性能逐渐变坏，以致最后丧失使用价值的现象。这里的内因指高聚物的化学结构、聚集态结构及制备、加工条件等；外因指物理因素、化学因素、生物因素等。高分子材料老化的主要外在表现见表7-3。

表7-3 高分子材料腐蚀（老化）的外在表现

外观	物理性能	力学性能	电性能
污渍	溶解性	拉伸强度	绝缘电阻
斑点	溶胀性	弯曲强度	电击穿强度
银纹	流变性能	抗冲击强度	介电常数
裂缝	耐寒性能	—	—
喷霜	耐热性能	—	—
粉化	透水性能	—	—
光泽变化	透气性能	—	—
颜色变化	—	—	—

高分子材料的腐蚀可分为物理腐蚀与化学腐蚀两类。高聚物的物理腐蚀仅指由于物理作用而发生的可逆性的变化，是高聚物在使用环境中由不平衡体系向平衡体系自发的转变，只涉及高分子聚集态结构的改变，而不涉及分子内部结构的改变。化学腐蚀是指化学介质或化学介质与其他因素（如力、光、热等）共同作用下所发生的高分子材料被破坏的现象。

发生化学腐蚀时，高聚物主要发生主键的断裂，即分子链的破坏，有时次价键的破坏即分子间的解离也属化学腐蚀。化学腐蚀分为因物理过程引起的腐蚀和因化学过程引起的腐蚀两类。物理过程引起的化学腐蚀没有化学反应发生，多数是次价键被破坏，主要表现为渗透破坏、溶胀与溶解、应力腐蚀断裂等。渗透破坏指高分子材料用作衬里，当介质渗透穿过衬里层而接触到被保护的基体（如金属）时，所引起的基体材料的破坏；溶胀和溶解是指溶剂分子渗入材料内部，破坏大分子间的次价键，与大分子发生溶剂化作用，引起的高聚物的溶胀和溶解；应力腐蚀断裂指在应力与介质（如表面活性物质）共同作用下，高分子材料出现银纹，并进一步生长成裂缝，直至发生脆性断裂。

化学过程引起的化学腐蚀发生了化学反应，由此产生了不可逆的主键断裂。腐蚀中发生的化学反应主要是大分子的降解和交联。降解和交联对高聚物的性能都有很大的影响。降解使高聚物的分子量下降，材料变软发黏，拉伸强度和模量下降；交联使材料变硬、变脆、伸长率下降、弹性降低等。

高分子材料的腐蚀与金属腐蚀有本质的区别。对于在腐蚀性介质中发生的腐蚀现象而言，由于金属是导体，腐蚀时多以金属溶解进入电解质溶液的形式发生，因此在大多数情况下金属腐蚀可用电化学过程来说明；高分子材料一般情况下不导电，也不以离子形式溶解入溶剂中，因此其腐蚀过程难以用电化学规律来说明。此外，金属的腐蚀过程大多在金属的表面发生，随着腐蚀的进行逐步向深处发展；而高分子材料，其周围的腐蚀性介质（气体、液体等）向材料内渗透扩散是腐蚀的主要原因，同时，高分子材料中的某些小分子组分（如增塑剂、稳定剂等）从材料内部向外扩散迁移而溶于介质中也是引起高分子材料腐蚀的原因之一。

7.2.2 材料防护概述

7.2.2.1 电化学保护

电化学保护是根据电化学原理，将被保护金属的电位极化到免蚀区或钝化区，以降低腐蚀速率，从而对金属实施保护的方法之一。电化学保护按作用原理可以分为阴极保护和阳极保护两种方法。

(1) 阴极保护

阴极保护是对被保护金属施加外加阴极电流，使其电位负移，发生阴极极化，从而减少或防止腐蚀发生，以保护阴极的电化学方法。根据实施方法的不同，阴极保护又可分为外加电流阴极保护法和牺牲阳极的阴极保护法两种。

外加电流阴极保护法是将被保护金属接到外加直流电源的负极，进行阴极极化而受到保护，达到防蚀的目的，如图 7-3(a) 所示。

牺牲阳极法是在被保护的金属上连接一个电位更负的金属或合金作为牺牲阳极，依靠它不断溶解所产生的电流对被保护金属进行阴极极化，达到保护目的，如图 7-3(b) 所示。

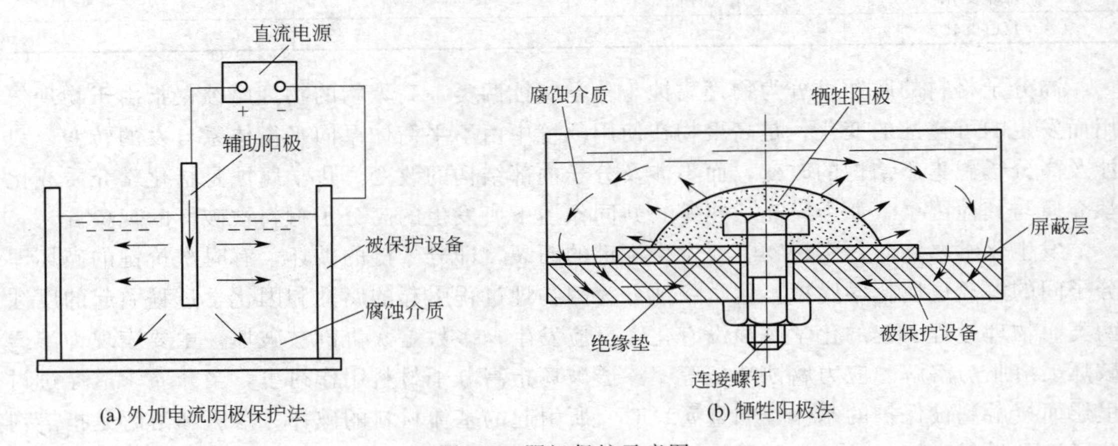

图 7-3 阴极保护示意图

① 外加电流阴极保护法的主要特点。

ⅰ需要外加直流电源。

ⅱ阳极数量少，系统质量轻，电流分布不均匀，因此被保护的设备形状不能太复杂。难溶和不溶性辅助阳极的消耗低，寿命长，可实现长期的阴极保护。

ⅲ驱动电压高，输出功率大，可提供较大保护电流且保护电流能灵活调节，阳极有效保护距离大，可适用于恶劣的腐蚀条件或高电阻率的环境。有可能产生过保护导致氢脆，也可能对邻近金属设施造成干扰。

ⅳ在恶劣环境中系统易受干扰或损伤。

② 牺牲阳极的阴极保护法的主要特点。

ⅰ不需要外加直流电源。

ⅱ阳极数量较多，电流分布较均匀，但阳极质量大，增加结构质量，且阴极保护的时间受牺牲阳极寿命的限制。

ⅲ驱动电压低，输出功率小，保护电流小且不可调节。阳极有效保护距离小，使用范围受介质电阻率的限制，但保护电流的利用率较高，一般不会造成过保护，对邻近金属设施干扰小。

ⅳ系统牢固可靠，不易受干扰或损伤。施工技术简单，单次投资费用低，不需专人管理。

(2) 阳极保护

阳极保护是将被保护金属与外加直流电源的正极相连，使之成为阳极，在腐蚀介质中进行阳极极化，使电位向正值移动到稳定的钝化区，从而减少金属腐蚀速率的电化学保护方法，如图 7-4 所示。

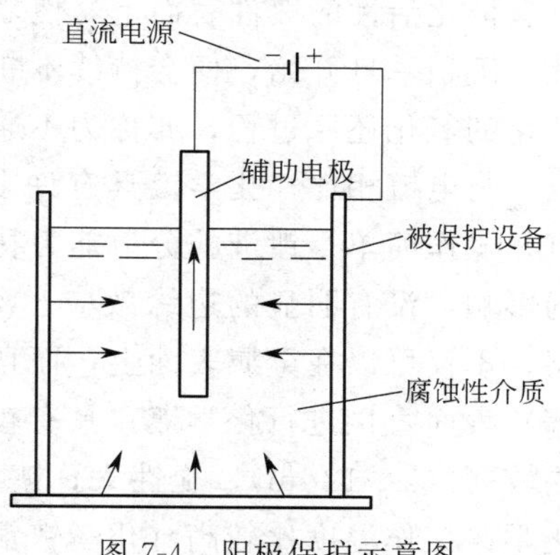

图 7-4 阳极保护示意图

阳极保护特别适合强腐蚀环境的金属防腐蚀，目前阳极保护已应用到在硫酸、磷酸及有机酸等腐蚀性介质中工作的设备上。对于不能钝化的体系或者含 Cl^- 的介质中，阳极保护不能应用，因而阳极保护的应用是有限制的。在实际生产中阳极保护常采用与涂料或无机缓蚀剂联合保护。

阳极保护体系包括阳极、辅助阴极、参比电极、直流电源、导线等。

阳极保护对辅助阴极材料的要求为：应在所用介质中稳定，并因介质而异，在碱性溶液中可用普通碳钢；盐溶液中用高镍铬合金钢或普通碳钢；稀硫酸中可用银、铝青铜、石墨等；浓硫酸中可用铂或镀铂电极、金、钽、钼、高硅铸铁或普通铸铁等；阴极表面积应尽可能大，以减少接触电阻，工程上一般采用长的圆柱体阴极。阴极材料选用时最好在所用极化条件下经过腐蚀试验，并且有一定的机械强度，来源广泛，价格便宜，容易加工等。

阳极保护的参比电极应满足以下要求：电极表面的反应是可逆的；电极是不极化或难于极化的，再现性高，电极在储存和工作时电位保持不变，不受条件影响；电极的结构坚固、材料稳定、制造与使用方便。常用的参比电极主要有：金属/不溶性盐电极、金属/氧化物电极或金属电极等。

阳极保护直流电源应根据所需的电流和电压来选择，一般需要低电压、大电流的直流电源。电源的电压应大于被保护设备建立钝化时的槽电压和线路电压之和。由于致钝电流密度和维钝电流密度差别不大，采用大容量整流器进行致钝、小容量的恒电位仪来维持钝化是比较有利的。

7.2.2.2 表面涂层保护

表面保护涂层种类繁多，通常按照保护层的材质分为金属覆盖层和非金属覆盖层。它们可通过化学法、电化学法或物理方法实现。保护性覆盖层的基本要求如下：

① 结构紧密、完整无孔、不透过介质；

② 与基体金属有良好的结合力，不易脱落；

③ 具有高的硬度与耐磨性；

④ 均匀分布在整个被保护金属表面上。

(1) 金属覆盖层

在金属表面形成保护性覆盖层，可使金属制品与周围介质隔离开来，或者利用覆盖层对基体金属的电化学保护或缓蚀作用，达到防止金属腐蚀的目的。

金属覆盖层保护是在金属表面覆盖上一层或多层耐蚀性较强的金属或合金涂层（或镀层），尽量避免金属和介质直接接触，以防止腐蚀的方法，是金属材料的主要防护技术。这种保护方法主要用来防止大气腐蚀和满足某些功能性金属涂层的需要。金属覆盖层的加工方法有电镀、化学镀、真空蒸镀、热喷涂（火焰、等离子体、电弧）、渗镀、热浸镀、包镀等。

化学镀是指不利用外加电源，而利用氧化还原反应，将溶液中的金属离子还原并沉积在具有催化活性的镀件表面上，使之形成金属镀层的工艺方法。被还原沉积的金属具有催化活性，沉积一旦开始，便会持续不断地进行下去，不会因镀层厚度的增加而减慢或停止，是自催化的氧化还原过程，亦称为不通电镀、自催化镀或异相表面自催化沉积法。

与电镀相比，化学镀具有许多优点：不需要电源设备，浸镀或将镀液喷到零件表面即可，操作简单；镀液的分散能力特别好，镀层厚度均匀、致密、孔隙少；不受零件复杂形状的影响，没有明显的边缘效应，深孔、盲孔、细长管及腔体件内表面，均可获得均一的镀层；不仅可以在金属表面上，而且可以在经过特殊镀前处理的非金属（如塑料、玻璃、陶瓷等）表面直接进行化学镀；具有较好的外观、较高的硬度和耐蚀性。化学镀的主要缺点是镀层较薄（5～12μm），脆性大；镀液稳定性差，使用寿命短，维护、调整和再生困难；一般化学镀工作温度比较高（化学镀铜除外），需要加热设备；镀种较少且成本较高。

（2）非金属覆盖层

非金属覆盖层可分为有机覆盖层和无机覆盖层。

① 有机覆盖层

有机覆盖层主要包括涂料涂层、硬橡皮覆盖层、塑料涂层、防锈油脂和柏油或沥青镀层等。

涂料涂层也叫油漆涂层，因为涂料俗称油漆。涂料保护层指对金属的腐蚀具有阻碍和抑制作用的涂层。涂料一般由四个主要部分组成，即成膜物质、颜料、溶剂和助剂。涂层的保护效果取决于多个因素，如被保护金属的表面处理、与之联合应用的保护措施、涂层的选择与配套、涂层的总厚度、涂装的操作方法及技巧等。

涂层对金属的保护作用来自多方面，主要有屏蔽作用（或隔离作用）、缓蚀作用和电化学保护作用。屏蔽作用是指涂料在被涂基体表面形成连续、致密的漆膜后，把金属与介质隔开，可以阻碍环境中的腐蚀介质侵蚀基体金属。缓蚀作用是指借助涂料中的组分与基体金属反应使其钝化或表面生成保护性的物质，提高保护效果。例如，含有碱性物质的颜料遇水后能使基体金属表面维持弱碱性而起缓蚀作用。电化学保护作用是指在涂料中加入能成为牺牲阳极材料的金属颜料，一旦腐蚀介质渗入后，与基体金属材料接触的金属颜料优先发生腐蚀，从而保护基体金属，如涂刷到钢板上的富锌底漆。

② 无机覆盖层

无机覆盖层主要包括搪瓷涂层、玻璃涂层、硅酸盐水泥涂层、陶瓷涂层、化学转化涂层等，其中应用比较广泛的是化学转化涂层。

化学转化涂层又称化学转化膜，是通过化学或电化学法，使金属表面原子与介质中的阴离子发生反应生成附着性好、耐蚀性优良的化合物薄膜。用于防蚀的化学转化涂层主要有四种，即钢铁的化学氧化膜、铝及铝合金阳极氧化膜、磷酸盐膜及铬酸盐膜。

7.2.2.3 缓蚀剂

缓蚀剂是一种当它以适当的浓度或形式存在于环境（介质）中时，可以防止或减缓腐蚀的化学物质或几种化学物质的混合物。缓蚀剂又叫作阻蚀剂、阻化剂或腐蚀抑制剂等。

缓蚀剂保护作为一种防腐蚀技术，具有用量少、投资少、见效快、保护效果好、设备简单、使用方便、成本低、用途广等一系列优点。腐蚀介质中缓蚀剂的加入量很少，通常为

0.1%～1%。对于被保护的设备，即使其结构比较复杂，用其他保护方法难以奏效的，只要在介质中加入一定量的缓蚀剂，就可以起到良好的保护作用。凡是与介质接触的表面，缓蚀剂都可能发挥作用。使用缓蚀剂不必有复杂的附加设备，无须对金属进行特殊的处理。缓蚀剂不仅可有效地减轻金属的腐蚀，同时还能保持金属材料原来的物理力学性能不变，有时在保护金属的机械强度、加工性能以及改善生产环境、降低原料消耗上也有一定的效果。

在选用缓蚀剂时应注意：首先缓蚀剂的应用条件具有高的选择性，针对不同的材料/环境体系选择适当的缓蚀剂。其次，缓蚀剂一般只用在封闭和循环的体系中，因为对于非循环体系或敞开体系来说，缓蚀剂溶解在体系中，其溶解量不仅随时间的延长而被逐渐消耗，而且随腐蚀介质流失、体系产物的取出而逐渐减少，缓蚀剂会大量地流失，不但成本高，而且有可能污染环境。如电镀和喷漆前金属的酸洗除锈、锅炉内壁的化学清洗、油气井的酸化、内燃机及工业冷却水的防腐蚀处理和金属产品的工序间防锈和产品包装等体系适用。但对于钻井平台、码头、桥梁等敞开体系则不适用。此外，缓蚀剂通常在150℃以下使用；对于不许可污染产品及生产介质的场合不宜采用；许多高效缓蚀剂物质往往具有毒性，这使它们的使用范围受到了很大限制。

缓蚀剂主要应用于那些腐蚀程度中等或较轻系统的长期保护（如用于水溶液、大气及酸性气体系统），以及对某些强腐蚀介质的短期保护（如化学清洗）。在强腐蚀性的介质（如酸）中，不宜用缓蚀剂作长期保护。

（1）缓蚀剂的分类

① 按缓蚀剂对电极过程的影响分类

根据缓蚀剂在电化学腐蚀过程中，对阴极过程和阳极过程的抑制程度可分为阳极型、阴极型和混合型3种类型。

a. 阳极型缓蚀剂　阳极型缓蚀剂又称阳极抑制型缓蚀剂。这类缓蚀剂通常由其阴离子向金属表面的阳极区迁移，氧化金属使之钝化，抑制阳极过程，增大阳极极化，使腐蚀电位正移，腐蚀电流下降，从而降低腐蚀速率，如图7-5(a）所示。这类缓蚀剂大部分是氧化剂，如铬酸盐、亚硝酸盐等。一些非氧化型的缓蚀剂，如苯甲酸盐、磷酸盐、硼酸盐、硅酸盐等本身并没有氧化性，但是在含有溶解氧的水中水解，产生氢氧根离子并在金属表面形成钝化膜，才起到阳极抑制剂的作用，有效阻止金属及其合金的腐蚀。

阳极型缓蚀剂是应用广泛的一类缓蚀剂，常用于中性介质中，如供水设备、冷却装置、水冷系统等。使用时必须注意如用量不足又是一种危险的缓蚀剂。因为用量不足时，金属表面氧化程度不一致，不能使金属表面形成完整的钝化膜，部分金属以阳极形式露出来，形成小阳极大阴极的腐蚀原电池，从而引起金属的局部腐蚀。

b. 阴极型缓蚀剂　阴极型缓蚀剂又称阴极抑制型缓蚀剂，通常是由其阳离子向金属表面的阴极区迁移，被阴极还原或者与阴离子反应而形成沉淀膜，使阴极过程受到抑制，增大阴极极化，从而使腐蚀电位负移，腐蚀电流下降，腐蚀速率降低，如图7-5(b）所示。常用的阴极型缓蚀剂有Ca、Mg、Zn、Mn和Ni的盐，聚磷酸盐，As、Sb、Bi和Hg等重金属盐，除氧剂Na_2SO_4和N_2H_4等。这类缓蚀剂缓蚀效果不如阳极型缓蚀剂，为了达到同样的效果，使用阴极型缓蚀剂的浓度要大一些。但阴极缓蚀剂在用量不足时，不会加速腐蚀，故称为“安全的”缓蚀剂。

c. 混合型缓蚀剂　混合型缓蚀剂又称混合抑制型缓蚀剂。这类缓蚀剂既能抑制阳极过程，又能抑制阴极过程，腐蚀电位的变化不大，但腐蚀电流显著降低，如图7-5(c）所示。这类缓蚀剂可分为含氮的有机化合物（如胺和有机胺的亚硝酸盐等）、含硫的有机化合物（如硫醇、硫醚、环状含硫化合物等）及既含氮又含硫的有机化合物（如硫脲及其衍生物等）3类。

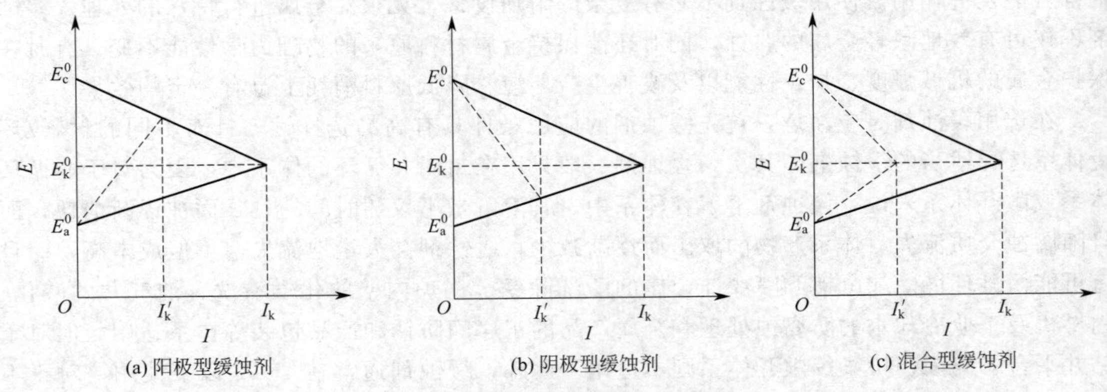

图 7-5 不同类型缓蚀剂的极化图

② 按化学成分分类

按缓蚀剂的化学成分分类，可分为如下两种。

a. 无机缓蚀剂　这类缓蚀剂往往与金属表面发生反应，促使钝化膜或金属盐膜的形成，以阻止阳极溶解过程，如硝酸盐、亚硝酸盐、铬酸盐、重铬酸盐、磷酸盐、聚磷酸盐、硅酸盐、碳酸盐、钼酸盐、硫化物等。

b. 有机缓蚀剂　这类缓蚀剂往往在金属表面上发生物理或化学吸附，从而阻止腐蚀性物质接近金属表面，或者阻滞阴、阳极过程，如各种含氧、氮、硫、磷的胺类、杂环化合物、醛类、咪唑化合物等有机化合物。

③ 按形成的保护膜特征分类

按缓蚀剂形成的保护膜特征分类，可分为如下3种。

a. 氧化（膜）型缓蚀剂　这类缓蚀剂本身是氧化剂或以介质中的溶解氧作为氧化剂，能使金属表面生成致密的、附着性好的氧化膜，造成金属离子化过程受阻，从而阻滞金属腐蚀。由于它们具有钝化作用，故又称为钝化型缓蚀剂或钝化剂。这类缓蚀剂缓蚀效率高、性能好，得到广泛应用。但用量不足时，也是危险性的缓蚀剂，应特别注意。钢在中性介质中常用的 Na_2CrO_4、$NaNO_3$、Na_2MoO_4 等缓蚀剂就属于这一类。

b. 沉淀（膜）型缓蚀剂　这类缓蚀剂本身并无氧化性，由于能与金属的腐蚀产物（Fe^{3+}、Fe^{2+}）或共轭阴极反应的产物（一般是 OH^-）反应，在金属表面生成有一定保护作用的沉淀膜，从而阻滞金属腐蚀。沉淀型覆盖膜一般比钝化膜厚而多孔，致密性和附着力都比钝化膜差，可能造成结垢，缓蚀效果较差，如在中性介质中常用的硫酸锌、聚磷酸钠、碳酸氢钙等。氧化型和沉淀型两类缓蚀剂也常称作覆盖膜型缓蚀剂。它们在中性介质中很有效，但不适用于酸性介质。

c. 吸附型缓蚀剂　这类缓蚀剂能吸附在金属表面形成致密的吸附层，阻挡水分和侵蚀性物质接近金属，从而阻滞金属腐蚀。吸附型缓蚀剂多由有机物质组成，根据吸附机理又可分为物理吸附型（如胺类、硫醇和硫脲等）和化学吸附型（如吡啶衍生物、苯胺衍生物、环状亚胺等）两类。这类缓蚀剂在酸性介质中效果较好，如钢在酸中常用的缓蚀剂硫脲、喹啉、炔醇等的衍生物。

(2) 缓蚀作用机理

不同缓蚀剂的保护机理也各不相同。通常用来解释缓蚀作用的主要理论有吸附理论、成膜理论和电化学理论 3 种。

① 吸附理论 该理论认为缓蚀剂分子吸附在金属表面，形成了连续的吸附层，把腐蚀介质与金属表面隔离开，从而起到抑制腐蚀的作用。目前普遍认为，许多有机缓蚀剂如胺类、亚胺类、喹啉、吡啶、硫醇及硫脲等含氮化合物或含硫化合物的缓蚀机理都可以用吸附理论来解释。这些有机缓蚀剂均属于表面活性物质，其分子由两部分组成，即亲水疏油的极性基（大多以电负性较大的 N、O、S、P 原子为中心原子）和亲油疏水的非极性基（如烷基），当将缓蚀剂加入介质中时，缓蚀剂的极性基容易定向吸附排列到金属表面上，极性基的一端被金属表面所吸附，改变双电层，以提高金属离子化过程的活化能，而由 C、H 原子组成的非极性基则远离金属表面，向上定向排列，形成连续的吸附层，这样便排除了水分子或氢离子等腐蚀性介质或使金属与腐蚀介质隔离，使之难于接近金属表面，从而起到缓蚀作用。缓蚀剂分子被吸附的原因可以归结为物理吸附和化学吸附两种。

a. 物理吸附是具有缓蚀能力的有机离子或偶极子与带电的金属表面产生静电引力和范德华力的结果。物理吸附的特点是：吸附作用小，吸附热小，活化能低，与温度无关；吸附快而可逆性大，易吸附，也易脱附；对金属无选择性；既可以是单分子吸附，也可以是多分子吸附；吸附物质与金属不发生直接接触，依靠保持在金属表面的水分子层使之与腐蚀介质隔开，防止介质对金属的腐蚀，是一种非接触式吸附。

b. 化学吸附是缓蚀剂分子中的 N、O、S、P 等原子在金属表面形成化学键而发生的一种不完全可逆的、直接接触的特性吸附。化学吸附的特点是：吸附作用力大，吸附热高，活化能高，与温度有关；不可逆吸附，吸附速率慢；对金属具有选择性；只形成单分子吸附层；是直接接触式吸附。

② 成膜理论 该理论认为，缓蚀剂能与金属或腐蚀介质的离子发生化学反应，在金属表面上生成一层不溶或难溶的保护膜，阻碍了腐蚀过程，起到缓蚀作用。

这类缓蚀剂中有一大部分是氧化剂，它们使金属表面生成具有保护作用的氧化膜或钝化膜，如铬酸盐、重铬酸盐、硝酸盐、亚硝酸盐等。还有一些缓蚀剂，如许多有机缓蚀剂是非氧化性的，能与金属或介质中的分子或离子相互作用生成不溶或难溶的化合物，紧密地附着在金属表面上，起到缓蚀作用，如在酸性介质中硫醇与铁、在盐酸中喹啉与铁等。

③ 电化学理论 该理论认为缓蚀剂的作用是通过加大腐蚀的阴极过程或阳极过程的阻力(即极化)，从而减缓金属腐蚀。阳极型缓蚀剂按其电极反应过程分为阳极抑制型缓蚀剂（或阳极钝化型缓蚀剂、钝化剂）和阴极去极化型缓蚀剂两种。下面分别讨论其缓蚀机理。

a. 阳极抑制型缓蚀剂 当溶液中加入阳极抑制型缓蚀剂时，缓蚀剂使金属表面容易发生氧化，生成一层致密的钝化膜，或者使原来破损的氧化膜得到修复，提高了金属在腐蚀性介质中的稳定性，从而阻滞金属的腐蚀。阳极抑制型缓蚀剂的作用机理如图 7-6 所示。

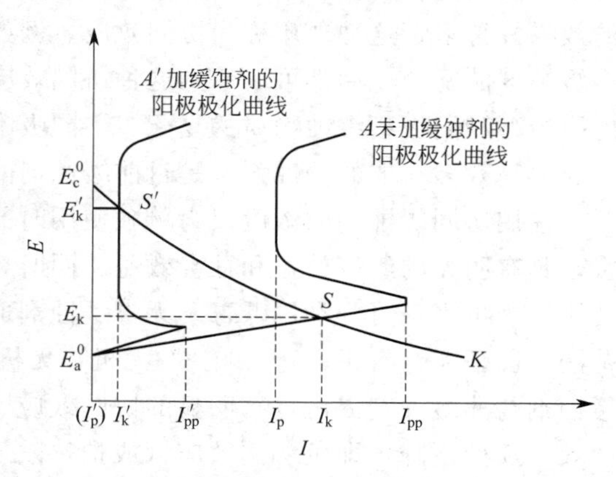

图 7-6 阳极抑制型缓蚀剂的作用机理

当未加缓蚀剂时，金属的阳极极化曲线为 A，添加缓蚀剂后，在金属表面容易生成钝化膜，或者使原来破损的氧化膜得到修复，阳极极化曲线变为 A'。假定两种情况下的阴极极化曲线不变，均为 K，缓蚀剂的加入使得阳极极化曲线和阴极极化曲线的交点由活化态的点 S 变为钝态的点 S'，腐蚀电流由 I_k 减小到 I'_k，腐蚀速率大大降低。例如，在含氧的中性水溶液中加入少量铬酸盐（如铬酸钠），可使钢铁、铝、锌、铜等金属的腐蚀速率显著降低，其机理就属于此种情况。

有些阳极型缓蚀剂加入腐蚀介质中，金属表面不出现钝化现象，而是其腐蚀电位发生明显正移，使极化曲线的塔菲尔斜率加大，这种情况也能减缓金属的腐蚀。例如，重铬酸钾可使铁在 0.05mol·L^{-1} 的硫酸钠溶液中腐蚀电位正向移动 500～550mV。

b. 阴极去极化型缓蚀剂　此类缓蚀剂不会改变阳极极化曲线，但会加速阴极反应过程，增大阴极电流，使阴极极化曲线正移，导致腐蚀电流的降低。其缓蚀机理如图 7-7 所示。

当腐蚀介质中未加入缓蚀剂时，金属在腐蚀介质中的阴极极化曲线为曲线 k_1，与阳极极化曲线相交于 S_1，此时金属处于活化状态，腐蚀电流为 I_{k1}；当腐蚀介质中加入足够的缓蚀剂时，对阳极极化曲线无明显影响，但缓蚀剂的阴极去极化作用使阴极极化曲线从曲线 k_1 处移至曲线 k_3（同一电位下增加了阴极反应的电流密度），此时，阴、阳极极化曲线相交于 S_3，金属进入钝态电位区，腐蚀电流由 I_{k1} 降低至 I_{k3}，腐蚀速率大大降低；但当阴极去极化型缓蚀剂用量不足时，阴极极化不充分，阴极极化曲线由曲线 k_1 移至曲线 k_2，阴、阳极化曲线相交于 S_2，而无法进入钝化区，腐蚀电流由 I_{k1} 增加到 I_{k2}，加剧腐蚀，因此这类缓蚀剂用量不足是很危险的。典型阴极去极化型缓蚀剂有亚硝酸盐、硝酸盐、高价金属离子（如 Fe^{3+}、Cu^{2+}），在酸性溶液中使用的钼酸盐、钨酸盐和铬酸盐也属于此类缓蚀剂。

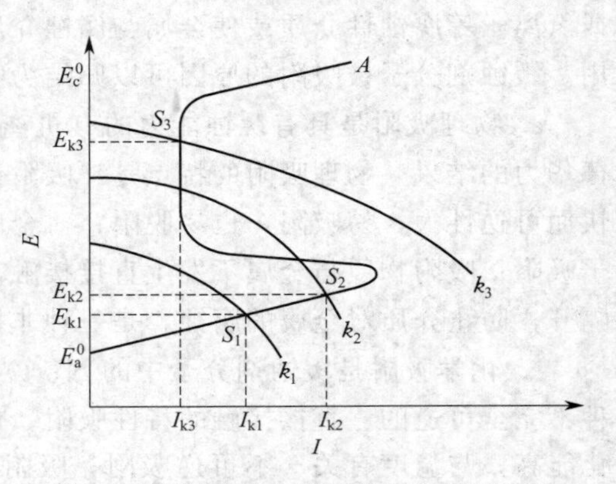

图 7-7　阴极去极化型缓蚀剂的作用原理

（3）缓蚀剂的协同效应

采用两种或两种以上的缓蚀剂以适当的比例混合使用以保护金属时，常常比单独使用时的效果好得多，这种现象称为协同效应。例如，锌盐和铬酸盐、胺和碘化物、锌盐和聚磷酸型缓蚀剂的配合使用都可以起到这种协同效应。产生协同效应的机理随体系而异，一般是考虑阴极型和阳极型缓蚀物质的复配、不同吸附基团的复配、增加溶解性能的复配等。通过复配获得高效多功能的缓蚀剂，是目前缓蚀剂的研究重点。

使用协同缓蚀剂的浓度仅为单独使用时的几分之一至几十分之一，可降低成本，减少公害，具有明显的经济效益和社会效益。同时，使用协同缓蚀剂的缓蚀效率高，保护效果好，使用更为可靠；可为利用低毒、无毒缓蚀剂取代有毒缓蚀剂创造条件；可扩大缓蚀剂的应用范围。已证实，有机-有机、有机-无机、无机-无机缓蚀剂的混用都可能产生协同效应，甚至缓蚀剂与非缓蚀剂混用也有明显的协同效应。但也有相反的现象，即几种缓蚀剂混用后，缓蚀效果反而下降，即负协同效应（或拮抗效应）。因此，选用缓蚀剂时要考虑缓蚀效果不受可能加入的其他物质尤其是各类添加剂的影响，防止负协同效应的出现。

7.3 材料表面处理

材料的表面处理是指利用物理、化学、金属学和热处理等学科的新技术在材料的表面通过人工的方式形成一层与材料的力学、物理和化学性能不同的表层的工艺方法。可以根据需要，通过表面处理赋予材料及其器件的表面以新的机械、物理功能，或其他特殊功能如隐身、发光、吸热等。通过表面处理，可以提高材料的耐磨损、耐腐蚀、抗高温氧化和疲劳等性能。材料表面处理技术主要包括气相沉积技术、化学和电化学处理技术、等离子体表面处理技术等。其中化学和电化学处理技术主要是化学镀和电镀技术，已在前面章节做过论述，这里不再赘述。

7.3.1 气相沉积技术

7.3.1.1 物理气相沉积

在真空条件下，通过物理方法（如电阻加热、高频感应加热等）将镀料气化成原子或分子，或者使其离子化成离子，直接沉积到工件表面，形成涂层的过程，称为物理气相沉积(physical vapor deposition，PVD)，其沉积粒子束来源于非化学因素，如蒸发镀、溅射镀、离子镀等。物理气相沉积的主要方法有真空蒸镀、溅射镀膜、电弧等离子体镀、离子镀膜及分子束外延等。物理气相沉积具有工艺简单、气相固化快、冷却速率快、无污染等特点，然而也存在设备投资大、制备成本高等缺点。发展到目前，物理气相沉积技术不仅可沉积金属膜、合金膜，还可以沉积化合物、陶瓷、半导体、聚合物膜等。

（1）真空蒸镀

真空蒸镀是在真空条件下，将镀料加热并蒸发，使大量的原子、分子气化并离开镀料表面。气态的原子、分子在真空中经过很少的碰撞迁移到基体，镀料原子、分子沉积在基体表面形成薄膜。真空蒸镀常用的蒸发源是电阻蒸发源和电子束蒸发源，特殊用途的蒸发源有高频感应加热、电弧加热、辐射加热、激光加热蒸发源等。真空蒸镀工艺一般包括基片表面清洁、镀前准备、蒸镀、取件等步骤。

① 基片表面清洁　真空室内壁、基片架等表面的油污、锈迹、残余镀料等在真空中易蒸发，直接影响膜层的纯度和结合力，镀前必须清洁干净。

② 镀前准备　镀膜室抽真空到合适的真空度，对基片和镀膜材料进行预处理。在高真空下加热基片，能够使基片的表面吸附的气体脱附，有利于提高镀膜室真空度、膜层纯度和膜基结合力。达到一定真空度后，先对蒸发源通以较低功率的电，进行膜料的预热或者预熔，为防止蒸发到基板上，用挡板遮盖住蒸发源及源物质，然后输入较大功率的电，将镀膜材料迅速加热到蒸发温度，蒸镀时再移开挡板。

③ 蒸镀　在蒸镀阶段要选择合适的基片温度、镀料蒸发温度外，沉积气压是一个很重要的参数。沉积气压即镀膜室的真空度高低，决定了蒸镀空间气体分子运动的平均自由程和一定蒸发距离下的蒸气与残余气体原子及蒸气原子之间的碰撞次数。

④ 取件　膜层厚度达到要求以后，用挡板盖住蒸发源并停止加热。

（2）溅射镀膜

溅射镀膜是指在真空条件下，利用获得动能的粒子轰击靶材料表面，使靶材表面原子获得足够的能量而逃逸的过程称为溅射。被溅射的靶材沉积到基材表面，就称作溅射镀膜。溅射镀膜中的入射粒子，一般采用辉光放电获得，溅射出来的粒子在飞向基体的过程中，易和真空室中的气体分子发生碰撞，使运动方向随机，沉积的膜易于均匀。发展起来的规模性磁控溅射镀膜，沉积速率较高，工艺重复性好，便于自动化，适用于进行大型建筑装饰镀膜及工业材料的功能性镀膜。

（3）离子镀

离子镀是借助于惰性气体辉光放电，使蒸发料粒子熔化蒸发，进入辉光放电区并被电离。带正电荷的蒸发料离子，经电场加速后，离子以较高能量轰击工件表面，逐渐堆积形成一层牢固黏附于工件表面的镀层。离子镀的重要特点是沉积温度只有500℃左右，且覆盖层附着力强，适用于高速钢工具、热锻模等。离子镀的优点如下：

① 膜层和基体结合力强。离子镀的界面扩散深度可达4～5μm，也就是说比普通真空镀膜的扩散深度要深几十倍，甚至上百倍，因而彼此黏附得特别牢。

② 膜层均匀，致密，无针孔，无气泡。

③ 在负偏压作用下绕镀性好。离子镀时，蒸发料粒子是以带电离子的形式在电场中沿着电力线方向运动，因而凡是有电场存在的部位，均能获得良好镀层，这比普通真空镀膜只能在直射方向上获得镀层优越得多。

④ 无污染。

⑤ 多种基体材料均适合于离子镀。各种金属、合金以及某些合成材料、绝缘材料、热敏材料和高熔点材料等均可镀覆。

7.3.1.2 化学气相沉积

低压（有时也在常压）下，气态物质在工件表面因化学反应而生成固态沉积层的过程，称为化学气相沉积（chemical vapor deposition，CVD），如气相沉积氧化硅、氮化硅等。气体包括可以构成薄膜元素的气态反应剂、液态反应剂的蒸汽和发生反应的其他气体。化学气相沉积过程分为三个阶段：反应气体向基体表面扩散、反应气体吸附于基体表面、在基体表面上发生化学反应形成固态沉积物及产生的气相副产物脱离基体表面。化学气相沉积法具有如下特点。

① 沉积物种类多，可以沉积金属薄膜、非金属薄膜，也可以制备多组分合金的薄膜，以及陶瓷或化合物层。

② CVD反应在常压或低真空进行，镀膜的绕射性好，可在复杂形状的基体上以及颗粒材料上镀膜，适合涂覆各种复杂形状的工件。

③ 能得到纯度高、致密性好、残余应力小、结晶良好的薄膜镀层。由于反应气体、反应产物和基体的相互扩散，可以得到附着力好的膜层，这对表面钝化、抗蚀及耐磨等表面增强膜是很重要的。

④ 由于薄膜生长的温度比膜材料的熔点低得多，由此可以得到纯度高、结晶完全的膜层，这是有些半导体膜层所必需的。

⑤ 涂层的化学成分可以随气相组成的改变而变化，从而获得梯度沉积物或者得到混合镀层。利用调节沉积的参数，可以有效地控制覆层的化学成分、形貌、晶体结构和晶粒度等。

⑥ 设备简单、操作维修方便。

⑦ 反应温度太高，一般要850～1100℃下进行，许多基体材料都耐受不住CVD的高

温。采用等离子体和激光辅助技术可以显著地促进化学反应，使沉积在较低的温度下进行。

用于CVD技术的化学反应主要有热分解反应、还原反应、氧化反应和置换反应以及生成氮化物和碳化物的反应等。

(1) 热分解反应

热分解反应是最简单的沉积反应，一般在简单的单温区炉中进行。首先在真空或惰性气氛下将衬底加热到一定温度，然后导入反应气态源物质使之发生热分解，最后在衬底上沉积出所需的固态材料。热分解反应可应用于制备金属、半导体及绝缘材料等。最常见的热分解反应有氢化物分解、金属有机化合物的热分解以及其他气态络合物及复合物的热分解。

$$SiH_4(g) \xrightarrow{650℃} Si(s) + 2H_2(g)$$

$$Ni(CO)_4(g) \xrightarrow{180℃} Ni(s) + 4CO(g)$$

$$AlCl_3 \cdot NH_3(g) \xrightarrow{900℃} AlN(s) + 3HCl(g)$$

(2) 还原反应

CVD反应中使用的还原反应类型主要有氢还原反应、复合还原反应、金属还原反应等。

氢还原反应的优点在于反应温度明显低于热分解反应，其典型应用是半导体技术中的硅气相外延生长，从相应的卤化物中制备出硅、锗、钼、钨等半导体或金属薄膜。

$$SiCl_4(g) + 2H_2(g) \xrightarrow{1200℃} Si(s) + 4HCl(g)$$

$$WF_6(g) + 3H_2(g) \xrightarrow{300℃} W(s) + 6HF(g)$$

复合还原反应主要用于二元化合物薄膜的沉积，如氧化物、氮化物、硼化物和硅化物薄膜的沉积。利用复合还原反应可以制备 Si_3N_4 薄膜。

$$3SiCl_4(g) + 4NH_3(g) \xrightarrow{900℃} Si_3N_4(s) + 12HCl(g)$$

$$3SiH_4(g) + 4NH_3(g) \xrightarrow{300℃} Si_3N_4(s) + 12H_2(g)$$

许多金属如锌、镉、镁、钠、钾等有很强的还原性，这些金属可用来还原钛、锆、硅的卤化物。在化学气相沉积中使用金属还原剂，其副产的卤化物必须在沉积温度下容易挥发，这样所沉积的薄膜才有较好的纯度。最常用的金属还原剂是锌，锌的卤化物易挥发，其典型的化学反应式为

$$SiCl_4(g) + 2Zn(s) \longrightarrow Si(s) + 2ZnCl_2(g)$$

另一种金属还原剂是镁，在工业中常用来还原钛，其反应式为

$$TiCl_4(g) + 2Mg(s) \longrightarrow Ti(s) + 2MgCl_2(g)$$

(3) 氧化反应

氧化反应主要用来沉积氧化物薄膜，所用的氧化剂主要是氧气。典型的氧化反应有

$$SiH_4(g) + O_2(g) \xrightarrow{450℃} SiO_2(s) + 2H_2(g)$$

$$SiCl_4(g) + O_2(g) + 2H_2(g) \xrightarrow{1500℃} SiO_2(s) + 4HCl(g)$$

(4) 置换反应

由置换反应可以生成碳化物、氮化物、硼化物的沉积薄膜，其典型的化学反应式为

$$SiCl_4(g) + CH_4(g) \xrightarrow{1400℃} SiC(s) + 4HCl(g)$$

$$TiCl_4(g) + CH_4(g) \xrightarrow{1000℃} TiC(s) + 4HCl(g)$$

7.3.2 等离子体表面处理技术

等离子又名电浆，是由气体经电离产生的大量带电粒子（其中包括正离子、电子、自由基和各类活性基团等）组成的集合体，其中正电荷和负电荷电量相等故称等离子体，等离子体是除固态、液态、气态之外物质存在的第 4 态。根据其温度分布不同，等离子体分为高温等离子体和低温等离子体，低温等离子体的气体温度要远远低于电子温度，使其在材料表面处理领域具有极大的竞争力。低温等离子体技术是一种干式工艺，具有节能、无公害、处理时间短、效率高以及能满足环境保护要求等优点。

等离子体表面处理深度仅涉及距离材料表面几纳米到几百纳米范围，只改变材料表面的物理和化学特性，材料本身物理、化学特性不发生改变。等离子体表面处理利用气体（如氮、氧等）的等离子体中的能量粒子和活性物种与待加工材料的表面发生反应，使其表面产生特定的官能团。等离子体表面处理通常采用高频辉光放电法。处理器主要由反应室、高频电源、真空系统和单体进样系统组成。先将反应器抽真空，然后充入单体蒸汽或载气和单体的混合气体并维持设定的气压值，在高频（一般为 13.56MHz）电场中发生辉光放电产生低温等离子体，借助压缩空气将等离子喷向工件表面，无论惰性还是活性气体的等离子体，当与被处理物体表面相遇时，会发生刻蚀作用，或形成致密的交联层，或引入特定官能团（羟基、羧基）。

等离子体表面处理技术广泛用于优化金属材料的表面性质，即增强材料的抗磨损和硬度、减小摩擦、耐疲劳以及耐腐蚀等。离子体表面处理技术主要包括等离子体渗氮（碳或碳氮共渗）、离子注入、等离子体喷涂、等离子体辅助沉积膜和离子镀膜等。等离子化学热处理利用辉光放电来激活各种特殊工艺所需的气体源，可以实现诸如渗氮、渗碳和渗硼等。离子氮化又叫等离子体渗氮，是最多用于钢铁表面的耐磨抗腐蚀处理的一种传统方法。通过对铁和钢进行离子渗氮来提高其摩擦和耐腐蚀特性。所形成的渗层含有固溶体和化合物相，可提高金属材料的硬度。

等离子技术处理过的表面，无论是塑料、金属还是玻璃，表面能都会提高，通过这样的处理工艺，制品的表面状态才能充分满足后续的涂装、粘接等工艺的要求。等离子表面处理用于印刷包装行业中处理胶结面工艺，可以极大地提高粘接强度，降低成本，粘接质量稳定，产品一致性好，不产生粉尘，环境洁净。近年来，等离子体表面改性技术在医用材料改性上的应用已成为等离子体技术的一个研究热点。利用等离子体表面处理技术可以解决材料抗凝血、生物相容性、聚合物表面亲水性等问题。

等离子表面处理技术具有以下优势：

① 环境友好。等离子体表面处理作用过程是气固相干式反应，不消耗水资源、无须添加化学试剂。

② 工艺效率高。整个工艺能在较短的时间内完成。

③ 工艺成本低。装置简单，容易操作维修，少量气体代替了昂贵的清洗液，同时也无处理废液成本。

④ 技术处理更精细。能够深入微细孔眼和凹陷的内部并完成清洗任务。

⑤ 适用范围广。等离子表面处理技术能够实现对大多数固态物质的处理，因此应用的领域非常广泛。

7.4　船舶与海洋工程中的化学

随船舰使用广泛化、海洋环境复杂化、海洋资源开发深度化、海洋工程多元化，船舶与海洋工程成为捍卫疆域完整、国际贸易、海洋环境保护、海洋资源开发等亟待发展的学科，而化学在其中起着重要的作用，船舶制造用材料选择、船舶防护与防腐蚀、海洋工程原理等的基本理论和基本知识等都与化学密切相关。如船舶及海洋工程用结构钢中化学成分C、Si、Mn、P、S、Cr、Ni、Cu、Nb、V、Ti、Mo、Al的检测、海洋环境的化学成分分析、海洋资源的丰度、船舶防护与防腐蚀方法等。

7.4.1　船舶化学

在海洋环境中使用的船舶处于长期持续的动载运行状态，免不了受到强腐蚀性的海洋大气和海水介质的侵蚀，几种腐蚀形式常常叠加，腐蚀现象非常严重，特别是不同材料相互连接的局部区域，腐蚀损坏现象更是明显，直接影响安全和运营，甚至缩短船舶寿命。因此，船舶营运或服役一段时间后，需进厂维护修理，利用船只进坞（上排）、设备出舱、覆盖层拆除等作业，测量钢板剩余厚度、蚀坑深度，实物取样，观察腐蚀产物形貌，分析各种局部腐蚀形态；然后结合船体修理换板统计资料，摸索船体腐蚀规律，找出腐蚀原因，提出防护对策。

船体腐蚀的根本原因是水环境中各种理化因素对船舶的化学腐蚀、电化学腐蚀以及细菌等生物腐蚀，其中最主要的是电化学腐蚀（图7-8）。腐蚀程度与船舶建造材料的化学组成、材料结构和防腐蚀设计密切相关。

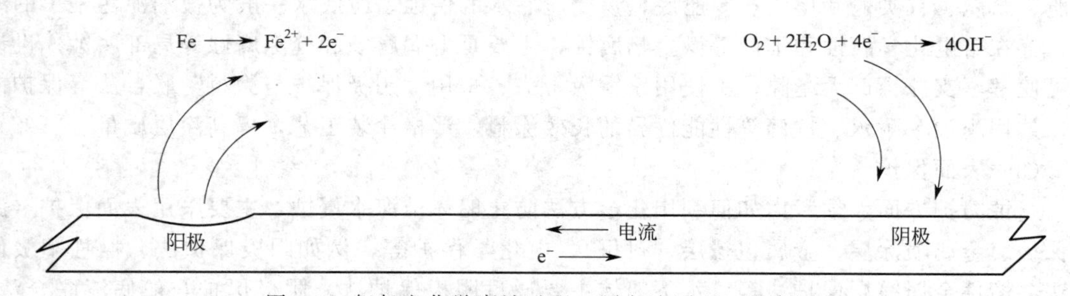

图7-8　舰船电化学腐蚀过程（原电池原理）示意图

由于不同金属本身的电偶序（即电位）存在着差别，当两种金属处于同一电解质中，并由导体连接这两种金属时，腐蚀电池就形成了。电流通过导体和电解质形成电流回路，此时两种金属之间的电位差越大，则电路产生的电压越大。腐蚀电池一旦形成，阳极金属表面因不断地失去电子，发生氧化反应，使金属原子转化为正离子，形成以氢氧化物为主的化合物，也就是说阳极遭到了腐蚀；而阴极金属则相反，它不断地从阳极处得到电子，其表面因富集了电子，金属表面发生还原反应，没有腐蚀现象发生。

腐蚀过程如下。

氧化反应：$Fe \longrightarrow Fe^{2+} + 2e^-$

还原反应：$O_2 + 2H_2O + 4e^- \longrightarrow 4OH^-$

$2H_2O + 2e^- \longrightarrow H_2 + 2OH^-$

腐蚀与防护研究越来越多地与其他学科交叉，实验室模拟、电化学测量技术、原位动态实时监测和材料环境腐蚀数据库等领域都取得了长足的发展。船舶的防护包括合理选材、合理设计结构、表面保护（涂层保护、金属喷涂层、金属包覆层、衬里）、阴极保护等。

（1）合理选材

船舶工业中常用的金属材料有碳钢和低合金钢、铜和铜合金、铝及铝合金、不锈钢、钛及钛合金，主船体材料主要是碳钢和低合金钢。同样钢材建造的船只，船体各部位的腐蚀速率相差很大，因为不同船体部位环境条件、保护状况存在差异，而环境条件、保护状况又与船舶设计密切相关。船舶总体环境条件为海水全浸环境和海洋大气环境，而局部和具体环境比较复杂，船体外部环境为海水全浸环境（水下船体）、干湿交替环境（水线区）和海洋大气环境（干舷、甲板、建筑），船体内部环境属于海洋大气环境，而海洋大气环境又有一般大气环境、潮湿积水环境和舱底积水环境。材料化学方面，研究船体使用的钢材及其他材料的制备方法、所采用材料的物理和化学性质、材料的防腐蚀性能和其他特定性能，根据船只功能、各部位气息环境确定用材。对船体上涉及的各种密封材料、涂料等高分子材料，从材质、制备方法、化学组成、物理和力学性能等深入研究、严格把控。

（2）合理设计结构

船舶设计、制造和使用中，不仅要考虑选材事宜，同样要注重船只内部结构、污损产生的原理和速度，研究一系列防腐保护措施，强化防腐蚀设计。防腐设计体现在船舶结构设计时，有以下几个方面：避免死角和开流水孔，预防水滞留，不让异金属直接接触以避免电偶腐蚀的发生，减少结构缝隙避免缝隙腐蚀等。防腐措施因船体部位和功能不同而异，如海水全浸环境更多研究表面保护、电化学保护法等；干湿交替环境、舱内等，内部结构复杂，局部腐蚀环境恶劣，船体结构容易发生自上而下、自里到外的腐蚀破坏，主机舱、副机舱、锅炉舱、泵舱、首尖舱和尾尖舱等舱底，易受舱底水的侵蚀。舱底水一般为被油泥污染了的海水，存在着电化学腐蚀和细菌等微生物腐蚀，主要是电偶腐蚀和缝隙腐蚀等局部腐蚀。设计中可使基座支撑桁部无缝隙、不使用紫铜吸干头、采用“阴极保护与涂料”联合法等保护内仓，选用耐油、耐水、抗菌等性能优异的长效涂料，严格涂装工艺，提高涂层质量。

（3）表面保护

腐蚀防护方面，须考虑如何利用化学方法防止船体被海水侵蚀，主要采用表面保护（涂层保护、金属喷涂层、金属包覆层、衬里）、电化学保护等，例如阴极保护法、牺牲阳极保护法、惰性金属镀层保护法等。水下船体主要通过阴极保护法、阴极保护与舱底漆联合法，选用合适的阳极进行合理布置，提高阴极保护的可靠性。自 1824 年英国化学家 Davy 首次应用阴极保护技术对船舶进行防护以来，经过近 200 年的发展，阴极保护技术得到了迅速发展和广泛应用。20 世纪 60 年代开始，阴极保护技术已经成为世界各国舰船必不可少的防腐技术，其明显的保护效果和先进的技术经济性能得到了世界腐蚀与防护领域的普遍认可。但船舶阴极保护技术并不是十分完善，各国海军研究部门和腐蚀与防护研究人员仍不断地对舰船的腐蚀机理与防护工作开展研究、完善并加以发展，如提高外加电流系统的可靠性和自动化程度。

但内舱局部潮湿积水，不能像水下船体那样全面采用“涂料＋牺牲阳极”（或外加电流）联合保护，仅靠涂料保护，船体结构的电化学腐蚀较为严重。内舱积水主要因水密门、通风口、管路设备、船冷凝或空调冷凝水、生活或清洁水等所致，容易滞留和聚集在船体结构的低凹部位和覆盖层夹缝部位。

船舶用涂料应具有良好的附着力、较好的耐水性、耐化学品性和耐磨性等卓越性能。船舶防腐漆能在苛刻条件下使用，并具有长效防腐寿命，船舶漆在化工大气和海洋环境里，应可使用10年或15年以上，即使在酸、碱、盐和溶剂介质里，并在一定温度条件下，也能使用5年以上；其次具厚膜化、附着力强、质量好、涂层与基体结合力强、高效方便、施工简便、价位合理也是重要标志。

表面涂层保护一般采用合适的船舶涂料，以一定的工艺技术，在船舶的各个部位覆盖，形成一层完整、致密的涂层，使船舶各部位的钢铁表面与外界腐蚀环境相隔离，以防止船舶腐蚀。船舶涂料是船舶底漆、船底防锈漆、船底防污漆、船舶水线漆系列、船壳及上层建筑用漆、各类船舶舱室用漆——压载水舱漆、油舱漆、饮水舱漆、干货舱漆等一系列油漆组成的；车间底漆包括酚醛改性磷化底漆、环氧富锌底漆、正硅酸酯锌粉底漆、不含金属锌粉底漆；防锈底漆有磷酸锌防锈漆、锌黄防锈漆、红丹防锈漆及其他防锈漆；船底漆即船水下部位的用漆，有船漆防锈漆（沥青船底防锈漆、氯化橡胶船底防锈漆、环氧沥青船底防锈漆）和船底防污漆（溶解型，沥青系氧化亚铜防污漆；接触型，氯化橡胶、乙烯类氧化亚铜防污漆；扩散型，有机锡防污漆；自抛光防污漆，有机锡高聚物防污漆）。

（4）阴极保护

阴极保护是对于船舶中与海水直接接触的部位，采用比钢铁的电极电位更小的被牺牲掉的金属或合金充当阳极，与钢铁船体电性连接，使船体在整体上成为阴极，这称为牺牲阳极保护；或给钢铁船体不断地加上一个与钢铁腐蚀时产生的腐蚀电流方向相反的直流电，将处于腐蚀状态的金属的电位降低至其免蚀区，达到该金属的热力学稳定状态，使船体在整体上成为阴极，并且得到极化，从而使金属的腐蚀速率大大降低甚至停止，保护钢铁船体免受腐蚀，这称为外加电流保护。

牺牲阳极的阴极保护是船舶浸水部分最有效、应用广泛的方法之一，所采用的阳极材料电化学性能的好坏是牺牲阳极的阴极保护水平的技术关键。目前，船体使用的牺牲阳极有锌-铝-镉三元合金（称为三元锌牺牲阳极）、高效铝合金阳极、铁合金阳极等。各种不同船型所采用的牺牲阳极型号和数量是根据船体各部位的形状、面积和环境情况专门设计的。牺牲阳极保护阴极不需要外加电流，不干扰邻近设施，设备简单，施工方便。牺牲阳极保护技术的发展趋势是以新型的铝合金阳极替代传统的锌合金阳极，达到延长保护寿命，降低保护费用的目的。

在海洋环境中使用的船舶，腐蚀现象的严重性，直接影响其安全和营运，甚至缩短船舶寿命，受到造船和腐蚀界的高度重视。1981年我国下达了国家科学基金重大项目“材料海水腐蚀数据积累及腐蚀与防护研究”，并先后完成了青岛站、舟山站、厦门站、榆林站的组建，组成了中国海水腐蚀试验站网，分别分布在黄海、东海、南海海域，代表着不同海域海洋特性，除采用长焦显微镜、岩镜显微镜外，大量使用透射电镜、扫描电镜、电子探针、电子能谱仪等对金属的海水锈层进行分析。现已获得几十万个数据，建立了五十种金属在我国三大海域天然海水中的腐蚀电偶序，填补了国内绝大部分金属材料腐蚀数据的空白，为材料的选用提供了有利的依据，已成为我国沿海工业、建筑等设计、选材、防护的重要依据。

7.4.2 海洋工程化学

海洋工程以开发、利用、保护、恢复海洋资源为目的，工程主体位于海岸线向海一侧的新建、改建、扩建工程，海洋工程的主要内容为资源开发技术与装备设施技术。海洋工程是应用海洋基础科学和有关技术学科开发利用海洋的综合技术科学，海洋开发技术和设备的不断进步，推动了海洋资源的全面开发利用，海洋资源开发利用已成为各海洋国家发展的重要支柱，海洋生物资源开发一直是世界各国的竞争热点，海洋污染控制和防范也受到国际社会的高度关注，海陆关联工程与技术在现代海洋开发中发挥着越来越重要的作用。海洋能源、海洋资源的开发利用以及海洋污染控制和防范都离不开化学理论和基础知识。

当前海洋资源开发利用主要为海洋资源开发（生物资源、矿产资源、海水资源等），海洋空间利用（沿海滩涂利用、海洋运输、海上机场、海上工厂、海底隧道、海底军事基地等），海洋能利用（潮汐发电、波浪发电、温差发电等），海岸防护、海洋建设及勘测等。海洋资源开发主要是从海洋水体、海洋生物体和海洋沉积层中开发利用化学资源，如从海洋水体直接提取稀缺的元素（镁、溴等）、化合物（海盐、卤水等）和核能物质（铀等），从海洋生物体中提取具有生理活性的天然有机物，从海洋沉积层开采石油、天然气等。

7.5 机械与土建工程材料化学

7.5.1 机械工程材料化学

目前，我国处于经济转型的关键时期，机械制造业是我国的支柱产业之一，但我国的机械水平和发达国家有一定距离，因此更需要重视制造业的发展。机械制造工程中利用物理定律为机械系统做分析、设计、制造及维修，以有关的自然科学和技术科学为理论基础，结合生产实践中的技术经验，研究和解决在开发、设计、制造、安装、运用和维修各种机械中的全部理论和实际问题，研制和发展新的机械产品，增加生产、提高劳动生产率、提高生产的经济性。机械工程是多领域、多学科的综合应用，虽然更多地涉及物理领域，但随着化学的不断发展，化学为机械制造业的发展提供了强有力的支持，并且随着现代化学的飞速发展，化学对机械制造业的贡献越来越大，化学对机械工程的影响也日益加强。

人类已发现了 118 种元素，而自然界存在的物质以及人工合成的物质却有亿万种，这些物质都是由一种或一种以上元素组成，机械工程材料主要为金属材料、陶瓷材料、高分子材料（工程塑料、橡胶等）、复合材料，其中最常用的是金属材料。这些材料都由化学元素组成，因所需力学性能和使用性能要求的不同，常常需要对金属材料或工件进行相关的处理或加工，其过程中发生着一系列的物理和化学变化，变化速率、变化程度都将影响材料的各种性能。

机械工程中，焊接是必不可少的环节，如利用可燃气体与助燃气体混合燃烧生成的火焰为热源，熔化焊件和焊接材料使之达到原子间结合的气焊。其助燃气体主要为氧气，可燃气体主要采用乙炔、液化石油气等。在气焊中，氧气和乙炔或液化石油气发生剧烈的化学反应，产生高温火焰使焊件熔化。

机械工业中最重要的化学应用体现为金属材料的表面热处理，应用的化学基本方法、涉及的化学反应原理比较广泛。工业生产中普通热处理工艺主要为退火、正火、淬火、回火，俗称“四把火”；表面热处理则包括表面淬火（感应加热淬火、火焰淬火）和化学表面热处理（渗碳、氮化、碳氮共渗等）。

（1）表面淬火

表面淬火是仅使钢铁工件的表面得到淬火的一种表面热处理工艺，提高了工件表面的硬度、强度、耐磨性和疲劳强度，而心部仍具有较高的韧性，获得“表硬心韧”的力学性能，常用于轴类、齿轮类等零件，这些零件要求具备耐磨、抗扭转、抗弯曲疲劳和接触疲劳等性能。操作时利用快速加热的方法使工件表层奥氏体化，然后立即淬火使表层组织转变为马氏体组织（相变），心部组织基本不变。淬火的同时伴随着化学变化，金属表面部分被氧化，如：$3Fe+4H_2O = Fe_3O_4+4H_2$，甚至有少量的碳发生氧化出现脱碳现象，化学反应的速率、氧化和脱碳等变化程度将影响相变和材料的力学性能和使用性能。

（2）化学表面热处理

化学表面热处理又称化学热处理，它利用化学反应，有时兼用物理方法改变钢件表层化学成分及组织结构。将钢件或合金工件置于适当的介质中加热保温，使一种或几种元素渗入它的表层，改变其化学成分和组织，从而使材料获得所需性能。经化学热处理后的钢件，实质上可以认为是一种特殊复合材料。材心部为原始成分的钢，表层则是渗入了合金元素。化学热处理的方法繁多，多以渗入元素或形成的化合物来命名，例如渗碳、渗氮、渗硼、渗硫、渗硅、碳氮共渗、氧氮共渗、硫氰共渗、硼硅共渗、碳氮硫氧硼五元共渗、铝硅共渗、渗铝、渗铬、渗锌、渗钒、铬铝共渗、铝硼共渗、钛硼共渗、钛氮共渗等，及碳（氮）化钛覆盖等。化学表面热处理通过加热、保温和冷却等，有意识地改善钢的组织，从而使金属材料获得所需要性能。近年来，发展了另一大类化学热处理方法，将具有某种特殊性能的化合物通过物理或化学方法直接沉积于金属基体表面，形成一层覆盖层，例如气相沉积氮化钛、碳化钛等。化学热处理主要用于提高工件表面的硬度、耐磨性、疲劳强度或某种化学性能及物理性能等。

化学表面热处理是通过原子扩散、化学反应等方法，使被处理材料表面成分、组织、形貌发生改变，从而使表面获得不同于基体材料性能，化学热处理后的钢件表面获得比表面淬火更高的硬度、耐磨性和疲劳强度或其他物理化学性能，同时心部仍保持良好的塑性和韧性，因此化学表面改性工艺在应用钢铁材料各部门中被广泛使用。

化学表面热处理经历分解、外扩散、吸附、介质中的扩散、金属中的反应五个基本过程，从渗剂中分解出含有被渗元素的“活性原子”，渗入元素原子向工件表面扩散，工件表面吸附并溶解被渗活性原子，渗入元素原子由高浓度表面向内部迁移，渗入元素的浓度超过工件基体的极限溶解度时形成新相，结果是在工件表面获得一定深度的扩散层。工件表面扩散层的厚度和浓度是由分解、外扩散、吸附、介质中的扩散、金属中的反应速率及它们之间的相互关系决定的。这些过程相互联系、相互制约。在一般情况下，扩散是控制化学表面改性处理的主要过程。因为扩散是上述五个基本过程中最慢的一个环节，为限速步骤，故加快扩散速率，可以加速化学表面改性处理过程。

7.5.2　土建工程材料化学

钢铁、水泥、砂、石、化学建材等是土建工程中的主体材料。土建行业的巨大发展离不开材料的进步，材料的进步又离不开化学的发展。材料对于建筑行业发展的影响是巨大的，每一种新材料的出现使规模更大、结构更复杂的道路、桥梁、建筑等成为可能。

（1）化学建材

土建工程材料越来越多地应用化学建材，主要为合成建筑材料和建筑用化学品之类的化学材料，一般具有轻质、高强、防腐蚀、不蛀、隔热、隔声、防水、保温、色泽鲜艳等许多优良性能。化学建材在建筑工程上的用途十分广泛，已经成为继钢材、水泥、沙石和木材之后的第五大建筑材料。化学建材中最常用的是塑料门窗、塑料管材、建筑涂料、防水材料、建筑胶黏剂、保温隔热材料等各类产品。其中应用最广的是塑料门窗、塑料管材和建筑涂料等化工材料，化学赋予了土建工程材料和土建行业新生命。

（2）钢筋混凝土

钢筋混凝土是当今世界应用最广泛的建筑材料之一，其用量比金属、木材、塑料等的总和还要多。在使用期间，钢筋混凝土建筑物或构筑物常常因腐蚀而破坏，造成了很大的经济损失，对钢筋混凝土的腐蚀与防腐问题的解决，都是基于化学和电化学原理。

混凝土由水泥、石子、沙子及部分掺和剂经水化固结而成，主要腐蚀有以下几类。第一类是混凝土中的可溶性成分 $Ca(OH)_2$ 被水溶解、浸出，引起胶凝体水解，从而导致混凝土结构破坏。第二类是可溶性盐随着水渗透到混凝土空隙中，当水分蒸发时，盐会结晶析出，结晶积聚、膨胀，会导致混凝土粉化，这种腐蚀叫作膨胀腐蚀。第三类是大气中的二氧化硫、二氧化氮、酸雨、酸性土以及工业环境中的酸性汽、渣等与混凝土中的活性成分发生化学反应，使混凝土结构破坏，这种腐蚀称为酸化腐蚀。

工程实践中，混凝土中钢筋的腐蚀是十分复杂的，在一定环境下往往有多种因素同时起作用，实际工程中要根据环境条件采取相应的措施。

① 在满足建筑结构要求的前提下，根据不同的腐蚀环境选择适当耐蚀性强的水泥、骨料和钢材。

② 完好的混凝土，对其内部钢筋提供了一个良好的防腐蚀环境，最大限度地提高混凝土的密实性，防止裂缝出现，是钢筋混凝土防腐蚀的出发点。混凝土的密实性涉及许多因素，如选择良质水泥、增加水泥用量、使用优良外加剂、优化制作工艺、增加混凝土保护层厚度等。

③ 根据腐蚀环境，选择不同的表面处理措施，对经常受环境水冲刷、浸湿的混凝土表面，采用憎水性有机硅材料处理。沉积在混凝土表面的有机硅化合物被吸附在孔隙或毛细孔的壁上，与混凝土中的氧化物、氢氧化物等一起形成防水膜，能有效地防止水的侵蚀。

（3）混凝土外加剂

随着工程技术的发展，对混凝土性能要求越来越高。如高层建筑要求高强度、高耐久性；泵送混凝土要求高的流动性，这些性能都要求添加高性能外加剂。所以，外加剂的使用促使混凝土技术得到了突破，并且它在工程中应用的比例也越来越大。

外加剂因功能不同有多种类型，主要有以下几种：

① 改善混凝土拌合物流变性能的外加剂，包括各种减水剂、引气剂和泵送剂等；

② 改善混凝土凝结时间和硬化性能的外加剂，如早强剂、缓凝剂、速凝剂等；

③ 改善钢筋混凝土耐久性的外加剂，如引气剂、防水剂、防冻剂和阻锈剂等；

④ 改善混凝土其他性能的外加剂，包括加气剂、膨胀剂、着色剂和泵送剂等。

常用减水剂均属表面活性物质，其分子是由亲水基团和憎水基团两个部分组成，在维持混凝土坍落度基本不变的条件下，能减少拌合用水量，主要有普通型减水剂、高效型减水剂、早强型减水剂、缓凝型减水剂、缓凝高效型减水剂及引气型减水剂等。

早强剂能提高混凝土早期强度，并且对后期强度无显著影响，主要作用在于加速水泥水化速度，促进混凝土早期强度的发展，既具有早强功能，又具有一定减水增强功能，能起到尽早拆模及加快施工速度的作用，主要有无机盐类（氯盐类、硫酸类）和有机胺及有机-无机复合物。

引气剂又称加气剂，是一种憎水性表面活性剂，表面活性作用类似减水剂，但减水剂的界面活性作用主要发生在液-固界面，而引气剂的界面活性作用主要在气-液界面上。引气剂的使用能降低水的表面张力和界面能，分散于水后加入混凝土拌合物中，在搅拌过程中能产生大量均匀分布的、闭合而稳定的微小气泡，改善混凝土拌合物的和易性、保水性和黏聚性，提高混凝土流动性，降低混凝土拌和物的泌水、离析，显著提高硬化混凝土的抗冻性、耐久性。应用较多的引气剂为松香热聚物、松香皂及烷基磺酸盐等。

混凝土膨胀剂用来配制膨胀混凝土（包括补偿收缩混凝土和自应力混凝土）、填充混凝土和有较高抗裂防渗要求的混凝土。补偿收缩混凝土具有补偿混凝土干缩和密实混凝土、提高混凝土抗渗性作用，在土建工程中主要用于防水和抗裂两个方面，使用较多的场合是配制高等级防水混凝土和适当延长伸缩缝或后浇带间距，工程中常用的膨胀剂有硫铝酸钙类、硫铝酸钙-氧化钙类、氧化钙类等。

7.6　能源工程中的化学

能源是人类赖以生存和发展的重要物质基础，是人类文明进步的先决条件之一。能源的开发和利用始终贯穿文明社会发展的全过程，是现代社会繁荣发展的支柱。但是随着社会经济的突飞猛进，能源也将面临日益枯竭，如何利用化工技术实现由不可再生能源向新能源和可再生能源发展，是解决能源危机的革命性变化，探讨能源开发和利用过程中的化学和化工问题，对能源的发展具有重要的作用。

7.6.1　能源的定义与分类

能源是一种物质资源，对于能源的定义很多，总体来说，含义基本相同，即能源是可以直接或间接转换获取热、光和动力之类能量的资源。简单点说，能源是各种能量（如电能、热能、光能、机械能等）的来源，是可以通过化工过程和技术转换而取得的资源。

能源种类繁多，随着科学的进步，不断地由新能源被开发利用，按照不同方式可以把能源分为不同类型。

（1）按地球能量的来源

根据地球上能量的来源主要可以分成三类。

① 地球上本身蕴含的能量，包括地球内部的地热能和原子核能。

② 地球外天体的能量，能量大部分都直接或间接来自太阳，包括煤炭、石油、天然气、水能、风能、海流能等。

③ 地球与其他天体相互作用的能量，例如潮汐能。

（2）按能量产生的方式

可将能源分为一次能源和二次能源。

① 一次能源　自然界现实存在的，可直接利用的能源，包括煤炭、石油、天然气、水能、太阳能、生物质能等。

② 二次能源　由一次能源经加工、转换得到的能源，包括电力、汽油、焦炭、蒸汽、氢能等。

（3）按开发利用程度

根据使用类型和开发利用程度，可以分为常规能源和新能源。

① 常规能源　开发利用时间长，技术成熟，已被广泛使用，包括煤炭、石油、天然气、

水能等。

② 新能源 相对于常规能源而言，指开发利用较少，正处于新技术研发之中，尚未大规模利用的能源，包括太阳能、风能、地热能、氢能等。

（4）按能源再生情况

可以分成可再生能源和非再生能源。

① 可再生能源 在自然界中可以不断再生的能源，对环境无害或危害极小，包括水能、风能、太阳能、氢能、地热能、生物质能等。

② 非再生能源 包括煤炭、石油、天然气等化石能源，会随着科技发展利用越来越少。

（5）按对环境污染情况

从环境保护角度出发，能源在使用中所产生的污染程度可分为清洁能源和非清洁能源。

① 清洁能源 是对环境无污染或污染很小的能源，又称为绿色能源，一是利用现代技术开发干净、无污染的新能源，包括太阳能、氢能、风能、潮汐能等；二是化害为利，充分利用先进的技术从废弃资源中提取能源，比如城市垃圾的再次利用。

② 非清洁能源 与清洁能源相对，是对环境污染较大的能源，包括煤炭、石油等。

能源分类的方式多种多样，没有固定的标准。

7.6.2 煤化工

7.6.2.1 煤炭利用工艺方法

煤炭是一种不可再生的宝贵资源，必须加以高效、经济和合理的利用，煤炭综合利用的主要工艺方法很多。

（1）干馏

干馏是将煤料在隔绝空气下加热炭化，得到焦炭、焦油、煤气这些二次能源的过程。按照加热温度的不同，可分为三类：低温干馏（500～550℃）、中温干馏（600～800℃）和高温干馏（950～1050℃）。其中，煤的高温干馏即炼焦是目前技术成熟、应用最广泛的煤炭利用方法。

（2）气化

气化是煤在气化炉中加热，并加入空气、氧气、水蒸气或氢气转化为煤气的工艺过程。煤气化技术分为固定床气化、硫化床气化和气流床气化。

（3）液化

液化是采用溶解、加氢、加压和加热等方法，将煤炭有机物转化为液体产物的化工过程。煤的液化有两个过程：一是直接加氢液化，煤在高温高压下与氢气反应，直接转化为液体燃料；二是间接液化，先使煤脱硫气化成合成气（$CO+H_2$），再由合成气合成液体燃油。

（4）碳素化

碳素化是以煤及衍生物为原料，生产碳素材料的工艺过程。例如，无烟煤、焦炭用作生产砖块、碳块的骨料，煤沥青用作碳纤维、针状焦的原料，煤焦油用作黏结剂等。

（5）煤基材料

煤基材料是通过化学加工，利用煤及其衍生物生产化工原料或化学产品的工艺过程。煤基材料包括高分子合成单体、功能高分子材料和煤基复合材料等。

7.6.2.2 洁净煤技术

（1）洁净煤技术

洁净煤技术是指煤炭从开发到利用的全过程中，在减少污染排放和提高利用效率的加工、转化、燃烧和污染控制等新技术的统称，包括洁净生产技术、洁净加工技术、高效洁净转化技术、高效洁净燃烧与发电技术和燃煤污染排放治理技术等。由于中国煤炭开采和利用的特点，我国洁净煤技术涵盖煤炭开采、运输、加工、转化、利用各个环节，包括燃前技术、燃中技术、燃后技术、转化技术、燃层气及煤炭废弃物的利用等。

(2) 煤化工

在摆脱原油依赖的问题上，目前唯一可行的是煤化工。就石油化工要取得的各类烷烃、烯烃、芳烃，以及进一步的有机原料、合成原料、高分子聚合材料单体而言，都可以通过煤化工取得。新型煤化工以生产洁净能源和可替代石油化工的产品为主，如石油、汽油、航空煤油、液化石油气、乙烯原料、聚丙烯原料、替代燃料（甲醇、二甲醚）等，它与能源、化工技术结合，可形成煤炭-能源化工一体化的新型产业。

例如，从煤可以制得焦炭，从焦炭可以制取电石。有了电石以后，乙炔就有了。有了乙炔，一系列的有机原料就可以获得，而不必通过石油。举一个例子，大家熟知的 PVC（聚氯乙烯）就有电石法和乙烯法两种，油价一上升，电石法的优势就凸现出来了。

7.6.3 石油化工

石油是蕴藏在地壳中的可燃液体有机物，是不可再生资源，是自然界化石燃料的重要类型，也是当今世界上最重要的能源和化工原料。石油是由多种特性不一的碳氢化合物混合而成，很少直接利用，为了使各组分能发挥效能，必须通过炼制过程一一提取出来，就是石油炼制。在石油炼制过程中，主要工艺包括原油蒸馏、裂化、热加工、催化重整和加氢等。

7.6.3.1 原油蒸馏

蒸馏是采用简单的物理方法将原油中不同沸点的碳氢化合物进行分离的过程，包括常压蒸馏和减压蒸馏。

(1) 常压蒸馏

常压蒸馏是在常压下根据原油中各种碳氢化合物的沸点不同，利用加热、蒸发、冷凝等步骤直接将多种石油分馏出来。各种馏分的分离顺序主要取决于分子量大小和沸点高低。汽油分子量小、沸点低（95～130℃），首先分馏出来，随之是煤油（130～240℃）、柴油（240～300℃）、残余重油。重油主要为润滑油和重质燃料油，残渣为沥青。表 7-4 给出了石油分馏的主要产品及其用途。

表 7-4 石油分馏的主要产品及用途

馏分	沸点/℃	组成和用途
气体	<25	C_1～C_4 烷烃
轻石脑油	20～150	C_5～C_{10} 烷烃和环烷烃，用作燃料
重石脑油	150～200	汽油和化学制品原料
煤油	130～240	C_{11}～C_{16}，用作喷气式飞机、拖拉机和取暖燃料
粗柴油	240～400	C_{15}～C_{25}，用作柴油机和取暖燃料
重油	350	C_{20}～C_{70}，用作润滑油和重质燃料油
沥青	残渣	用于建筑、道路等方面

(2) 减压蒸馏

减压蒸馏是常压塔釜重油由泵抽出，在减压加热炉中加热至 380～400℃，进入减压蒸馏塔。采用减压操作是为了避免在高温下重组分的分解裂化。在减压蒸馏塔中一般会残留一定量的油料，经丙烷脱沥青、脱蜡和精制后得到残留润滑油，可作为航空机油、汽缸油等使用，而且如果将它与馏分润滑油或将两种馏分润滑油按不同比例调和，可以生产出各种不同规格的润滑油，如内燃机油等。

7.6.3.2 重油的裂化

一次加工可直接获得轻质油品（汽油、煤油、柴油），一次加工后的组分重油经减压蒸馏又可获得重质馏分和残渣。如果不经过二次加工，这些重油只能作为润滑油原料或重质燃料油。为了将石油蒸馏过程中剩余的重组分裂为轻组分，获得更多有价值的产品，还需要进一步裂化。

裂化是将重油大分子分裂为汽油、柴油等小分子烃类，常见的裂化方式有热裂化、催化裂化和加氢裂化。

（1）热裂化

热裂化是通过加热的方法把大分子烃类转化成小分子烃，比如，$C_{15}\sim C_{18}$ 的烃类在600℃下，可热裂化为汽油馏分和少量的烯烃类化合物。为防止高温蒸发，热裂化常在加压条件下完成，压力一般为2MPa，有的要达到10MPa。

热裂化得到的汽油和柴油与直馏所得的汽油、柴油相比，汽油的辛烷值高于直馏，柴油的凝固点低于直馏，但因产物含有较多的不饱和烃，其稳定性差，易氧化变质形成胶质沉淀物，不宜单独使用。

（2）催化裂化

催化裂化是使重质馏分油或重油、渣油在催化剂存在下，在温度为460～530℃和压力为0.1～0.3MPa条件下，经过一系列裂解化学反应，转化成气体、汽油、柴油及焦炭等的过程。在硅酸铝和合成沸石等催化剂作用下，重油裂化成小分子烃，可以有选择性地多生产一些汽油组分产品（$C_4\sim C_9$）。催化裂化几乎在所有的炼油中都是最重要的二次加工手段，一般用减压馏分油、脱沥青油、焦化蜡油为原料。催化裂化装置一般由三部分组成，反应-再生系统、分馏系统和吸收-稳定系统。当处理量较大，反应压力较高（0.25MPa）的装置，还伴有再生烟气的能量回收系统。

7.6.3.3 催化重整

催化重整是以石脑油为原料，经过加热并在催化剂条件下，对烃类分子结构重新排列的过程，主要生产高辛烷值汽油组分和芳烃及其衍生物，为化纤、橡胶、塑料和精细化工提供原料。除此之外，催化重整过程还生产溶剂、氢气和民用燃料液化气等副产品。催化重整的核心是环烷烃脱氢转化为芳烃的芳构化反应，发生的主要反应为六元环烷烃、五元环烷烃异构脱氢生成芳烃，烷烃的环化脱氢生成芳烃，烷烃的异构化反应和烷烃的加氢裂化。

影响重整反应的主要因素有催化剂的性能、反应温度、反应压力、氢油比、空速等。

（1）催化剂

重整催化剂由基本活性组分、助催化剂和酸性载体组成。根据活性组分的区别，重整催化剂分两大类：非金属催化剂和贵金属催化剂，如贵金属铂。铂构成的脱氢活性中心，可以促进脱氢、加氢反应。而酸性载体提供酸性中心，促进加氢裂化、异构化反应。

（2）反应温度

催化重整的主要反应都是吸热反应，因此提高反应温度有利于提高反应的速率和尽快达到化学平衡。

（3）反应压力

较低的反应压力有利于环烷烃脱氢和烷烃环化脱氢等生成芳香烃的反应，也能够加速催化剂的积炭，而较高的反应压力有利于加氢裂化反应。

（4）空速

空速反映了装置的处理能力，主要取决于催化剂的活性水平，还要考虑到原料的性质。对于环烷基原料，一般采用较高的空速，而对于烷基原料则采用较低的空速。

（5）氢油比

在重整过程中，使用循环氢是为了抑制催化剂结焦，它同时还具有热载体和稀释气的作用。在总压不变时，提高氢油比就是提高氢分压，有利于抑制催化剂的积炭。

7.6.4　化学储能

化学储能是将电能以化学能形式储存和转换，一般以电池或电化学电容器形式来体现。

7.6.4.1　锂离子电池

锂离子电池指 Li^+ 嵌入和脱嵌正负极材料的一种可充放电的高能电池，具有密度高、寿命长、自放电小、无记忆效应等优点，是目前发展最快、最受重视的新型蓄能电池，广泛应用于手机、数码相机、笔记本电脑等便携式电子产品。

（1）工作原理

锂离子电池是一种锂离子浓差电池，其充放电过程实际是锂离子在正负极来回地嵌入和脱嵌的过程，也称为摇椅电池。充电时，Li^+ 从正极脱出，在外电场的作用下，经过电解液向负极迁移嵌入，负极处于富锂状态，正极处于贫锂状态。同时，电子的补充从外电路供给到负极，以确保电荷的平衡。放电时则完全相反，Li^+ 从负极脱出，经过电解液嵌入到正极材料。

（2）正极材料

正极材料是锂离子电池的一个重要组成部分，成为电池性能好坏的重要指标。它不仅要提供正负极嵌锂化合物间往复所需的锂，还要负担在负极材料表面形成 SEI 膜所需要的锂。一般较理想的正极材料需满足几个条件：化学稳定好，不与电解质等发生反应；较好的电子电导率和离子电导率；锂的嵌入和脱嵌高度可逆且主体结构变化较小；价格便宜，环境友好，全锂化状态在空气中稳定。因此，常见的正极材料有 Li-Co-O、Li-Ni-O 和 Li-Mn-O 三个体系。

（3）负极材料

目前，锂电子电池广泛使用的负极材料是碳基材料。碳基负极材料在安全和循环寿命方面显示出很好的性能，并且碳基材料价廉、无毒。传统负极材料有天然的石墨、人造石墨、石油焦、中间相碳微球等。新型的负极材料有碳纳米管、石墨烯和无定形碳。通过对这些新型碳基材料结构的形貌控制和表面化学的调变，可以有效提高碳基材料的可逆嵌锂容量、循环稳定性和倍率性能，从而扩大碳基锂离子电池的应用领域。

7.6.4.2　燃料电池

燃料电池是一种不经过燃烧直接以电化学反应将化学能转变为电能的发电装置，是一项高效环保的新技术。燃料电池在工作时，必须不断地向电池内部送入燃料与氧化剂，还要排出反应产物，如氢燃料电池中所生成的水。燃料电池按照电解质的不同可以分为：碱性燃料电池、磷酸燃料电池、熔融碳酸盐燃料电池、固体氧化物燃料电池、质子交换膜燃料电池以及直接甲醇燃料电池，对比见表 7-5。

表 7-5 各种类型的燃料电池对比

分类	电解质	导电离子	工作温度/℃	燃料
碱性燃料电池	KOH	OH^-	80	纯氢
磷酸燃料电池	H_3PO_4	H^+	200	重整气
熔融碳酸盐燃料电池	Na_2CO_3	CO_3^{2-}	650	天然气、重整气
固体氧化物燃料电池	ZrO_2-Y_2O_3	O^{2-}	1000	净化煤气、天然气
质子交换膜燃料电池	质子交换膜	H^+	80～100	氢气、重整气
直接甲醇燃料电池	质子交换膜	H^+	>100	甲醇

7.6.4.3 电化学电容器

电化学电容器是介于静电电容器和二次电池之间的储能产品。从电极材料和能量存储原理不同，可以分为超级电容器、法拉第赝电容器和混合电容器；按电极材料的不同，可分为活性炭、金属氧化物和导电高分子聚合物；按电解质的不同，可分为液体电解质和固体电解质两种。

（1）超级电容器

超级电容器是一种基于双电层吸附、表面的氧化还原反应或体相内离子的快速插入、脱嵌实现储能的新型器件。基本原理是利用电极和电解质之间形成的界面双电层来存储能量，由于电极表面不发生法拉第氧化还原反应，从电化学角度看，这种电极属于完全极化电极，表面储能机理非常快的能量储存和释放，具有好的功率特性和循环稳定性。

（2）法拉第赝电容器

法拉第赝电容器也称为氧化还原电容，是在电极表面或体相中的二维或准三维空间上，进行电活性物质欠电位沉积，发生高度可逆的化学吸附、脱附或氧化、还原反应，产生与电极充电电位有关的电容，是动力学可逆过程。法拉第电荷转移过程不仅发生在电极表面，而且可以深入电极内部，因此可以获得比双电层电容器更高的电容量和能量密度。

（3）混合电容器

混合电容器是结合超级电容材料和法拉第赝电容材料的混合电容器，通常一个电极使用活性炭电极材料，依靠双电层储能机理进行能量储存，而另一极采用赝电容电极材料，利用电化学反应进行能量储存和转化。

7.6.5 新型能源——海洋能

海洋能指海洋通过物理过程接收、储存和散发的可再生能源，包括潮汐能、潮流能、海流能、波浪能、温差和盐差能等。海洋能具有可再生和不污染环境等优点，是一种具有战略意义的新能源。

海洋能源的特点如下：

① 海洋能具有相当大的能量通道，而单位体积、单位面积、单位长度所拥有的能量较小。

② 具有可再生性。海洋能来源于太阳辐射能与天体间的万有引力，只要太阳、月球等天体与地球共存，就可再生。

③ 海洋能有较稳定能源和不稳定能源。较稳定能源有温差能、盐差能和海流能；不稳定能有变化规律的潮汐能、潮流能和无规律的波浪能。

④ 海洋能属于清洁能源，开发利用对环境污染很小。

阅读拓展

焊接技术与工程中的化学

焊接是一门传统而现代的工业制造技术，是两种或两种以上的材料通过加热或加压或两者同时并用，达到分子或原子间的结合，使金属或塑料、陶瓷等非金属材料连接成一体的工艺和连接方式。金属的焊接广泛应用于国民经济建设各个领域。狭义上讲，焊接一般是指金属材料的焊接。

焊接技术与工程涉及材料学、工程力学、电工电子与自动控制等多个学科，主要研究材料连接设备与工艺、连接过程自动化与智能化、连接质量及可靠性理论与技术。

化学的基本理论与知识在焊接技术与工程中有很多应用。

1. 物质结构在焊接中的应用

焊接材料是焊接时消耗材料的统称，主要包括焊条、焊丝和焊剂等。焊条是涂有药皮的供电弧焊用的熔化电极，由焊芯和药皮两部分组成。焊芯通常是一根具有一定长度和直径的钢丝。焊条电弧焊时，焊芯的主要作用是作为电极传导电流及作为填充金属与液体的母材金属熔合形成焊缝。焊芯金属约占整个焊缝金属的50%～70%，因此焊芯的化学组成直接影响焊缝的质量。焊接专用钢丝是通过特殊冶炼得到的，具有一定的组成和结构，并规定了相应的型号。焊接专用钢丝用作制造焊条时称为焊条，用于埋弧焊、气体保护焊、气焊等时则称为焊丝。

2. 热化学在焊接中的应用

常用气焊、切割用的气体为助燃性气体氧气（O_2）和可燃性气体乙炔（C_2H_2）。乙炔在纯氧中完全燃烧时的化学反应为：

$$C_2H_2 + 2.5O_2 \xlongequal{\text{高温}} 2CO_2 + H_2O$$

由于气焊时乙炔火焰在空气中燃烧，反应放出大量的热，外焰部分由空气中的氧助燃，氧与乙炔的混合体积比小于1.1时形成碳化焰，最高温度可达2700～3000℃，主要用于高碳钢、铸铁、铝、青铜等的焊接；混合体积比为（1.1～1.2）：1时形成中性焰，最高温度为3050～3150℃，主要用于低碳钢、合金钢、铝、紫铜等的焊接；当混合体积比大于1.2：1时形成氧化焰的最高温度为3100～3300℃，主要用于青铜、黄铜等的焊接。

金属铝粉和三氧化二铁的混合物点火时，金属铝和氧化铁之间反应生成金属铁和氧化铝，该反应属于铝热反应，反应方程式为：

$$2Al + Fe_2O_3 \xlongequal{\text{高温}} Al_2O_3 + 2Fe$$

铝热反应放出大量的热（温度可达2000℃以上）能使铁熔化，可以应用于钢轨的焊接。

3. 化学平衡在焊接中的应用

在焊接过程中加入的二氧化碳对钢铁母材可能产生渗碳作用。高温时，碳和二氧化碳生成一氧化碳是钢铁脱碳氧化或渗碳的一个重要化学平衡：

$$2C + CO_2 \xlongequal{高温} 2CO$$

焊接专用钢丝可分为碳钢、合金钢和不锈钢三类。碳是钢材中的主要合金元素，当含碳量增加时，钢的强度、硬度明显提高，而塑性降低。在焊接过程中，碳起到一定的脱氧作用，在电弧高温作用下与氧发生化合作用，生成一氧化碳和二氧化碳气体，将电弧区和熔池周围空气排除，防止空气中的氧、氮有害气体对熔池产生的不良影响，减少焊缝金属中氧和氮的含量。若含碳量过高，还原作用剧烈，会引起较大的飞溅和气孔。考虑到碳对钢的淬硬性及其对裂纹敏感性增加的影响，低碳钢焊芯的含碳量一般为0.1％。

4. 水溶液化学在焊接中的应用

传统的焊接工艺，在焊接之前必须将金属母材切口两侧20mm范围内的锈、油污、氧化皮等清除干净。清除的方法分为物理法和化学法两种。前者是用砂布、砂轮或锉刀等工具焊接母材表面的混杂物和氧化物打掉的方法；后者可分为酸洗法和碱洗法。酸洗法可除去金属表面的氧化皮、锈蚀物、焊接熔渣等污物，碱洗法主要用于去除金属表面的油污。

直接对除锈后的铁罐或用水清洗装过浓硫酸的铁罐进行明火焊接时均易发生爆炸伤亡事故。这是因为除锈要用到硫酸，当残留的浓硫酸被稀释成稀硫酸，用水清洗装过浓硫酸的铁罐里残留的浓硫酸经水洗后也稀释成稀硫酸，金属铁会与稀硫酸反应生成的可燃性的氢气与空气混合，焊接遇到明火发生爆炸。涉及的化学反应为：

$$H_2SO_4 + Fe = FeSO_4 + H_2\uparrow$$

$$2H_2 + O_2 \xlongequal{点燃} 2H_2O$$

掌握水溶液化学知识可以防范类似安全事故的发生。

5. 焊接腐蚀

焊接腐蚀是指焊接接头中，焊缝区及其近旁发生的腐蚀。由于焊接接头的物理化学不均匀性及应力的复杂性，使焊缝和焊接热影响区易发生电化学腐蚀。例如，在海水中，与金属母材相比，焊缝和焊接热影响区面积小，电位低，会作为阳极发生氧化作用（腐蚀）。此外，焊接时钢材在高温下可能发生化学腐蚀，这是因为钢材在高温下容易被氧化，生成氧化皮，同时还会发生脱碳现象，这是由于钢铁中渗碳体与气体介质作用所产生的结果。

第8章 危险化学品管理

学习要求

1. 学习并掌握危险化学品的定义及分类。
2. 了解危险化学品的危害特性，掌握危险化学品的相关安全管理条例，安全合法使用危险化学品。
3. 通过了解危险化学品事故，能够分析其事故原因并总结教训。
4. 掌握危险化学品事故预防及处理方法。
5. 学习危险化学品消防相关知识，掌握灭火器在生活中的应用。

8.1 危险化学品安全管理

8.1.1 危险化学品定义

化学品：由一种或多种元素组成的纯净物或混合物，无论是天然的还是合成的，都属于化学品。

《危险化学品安全管理条例》（国务院第 591 号令）中对危险化学品的定义为：具有毒害、腐蚀、爆炸、燃烧、助燃等性质，对人体、设施、环境具有危害的剧毒化学品和其他化学品。

8.1.2 危险化学品分类

根据《化学品分类和危险性公示　通则》（GB 13690－2009），危险化学品按性质可分为三大类：物理危险、健康危险和环境危险。

物理危险：爆炸物、易燃气体、易燃气溶胶、氧化性气体、压力下的气体、易燃液体、易燃固体、自反应物质或混合物、自燃液体、自燃固体、自热物质和混合物、遇水放出易燃气体的物质或混合物、氧化性液体、氧化性固体、有机过氧化物、金属腐蚀剂。

健康危险：急性毒性、皮肤腐蚀/刺激、严重眼损伤/眼刺激、呼吸或皮肤过敏、生殖细胞致突变性、致癌性、生殖毒性、特异性靶器官系统毒性一次接触、特异性靶器官系统毒性。

环境危险：危害水生环境。

根据《危险货物分类和品名编号》（GB 6944－2012），可将危险化学品细分为以下八大类：

第一类　爆炸品；

第二类　压缩气体和液化气体；

第三类　易燃液体；

第四类　易燃固体、自燃物品和遇湿易燃物品；

第五类　氧化剂和有机过氧化物；

第六类　毒害品和感染性物品；

第七类　放射性物品；

第八类　腐蚀品。

(1) 爆炸品

本类化学品指在外界作用下（如受热、摩擦、撞击等）能发生剧烈的化学反应，瞬时产生大量的气体和热量，使周围压力急骤上升，发生爆炸，对周围环境造成破坏的物品，也包括无整体爆炸危险，但具有燃烧、抛射及较小爆炸危险的物品。

爆炸品具有以下特性：

① 爆炸性强

a. 化学反应速率快。一般以万分之一秒的时间完成化学反应过程。

b. 爆炸时产生大量的热，热量在极短的时间内放出。

c. 产生大量气体，造成高压，形成的冲击波有巨大破坏性。

d. 撞击、摩擦、温度等外界条件非常敏感。

② 敏感度高

敏感度：某一爆炸品所需的最小起爆能，即为该爆炸品的敏感度。起爆能与敏感度成反比，起爆能越小，敏感度越高，爆炸危险性越大。

影响敏感度的因素如下。

a. 化学组成和化学结构：为主要因素，因分子中含有"爆炸性基团"引起的。

b. 温度：同一爆炸品随着温度升高，其敏感度也升高。

c. 结晶：不安定型结晶比液体的敏感度更高，对摩擦非常敏感。

d. 杂质：固体杂质，特别是硬度高、有尖棱的杂质能增加爆炸品的敏感度。

e. 密度：随着密度增大，通常敏感度均有所下降。

③ 其他特性

某些炸药具有一定的毒性。例如：梯恩梯、硝化甘油、雷汞等。

某些爆炸品与某些化学药品如酸、碱、盐发生化学反应的生成物是更容易爆炸的化学品。例如：苦味酸遇某些碳酸盐能反应生成更易爆炸的苦味酸盐；雷汞遇盐酸或硝酸能分解，遇硫酸会爆炸。

某些爆炸品具有较强的吸湿性，受潮或遇湿后会降低爆炸能力，甚至无法使用。例如：硝铵类炸药等应注意防止受潮失效。

某些爆炸品与一些重金属（铅、银、铜等）及其化合物的生成物，其敏感度更高。例如：苦味酸受铜、铁等金属撞击，立即发生爆炸等。

某些爆炸品受光照易于分解。例如：叠氮银、硝酸银等。

(2) 压缩气体和液化气体

易燃气体：极易燃烧，与空气混合能形成爆炸性混合物，在常温下一旦遇明火、高温即会发生燃烧或爆炸。例如乙炔、氢气、一氧化碳等。

不燃气体：无毒、不燃气体，包括助燃气体，但高浓度时有窒息作用。助燃气体有强烈的氧化作用，遇油能发生燃烧或爆炸。例如氮气、氩气、氧气等。

有毒气体：有毒气体对人畜有强烈的毒害、窒息、灼伤、刺激作用，其中有些还具有易燃、氧化、腐蚀等性质。例如氯气、硫化氢等。

（3）易燃液体

指闭杯闪点等于或低于61℃的液体、液体混合物或含有固体物质的液体，但不包括由于其危险性已列入其他类别的液体。本类物质在常温下易挥发，其蒸气与空气混合能形成爆炸性混合物。

按闪点分为以下三项：

① 低闪点液体：闪点＜ −18℃，例如乙醚、汽油。

② 中闪点液体：−18℃≤闪点＜ 23℃，例如苯乙烯。

③ 高闪点液体：23℃≤闪点＜ 61℃，例如轻柴油。

易燃液体具有以下特点。

ⅰ高度易燃性：遇火、受热以及与氧化剂接触时会有发生燃烧的危险。闪点和自燃点越低，发生着火的危险越大。

ⅱ易爆性：易燃液体沸点低，挥发出来的蒸气与空气混合后，浓度易达到爆炸极限，遇火源易发生爆炸。

ⅲ高度流动扩散性：黏度小，极易流动，会因渗透、浸润及毛细现象渗出器壁外。

ⅳ易积聚电荷性：部分易燃液体电阻率大，易积聚静电而产生静电火花，造成火灾事故，如苯、甲苯、汽油。

ⅴ受热膨胀性：膨胀系数较大，受热后体积易膨胀，蒸气压随之升高，使密封容器内部压力增大。

ⅵ毒性：大部分易燃液体及其蒸气均有不同程度的毒性。

（4）易燃固体、自燃物品和遇湿易燃物品

① 易燃固体

定义：燃点低，对热、撞击、摩擦敏感，易被外部火源点燃，燃烧迅速，并可能散发出有毒烟雾的固体。

危险特性：易被氧化，受热易分解或升华，遇明火会引起剧烈、连续的燃烧；与氧化剂、酚类接触会发生燃烧爆炸；对摩擦、撞击、震动敏感；许多有毒，或燃烧产物有毒或腐蚀性。

② 自燃物品

定义：自燃点低，在空气中易于发生氧化反应，放出热量而自行燃烧的物品。

危险特性：燃烧性。

举例：黄磷，燃烧产物五氧化二磷为有毒物质，遇水生成剧毒的偏磷酸；$ZnEt_2$、$AlEt_3$、t-BuLi，空气中自燃，遇水分解爆炸。

③ 遇湿易燃物品

定义：遇水或受潮时，发生剧烈化学反应，放出大量的易燃气体和热量的物质；其中有些物品不需明火即能燃烧或爆炸。

危险特性：除遇水反应外，遇到酸、氧化剂也能发生反应，且反应更为剧烈，危险性也更大。

注意：起火时，严禁用水、酸碱泡沫、化学泡沫扑救。

（5）氧化剂和有机过氧化物

① 氧化剂：处于高氧化状态，具有强氧化性，易分解并放出氧和热量的物质。包括含

有过氧基的有机物本身不一定可燃，但可能导致可燃物的燃烧；与松软的粉末状可燃物可能形成爆炸性混合物，对热、震动或摩擦较为敏感。

② 有机过氧化物：分子组成中含有过氧基的有机物，其本身易燃易爆、极易分解，对热、震动和摩擦极为敏感。

危险特性：氧化剂具有极强的获得电子的能力，有较强的氧化性，遇酸碱、高温、震动、摩擦、撞击、受潮或与易燃物品、还原剂等接触能迅速分解，有引起燃烧、爆炸的危险。

（6）毒害品和感染性物品

毒性物质是指进入肌体后，会累积达到一定的量，能与体液和肌体组织发生生物化学作用或生物物理学变化，扰乱或破坏肌体的正常生理功能，引起暂时性或持久性的病理改变，甚至危及生命的物质。具体指标如下。

经口：$LD_{50} \leqslant 500mg/kg$（固体），$LD_{50} \leqslant 2000mg/kg$（液体）。

经皮：$LD_{50} \leqslant 1000mg/kg$（24h 接触）。

吸入：$LD_{50} \leqslant 10mg/kg$（粉尘、烟雾、蒸汽）。

感染性物质是指含有致病的微生物，能引起病态甚至死亡的物质。

（7）放射性物品

放射性物质：放射性比活度大于 7.4×10^4 Bq/kg 的物质。

放射性活度：放射性元素或同位素每秒衰变的原子数，目前放射性活度的国际单位为贝克勒（Bq）。

放射性比活度：固体放射性物质单位质量中的放射性活度，通常以 MBq/mg 表示。

主要危害如下。

① 放射性：α 射线，甲种射线；β 射线，乙种射线；γ 射线，丙种射线；中子流。

② 毒性：许多放射性物品毒性很大，不能用化学方法中和，只能设法把放射性物质清除或用适当的材料予以吸收屏蔽。

（8）腐蚀品

腐蚀品主要具有以下特征。

① 强烈的腐蚀性：化学性质活泼，能灼伤人体组织，对金属、动植物体、纤维制品等具有强烈的腐蚀作用。

② 氧化性：硝酸、硫酸、高氯酸、溴水等，接触木屑、食糖、纱布等可燃物时会发生氧化反应，引起燃烧。

③ 强烈的毒性：氟气、氯气、重铬酸钠等。

④ 易燃性：甲酸、冰醋酸、丙烯酸等。

8.1.3 危险化学品的危害特性

危险化学品的主要危害特性如下。

① 活性：易于与其他物质发生作用的特性。活性越强的物质危险性就越大。许多具有爆炸特性、氧化特性的物质活性都很强。

② 燃烧性：压缩气体和液化气体、易燃液体、易燃固体、自燃物品和遇湿易燃物品、氧化剂和有机过氧化物等均可能发生燃烧而导致火灾。

③ 爆炸性：除了爆炸品之外，压缩气体和液化气体、易燃液体、易燃固体、自燃物品

和遇湿易燃物品、氧化剂和有机过氧化物等都有可能引发爆炸。

④ 毒害性：除毒害品和感染性物品外，压缩气体和液化气体、易燃液体、易燃固体等一些物质也会具有不同程度的毒性，致人中毒。

⑤ 腐蚀性：腐蚀性物品对人或金属会造成不同程度的腐蚀，酸和碱类物质一般都有腐蚀性。有些有机物也有腐蚀性。

⑥ 放射性：放射性化学品所放出的射线对人体组织结构会造成暂时性或永久性的伤害。

8.1.4 危险化学品安全生产信息

（1）危险化学品标志说明

① 标志的种类。根据常用化学品的危险特性和类别，有主标志 16 种和副标志 11 种，分别见图 8-1 和图 8-2。

② 标志的图形。主标志和副标志图形都是由危险特性的图案、文字说明、底色和危险品类别四个部分组成的菱形标志。

③ 标志的尺寸、颜色及印刷：按 GB 190—2009 的有关规定执行。

④ 标志的使用规则。当一种危险化学品具有一种以上的危险性时，应用主标志表示主要危险性类别，并用副标志来表示重要的其他的危险性类别。

⑤ 标志的使用方法。按 GB 190—2009 的有关规定执行。

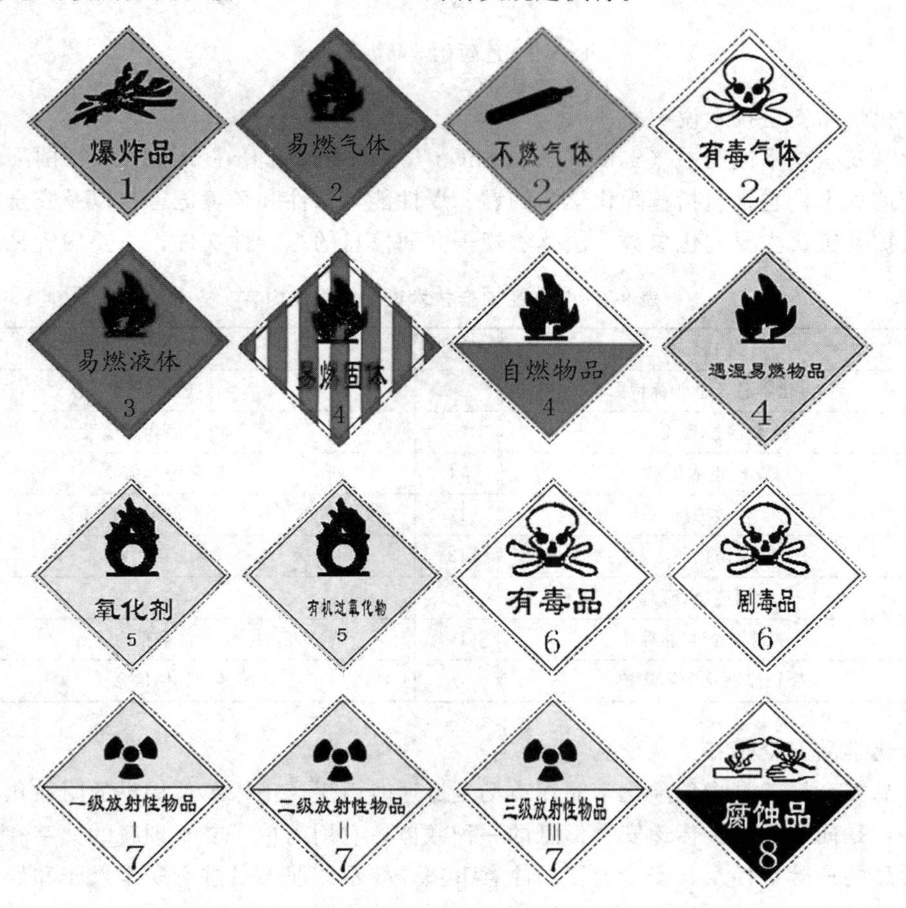

图 8-1　危险化学品主标志

图 8-2 危险化学品副标志

(2) 化学品安全技术说明书

化学品安全技术说明书（Safety Data Sheet for Chemical Product，SDS）国际上称作化学品安全信息卡，它是包括危险化学品的燃、爆性能，毒性和环境危害，以及安全使用、泄漏应急救护处置、主要理化参数、法律法规等方面信息的综合性文件，主要内容见表 8-1。

表 8-1 化学品安全技术说明书主要内容

编号	内容	编号	内容
1	化学品及企业标识	9	理化特性
2	危险性概述	10	稳定性和反应性
3	成分/组成信息	11	毒理学信息
4	急救措施	12	生态学资料
5	消防措施	13	废弃处置
6	泄漏应急处理	14	运输信息
7	操作处置与储存	15	法规信息
8	接触控制及个体防护	16	其他信息

(3) 化学品安全标签

化学品安全标签是指危险化学品在市场上流通时由生产销售单位提供的附在化学品包装上的标签，是向作业人员传递安全信息的一种载体，它用简单、易于理解的文字和图形表述有关化学品的危险特性及其安全处置的注意事项，警示作业人员进行安全操作和处置。甲醇的安全标签示例如图 8-3 所示。

甲醇　　组分：甲醇:99.0%

高度易燃液体和蒸气，吞咽会中毒，皮肤接触会中毒，吸入会中毒，对器官造成损害

请参阅化学品安全技术说明书

供应商：×××××××有限公司　　电话：0519-××××××××

地址：常州市新北区×××路××号××××　　邮编:213022

化学事故应急咨询电话：0532-××××××××

图 8-3　甲醇的安全标签示例

（4）化学品作业场所安全警示标志

化学品作业场所安全警示标志以文字和图形符号组合的形式，表示化学品在工作场所所具的危险性和安全注意事项，包括化学品标识、理化特性、危险象形图、警示词、危险性说明、防范说明、防范用品说明、资料参阅提示语以及报警电话等要素。化学品作业场所安全警示标志示例见图 8-4。

化学品作业场所安全警示标志

硫酸

CAS号：7664-93-9

危　险

对皮肤、黏膜等组织有强烈的刺激和腐蚀作用。蒸气或雾可引起结膜炎、结膜水肿、角膜混浊，以致失明。

对环境有危害，对水体和土壤可造成污染。

本品助燃，具强腐蚀性、强刺激性，可致人体灼伤。

【理化特性】

熔点（℃）：10.5 沸点（℃）：330 相对密度（水=1）：1.83 饱和蒸气压（kPa）：0.13（145.8℃）可腐蚀金属，遇电石、高氯酸盐、雷酸盐、硝酸盐、苦味酸盐、金属粉末等猛烈反应，发生爆炸或燃烧。与易燃物（如苯）和可燃物（如糖、纤维素等）接触会发生剧烈反应，甚至引起燃烧。

【预防措施】

密闭操作，注意通风。穿橡胶耐酸碱服，戴橡胶耐酸碱手套。佩戴防护眼镜、防护面罩。操作后彻底清洗身体接触部位。使用本产品时不要进食、饮水或吸烟。禁止释放到环境中。

【事故响应】

皮肤接触：脱去被污染的衣物，立即用流动的清水彻底冲洗至少15分钟，或用2%碳酸氢钠溶液冲洗后就医。眼睛接触：立即提起眼睑，用流动清水或生理盐水冲洗至少15分钟，就医。吸入：迅速脱离现场至空气新鲜处，呼吸困难时给输氧，给予(2-4)%碳酸氢钠溶液雾化吸入，就医。食入：误服者给牛奶、蛋清、植物油等口服，不可催吐，立即就医。火灾时，使用干粉、二氧化碳、砂土；禁止用水。

【安全贮存】

储存于阴凉、通风的库房。库温不超过35℃，相对湿度不超过85%。保持容器密封。应与易（可）燃物、还原剂、碱类、碱金属、食用化学品分开存放，切忌混储。储区应备有泄漏应急处理设备和合适的收容材料。

【废弃处置】

缓慢加入碱液——石灰水中，并不断搅拌，反应停止后，用大量水冲入废水系统。

【个体防护用品】

请参阅化学品安全技术说明书

报警电话：火警119　医疗救护120　匪警110

图 8-4　化学品作业场所安全警示标志

8.1.5 危险化学品的安全储存

（1）危险化学品储存分类

按储存形式分类，可分为：整装储存，将物品装于小型容器或包件中；散装储存，不带外包装的净货储存。

按按储存方式分类，可分为：隔离储存，物料之间分开一定的距离；隔开储存，用隔板或墙将禁忌物料分开；分离储存，在不同的建筑物或外部区域。

（2）危险化学品安全储存的基本要求

① 有符合国家标准规定的储存方式、设施：禁忌要求、储存场所通风或湿度调节、采暖、安全设施、危险化学品专用仓库。

② 仓库的周边防护距离应符合国家标准或者国家有关规定：大中型危险化学品仓库。

③ 有符合储存需要的管理人员和技术人员：仓库工作人员应进行培训，经考核合格后持证上岗。

④ 健康的安全管理制度：出入库管理制度、商品养护管理制度、安全防火责任制、动态火源管理制度、剧毒品管理制度、设备安全检查制度、事故调查处理制度。

⑤ 有相应的危险化学品事故应急救援预案：应急救援人员，必要的应急救援器材、设备，定期组织演练。

⑥ 符合法律、法规规定和国家标准要求的其他条件：剧毒化学品、压缩气体和液体气体、易燃气体/液体/固体、遇湿易燃物、有毒物品、腐蚀性物品。

8.1.6 危险化学品的安全运输

（1）一般危险化学品

① 托运危险物品必须出示有关证明，向指定的铁路、交通、航运等部门办理手续。

② 危险物品的装卸人员应佩戴相应的防护用品；装卸应轻装轻放，不得损坏包装容器，注意安全标志。

③ 危险品拆卸前，应对车（船）搬运工具进行通风和清扫。

④ 爆炸、剧毒、放射性、易燃液体、可燃气体等物品必须使用符合安全要求的运输工具。

⑤ 运输爆炸、剧毒和放射性等物品，应指派专人押送，押运人员不得少于 2 人。

⑥ 运输危险物品的车辆必须保持安全车速、车距，严禁超车、超速和强行会车；在指定的路线和时间运输。

⑦ 运输易燃易爆品的机动车，排气管应装阻火器，并悬挂“危险品”标志。

⑧ 蒸汽机车在调车作业中，对装载易燃易爆品的车辆必须挂不少于 2 节的隔离车，并严禁溜放。

⑨ 运输危险化学品，必须配备必要的应急处理器材和防护用品。

⑩ 危险化学品运输单位或车辆必须具有有效的危险化学品运输资质。

（2）剧毒化学品

① 通行证：具有国务院公安部门制定的通行证。

② 公路运输途中发生意外（被盗、丢失、流散、泄漏）等情况时，立即向当地公安机关报告，并采取一切可能的警示措施。

③ 铁路运输：符合《铁路剧毒品运输跟踪管理暂行规定》（铁道部〔2002〕21号）要求。

④ 水路：禁止利用内河以及其他封闭水域等航运渠道运输剧毒化学品以及国务院交通部门规定禁止运输的其他危险化学品。

8.1.7 危险化学品的安全包装

（1）包装的作用及分类

① 包装的主要作用

a. 可防止被包装的危险品接触雨雪、阳光、潮湿空气和杂质而使产品变质，或发生剧烈的化学反应，从而造成事故。

b. 可减少货物在运输过程中所受到的碰撞、震动、摩擦和挤压，使危险品在包装的保护下保持相对稳定，保证运输安全。

c. 可防止货物洒漏、挥发以及与性质相悖的物品直接接触而发生事故或污染运输设备。

d. 便于储运过程中堆垛、搬运、保管，提高运载效率和工作效率。

② 包装的主要分类

a. 货物具有较大的危险性，包装强度要求高。

b. 货物具有中等危险性，包装强度要求较高。

c. 货物具有的危险性小，包装强度要求一般。

（2）危险化学品安全包装的基本要求

① 危险化学品的包装物、容器必须由专业生产企业定点生产，并经专业部门检测检验合格。

② 包装所用材料应与所装危险品的化学性质相适应。

③ 包装封口应与所装危险货物的性质相适应。

④ 内、外包装之间应当衬垫。

⑤ 包装应具有相应的强度，能经受运输过程中正常的冲撞、震动、挤压和摩擦。

⑥ 危险品包装应能承受一定范围的温湿度变化，空运包装还应适应高度变化。

⑦ 包装的外表应有规定的安全标志。

⑧ 包装的件重、规格和形式应适应运输要求。

8.2 危险化学品事故预防与处理

8.2.1 危险化学品事故的概述

8.2.1.1 事故的定义

目前，在事故的种种定义中，人们普遍接受的是由伯克霍夫提出的定义。

伯克霍夫认为，事故是人（个人或集体）在为实现某种意图而进行的活动过程中，突然发生的、违反人的意志的，迫使活动暂时或永久停止的事件。事故的具体含义如下。

① 事故是一种发生在人类生产、生活活动中的特殊事件，人类的任何生产、生活活动过程中都可能发生事故。

② 事故是一种突然发生的、出乎人们意料的意外事件。由于导致事故发生的原因非常

复杂，往往包括许多偶然因素，因而事故的发生具有随机性质。在一起事故发生之前，人们无法准确地预测什么时候、什么地方、发生什么样的事故。

③ 事故是一种迫使进行着的生产、生活活动暂时或永久停止的事件。事故中断、终止人们正常活动的进行，必然给人们的生产、生活带来某种形式的影响。因此，事故是一种违背人们意志的事件，是人们不希望发生的事件。

事故这种意外事件除了影响人们的生产、生活活动顺利进行之外，往往还可能造成人员伤害、财物损坏或环境污染等其他形式的严重后果。从这个意义上说，事故是在人们生产、生活活动过程中突然发生的、违反人意志的、迫使活动暂时或永久停止，可能造成人员伤害、财产损失或环境污染的意外事件。

事故和事故后果是互为因果的两件事情：由于事故的发生产生了某种事故后果。但是在日常生产、生活中，人们往往把事故和事故后果看作一件事件，这是不正确的。之所以产生这种认识，是因为事故的后果，特别是引起严重伤害或损失的事故后果，给人的印象非常深刻，相应地注意了带来某种严重后果的事故；相反地，当事故带来的后果非常轻微，没有引起人们注意的时候，人们也就忽略了事故。

因此，人们应从防止事故发生和控制事故的严重后果两方面来预防事故。

8.2.1.2 危险化学品事故的定义与界定

明确危险化学品事故的定义，界定危险化学品事故的范围，不但是事故预防、事故治理的需要，也是危险化学品安全生产的监督管理以及危险化学品事故的调查处理、上报和统计分析工作的需要。

（1）危险化学品事故的定义

根据伯克霍夫的定义，危险化学品事故可以定义为：危险化学品事故是人（个人或集体）在生产、经营、储存、运输、使用危险化学品和处置废弃危险化学品的活动过程中，突然发生的、违反人的意志的、迫使活动暂时或永久停止的事件。

危险化学品事故后果通常表现为人员伤亡、财产损失或环境污染。构成危险化学品事故有两个必要条件，一是危险化学品，二是事故。下面三个特征有助于判断危险化学品事故：

① 事故中产生危害的危险化学品是事故发生前已经存在的，而不是在事故发生时产生的。

② 危险化学品的能量是事故中的主要能量。

③ 危险化学品发生了意外的、人们不希望的物理或化学变化。

（2）危险化学品事故的界定

危险化学品事故的界定条件如下：

① 界定危险化学品事故最关键的因素是判断事故中产生危害的物质是否是危险化学品。如果是危险化学品，那么基本上可以定为危险化学品事故。

② 危险化学品事故的类型主要是泄漏、火灾、爆炸、中毒和窒息、灼伤等。

③ 某些特殊的事故类型，如矿山爆破事故，不列入危险化学品事故。

危险化学品事故的界定和危险化学品事故的定义是不同概念，危险化学品事故的定义，只定义危险化学品事故的本质，而危险化学品事故的界定，需要一些限制性的说明。

8.2.1.3 危险化学品事故的特点

危险化学品事故具有以下特点。

（1）危险化学品在事故起因中起重要的作用

① 危险化学品的性质直接影响到事故发生的难易程度。这些性质包括毒性、腐蚀性、爆炸品的爆炸性（包括敏感度、安定性等）、压缩气体或液化气体的蒸气压力、易燃性和助燃性、易燃液体的闪点、易燃固体的燃点和可能散发的有毒气体和烟雾、氧化剂和过氧化剂的氧化性等。

② 具有毒性或腐蚀性危险化学品泄漏后，可能直接导致危险化学品事故，如中毒（包括急性中毒和慢性中毒）、灼伤（或腐蚀）、环境污染（包括水体、土壤、大气等）。

③ 不燃性气体可造成窒息事故。

④ 可燃性危险化学品泄漏后遇火源或高温热源即可发生燃烧、爆炸事故。

⑤ 爆炸性物品受热或撞击，极易发生爆炸事故。

⑥ 压缩气体或液化气体容器超压或容器不合格极易发生物理爆炸事故。

⑦ 生产工艺、设备或系统不完善，极易导致危险化学品爆炸或泄漏。

（2）危险化学品在事故后果中起重要的作用

事故是由能量的意外释放而导致的。危险化学品事故中的能量主要包括机械能、热能和化学能。危险化学品的能量是危险化学品事故中的主要能量。

① 机械能：主要有压缩气体或液化气体产生物理爆炸的势能，或化学反应爆炸产生的机械能。

② 热能：危险化学品爆炸、燃烧、酸碱腐蚀或其他化学反应产生的热能。或氧化剂和过氧化物与其他物质反应发生燃烧或爆炸。

③ 毒性化学能：有毒化学品或化学品反应后产生的有毒物质，与体液或组织发生生物化学作用或生物物理学变化，扰乱或破坏肌体的正常生理功能。

④ 阻隔能力：不燃性气体可阻隔空气，造成窒息事故。

⑤ 腐蚀能力：腐蚀品使人体或金属等物品的被接触的表面发生化学反应，在短时间内造成明显破损的现象。

⑥ 环境污染：有毒有害危险化学品泄漏后，往往对水体、土壤、大气等环境造成污染或破坏。

（3）危险化学品的变化是导致事故的最根本的能量

危险化学品事故的发生，必然有危险化学品的意外的、失控的、人们不希望的化学或物理变化。

（4）危险化学品事故主要发生在危险化学品单位

危险化学品事故主要发生在危险化学品的特定单位，如生产、经营、储存、运输、使用和处置废弃危险化学品的单位，但并不局限于上述单位。

（5）危险化学品事故的突发性、延时性和长期性

① 突发性：危险化学品事故往往是在没有先兆的情况下突然发生的，而不需要一段时间的酝酿。

② 延时性：危险化学品中毒的后果，有的在当时并没有明显地表现出来，而是在几个小时甚至几天以后严重起来。

③ 长期性：危险化学品对环境的污染有时极难消除，因而对环境和人的危害是长期的。

（6）危险化学品事故往往造成惨重的人员伤亡和巨大的经济损失

由于危险化学品特殊的易燃、易爆、毒害等危险性，危险化学品事故往往造成惨重的人

员伤亡和巨大的经济损失。特别是有毒气体的大量意外泄漏的灾难性中毒事故，以及爆炸品或易燃易爆气体液体的灾难性爆炸事故等。

8.2.1.4 危险化学品事故致因和发生机理

（1）危险化学品事故致因

为了有效地采取安全技术措施控制危险源，人们对事故发生的物理本质进行了深入的探讨。在众多事故致因理论中，最适于分析危险化学品事故致因的是能量意外释放理论和两类危险源理论。

① 能量意外释放理论

1961年吉布森（Gibson）、1966年哈登（Haddon）等人提出了解释事故发生机理的能量意外释放理论，认为事故是一种不正常的或不希望的能量释放。能量在人类的生产、生活中是不可缺少的。人类在利用能量的时候，必须控制能量、使之按照人的意图传递、转换和做功。如果由于某种原因能量失去了控制，就会违背人的意愿发生意外的释放或逸出，造成活动的终止，发生事故。如果事故发生时意外释放的能量作用于人体，并且能量的作用超过人的承受能力，则将造成人员伤亡；如果意外释放的能量作用于设备、构筑物、物体等，并且超出它们的抵抗能力，将造成损坏。从能量意外释放理论出发，预防危险化学品事故就是控制、约束能量或危险物质，防止其意外释放；防止危险化学品事故后果就是在事故，能量或危险物质意外释放的情况下，防止人体与之接触，或者一旦接触时，作用于人体或财物的能量或危险物质的量尽可能地小，使其不超过人或物的承受能力。

② 两类危险源理论

根据危险源在事故发生、发展中的作用，把危险源划分为两大类。

系统中存在的、可能发生意外释放的能量或危险物质称作第一类危险源。第一类危险源具有的能量越多，发生事故的后果越严重。同样，第一类危险源所含的危险物质的量越多，干扰人的新陈代谢越严重，其危险性越大。

系统中使能量或危险物质的约束、限制措施失效、破坏的原因因素称作第二类危险源，包括人、物和环境三个方面的因素。

人的因素即人失误，可能直接破坏对第一类危险源的控制，造成能量或危险物质的意外释放。例如，合错了开关使检修中的线路带电；误开阀门使有害气体泄漏等。

物的因素问题可以概括为物的故障，可能直接使约束、限制能量或危险物质的措施失效而发生事故。例如，电线绝缘损坏发生漏电；管路破裂使其中的有毒有害介质泄漏等。

环境因素主要指系统运行的环境，包括温度、湿度、照明、粉尘、通风换气、噪声和振动等物理环境，以及企业和社会的软环境。不良的物理环境会引起物的故障或人失误。

对于危险化学品事故而言，第一类危险源是危险物质，第二类危险源是反应釜、储罐、包装物等危险物质的约束物。在危险化学品事故的发生、发展过程中，这两类危险源相互依存、相辅相成。第一类危险源在事故时释放出的能量是导致人员伤害或财物损坏的能量主体，决定事故后果的严重程度；第二类危险源出现的难易决定事故发生的可能性的大小。两类危险源共同决定危险化学品事故的危险性。

（2）危险化学品事故发生机理

危险化学品事故发生机理可分两大类。

① 危险化学品泄漏

a. 易燃易爆化学品→泄漏→遇到火源→火灾或爆炸→人员伤亡、财产损失、环境破坏等。

b. 有毒化学品→泄漏→急性中毒或慢性中毒→人员伤亡、财产损失、环境破坏等。

c. 腐蚀品→泄漏→腐蚀→人员伤亡、财产损失、环境破坏等。

d. 压缩气体或液化气体→物理爆炸→易燃易爆、有毒化学品泄漏。

e. 危险化学品→泄漏→没有发生变化→财产损失、环境破坏等。

② 危险化学品没有发生泄漏

a. 生产装置中的化学品→反应失控→爆炸→人员伤亡，财产损失、环境破坏等。

b. 爆炸品→受到撞击、摩擦或遇到火源等→爆炸→人员伤亡、财产损失等。

c. 易燃易爆化学品→遇到火源→火灾、爆炸或放出有毒气体或烟雾→人员伤亡、财产损失、环境破坏等。

d. 有毒有害化学品→与人体接触→腐蚀或中毒→人员伤亡、财产损失等。

e. 压缩气体或液化气体→物理爆炸→人员伤亡、财产损失、环境破坏等。

危险化学品事故最常见的模式是危险化学品发生泄漏而导致的火灾、爆炸、中毒事故，这类事故的后果往往也非常严重。

8.2.1.5　危险化学品事故的判别与分类

(1) 首先判断事故中产生危害的物质是否属于危险化学品

例如，1982年6月，广西某氮肥厂造气车间外煤渣堆放场发生煤渣堆爆炸事故，事故原因是高温煤渣遇水产生水煤气爆炸，这起事故中产生危害的物质是高温煤渣，高温煤渣不是危险化学品，因此这起事故不是危险化学品事故。又如，1987年黑龙江某亚麻厂发生特大粉尘爆炸事故，由于亚麻粉尘不属于危险化学品，因此这起事故也不是危险化学品事故。再如，液化甲烷、压缩甲烷等是危险化学品，但煤矿井下涌出的瓦斯（主要成分是甲烷）不是危险化学品。因此，煤矿瓦斯爆炸事故不是危险化学品事故。

(2) 判断事故中产生危害的物质是事故发生前已经存在的物质还是在事故发生时产生的有害物质。

危险化学品事故中的危险化学品指事故发生前已经存在的物质，而不是在事故发生时产生的物质。

下面以几个案例来说明。

① 2001年3月，河南某金矿发生一氧化碳中毒事故，虽然致人死亡的物质是一氧化碳，但一氧化碳是事故过程巷道坑木着火产生的，而不是原本存在的，这里产生危害的物质是着火的坑木。因此，这起事故也不是危险化学品事故。同样，冬天取暖时产生一氧化碳而导致中毒的事故，也不属于危险化学品事故。

② 1999年7月，山东某公司在检修甲酸合成反应器时，物料一氧化碳由于阀门关闭不严而进入反应器，从而导致中毒事故。在这起事故中，一氧化碳是反应所需的物料，是原来存在的危险化学品。因此这起事故是危险化学品事故。

③ 危险化学品事故的类型主要是火灾、爆炸、中毒和窒息、灼伤等，此外，还有一种情况是危险化学品发生泄漏或其他人们不希望的变化后，造成财产损失或环境污染等后果的事故。除上述类型之外的其他事故，都不应该属于危险化学品事故。如盛装有危险化学品的容器或箱子砸伤、挤伤人体，或危险化学品车辆撞人、轧人事故等，不应该属于危险化学品事故。

④ 某些特殊的事故类型，如矿山爆破事故，可以考虑不列入危险化学品事故。

8.2.1.6 危险化学品事故的类型

根据危险化学品的易燃、易爆、有毒、腐蚀等危险特性，以及危险化学品事故定义的研究，确定危险化学品事故的类型分为6类。

（1）危险化学品火灾事故

危险化学品火灾事故指燃烧物质主要是危险化学品的火灾事故。具体又分为若干小类，包括：易燃液体火灾、易燃固体火灾、自燃物品火灾、遇湿易燃物品火灾及其他危险化学品火灾。

易燃液体火灾往往发展成爆炸事故，造成重大的人员伤亡。单纯的液体火灾一般不会造成重大的人员伤亡。由于大多数危险化学品在燃烧时会放出有毒气体或烟雾，因此危险化学品火灾事故中，人员伤亡的原因往往是中毒和窒息。

由上面的分析可知，单纯的易燃液体火灾事故较少，这类事故往往被归入危险化学品爆炸（火灾爆炸）事故，或危险化学品中毒和窒息事故。固体危险化学品火灾的主要危害是燃烧时放出的有毒气体或烟雾，或发生爆炸，因此这类事故也往往被归入危险化学品火灾爆炸，或危险化学品中毒和窒息事故。

（2）危险化学品爆炸事故

危险化学品爆炸事故指危险化学品发生化学反应的爆炸事故或液化气体和压缩气体的物理爆炸事故。具体又分若干小类，包括：

① 爆炸品的爆炸（又可分为烟花爆竹爆炸、民用爆炸器材爆炸、军工爆炸品爆炸等）；

② 易燃固体、自燃物品、遇湿易燃物品的火灾爆炸；

③ 易燃液体的火灾爆炸；

④ 易燃气体爆炸；

⑤ 危险化学品产生的粉尘、气体、挥发物的爆炸；

⑥ 液化气体和压缩气体的物理爆炸；

⑦ 其他化学反应爆炸。

（3）危险化学品中毒和窒息事故

危险化学品中毒和窒息事故主要指人体吸入、食入或接触有毒有害化学品或者化学品反应的产物而导致的中毒和窒息事故。具体又分若干小类，包括：

① 吸入中毒事故（中毒途径为呼吸道）；

② 接触中毒事故（中毒途径为皮肤、眼睛等）；

③ 误食中毒事故（中毒途径为消化道）；

④ 其他中毒和窒息事故。

（4）危险化学品灼伤事故

危险化学品灼伤事故主要指腐蚀性危险化学品意外地与人体接触，在短时间内即在人体被接触表面发生化学反应，造成明显破坏的事故。腐蚀品包括酸性腐蚀品、碱性腐蚀品和其他不显酸碱性的腐蚀品。化学品灼伤与物理灼伤（如火焰烧伤、高温固体或液体烫伤等）不同。物理灼伤是高温造成的伤害，使人体立即感到强烈的疼痛，人体肌肤会本能地立即避开。化学品灼伤有一个化学反应过程，开始并不感到疼痛，要经过几分钟，几小时甚至几天才表现出严重的伤害，并且伤害还会不断地加深。因此化学品灼伤比物理灼伤危害更大。

（5）危险化学品泄漏事故

危险化学品泄漏事故主要指气体或液体危险化学品发生了一定规模的泄漏，虽然没有发展成为火灾、爆炸或中毒事故，但造成了严重的财产损失或环境污染等后果的危险化学品事故。危险化学品泄漏事故一旦失控，往往造成重大火灾、爆炸或中毒事故。

（6）其他危险化学品事故

指不能归入上述五类危险化学品事故之外的其他危险化学品事故。主要指危险化学品的肇事事故，即危险化学品发生了人们不希望的意外事件，如危险化学品罐体倾倒、车辆倾覆等，但没有发生火灾、爆炸、中毒和窒息、灼伤、泄漏等事故。

如果考虑与现行《企业职工伤亡事故分类》（GB 6441—86）中的事故类型相一致，可按以下分类，但在事故统计上报时，应在别处体现该事故为危险化学品事故。

①火灾；②爆炸；③中毒和窒息；④灼烫；⑤其他（危险化学品泄漏事故包含在此类中）。

8.2.2 危险化学品事故预防

危险化学品事故预防与控制一般包括技术控制（或操作控制）和管理控制两个方面：操作控制的目的是通过采取适当的措施，消除或降低化学品工作场所的危害，防止工人在正常作业时受到有害物质的侵害。管理控制是指按照国家法律和标准建立起来的管理程序和措施，是预防作业场所中化学品危害的一个重要方面。

8.2.2.1 技术措施

技术控制的目的是通过采取适当的措施，消除或降低工作场所的危害，防止工人在正常作业时受到有害物质的侵害。采取的措施主要有替代、变更工艺、隔离、通风、个体防护和卫生等。

（1）替代

控制、预防化学品危害最理想的方法是不使用有毒有害和易燃易爆的化学品，通常的做法是选用无毒或低毒的化学品替代已有的有毒有害化学品，选用可燃化学品替代易燃化学品。例如，甲苯替代喷漆和除漆中用的苯，用脂肪族烃替代胶水或黏合剂中的苯等。但这一点并不是总能做到。

（2）变更工艺

虽然替代是控制化学品危害的首选方案，但是目前可供选择的替代品往往是很有限的，特别是因技术和经济方面的原因，不可避免地要生产、使用有害化学品。这时可通过变更工艺消除或降低化学品危害。如以往从乙炔制乙醛，采用汞作催化剂，现在发展为用乙烯为原料，通过氧化或氯化制乙醛，不需用汞作催化剂。通过变更工艺，彻底消除了汞害。

（3）隔离

隔离就是通过封闭、设置屏障等措施，避免作业人员直接暴露于有害环境中。最常用的隔离方法是将生产或使用的设备完全封闭起来，使工人在操作中不接触化学品。分离操作是另一种常用的隔离方法，简单地说，就是把生产设备与操作室隔离开。最简单的形式就是把生产设备的管线阀门、电控开关放在与生产地点完全隔开的操作室内。

（4）通风

通风是控制作业场所中有害气体、蒸气或粉尘最有效的措施。借助于有效的通风，使作业场所空气中有害气体、蒸气或粉尘的浓度低于安全浓度，保证工人的身体健康，防止火灾、爆炸事故的发生。

通风分局部排风和全面通风两种。对于点式扩散源，可使用局部排风。局部排风是把污染源罩起来，抽出污染空气，所需风量小，经济有效，便于净化回收。在使用局部排风时，应使污染源处于通风罩控制范围内。为了确保通风系统的高效率，通风系统设计的合理性十分重要。对于已安装的通风系统，要经常加以维护和保养，使其有效地发挥作用。

对于面式扩散源，要使用全面通风。全面通风亦称稀释通风，其原理是向作业场所提供新鲜空气，抽出污染空气，进而稀释有害气体、蒸气或粉尘，从而降低其浓度。但所需风量大，不能净化回收。采用全面通风时，在厂房设计阶段就要考虑空气流向等因素。因为全面通风的目的不是消除污染物，而是将污染物分散稀释，所以全面通风仅适合于低毒性作业场所，不适合于腐蚀性、污染物量大的作业场所。

像实验室中的通风橱，焊接室或喷漆室可移动的通风管和导管都是局部排风设备。在冶金厂，熔化的物质从一端流向另一端时散发出有毒的烟和气，两种通风系统都要使用。

（5）个体防护

当作业场所中有害化学品的浓度超标时，工人就必须使用合适的个体防护用品。个体防护用品既不能降低作业场所中有害化学品的浓度，也不能消除作业场所中的有害化学品，而只是一道阻止有害物进入人体的屏障。防护用品本身的失效就意味着保护屏障的消失，因此个体防护不能被视为控制危害的主要手段，而只能作为一种辅助性措施。

防护用品主要有头部防护器具、呼吸防护器具、眼防护器具、身体防护用品、手足防护用品等。

（6）卫生

卫生包括保持作业场所清洁和作业人员的个人卫生两个方面。经常清洗作业场所，对废物溢出物加以适当处置，保持作业场所清洁，也能有效地预防和控制化学品危害。作业人员应养成良好的卫生习惯，防止有害物附着在皮肤上，防止有害物质通过皮肤渗入体内。

8.2.2.2 管理措施及理念

管理控制是指通过各种管理手段按照国家法律、法规和各类标准建立起来的管理程序和措施，是预防危险化学品事故的一个非常重要的方面，如对作业场所进行危害识别、张贴标志、在化学品包装上粘贴安全标签、危险化学品运输、经营过程中附化学产品安全技术说明书，从业人员的安全培训和资质认定，采取接触监测、医学监督等措施均可达到管理控制的目的。为了有效地预防危险化学品事故的发生，危险化学品的安全管理必须实现法制化。

随着我国化学工业的不断发展，化学品的种类越来越多，如何对化学品进行有效的管理，预防、遏制重大灾害的发生，已成为我们面临的重大课题。因此，我们在借鉴发达国家化学品管理经验的同时，应加强化学品危险性的评价工作，不断引进和吸收先进的管理理念，健全体制，充分利用现代信息技术，同时研发适合我国国情的危险化学品安全管理评价方法，为进一步开展化学品安全管理工作提供科学依据。

针对预防与控制作业场所中化学品的危害，为有效防止火灾、爆炸、中毒与职业病的发生，在危险化学品安全管理过程中必须坚持以下理念。

（1）系统化理念

危险化学品安全管理工作是一项复杂的系统工程，必须统筹规划、整体设计、规范运行。横的方面，从“人→机→环”3方面相互关联组成的系统，制订危险化学品的安全管理和技术措施；纵的方面，从生产、储存、运输、使用、报废等环节全面考虑其安全管理和技术措施。

（2）科学化理念

根据危险化学品的特点，按照国际惯例，确定重大危险源的技术标准；开展重大危险源辨识、监测、监控工作，对重大危险源实行特殊的监督管理；督促企业开展重大危险源的安全评价，制订防止化学品事故发生的预案；重视重大危险源评价技术研究与开发工作，增加投入；研究对新化学品进行危险性评估的方法。

（3）制度化理念

有关部门应逐步完善化学品的各项法规、标准的制订。在分类制度、标签和标识、化学品安全使用说明书、供货人的责任上予以规范，逐步与国际通行做法接轨。在事故预防、工作机制方面作出相应的规定，明确职责，充分发挥法律法规的规范、引导、调节、保障的功能，健全管理体制与监督机制，通过行之有效的措施，减少或杜绝重大恶性事故的发生。

（4）信息化理念

加快危险化学品安全管理信息网络平台的建设工作。各地应建立本地区危险化学品安全管理数据库和动态统计分析系统，建立政府信息网站，介绍化学品生产企业安全管理工作的经验教训；发布化学品生产企业安全生产工作动态和消息；提供有关化学品危害预防与控制的常识；建立区域危险化学品生产企业安全管理档案，跟踪管理；提供在线咨询服务，使危险化学品安全信息网络成为企业安全生产与管理的良师益友。

（5）区域化理念

进一步建立健全地、市、区、县区域管理机构和行政责任制，要狠抓基础建设，加强各有关部门之间的联系，真正担负起区域危险化学品安全监督管理工作，从而高效执行国家政府法规制度，加强化学品的安全管理。

（6）动态化理念

通过提高对危险化学品安全管理工作的水平，指导事故的预防；通过强化管理，制定方针，落实安全措施，加强检查、审核工作，对反馈的不足方面提出整改措施，形成螺旋式上升，从而减少事故的发生，提高危险化学品安全管理工作的效率，不断提高危险化学品安全管理的水平。

（7）集成化理念

以法律法规为基础，在执法监督、技术服务和企业管理3个不同层面上建立科学规范的集成运行机制。对企业化学品的生产、搬运、储存、运输等关键环节，有针对性地在不同时期开展不同形式的安全大检查，做到点面结合，集成高效。

（8）定量化理念

开展危险化学品生产企业安全管理定量评估，建立相应的评价系统、指标体系、评价方法，提供改进和决策依据。同时，不断提高评估水平，为监督、管理和决策提供科学依据。

（9）国际化理念

为了加强合作和改善协调，应建立国际性的实体来协调与化学品安全有关的技术合作，尤其是人力资源开发领域的各项国际活动，有效地使用各国的信息资源，加强国际间的协调与合作，争取各国的相互支持，促进化学品安全管理工作。

8.2.3 危险化学品事故处理

8.2.3.1 事故的调查

讨论事故调查的目的就是要完成两件事。首先，澄清调查模式的评价基础。其次，提出有关一般事故调查的一些问题，并将着眼点放在制定事故调查方针和过程时所考虑的一些问题上。按下列顺序讨论五个目的，即法律、描述、起因、预防和研究。

(1) 法律

调查所执行的法律目的有两层意义。其一是为调查而调查，这是世俗的目的，对于调查的内容和程序来说无明确意义。不管怎样，法规常常决定事故调查与否，例如，只有那些导致伤害或损失工作时间的事故，才可能需要调查。这些规定的调查范围依据纯理论的原则，未免失之武断，还为研究提供了一个带有偏见的实例。违反安全法规的鉴定构成第二层法律意义。许多安全法规看来好像是预防伤害型的（例如防护服的选用），而非预防事故型。这个目的的一个潜在问题是它可能产生的错觉，违章成了事故的原因。例如，工作在一定高度上，使用安全带能在人坠落时起到救护作用，防止严重伤害，但它不能防止坠落。因此没有安全带并不是坠落的原因，坠落的原因是失去平衡。

(2) 描述

通过识别与事故有关的一系列情况可以达到这个目的。完成这一目标力求客观，并要了解哪些情况与事故有关。一个调查模式应就实际情况间的联系提供一些指导，并能回答下述问题：事故从哪里开始，对一连串事件应追溯到哪一件，是否要包括安全管理情况等。描述好案例情况，对于调查的可靠性至关重要，而数据资料的可靠性对于成功的事故研究又必不可少。

(3) 起因

可以种种方式设想起因。一种方式是短浅的，把最直接的事件设为事故的起因。另一种方式是寻找促成条件，使用“倘没有”判断准则（若是Y的存在与否，X能不能发生）。鉴别起因是一个推断问题，而由人来完成的推断则易产生种种偏差。基于优秀事故理论的因果推断，统计学的推论乃是调查起因的最佳方法。

如果事故调查模式需要鉴别和调查起因，就难免有强加责任和挑毛病之嫌。起因能够客观地不带偏见地确定，但对人的判定总是涉及责任。对于事故来说，责任的判定得出这类结论：“某人应能对事件有所预见”，而起因判定只要求判断某个人的行动，或某种环境是事故的必要条件。因为后果自然明了，所以我们往往会断定大多数事故是可预见的，增大了追责任、挑毛病的倾向。一个事故调查模式由于要求调查者鉴别一个或多个过失者，而不是要求对事故起因的中性陈述，往往会引起差错。

(4) 预防

如果调查能识别出一些条件，假如这些条件处于相反状况，事故就不会发生，那么这个目的即可达到。通过改变这一条件，以后的事故就能预防。所介绍的预防措施常常是增加防护、改变工艺、立新的安全规程等。关于预防的一个问题是，到底以预防事故为目标，还是仅以预防其伤害为目标。鉴于预防事故本身，大概需要改变系统，花相当多的钱，进行详细的研究等，选择伤害预防也许更简单。事故的预防需要了解它的起因，而伤害预防仅需要了解促成条件和排除它们的方法。

(5) 研究

为了这一目的，事故调查所获得的数据资料要完整可靠。另外，措辞通俗易懂的报告也有助于这一目的。事故研究需要一套连贯的数据，以比较不同事故的情况，并将类似事故情况一并总结分析。事故研究应能找出事故某些类的共性起因及相关因素，并能找出适合于许多事故的共同预防措施。为了完成这些，需要知道怎样把类似事故分组，以致能合情合理地认为存在共同的起因和预防措施。研究方向存在的问题是，是否存在有意义的事故类别划分？如何才能最好地识别这些类别？没有一个好的分类方案，一个事故调查模式很大程度上不能满足研究目的，而一个好的分类方案常有助于研究工作。

8.2.3.2　事故的分析

事故分析是事故管理的重要组成部分，它是建立在事故调查研究或科学实验基础上对事故进行科学的分析。对于事故，如果只有情况和数据，没有科学的分析，就不能揭示事故的演变规律。事故分析的重点是事故所产生的问题或影响的大小，而不是描述事故本身的大小。事故分析包含两层含义，一是对已发生事故的分析；二是对相似条件下类似事故可能发生的预测。通过事故分析，可以查明事故发生的原因，弄清事故发生的经过和相关的人、物及管理状况，提出防止类似事故发生的方法及途径。事故分析的对象是具有特定条件的事件全体。

通过事故分析可以达到如下目的：

① 能发现各行各业在各种工艺条件下发生事故的特点和规律；

② 发现新的危险因素和管理缺陷；

③ 针对事故特点，研究有效的、有针对性的技术防范措施；

④ 可以从事故中引出新工艺、新技术等。

事故分析有许多不同的方法，如事故的定性分析、事故的定量分析、事故的定时分析、事故的评价分析等。根据事故分析的目的，可选用不同的方法。如根据人们的需要去估算事故究竟有多大，或者这个问题将来会产生多大影响。在进行事故分析时，首先要对事故大小以及类型分类，各个国家、各个行业并不完全一样。一个事故可能被描述成是由一连串事件产生的结果，在这个事件链中某些事做错了，于是产生了一个没有预料到的结果。实践证明，人的干预可以预防损伤和破坏，可以使这个事件链转变方向。然而有时人的干预也可能使危害比实际事故所产生的损伤和破坏更大。因此，在评价一个生产过程的危险程度时应考虑到这个可能性。

目前事故分析技术可以分为三大类。

（1）综合分析法

综合分析法是针对大量事故案例而采取的一种方法。它总结事故发生、发展的规律，并有针对性地提出普遍适用的预防措施。该种分析技术，大体上分为两类。

① 统计分析法　统计分析法是以某一地区或某个单位历来发生的事故为对象，综合分析。这种分类分析对提高安全工作水平，改进安全管理，可以起到很大的作用。

② 按生产专业进行分析　是对不同事故类型（往往是危险性大的行业），如对化工、爆破、煤气、厂内运输、机械、电器等事故进行的分析。它需要熟悉专业生产知识，了解大量的事故情况，才能正确分析，得出正确的结论。这种分析针对性强，所提措施行之有效。通过分析，既可改善不安全状态，又丰富了本专业技术。

（2）个别案例技术分析法

该分析技术有四种类型：

① 从基本技术原理进行分析　如某钢厂对电炉炉盖崩塌所造成的重大伤亡事故（死亡 4 人，重伤 2 人，轻伤 3 人）进行深入分析，抓住碳氧平衡这一中心问题，明确了产生事故的主要原因是低温氧化和用氧量过大，在掌握了事故发生的初步规律后，提出了合理供氧、炉料搭配、熔炼中不断移动氧气吹管、大沸腾不倾炉等措施。又如某锌厂以该厂粉煤和浸漆罐爆炸为对象，重点

从爆炸的三个基本条件入手进行分析。根据三个基本条件（即空气或氧气、可燃物与空气以特定比例范围进行混合，具有火源或超限量能量等），提出了防范爆炸事故的具体措施。

② 以基本计算进行事故分析　通过对事故进行物料、压力、温度、容积、能量及速度和时间等的计算，可以得出事故破坏范围、事故发生条件、事故性质等。如某氧气厂氧气管道与阀门发生燃烧事故，造成三人死亡。该厂通过计算管道流量和流速，找出管道内积存的可燃性杂质是发生事故的基本因素，并提出了有效措施。

③ 从中毒机理进行分析　例如，某金属钴冶炼厂在电炉检修中因向 50 ～ 60℃的炉内洒水降温、除尘，产生有毒气体砷化氢，导致三人死亡。该厂从中毒机理、产生砷化氢的化学反应及根源上分析事故原因，并提出了防范措施。

④ 责任分析方法　仅从作业者或肇事者个人的责任进行分析，重点是分析个人是否违章、违纪。这在某些局部场合可以起到一定的作用。但是，因分析不够深入和全面，对预防事故、消除危险因素来说，不是最好的方法。

（3）系统安全分析法

系统安全分析法既可作综合分析，也可作个别案例分析。采用这种方法分析事故时，应用逻辑图，避免了冗长的文字叙述，比较直观和形象化，考虑问题全面、系统、透彻。美、日等国比较流行，我国也开始应用。

进行事故分析要做到：

① 明确某些事故错在哪里，以及需要如何改正才能不犯这些错误；

② 指出引起事故（或临界事故）的有害因素类型，并描述所造成的危害和损伤情况；

③ 查明并描述某些基本情况，如确定存在的潜在危害和危险状况，以及经改变或排除后出现的最安全的情况。

通过分析事故或损伤的原因以及发生时的环境情况，可以获得一般类型的资料，从其他类似事故的资料可得出更常见的重要因素，进而揭示某些不能立即见到的因果关系。然而，若通过特殊事故分析得到更为详细和特殊的资料时，该资料可能有助于揭示所涉及的特殊情况。通常个别特殊事故分析所提供的资料不可能从一般分析中得到。反之，一般分析指出的因素在特殊分析时也难以阐明。所以这两类资料分析都是重要的，且均有助于明显和直接地揭示个别事故的因果关系。

8.2.3.3 事故现场的清理

（1）现场人员的清洁净化

对事故现场人员的清洁净化是指对现场中暴露的工厂工作人员和应急行动队员的清洁净化。事故中危险物质的泄漏使现场人员受到污染和伤害，如何对其进行清洁净化以及净化处理相关的隔离区域，都是清洁净化要讨论的内容。清洁净化是应急行动的一个环节，而不是紧急情况结束后的恢复和善后。

可以这样定义清洁净化：防止危险物质的传播，去除暴露于化学危险品中的人或物所受的污染，对事故现场暴露者及其个人防护装备进行清洁净化的过程。简言之，清洁净化是对人所受污染的清除和减少。

清洁净化可分为以下两种情况：紧急情况下的“粗”清洁净化和治疗前的彻底清洁净化。

“粗”清洁净化用于暴露于毒性物质污染的初期或开始阶段的清洁净化（此时粗净化已足够）；紧急情况下，粗净化用于毒物威胁生命时的抢救，以便快速治疗，防止受害者受到进一步的伤害。

清洁净化主要采取多重冲洗，彻底的清洁净化用于没有生命危险的伤害：受害者在更彻底的清洁净化之后，再进行第二次治疗。清洁净化时要采取严格的隔离和区域警戒。

（2）净化的方法

应急管理者应该使用一种有效、安全、易于接受的净化方法。在选择净化方法时，管理者必须考虑当前状况、涉及的化学品、污染的程度、位置、天气和被净化的人数等因素。

净化的方法通常包括以下几种。

① 稀释　用水、清洁剂、清洗液清洗和稀释污染物料。洗涤溶液可包括清洁剂或其他的液体香皂。清洗液可包括稀释的磷酸盐、小苏打等。

② 处理　应该考虑对应急行动工作人员使用过的衣服、工具、设备进行处理。当应急人员从受污染区域撤出时，他们的衣服或其他物品应储藏在合适的容器中，并作为危险废物进一步处理。多层防护服有较高的防护水平，如果处理费用并不过高也应该考虑对它处理。

③ 物理去除　使用刷子可以除去一些污染物质，吸尘器也可以吸掉活性物质，大部分污染物应该用大量的水和清洁剂来清除。

④ 中和　中和通常不直接应用于人体，它的使用一般仅限于衣服和设备。苏打粉、碳酸氢钠、碎的石灰石、醋、柠檬酸、家用漂白剂、次氯酸钙、矿物油等都是易得并广泛使用的中和材料。此外，一种特别的中和剂——葡萄糖酸钙可应用于皮肤与氟化氢接触的情况。

⑤ 吸附　因为吸附材料能吸收污染物，危险物质可直接黏附在吸附剂的表面。吸附剂使用后要进行处理。

⑥ 隔离　隔离需要全部隔离或把现场和设备全部围起来以免污染，污染物质要被处理或被永久去除。

8.2.3.4　事故后的恢复工作

当应急阶段结束后，从紧急情况恢复到正常状态需要时间、人员、资金和正确的指挥，这时对恢复能力的预先估计将变得很重要。例如已经预先评估的某一易发事故公路段，如果制定了预先的恢复计划，就能在短短的数小时之内恢复到原来的水平。

应急恢复自应急救援工作结束时开始。决定恢复时间长短的因素包括：①破坏与损失的程度；②完成恢复所必需的人力、财力和技术支持；③相关法律、法规；④其他因素（天气、地形、地势）。

通常情况下，重要的恢复活动主要有以下几种：①恢复期间的管理；②事故的调查；③现场的警戒和安全；④安全和应急系统的恢复；⑤员工的救助；⑥法律问题的解决；⑦损失状况的评估；⑧保险与索赔；⑨工艺数据的收集；⑩公共关系。

8.3　危险化学品消防

8.3.1　消防的指导思想

对企业来说，确保企业员工在生产中的安全和健康，以及企业和产品的完整无损是我国消防工作的指导原则，也是企业管理的原则之一。因此，重视并加强对工业企业的防火防爆研究是十分有意义的。

8.3.1.1 消防方针

我国消防工作的方针是“预防为主，防消结合”，企业的消防工作也必须坚定不移地贯彻这个方针，这个方针同样适用于事故扑救。

1998 年 4 月 29 日，第九届全国人民代表大会常务委员会第二次会议公布了《中华人民共和国消防法》，1998 年 9 月 1 日起正式实施。消防法规定了“预防为主，防消结合”的消防工作方针，并从各个方面规定了预防火灾的措施。

“预防为主、防消结合”的方针是人们同火灾长期斗争的经验总结，正确反映了消防工作的客观规律。

“预防为主”，就是要把预防火灾（爆炸）的工作放在首要地位。实践证明，尽管化工企业的火灾及爆炸事故的原因有时很复杂，但是一般都是可以预防的，因此，做好预防工作是防火防爆工作的重点。“凡事预则立，不预则废”，这个道理同样也完全适用于预防火灾及爆炸事故。

“防消结合”，是指同火灾作斗争的两个基本手段——预防和扑救两者必须有机地结合起来。也就是在做好预防工作的同时，加强消防值勤，从组织上、思想上、物质上做好灭火工作的充分准备。以便一旦发生火灾时能够迅速、有效地把火灾消灭在初始阶段，最大限度地减少火灾损失，减少人员伤亡，有效地保卫国家财产和人民生命、财产的安全。

8.3.1.2 消防工作的原则及措施

（1）“安全第一”的原则

所谓“安全第一”，就是当生产和安全发生矛盾时，应当把安全放在首位。安全与生产是不可分割的两个方面，没有安全，正常的生产就没有保障；离开了生产讲安全，安全就没有存在的意义。

（2）“属地管理为主”的原则

所谓“属地管理为主”，是指无论什么企业或单位，其消防安全工作均由其所在地的政府为主领导，并接受所在地公安消防机关的监督。《中华人民共和国消防法》和国务院批转的《消防改革与发展纲要》规定，除军事设施、核设施、国有森林、地下矿井、远洋船舶和铁路运营建设系统、民航系统的消防工作分别由军事机关和其主管部门负责外，其他方面的消防工作统一由当地政府为主负责。因此，各有关部门、系统、单位要在所在地政府的领导下，积极组织和推动本部门、本系统、本单位做好消防安全工作，并接受当地公安消防机关的监督。

（3）“谁主管，谁负责”的原则

所谓“谁主管，谁负责”，简单释义就是谁抓哪项工作，谁就应对哪项工作负责。对消防工作而言，就是说谁是哪个单位的法定代表人，谁就应对哪个单位的消防安全负责；法定代表人授权某项工作的领导人，要对自己主管内的消防安全负责；各车间、班组负责人以至每个职工，都要对自己管辖工作范围内的消防安全负责。其含义有以下五点：

① 一个地区、一个系统、一个单位的消防安全工作，由本地区、本系统、本单位自己负责，公安消防机关实施监督和检查指导。

② 各级公司、局和单位的行政主要领导，作为法定代表人要对管辖范围内的消防安全全面负责，是当然的消防安全责任人。根据工作需要，单位的法定代表人可以授权一名副职具体负责对消防安全的管理，但作为法定代表人的行政一把手，对消防安全的责任不能变。分管其他工作的领导要对分管范围内的消防安全负责。

③ 局、公司、单位内的各个业务部门，要按业务分工，对所分管工作中的消防安全负责。保卫、消防管理人员，要在单位消防安全责任人的领导下，负责对本单位消防安全进行检查指导。

④ 企业单位中各车间领导、工段领导或分厂领导，要对其所管辖范围的消防安全负责。

⑤ 班、组是企业单位最基层的组织，是同火灾作斗争的第一线。班、组长作为最基层的负责人，应当对本班、组的消防工作负责，要教育和组织本班组的全体职工认真做好本岗位的消防安全工作。

从以上表述可以看出，所谓“谁主管，谁负责”，其实质就是逐级负责制，在消防工作中就是我们常说的“逐级防火责任制”，即：纵向层层负责，一级对一级负责；横向分工把关，分线负责，形成一个纵向到底、横向到边、纵横交错的严密的防火网络。

针对目前危险化学品灾害事故频发和处置难的现实状况，一旦发生事故，应采取以下措施。

① 立即成立火场指挥部，视实际情况成立毒物侦检、警戒疏散、强攻抢险、防护稀释、供水、洗消、通讯联络、后勤保障等小组，并及时与政府及公安、卫生、供电、环保等部门取得联系，以便为抢险救援取得支持。指挥部要指挥车辆停在上风向，并能进能退，出现危险时能立即撤离危险区的地方（最好是车尾对着事故现场）。组织厂方技术人员及消防专勤人员在做好个人防护，做好登记后，深入事故现场用毒气检测器、测爆仪、有毒气体探测仪等对事故对象及其周围进行采样检测，查明泄漏扩散范围及其浓度，进行火情侦察或寻找泄漏点等，并询问厂方人员关于泄漏或燃烧的化学危险品的种类、数量、危害性和人员被困情况等，为指挥部有效决策提供科学依据。

② 根据侦检结果，结合综合电子气象仪测得的风速、风向、温度等数据，划定警戒范围，设立警戒线（可分安全区、防范区、危险区、高危区等），会同公安、交通等各部门将污染区人员迅速撤至上风处，疏散无关人员，严禁其他人员进入警戒区。同时，对下风向道路进行交通管制，严格控制现场产生一切火花，还要切断危险区域的一切生产用电。指挥防护稀释组，在泄漏区四周喷雾状水或设置水幕水带进行防护，并结合泄漏物的化学性质，在水中掺加一定的中和剂，来增加稀释效果，保证抢险救援顺利开展。

③ 在了解工艺流程和技术要求的基础上，与技术人员共同商量拟定堵漏方案，在堵漏过程中要注意以下几点：专勤人员要做好个人防护，与熟悉情况的技术人员一起，在喷雾水流的掩护下，进行关阀堵漏，并切断有关电源。操作时手钳应用保护层，以免金属撞击产生火花。采用何种堵漏方法视情况而定，对储罐容器壁、管道壁进行堵漏，可用专用的橡胶封堵物、木楔、冷冻封堵，或堵漏套装、管道断裂包扎套装等对管道进行堵漏；也可用不同型号的法兰夹具对泄漏的阀门法兰进行处理。对少量化学危险物品的泄漏，可用活性炭、水泥粉、沙子等惰性材料吸收处理。若有大量的化学物质泄漏，可构筑围堤或挖坑收容，让泄漏的液体流入设定好的堤内，然后以泡沫覆盖，降低蒸汽灾害，防止爆燃，再用防爆排烟机送风挥发化学物质。

④ 若泄漏的化学物质处于一定的燃烧状态，可不急于灭火，应先对泄漏燃烧的容器、管道及周围受到火势威胁的设备进行冷却保护，在确有止漏把握并做好准备的前提下才可灭火。灭火时要从外围开始扑救，逐渐向火点推进，以免火点扑灭后化学物品继续跑漏，遇到明火重新燃烧或爆炸。扑救过程要注意选择合适的水枪阵地，形成合理的梯次保护。在防护上，要尽量考虑多道防线，并可用水幕水带进行隔离稀释，降低空气中的毒害物浓度，防止进一步扩散，同时在发生异常情况时可及时撤离一线，而迅速组织起第二、第三道防线。

⑤ 对已爆炸并形成稳定燃烧的火灾，首先要观察燃烧本身对周围的影响，注意建筑物是否会倒塌伤人，在确保安全时，远距离用水枪冷却或喷射泡沫。水枪手阵地要尽可能选择有掩蔽体的地方，水管枪一般不多于两人操作，并预先考虑各阵地最有利的疏散线路。另

外，水管枪手不许站立于地下罐、半地下罐、地上罐顶部，封闭式污水处理池上部，水封井盖、检查井盖、污水管道、阴井盖上部，以及设备的有限空间上部。指战员还要注意灭火过程中有无爆炸迹象，若反应器、聚合釜、蒸馏塔等设备发出异常响声；火焰由红变白，设备变形，发生摇动，并有嗡嗡声响时，应果断将抢险人员撤离。

⑥ 某些化工产品泄漏、燃烧、爆炸，要视情况成立洗消小组，用适当的洗消剂对抢救出来的人员、事故场地、车辆器材、抢险人员进行彻底的洗消，不经检验洗消合格的人员，绝不许离开警戒区，以防造成二次污染。

⑦ 在处置化工产品泄漏、燃烧、爆炸当中，应注意以下几点：

a. 化工火灾蔓延快、着火点多、爆炸危险性大，所以要加强第一出动，以快制快，集中兵力打歼灭战。另外，优先调集泡沫车或干粉车、防化抢险救援车等，否则到时受场地限制，会使特种车辆进不了火场。

b. 此类事故的处置，体力消耗大，所以要经常换班，而且参战官兵要增强个人防护意识，若发生中毒受伤事件要当场采取急救措施，用生理盐水冲洗和输氧等。

c. 要选择合适的灭火剂。化工产品种类繁多，理化性质各异，处置、扑救的方法也各不相同，因此选择合适的灭火剂会起到事半功倍的效果，否则不但不能有效地控制火势，还有可能助长火势的进一步蔓延、扩大。对灭火后的废液，也要收集处理后，才可流入回收池、下水道、阴沟等，以防二次污染和回火、爆炸。

8.3.2 灭火器的分类

灭火器是一种可携式灭火工具。灭火器内放置化学物品，用于救灭火灾。灭火器是常见的防火设施之一，存放在公众场所或可能发生火灾的地方，不同种类的灭火器内装填的成分不一样，是专为不同的火灾起因而设。使用时必须注意，以免产生反效果及引起危险。

灭火器的种类很多，按其移动方式可分为：手提式和推车式；按驱动灭火剂的动力来源可分为：储气瓶式、储压式、化学反应式；按所充装的灭火剂，则可分为：泡沫、干粉、卤代烷、二氧化碳、清水等。

(1) 干粉灭火器

原理：干粉灭火器内充装的是干粉灭火剂。干粉灭火剂是用于灭火的干燥且易于流动的微细粉末，由具有灭火效能的无机盐和少量的添加剂经干燥、粉碎、混合而成微细固体粉末。利用压缩的二氧化碳吹出干粉（主要含有碳酸氢钠）来灭火（图 8-5）。

图 8-5 干粉灭火器

结构：干粉灭火器是利用二氧化碳气体或氮气作动力，将瓶内的干粉喷出灭火的。

适用范围：碳酸氢钠干粉灭火器适用于易燃、可燃液体、气体及带电设备的初起火灾；磷酸铵盐干粉灭火器除可用于上述几类火灾外，还可扑救固体类物质的初起火灾。但都不能扑救金属燃烧火灾。

(2) 泡沫灭火器

原理：泡沫灭火器内有两个容器，分别盛放两种液体，即硫酸铝和碳酸氢钠溶液，两种溶液互不接触，不发生化学反应。当需要泡沫灭火器时，把灭火器倒立，两种溶液混合在一起，就会产生大量的二氧化碳气体：

$$Al_2(SO_4)_3 + 6NaHCO_3 = 3Na_2SO_4 + 2Al(OH)_3\downarrow + 6CO_2\uparrow$$

除了两种反应物外，灭火器中还加入了一些发泡剂。打开开关，泡沫从灭火器中喷出，覆盖在燃烧物品上，使燃着的物质与空气隔离，并降低温度，达到灭火的目的。

结构：泡沫灭火器由筒体、筒盖、瓶胆、喷嘴等组成。筒体内装有碳酸氢钠水溶液，瓶胆内装有硫酸铝水溶液。瓶胆口有铅塞，用来封住瓶口，以防瓶胆内的溶液与瓶胆外的药液混合。酸碱灭火器的作用原理是利用两种药剂混合后发生化学反应，产生压力使药剂喷出，从而扑灭火灾（图 8-6）。

图 8-6　泡沫灭火器

适用范围：适用于扑救一般 B 类火灾，如油制品、油脂等火灾，也可适用于 A 类火灾，但不能扑救 B 类火灾中的水溶性可燃、易燃液体的火灾，如醇、酯、醚、酮等物质火灾；也不能扑救带电设备及 C 类和 D 类火灾。

（3）二氧化碳灭火器

原理：灭火器瓶体内贮存液态二氧化碳，工作时，当压下瓶阀的压把时，内部的二氧化碳灭火剂便由虹吸管经过瓶阀到喷筒喷出，使燃烧区氧的浓度迅速下降，当二氧化碳达到足够浓度时火焰会窒息而熄灭，同时由于液态二氧化碳会迅速汽化，在很短的时间内吸收大量的热量，因此对燃烧物起到一定的冷却作用，也有助于灭火。推车式二氧化碳灭火器主要由瓶体、器头总成、喷管总成、车架总成等几部分组成，内装的灭火剂为液态二氧化碳。

结构：二氧化碳灭火器筒体采用优质合金钢经特殊工艺加工而成，质量比碳钢减少了 40%，具有操作方便、安全可靠、易于保存、轻便美观等特点（图 8-7）。

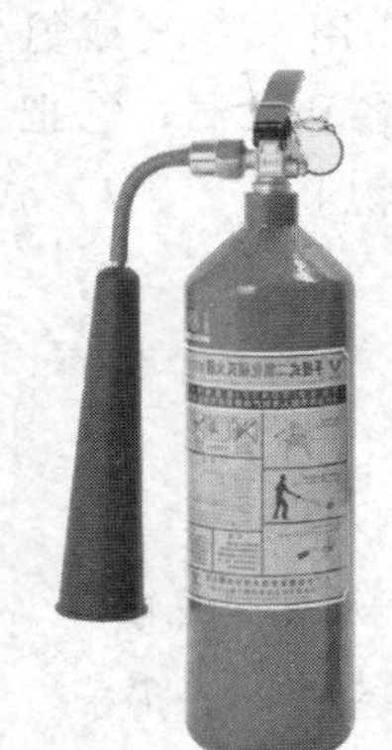
图 8-7　二氧化碳灭火器

适用范围：适用于扑救易燃液体及气体的初起火灾，也可扑救带电设备的火灾，常应用于实验室、计算机房、变配电所，以及对精密电子仪器、贵重设备或物品维护要求较高的场所。

（4）清水灭火器

原理：清水灭火器中的灭火剂为清水。水在常温下具有较低的黏度、较高的热稳定性、较大的密度和较高的表面张力，它主要依靠冷却和窒息作用进行灭火。1kg 水自常温加热至沸点并完全蒸发汽化，可以吸收 2593.4kJ 的热量。因此，它利用自身吸收显热和潜热的能力发挥冷却灭火作用，是其他灭火剂所无法比拟的。此外，水被汽化后形成的水蒸气为惰性气体，且体积将膨胀 1700 倍左右。

在灭火时，由水汽化产生的水蒸气将占据燃烧区域的空间、稀释燃烧物周围的氧含量，阻碍新鲜空气进入燃烧区，使燃烧区内的氧浓度大大降低，从而达到窒息灭火的目的。当水呈喷淋雾状时，形成的水滴和雾滴的比表面积将大大增加，增强了水与火之间的热交换作用，从而强化了其冷却和窒息作用。

另外，对一些易溶于水的可燃、易燃液体还可起稀释作用；采用强射流产生的水雾可使可燃、易燃液体产生乳化作用，使液体表面迅速冷却、可燃蒸气产生速度变慢而达到灭火的目的。

结构：清水灭火器由保险帽、提圈、筒体、二氧化碳气体贮气瓶（驱动灭火剂）和喷嘴等部件组成，是一种古老而又使用范围广泛的天然灭火剂，易于获取和储存（图 8-8）。

适用范围：主要用于扑救固体物质的火灾，如木材、棉麻、纺织品等的初起火灾。

图 8-8 清水灭火器

8.3.3 常用灭火方法

（1）冷却法

这种灭火法的原理是将灭火剂直接喷射到燃烧的物体上，以降低燃烧的温度于燃点之下，使燃烧停止。或将灭火剂喷洒在火源附近的物质上，使其不因火焰热辐射作用而形成新的火点。冷却灭火法是灭火的一种主要方法，常用水和二氧化碳作灭火剂冷却降温灭火。灭火剂在灭火过程中不参与燃烧过程中的化学反应。这种方法属于物理灭火方法。

（2）隔离法

隔离灭火法是将正在燃烧的物质和周围未燃烧的可燃物质隔离或移开，中断可燃物质的供给，使燃烧因缺少可燃物而停止。具体方法有：①把火源附近的可燃、易燃、易爆和助燃物品搬走；②关闭可燃气体、液体管道的阀门，以减少和阻止可燃物质进入燃烧区；③设法阻拦流散的易燃、可燃液体；④拆除与火源相毗连的易燃建筑物，形成防止火势蔓延的空间地带。

（3）窒息法

窒息灭火法是阻止空气流入燃烧区或用不燃烧区或用不燃物质冲淡空气，使燃烧物得不到足够的氧气而熄灭的灭火方法。具体方法是：①用沙土、水泥、湿麻袋、湿棉被等不燃或难燃物质覆盖燃烧物；②喷洒雾状水、干粉、泡沫等灭火剂覆盖燃烧物；③用水蒸气或氮气、二氧化碳等惰性气体灌注发生火灾的容器、设备；④密闭起火建筑、设备和孔洞；⑤把不燃的气体或不燃液体（如二氧化碳、氮气等）喷洒到燃烧物区域内或燃烧物上。

阅读拓展

危险化学品安全管理条例

《危险化学品安全管理条例》是为加强危险化学品的安全管理，预防和减少危险化学品事故，保障人民群众生命财产安全，保护环境制定的国家法规。由中华人民共和国国务院于 2002 年 1 月 26 日发布，自 2002 年 3 月 15 日起施行。2011 年 2 月 16 日修订。根据 2013 年 12 月 4 日国务院第 32 次常务会议通过，2013 年 12 月 7 日中华人民共和国国务院令第 645 号公布，自 2013 年 12 月 7 日起施行《国务院关于修改部分行政法规的决定》修正。

发布文号：国务院令第 344 号

发布日期：2002 年 1 月 26 日

施行日期：2002 年 3 月 15 日

发布机构：中华人民共和国国务院

修订日期：2011 年 2 月 16 日

修订文号：中华人民共和国国务院令第 591 号

修正日期：2013 年 12 月 7 日

修正文号：中华人民共和国国务院令第 645 号

习题

1. 危险化学品是指什么？

2. 根据危险化学品目录（2015版）确定原则，危险化学品的品种依据化学品分类和标签国家标准，从哪些危险和危害特性类别中确定？

3. 危险化学品泄漏事故现场急救措施有哪些？

4. 扑救化学品火灾时，应注意的事项有哪些？

5. 化学品事故的应急处理过程包括哪些？

6. 安全标签的主要内容有哪些？

7. 试述事故分析技术的类别。

8. 试述事故现场的净化方法。

9. 试述常用灭火器的原理及适用范围。

附　录

附录 1 一些常见化合物的分子量

化合物	分子量	化合物	分子量	化合物	分子量
$AgBr$	187.77	$CrCl_3$	158.35	HBr	80.91
$AgCl$	143.32	$Cr(NO_3)_3$	238.01	HCN	27.03
$AgCN$	133.89	Cr_2O_3	151.99	$HCOOH$	46.03
$AgSCN$	165.95	$CuCl$	99.00	H_2CO_3	62.03
Ag_2CrO_4	331.73	$CuCl_2$	134.45	$H_2C_2O_4$	90.04
AgI	234.77	$CuCl_2 \cdot 2H_2O$	170.48	$H_2C_2O_4 \cdot 2H_2O$	126.07
$AgNO_3$	169.87	$CuSCN$	121.62	HCl	36.46
$AlCl_3$	133.34	CuI	190.45	HF	20.01
$Al(NO_3)_3$	213.00	$Cu(NO_3)_2$	187.56	HI	127.91
Al_2O_3	101.96	$Cu(NO_3)_2 \cdot 3H_2O$	241.60	HNO_3	63.01
$Al(OH)_3$	78.00	CuO	79.55	HNO_2	47.01
$Al_2(SO_4)_3$	342.12	Cu_2O	143.09	H_2O	18.02
As_2O_3	197.84	CuS	95.61	H_2O_2	34.02
As_2O_5	229.84	$CuSO_4$	159.60	H_3PO_4	98.00
$BaCO_3$	197.34	$CuSO_4 \cdot 5H_2O$	249.68	H_2S	34.08
BaC_2O_4	225.35	CH_3COOH	60.05	H_2SO_3	82.07
$BaCl_2$	208.24	CH_3OH	32.04	H_2SO_4	98.07
$BaCl_2 \cdot 2H_2O$	244.27	CH_3COCH_3	58.08	$HgCl_2$	271.50
$BaCrO_4$	253.32	C_6H_5COOH	122.12	Hg_2Cl_2	472.09
BaO	153.33	C_6H_5COONa	144.10	HgI_2	454.40
$Ba(OH)_2$	171.34	CH_3COONa	82.03	$Hg_2(NO_3)_2$	525.19
$BaSO_4$	233.39	C_6H_5OH	94.11	$Hg_2(NO_3)_2 \cdot 2H_2O$	561.22
$CaCO_3$	100.09	$FeCl_2$	126.75	$Hg(NO_3)_2$	324.60
CaC_2O_4	128.10	$FeCl_2 \cdot 4H_2O$	198.81	HgO	216.59
$CaCl_2$	110.99	$FeCl_3$	162.21	HgS	232.65
$CaCl_2 \cdot 6H_2O$	219.08	$FeCl_3 \cdot 6H_2O$	270.30	$HgSO_4$	296.65
$Ca(NO_3)_2$	164.09	$Fe(NO_3)_3$	241.86	Hg_2SO_4	497.24
CaO	56.08	$Fe(NO_3)_3 \cdot 9H_2O$	404.00	$KAl(SO_4)_2 \cdot 12H_2O$	474.38
$Ca(OH)_2$	74.09	FeO	71.85	KBr	119.00
$Ca_3(PO_4)_2$	310.18	Fe_2O_3	159.69	$KBrO_3$	167.00
$CaSO_4$	136.14	Fe_3O_4	231.54	KCl	74.55
$Ce(SO_4)_2$	332.24	$Fe(OH)_3$	106.87	$KClO_3$	122.55
$CoCl_2$	129.84	FeS	87.91	KCN	65.12
$CoCl_2 \cdot 6H_2O$	237.93	Fe_2S_3	207.87	K_2CO_3	138.21
$Co(NO_3)_2$	182.94	$FeSO_4$	151.90	K_2CrO_4	194.19
$Co(NO_3)_2 \cdot 6H_2O$	291.03	$FeSO_4 \cdot 7H_2O$	278.01	$K_2Cr_2O_7$	294.18
$CO(NH_2)_2$	60.06	$FeSO_4 \cdot (NH_4)_2SO_4 \cdot 6H_2O$	392.14	$K_3Fe(CN)_6$	329.25
CO_2	44.01	H_3BO_3	61.83	$K_4Fe(CN)_6$	368.35

续表

化合物	分子量	化合物	分子量	化合物	分子量
$KFe(SO_4)_2\cdot12H_2O$	503.24	$NaCl$	58.44	$PbCl_2$	278.10
$KHC_2O_4\cdot H_2O$	146.14	$NaClO$	74.4	$PbCrO_4$	323.20
$KHC_2O_4\cdot H_2C_2O_4\cdot2H_2O$	254.19	$NaHCO_3$	84.01	$Pb(NO_3)_2$	331.20
$KHSO_4$	136.16	$Na_2HPO_4\cdot12H_2O$	358.14	PbO	223.20
KI	166.00	$Na_2H_2Y\cdot2H_2O$	372.24	PbO_2	239.20
KIO_3	214.00	$NaNO_2$	69.00	$PbSO_4$	303.30
$KIO_3\cdot HIO_3$	389.91	$NaNO_3$	85.00	$SbCl_3$	228.11
$KMnO_4$	158.03	Na_2O	61.98	$SbCl_5$	299.02
KNO_2	85.10	Na_2O_2	77.98	Sb_2O_3	291.50
KNO_3	101.10	$NaOH$	40.00	Sb_2S_3	339.68
K_2O	94.20	Na_3PO_4	163.94	SiF_4	104.08
KOH	56.11	Na_2S	78.04	SiO_2	60.08
$KSCN$	97.18	$Na_2S\cdot9H_2O$	240.18	$SnCl_2$	189.60
K_2SO_4	174.25	Na_2SO_3	126.04	$SnCl_2\cdot2H_2O$	225.63
$MgCO_3$	84.32	Na_2SO_4	142.04	$SnCl_4$	260.50
$MgCl_2$	95.21	$Na_2S_2O_3$	158.10	$SnCl_4\cdot5H_2O$	350.58
MgC_2O_4	112.33	$Na_2S_2O_3\cdot5H_2O$	248.17	SnO_2	156.69
$MgNH_4PO_4$	137.32	NH_3	17.03	SnS	150.75
MgO	40.31	NH_4Cl	53.49	$SrCO_3$	147.63
$Mg(OH)_2$	58.32	$(NH_4)_2CO_3$	96.09	SrC_2O_4	175.64
$Mg_2P_2O_7$	222.55	$(NH_4)_2C_2O_4$	124.10	$SrCrO_4$	203.61
$MgSO_4\cdot7H_2O$	246.47	$(NH_4)_2C_2O_4\cdot H_2O$	142.11	$Sr(NO_3)_2$	211.63
$MnCO_3$	114.95	NH_4HCO_3	79.06	$Sr(NO_3)_2\cdot4H_2O$	283.69
$MnCl_2\cdot4H_2O$	197.91	$(NH_4)_2HPO_4$	132.06	$SrSO_4$	183.68
$Mn(NO_3)_2\cdot6H_2O$	287.04	$(NH_4)_2MoO_4$	196.01	SO_3	80.06
MnO	70.94	$(NH_4)_2S$	68.14	SO_2	64.06
MnO_2	86.94	$(NH_4)_2SCN$	76.12	TiO_2	79.88
MnS	87.00	$(NH_4)_2SO_4$	132.13	WO_3	231.85
$MnSO_4\cdot4H_2O$	223.06	$NiCl_2\cdot6H_2O$	237.69	$ZnCO_3$	125.39
$Na_2B_4O_7$	201.22	$Ni(NO_3)_2\cdot6H_2O$	290.79	ZnC_2O_4	153.40
$Na_2B_4O_7\cdot10H_2O$	381.37	NiO	74.69	$ZnCl_2$	136.29
$NaBiO_3$	279.97	NiS	90.75	$Zn(NO_3)_2$	189.39
$NaBr$	102.90	$NiSO_4\cdot7H_2O$	280.85	$Zn(NO_3)_2\cdot6H_2O$	297.48
$NaCN$	49.01	P_2O_5	141.94	ZnO	81.38
Na_2CO_3	105.99	$PbCO_3$	267.20	$ZnSO_4$	161.44
$Na_2C_2O_4$	134.00	PbC_2O_4	295.22	$ZnSO_4\cdot7H_2O$	287.54

附录 2 标准热力学数据（298.15K，100kPa）

物质	状态	$\Delta_f H_m^{\ominus}$/kJ·mol^{-1}	$\Delta_f G_m^{\ominus}$/kJ·mol^{-1}	$S_m^{\ominus}$/J·mol^{-1}·K^{-1}
Ag	s	0.0	0.0	42.55
$AgBr$	s	−100.37	−96.90	107.1
$AgCl$	s	−127.07	−109.80	96.2
AgI	s	−61.84	−66.19	115.5
Ag_2CrO_4	s	−731.74	−641.83	218.0
Ag_2O	s	−31.0	−11.2	121.3
$AgNO_3$	s	−124.4	−33.47	140.9

续表

物质	状态	$\Delta_f H_m^{\ominus}$/kJ·mol^{-1}	$\Delta_f G_m^{\ominus}$/kJ·mol^{-1}	$S_m^{\ominus}$/J·mol^{-1}·K^{-1}
Ag_2S	s	−32.59	−40.67	144.0
Al	s	0.0	0.0	28.33
Al_2O_3	s(刚玉)	−1675.7	−1582.3	50.92
$Al(OH)_3$	s	−1285	−1306	71
B	s	0.0	0.0	5.86
B_2H_6	g	35.6	86.6	232.0
Ba	s	0.0	0.0	62.8
$BaCO_3$	s	−1216	−1138	112
$BaSO_4$	s	−1473	−1362	132
BaO	s	−548.10	−520.41	72.09
Br_2	l	0.0	0.0	152.23
Br_2	g	30.91	3.14	245.35
C	g	716.68	671.21	157.99
C	s（石墨）	0.0	0.0	5.74
C	s（金刚石）	1.987	2.90	2.38
CO	g	−110.52	−137.15	197.56
CO_2	g	−393.51	−394.36	213.6
Ca	s	0.0	0.0	41.2
CaF_2	s	−1219.6	−1167.3	68.87
CaO	s	−635.09	−604.04	39.75
$Ca(OH)_2$	s	−986.09	−898.56	83.39
$CaCO_3$	s（方解石）	−1206.9	−1128.8	92.9
$CaCO_3$	s（硬石膏）	−1434.1	−1321.9	106.7
Cl_2	g	0.0	0.0	222.96
Cu	s	0.0	0.0	33.15
CuO	s	−157	−130	42.63
Cu_2O	s	−169	−146.3	93.14
CuS	s	−53.1	−53.6	66.5
$CuSO_4$	s	−771.36	−661.9	109
Fe	s	0.0	0.0	27.3
$FeCl_2$	s	−341.79	−302.30	117.95
$FeCl_3$	s	−399.49	−334.00	142.3
Fe_2O_3	s(赤铁矿)	−824.2	−742.2	87.40
Fe_3O_4	s(磁铁矿)	−1118.4	−1015.4	146.4
FeS	s	−100.0	−100.4	60.29
$FeSO_4$	s	−928.4	−820.8	107.5
F_2	g	0.0	0.0	202.78
H_2	g	0.0	0.0	130.68
HBr	g	−36.4	−53.45	198.69
HCl	g	−92.30	−95.29	186.9
HF	g	−271.12	−273.22	173.78
HI	g	26.48	1.70	206.59
HCN	g	135	125	201.7
H_2CO_3	l	−699.65	−623.16	187
HNO_3	l	−173.2	−79.91	155.6
H_2O	g	−241.82	−228.59	188.72
H_2O	l	−285.83	−237.18	69.92
H_2O_2	l	−187.8	−120.35	109.6
H_2S	g	−20.17	−33.1	205.8
Hg	l	0.0	0.0	77.4

续表

物质	状态	$\Delta_f H_m^\ominus$/kJ·mol^{-1}	$\Delta_f G_m^\ominus$/kJ·mol^{-1}	$S_m^\ominus$/J·mol^{-1}·K^{-1}
$HgCl_2$	s	−223.4	−176.6	144.3
Hg_2Cl_2	s	−264.93	−210.6	195.8
HgO	s(红,斜方晶形)	−90.84	−58.55	70.29
HgO	s(红,六方晶形)	−89.5	−58.24	71.1
Hg_2SO_4	s	−741.99	−623.85	200.75
I_2	s	0.0	0.0	116.14
K	s	0.0	0.0	64.18
KI	s	−327.65	−322.29	104.35
Mg	s	0.0	0.0	32.69
MgO	s(方镁石)	−601.66	−569.02	26.0
Mn	s	0.0	0.0	31.76
MnO_2	s	−520.0	−465.2	53.05
N_2	s	0.0	0.0	191.60
NH_3	g	−46.11	−16.5	192.3
N_2H_4	l	50.63	149.34	121.21
NH_4Cl	s	−314.43	−202.87	94.6
N_2O	g	82.05	104.20	219.85
NO	g	90.25	86.55	210.77
NO_2	g	33.18	51.31	240.06
N_2O_5	g	2.5	109	343
Na	s	0.0	0.0	51.0
NaOH	s	−425.61	−379.49	64.46
Na_2CO_3	s	−1130.68	−1044.44	134.98
$NaHCO_3$	s	−950.81	−851.0	101.7
O_2	s	0.0	0.0	205.14
O_3	g	142.7	163.2	238.93
P	s(白磷)	0.0	0.0	41.09
P	s(红磷)	−17.6	−121	22.80
PCl_3	g	−287.0	−267.8	311.78
PCl_5	g	−374.9	−305.0	364.58
Pb	s	0.0	0.0	64.81
PbS	s	−94.31	−92.67	91.2
S	s	0.0	0.0	31.93
SO_2	s	−296.85	−300.16	248.22
SO_3	s (斜方)	−395.26	−371.06	256.76
Si	s	0.0	0.0	18.83
SiF_4	g	−1614.94	−1572.65	282.49
SiO_2	s(石英)	−910.94	−856.67	41.84
SiO_2	s(无定形)	−903.49	−850.73	46.9
Sn	s(白)	0.0	0.0	51.55
Sn	s(灰)	−2.09	0.13	44.14
SnO_2	s	−580.7	−519.6	52.3
Ti	s	0.0	0.0	30.3
TiO_2	s(金红石)	−912.1	−852.7	50.25
Zn	s	0.0	0.0	41.6
ZnO	s	−348.28	−318.30	43.64
ZnS	s(闪锌矿)	−206.0	−201.3	57.5
CH_4	g	−74.85	−50.79	186.2
C_2H_6	g	−84.68	−32.86	229.1
C_2H_4	g	52.29	68.18	219.45

续表

物质	状态	$\Delta_f H_m^{\ominus}$/kJ·mol^{-1}	$\Delta_f G_m^{\ominus}$/kJ·mol^{-1}	$S_m^{\ominus}$/J·mol^{-1}·K^{-1}
C_2H_2	g	226.73	209.20	200.94
C_3H_8	g	−103.85	−23.6	270.2
C_6H_{12}	g	−123.14	31.92	298.35
C_6H_6	l	49.04	124.14	173.26
C_6H_6	g	82.93	129.08	269.69
C_7H_8(甲苯)	l	12.01	113.89	220.96
C_7H_8(甲苯)	g	50.00	122.11	320.77
C_8H_8(苯乙烯)	l	103.89	202.51	237.57
$C_4H_{10}O$(乙醚)	l	−279.5	−122.75	253.1
CH_3OH	l	−238.57	−166.23	126.8
CH_3OH	g	−201.17	−161.88	237.7
CH_3CH_2OH	l	−277.63	−174.77	160.67
CH_3CH_2OH	g	−235.31	−168.6	282.0
HCHO	g	−115.90	−109.89	218.89
CH_3CHO	g	−166.36	−133.25	264.33
C_3H_6O(丙酮)	l	−248.1	−155.28	200.4
HCOOH	l	−424.7	−361.4	129.0
HCOOH	g	−362.63	−335.72	246.06
CH_3COOH	l	−484.5	−389.26	159.83
CH_3COOH	g	−436.4	−381.6	293.3
$C_4H_6O_2$(乙酸乙酯)	l	−479.03	−382.55	259.4
C_6H_6O(苯酚)	s	−165.02	−50.31	144.01
C_2H_7N(乙胺)	g	−46.02	37.38	284.96
CH_2Cl_2	g	−95.40	−68.84	270.35
CCl_4	l	−132.84	−62.56	216.19
$CHCl_3$	l	−132.2	−71.77	202.9

附录 3 常见弱电解质在水溶液中的解离常数 K_a (K_b) (298.15K)

名称	分子式	K_a(K_b)	pK_a(pK_b)
硼酸	H_3BO_3	(K_{a1})5.8×10^{-10}	9.24
次氯酸	HClO	3.2×10^{-8}	7.50
氢氰酸	HCN	4.93×10^{-10}	9.31
碳酸	H_2CO_3	(K_{a1})4.2×10^{-7} (K_{a2})5.6×10^{-11}	6.38 10.25
铬酸	H_2CrO_4	(K_{a1})1.8×10^{-1} (K_{a2})3.2×10^{-7}	0.74 6.50
氢氟酸	HF	6.6×10^{-4}	3.18
亚硝酸	HNO_2	5.1×10^{-4}	3.29
磷酸	H_3PO_4	(K_{a1})7.1×10^{-3} (K_{a2})6.2×10^{-8} (K_{a3})4.5×10^{-13}	2.15 7.21 12.35
氢硫酸	H_2S	(K_{a1})1.3×10^{-7} (K_{a2})7.1×10^{-13}	6.88 12.15

续表

名称	分子式	$K_a(K_b)$	$pK_a(pK_b)$
硫酸	H_2SO_4	$(K_{a2})1.02\times10^{-2}$	1.99
亚硫酸	H_2SO_3	$(K_{a1})1.23\times10^{-2}$ $(K_{a2})5.6\times10^{-8}$	1.91 7.18
甲酸	HCOOH	1.8×10^{-4}	3.74
乙酸	CH_3COOH	1.75×10^{-5}	4.76
草酸	HOOC-COOH	$(K_{a1})5.6\times10^{-2}$ $(K_{a2})5.4\times10^{-5}$	1.25 4.27
氨水	$NH_3\cdot H_2O$	$(K_b)1.75\times10^{-5}$	4.76

附录 4 常见微溶电解质的溶度积 K_{sp}（298.15K）

难溶电解质	K_{sp}	难溶电解质	K_{sp}
AgBr	5.35×10^{-13}	CdS	8.0×10^{-27}
AgCl	1.80×10^{-10}	$Cd(OH)_2$	2.5×10^{-14}
Ag_2CO_3	8.46×10^{-12}	CuS	6.3×10^{-36}
Ag_2CrO_4	5.40×10^{-12}	$Fe(OH)_2$	8.0×10^{-16}
AgI	8.3×10^{-17}	$Fe(OH)_3$	4.0×10^{-36}
$AgNO_2$	6.0×10^{-4}	FeS	6.3×10^{-18}
Ag_2S	6.69×10^{-50}(α 型) 1.9×10^{-49}(β 型)	HgS	1.6×10^{-52}(黑) 4.0×10^{-53}(红)
Ag_2SO_3	1.5×10^{-14}	Hg_2Cl_2	1.43×10^{-18}
Ag_2SO_4	1.20×10^{-5}	Hg_2SO_4	6.5×10^{-7}
$BaCO_3$	2.58×10^{-9}	$MgCO_3$	6.82×10^{-6}
BaF_2	1.84×10^{-7}	$Mg(OH)_2$	5.61×10^{-12}
$BaCrO_4$	1.17×10^{-10}	$Mg_3(PO_4)_2$	1.04×10^{-24}
CaF_2	5.3×10^{-9}	$MnCO_3$	2.24×10^{-11}
$Ba(OH)_2$	5.0×10^{-3}	$Mn(OH)_2$	1.9×10^{-13}
$BaSO_4$	1.08×10^{-10}	MnS	2.5×10^{-13}
CaC_2O_4	2.32×10^{-9}	$PbSO_4$	2.53×10^{-8}
$CaCrO_4$	7.1×10^{-4}	$PbCl_2$	1.7×10^{-5}
CaF_2	5.3×10^{-9}	PbI_2	9.8×10^{-9}
$Ca(OH)_2$	5.02×10^{-6}	PbS	8.0×10^{-28}
$Ca_3(PO_4)_2$	2.07×10^{-33}	$PbCO_3$	7.4×10^{-14}
$CaSO_4$	9.1×10^{-6}	$ZnCO_3$	1.46×10^{-10}
$CaHPO_4$	1.0×10^{-7}	ZnS	1.6×10^{-24}(α 型) 2.5×10^{-22}(β 型)

附录 5 常见的氧化还原电对的标准电极电势（298.15 K）

1. 在酸性溶液中

电极反应	$\varphi^{\ominus}/V$
$Li^+ + e^- = Li$	−3.0403
$Cs^+ + e^- = Cs$	−3.02
$Rb^+ + e^- = Rb$	−2.98
$K^+ + e^- = K$	−2.931

续表

电极反应	$\varphi^{\ominus}$/V
$Ba^{2+} + 2e^- \rightleftharpoons Ba$	−2.912
$Sr^{2+} + 2e^- \rightleftharpoons Sr$	−2.899
$Ca^{2+} + 2e^- \rightleftharpoons Ca$	−2.868
$Na^+ + e^- \rightleftharpoons Na$	−2.71
$Ce^{3+} + 3e^- \rightleftharpoons Ce$	−2.483
$Mg^{2+} + 2e^- \rightleftharpoons Mg$	−2.372
$1/2H_2 + e^- \rightleftharpoons H^-$	−2.23
$Sc^{3+} + 3e^- \rightleftharpoons Sc$	−2.077
$[AlF_6]^{3-} + 3e^- \rightleftharpoons Al + 6F^-$	−2.069
$Be^{2+} + 2e^- \rightleftharpoons Be$	−1.847
$Al^{3+} + 3e^- \rightleftharpoons Al$	−1.662
$Ti^{2+} + 2e^- \rightleftharpoons Ti$	−1.37
$[SiF_6]^{2-} + 4e^- \rightleftharpoons Si + 6F^-$	−1.24
$Mn^{2+} + 2e^- \rightleftharpoons Mn$	−1.185
$V^{2+} + 2e^- \rightleftharpoons V$	−1.175
$Cr^{2+} + 2e^- \rightleftharpoons Cr$	−0.913
$TiO^{2+} + 2H^+ + 4e^- \rightleftharpoons Ti + H_2O$	−0.89
$H_3BO_3 + 3H^+ + 3e^- \rightleftharpoons B + 3H_2O$	−0.870
$Zn^{2+} + 2e^- \rightleftharpoons Zn$	−0.763
$Cr^{3+} + 3e^- \rightleftharpoons Cr$	−0.744
$As + 3H^+ + 3e^- \rightleftharpoons AsH_3$	−0.608
$Ga^{3+} + 3e^- \rightleftharpoons Ga$	−0.549
$Fe^{3+} + 3e^- \rightleftharpoons Fe$	−0.447
$Cr^{3+} + 3e^- \rightleftharpoons Cr$	−0.407
$Cd^{2+} + 2e^- \rightleftharpoons Cd$	−0.403
$PbI_2 + 2e^- \rightleftharpoons Pb + 2I^-$	−0.365
$PbSO_4 + 2e^- \rightleftharpoons Pb + SO_4^{2-}$	−0.359
$Co^{2+} + 2e^- \rightleftharpoons Co$	−0.277
$H_3PO_4 + 2H^+ + 2e^- \rightleftharpoons H_3PO_3 + H_2O$	−0.276
$Ni^{2+} + 2e^- \rightleftharpoons Ni$	−0.257
$CuI + e^- \rightleftharpoons Cu + I^-$	−0.180
$AgI + e^- \rightleftharpoons Ag + I^-$	−0.152
$GeO_2 + 4H^+ + 4e^- \rightleftharpoons Ge + 2H_2O$	−0.15
$Sn^{2+} + 2e^- \rightleftharpoons Sn$	−0.138
$Pb^{2+} + 2e^- \rightleftharpoons Pb$	−0.126
$WO_3 + 6H^+ + 6e^- \rightleftharpoons W + 3H_2O$	−0.090
$[HgI_4]^{2-} + 2e^- \rightleftharpoons Hg + 4I^-$	−0.04
$2H^+ + 2e^- \rightleftharpoons H_2$	0.000
$[Ag(S_2O_3)_2]^{3-} + e^- \rightleftharpoons Ag + 2S_2O_3^{2-}$	0.01
$AgBr + e^- \rightleftharpoons Ag + Br^-$	0.071
$S_4O_6^{2-} + 2e^- \rightleftharpoons 2S_2O_3^{2-}$	0.08
$S + 2H^+ + 2e^- \rightleftharpoons H_2S$	0.142
$Sn^{4+} + 2e^- \rightleftharpoons Sn^{2+}$	0.151
$Cu^{2+} + e^- \rightleftharpoons Cu^+$	0.159
$SO_4^{2-} + 4H^+ + 2e^- \rightleftharpoons H_2SO_3 + H_2O$	0.172
$AgCl + e^- \rightleftharpoons Ag + Cl^-$	0.222
$Hg_2Cl_2 + 2e^- \rightleftharpoons 2Hg + 2Cl^-$	0.268
$VO^{2+} + 2H^+ + e^- \rightleftharpoons V^{3+} + H_2O$	0.337
$Cu^{2+} + 2e^- \rightleftharpoons Cu$	0.342
$[Fe(CN)_6]^{3-} + e^- \rightleftharpoons [Fe(CN)_6]^{4-}$	0.358

续表

电极反应	$\varphi^{\ominus}/V$
$[HgCl_4]^{2-} + 2e^- = Hg + 4Cl^-$	0.38
$Ag_2CrO_4 + 2e^- = 2Ag + CrO_4^{2-}$	0.447
$H_2SO_3 + 4H^+ + 4e^- = S + 3H_2O$	0.449
$Cu^+ + e^- = Cu$	0.521
$I_2 + 2e^- = 2I^-$	0.535
$MnO_4^- + e^- = MnO_4^{2-}$	0.558
$H_3AsO_4 + 2H^+ + 2e^- = H_3AsO_3 + H_2O$	0.560
$Cu^{2+} + Cl^- + e^- = CuCl$	0.560
$Sb_2O_5 + 6H^+ + 4e^- = 2SbO^+ + 3H_2O$	0.581
$TeO_2 + 4H^+ + 4e^- = Te + 2H_2O$	0.593
$O_2 + 2H^+ + 2e^- = H_2O_2$	0.695
$H_2SeO_3 + 4H^+ + 4e^- = Se + 3H_2O$	0.74
$H_3SbO_4 + 2H^+ + 2e^- = H_3SbO_3 + H_2O$	0.75
$Fe^{3+} + e^- = Fe^{2+}$	0.771
$Hg_2^{2+} + 2e^- = 2Hg$	0.797
$Ag^+ + e^- = Ag$	0.799
$2NO_3^- + 4H^+ + 2e^- = N_2O_4 + 2H_2O$	0.803
$Hg^{2+} + 2e^- = Hg$	0.851
$HNO_2 + 7H^+ + 6e^- = NH_4^+ + 2H_2O$	0.86
$Cu^{2+} + I^- + e^- = CuI$	0.86
$NO_3^- + 3H^+ + 2e^- = HNO_2 + H_2O$	0.934
$NO_3^- + 4H^+ + 3e^- = NO + 2H_2O$	0.957
$HNO_2 + H^+ + e^- = NO + H_2O$	0.983
$HIO + H^+ + 2e^- = I^- + H_2O$	0.987
$VO_2^+ + 2H^+ + e^- = VO^{2+} + H_2O$	1.031
$N_2O_4 + 4H^+ + 4e^- = 2NO + 2H_2O$	1.035
$N_2O_4 + 2H^+ + 2e^- = 2HNO_2$	1.065
$Br_2 + 2e^- = 2Br^-$	1.066
$IO_3^- + 6H^+ + 6e^- = I^- + 3H_2O$	1.195
$MnO_2 + 4H^+ + 2e^- = Mn^{2+} + 2H_2O$	1.224
$O_2 + 4H^+ + 4e^- = 2H_2O$	1.229
$2HNO_2 + 4H^+ + 4e^- = N_2O + 3H_2O$	1.297
$Cr_2O_7^{2-} + 14H^+ + 6e^- = 2Cr^{3+} + 7H_2O$	1.33
$HBrO + H^+ + 2e^- = Br^- + H_2O$	1.331
$Cl_2 + 2e^- = 2Cl^-$	1.358
$ClO_4^- + 8H^+ + 7e^- = 1/2Cl_2 + 4H_2O$	1.39
$IO_4^- + 8H^+ + 8e^- = I^- + 4H_2O$	1.40
$BrO_3^- + 6H^+ + 6e^- = Br^- + 3H_2O$	1.423
$ClO_3^- + 6H^+ + 6e^- = Cl^- + 3H_2O$	1.451
$PbO_2 + 4H^+ + 2e^- = Pb^{2+} + 2H_2O$	1.455
$ClO_3^- + 6H^+ + 5e^- = 1/2Cl_2 + 3H_2O$	1.47
$HClO + H^+ + 2e^- = Cl^- + H_2O$	1.482
$Au^{3+} + 3e^- = Au$	1.498
$MnO_4^- + 8H^+ + 5e^- = Mn^{2+} + 4H_2O$	1.507
$NaBiO_3 + 6H^+ + 2e^- = Bi^{3+} + Na^+ + 3H_2O$	1.60
$2HClO + 2H^+ + 2e^- = Cl_2 + 2H_2O$	1.611
$MnO_4^- + 4H^+ + 3e^- = MnO_2 + 2H_2O$	1.679
$Au^+ + e^- = Au$	1.692
$Ce^{4+} + e^- = Ce^{3+}$	1.72
$H_2O_2 + 2H^+ + 2e^- = 2H_2O$	1.776

续表

电极反应	$\varphi^{\ominus}$/V
$Co^{3+} + e^- \longrightarrow Co^{2+}$	1.92
$S_2O_8^{2-} + 2e^- \longrightarrow 2SO_4^{2-}$	2.010
$O_3 + 2H^+ + 2e^- \longrightarrow O_2 + H_2O$	2.076
$F_2 + 2e^- \longrightarrow 2F^-$	2.866

2. 在碱性溶液中

电极反应	$\varphi^{\ominus}$/V
$Mg(OH)_2 + 2e^- \longrightarrow Mg + 2OH^-$	−2.690
$Al(OH)_3 + 3e^- \longrightarrow Al + 3OH^-$	−2.31
$SiO_3^{2-} + 3H_2O + 4e^- \longrightarrow Si + 6OH^-$	−1.697
$Mn(OH)_2 + 2e^- \longrightarrow Mn + 2OH^-$	−1.56
$Cr(OH)_3 + 3e^- \longrightarrow Cr + 3OH^-$	−1.48
$As + 3H_2O + 3e^- \longrightarrow AsH_3 + 3OH^-$	−1.37
$[Zn(CN)_4]^{2-} + 2e^- \longrightarrow Zn + 4CN^-$	−1.26
$Zn(OH)_2 + 2e^- \longrightarrow Zn + 2OH^-$	−1.249
$N_2 + 4H_2O + 4e^- \longrightarrow N_2H_4 + 4OH^-$	−1.15
$PO_4^{3-} + 2H_2O + 2e^- \longrightarrow HPO_3^{2-} + 3OH^-$	−1.05
$FeS + 2e^- \longrightarrow Fe + S^{2-}$	−0.95
$PbS + 2e^- \longrightarrow Pb + S^{2-}$	−0.93
$[Sn(OH)_6]^{2-} + 2e^- \longrightarrow H_2SnO_2 + 4OH^-$	−0.93
$SO_4^{2-} + H_2O + 2e^- \longrightarrow SO_3^{2-} + 2OH^-$	−0.93
$Fe(OH)_2 + 2e^- \longrightarrow Fe + 2OH^-$	−0.877
$SnS + 2e^- \longrightarrow Sn + S^{2-}$	−0.87
$P + 3H_2O + 3e^- \longrightarrow PH_3 + 3OH^-$	−0.87
$2NO_3^- + 2H_2O + 2e^- \longrightarrow N_2O_4 + 4OH^-$	−0.85
$[Co(CN)_6]^{3-} + e^- \longrightarrow [Co(CN)_6]^{4-}$	−0.83
$2H_2O + 2e^- \longrightarrow H_2 + 2OH^-$	−0.828
$CuS + 2e^- \longrightarrow Cu + S^{2-}$	−0.76
$H_3SbO_4 + 2H^+ + 2e^- \longrightarrow H_3SbO_3 + H_2O$	−0.75
$AsO_4^{3-} + 2H_2O + 2e^- \longrightarrow AsO_2^- + 4OH^-$	−0.71
$SO_3^{2-} + 3H_2O + 6e^- \longrightarrow S^{2-} + 6OH^-$	−0.68
$[Au(CN)_2]^- + e^- \longrightarrow Au + 2CN^-$	−0.60
$2SO_3^{2-} + 3H_2O + 4e^- \longrightarrow S_2O_3^{2-} + 6OH^-$	−0.571
$Fe(OH)_3 + e^- \longrightarrow Fe(OH)_2 + OH^-$	−0.56
$S + 2e^- \longrightarrow S^{2-}$	−0.476
$NO_2^- + H_2O + e^- \longrightarrow NO + 2OH^-$	−0.46
$[Cu(CN)_2]^- + e^- \longrightarrow Cu + 2CN^-$	−0.429
$[Co(NH_3)_6]^{2+} + 2e^- \longrightarrow Co + 6NH_3(aq)$	−0.422
$[Hg(CN)_4]^{2-} + 2e^- \longrightarrow Hg + 4CN^-$	−0.37
$[Ag(CN)_2]^- + e^- \longrightarrow Ag + 2CN^-$	−0.30
$NO_3^- + 5H_2O + 6e^- \longrightarrow NH_2OH + 7OH^-$	−0.30
$Cu(OH)_2 + 2e^- \longrightarrow Cu + 2OH^-$	−0.222
$PbO_2 + 2H_2O + 4e^- \longrightarrow Pb + 4OH^-$	−0.16
$CrO_4^{2-} + 4H_2O + 3e^- \longrightarrow Cr(OH)_3 + 5OH^-$	−0.13
$[Cu(NH_3)_2]^+ + e^- \longrightarrow Cu + 2NH_3(aq)$	−0.11
$O_2 + H_2O + 2e^- \longrightarrow HO_2^- + OH^-$	−0.076
$MnO_2 + 2H_2O + 2e^- \longrightarrow Mn(OH)_2 + 2OH^-$	−0.05
$NO_3^- + H_2O + 2e^- \longrightarrow NO_2^- + 2OH^-$	0.01
$[Co(NH_3)_6]^{3+} + e^- \longrightarrow [Co(NH_3)_6]^{2+}$	0.108

续表

电极反应	$\varphi^{\ominus}/V$
$2NO_2^- + 3H_2O + 4e^- = N_2O + 6OH^-$	0.15
$IO_3^- + 2H_2O + 4e^- = IO^- + 4OH^-$	0.15
$Co(OH)_3 + e^- = Co(OH)_2 + OH^-$	0.17
$IO_3^- + 3H_2O + 6e^- = I^- + 6OH^-$	0.26
$ClO_3^- + H_2O + 2e^- = ClO_2^- + 2OH^-$	0.33
$Ag_2O + H_2O + 2e^- = 2Ag + 2OH^-$	0.342
$ClO_4^- + H_2O + 2e^- = ClO_3^- + 2OH^-$	0.36
$[Ag(NH_3)_2]^+ + e^- = Ag + 2NH_3(aq)$	0.373
$O_2 + 2H_2O + 4e^- = 4OH^-$	0.401
$2BrO^- + 2H_2O + 2e^- = Br_2 + 4OH^-$	0.45
$IO^- + H_2O + 2e^- = I^- + 2OH^-$	0.485
$NiO_2 + 2H_2O + 2e^- = Ni(OH)_2 + 2OH^-$	0.490
$ClO_4^- + 4H_2O + 8e^- = Cl^- + 8OH^-$	0.51
$2ClO^- + 2H_2O + 2e^- = Cl_2 + 4OH^-$	0.52
$BrO_3^- + 2H_2O + 4e^- = BrO^- + 4OH^-$	0.54
$MnO_4^- + 2H_2O + 3e^- = MnO_2 + 4OH^-$	0.595
$MnO_4^{2-} + 2H_2O + 2e^- = MnO_2 + 4OH^-$	0.60
$BrO_3^- + 3H_2O + 6e^- = Br^- + 6OH^-$	0.61
$ClO_3^- + 3H_2O + 6e^- = Cl^- + 6OH^-$	0.62
$ClO_2^- + H_2O + 2e^- = ClO^- + 2OH^-$	0.66
$BrO^- + H_2O + 2e^- = Br^- + 2OH^-$	0.761
$ClO^- + H_2O + 2e^- = Cl^- + 2OH^-$	0.81
$N_2O_4 + 2e^- = 2NO_2^-$	0.867
$HO_2^- + H_2O + 2e^- = 3OH^-$	0.878
$FeO_4^{2-} + 2H_2O + 3e^- = FeO_2^- + 4OH^-$	0.9
$O_3 + H_2O + 2e^- = O_2 + 2OH^-$	1.24

参考文献

[1] 傅洵，许永吉，解从霞．基础化学教程（无机与分析化学）[M]．第2版．北京：科学出版社，2012.

[2] 浙江大学普通化学教研组编．普通化学 [M]．第6版．北京：高等教育出版社，2011.

[3] 陈林根．工程化学基础 [M]．第3版．北京：高等教育出版社，2018.

[4] 童志平．工程化学基础 [M]．北京：高等教育出版社，2008.

[5] 周祖新．工程化学 [M]．第2版．北京：化学工业出版社，2013.

[6] 宿辉，白青子．工程化学 [M]．第2版．北京：北京大学出版社，2018.

[7] 徐甲强，邢彦军，周义锋．工程化学 [M]．第3版．北京：科学出版社，2013.

[8] 朱张校，姚可夫．工程材料 [M]．第5版．北京：清华大学出版社，2011.

[9] 同济大学普通化学及无机化学教研室编．普通化学 [M]．北京：高等教育出版社，2004.

[10] 郭文录，袁爱华，林生岭．无机与分析化学 [M]．第3版．哈尔滨：哈尔滨工业大学出版社，2021.

[11] 刘敬福．材料腐蚀及控制工程 [M]．北京：北京大学出版社，2014.

[12] 孙秋霞．材料腐蚀与防护 [M]．北京：冶金工业出版社，2001.

[13] 许文，张毅民．化工安全工程概论 [M]．北京：化学工业出版社，2011.

[14] 赵庆贤，邵辉，葛秀坤．危险化学品安全管理 [M]．北京：中国石化出版社，2010.

[15] 陈海群，王凯全．危险化学品事故处理与应急预案 [M]．北京：中国石化出版社，2005.

[16] 许友林，姚智刚，熊玲．船舶防腐蚀技术应用及其发展 [J]．中国修船，2008，(B06)：17-20.

[17] 南京大学《无机及分析化学》编写组．无机及分析化学 [M]．北京：高等教育出版社，2002.

[18] 倪静安，张敬乾，商少明．无机及分析化学 [M]．北京：化学工业出版社，1999.

[19] 朱裕贞，顾达，黑恩成．现代基础化学 [M]．北京：化学工业出版社，1998.

[20] 王毅，陈丽，陈丽娜．工程化学 [M]．北京：中国石化出版社，2013.

[21] 尹建军．工程化学基础 [M]．兰州：兰州大学出版社，2005.

元素周期表

IUPAC 2013

氧化态(单质的氧化态为0，未列入；常见的为红色)

以 $^{12}C=12$ 为基准的原子量(注✦的是半衰期最长同位素的原子量)

示例：+2 +3 +4 +5 +6 / 95 — 原子序数 / Am — 元素符号(红色的为放射性元素) / 镅▲ — 元素名称(注▲的为人造元素) / $5f^77s^2$ — 价层电子构型 / 243.06138(2)✦

s区元素　p区元素　d区元素　ds区元素　f区元素　稀有气体

族 周期	1 ⅠA	2 ⅡA	3 ⅢB	4 ⅣB	5 ⅤB	6 ⅥB	7 ⅦB	8 Ⅷ B(Ⅷ)	9 Ⅷ B(Ⅷ)	10 Ⅷ B(Ⅷ)	11 ⅠB	12 ⅡB	13 ⅢA	14 ⅣA	15 ⅤA	16 ⅥA	17 ⅦA	18 ⅧA(0)	电子层
1	−1 +1 1 H 氢 $1s^1$ 1.008																	2 He 氦 $1s^2$ 4.002602(2)	K
2	+1 3 Li 锂 $2s^1$ 6.94	+2 4 Be 铍 $2s^2$ 9.0121831(5)											+3 5 B 硼 $2s^22p^1$ 10.81	−4 +2 +4 6 C 碳 $2s^22p^2$ 12.011	−3 −2 −1 +1 +2 +3 +4 +5 7 N 氮 $2s^22p^3$ 14.007	−2 −1 8 O 氧 $2s^22p^4$ 15.999	−1 9 F 氟 $2s^22p^5$ 18.998403163(6)	10 Ne 氖 $2s^22p^6$ 20.1797(6)	L K
3	−1 +1 11 Na 钠 $3s^1$ 22.98976928(2)	+2 12 Mg 镁 $3s^2$ 24.305											+3 13 Al 铝 $3s^23p^1$ 26.9815385(7)	−4 +2 +4 14 Si 硅 $3s^23p^2$ 28.085	−3 −2 +1 +3 +5 15 P 磷 $3s^23p^3$ 30.973761998(5)	−2 +2 +4 +6 16 S 硫 $3s^23p^4$ 32.06	−1 +1 +3 +5 +7 17 Cl 氯 $3s^23p^5$ 35.45	18 Ar 氩 $3s^23p^6$ 39.948(1)	M L K
4	−1 +1 19 K 钾 $4s^1$ 39.0983(1)	+2 20 Ca 钙 $4s^2$ 40.078(4)	+3 21 Sc 钪 $3d^14s^2$ 44.955908(5)	−1 0 +2 +3 +4 22 Ti 钛 $3d^24s^2$ 47.867(1)	0 ±1 +2 +3 +4 +5 23 V 钒 $3d^34s^2$ 50.9415(1)	−3 0 ±1 ±2 +3 +4 +5 +6 24 Cr 铬 $3d^54s^1$ 51.9961(6)	−2 0 ±1 +2 +3 +4 +5 +6 +7 25 Mn 锰 $3d^54s^2$ 54.938044(3)	−2 0 ±1 +2 +3 +4 +5 +6 26 Fe 铁 $3d^64s^2$ 55.845(2)	0 ±1 +2 +3 +4 +5 27 Co 钴 $3d^74s^2$ 58.933194(4)	0 ±1 +2 +3 +4 28 Ni 镍 $3d^84s^2$ 58.6934(4)	+1 +2 +3 +4 29 Cu 铜 $3d^{10}4s^1$ 63.546(3)	+1 +2 30 Zn 锌 $3d^{10}4s^2$ 65.38(2)	+1 +3 31 Ga 镓 $4s^24p^1$ 69.723(1)	+2 +4 32 Ge 锗 $4s^24p^2$ 72.630(8)	−3 +3 +5 33 As 砷 $4s^24p^3$ 74.921595(6)	−2 +2 +4 +6 34 Se 硒 $4s^24p^4$ 78.971(8)	−1 +1 +3 +5 +7 35 Br 溴 $4s^24p^5$ 79.904	+2 +4 36 Kr 氪 $4s^24p^6$ 83.798(2)	N M L K
5	−1 +1 37 Rb 铷 $5s^1$ 85.4678(3)	+2 38 Sr 锶 $5s^2$ 87.62(1)	+3 39 Y 钇 $4d^15s^2$ 88.90584(2)	+1 +2 +3 +4 40 Zr 锆 $4d^25s^2$ 91.224(2)	0 ±1 +2 +3 +4 +5 41 Nb 铌 $4d^45s^1$ 92.90637(2)	0 ±1 ±2 +3 +4 +5 +6 42 Mo 钼 $4d^55s^1$ 95.95(1)	0 ±1 +2 +3 +4 +5 +6 +7 43 Tc 锝▲ $4d^55s^2$ 97.90721(3)✦	0 +1 ±2 +3 +4 +5 +6 +7 +8 44 Ru 钌 $4d^75s^1$ 101.07(2)	0 ±1 +2 +3 +4 +5 +6 45 Rh 铑 $4d^85s^1$ 102.90550(2)	0 +1 +2 +3 +4 46 Pd 钯 $4d^{10}$ 106.42(1)	+1 +2 +3 47 Ag 银 $4d^{10}5s^1$ 107.8682(2)	+1 +2 48 Cd 镉 $4d^{10}5s^2$ 112.414(4)	+1 +3 49 In 铟 $5s^25p^1$ 114.818(1)	+2 +4 50 Sn 锡 $5s^25p^2$ 118.710(7)	−3 +3 +5 51 Sb 锑 $5s^25p^3$ 121.760(1)	−2 +2 +4 +6 52 Te 碲 $5s^25p^4$ 127.60(3)	−1 +1 +3 +5 +7 53 I 碘 $5s^25p^5$ 126.90447(3)	+2 +4 +6 +8 54 Xe 氙 $5s^25p^6$ 131.293(6)	O N M L K
6	−1 +1 55 Cs 铯 $6s^1$ 132.90545196(6)	+2 56 Ba 钡 $6s^2$ 137.327(7)	57~71 La~Lu 镧系	+1 +2 +3 +4 72 Hf 铪 $5d^26s^2$ 178.49(2)	0 ±1 +2 +3 +4 +5 73 Ta 钽 $5d^36s^2$ 180.94788(2)	0 ±1 ±2 +3 +4 +5 +6 74 W 钨 $5d^46s^2$ 183.84(1)	0 ±1 +2 +3 +4 +5 +6 +7 75 Re 铼 $5d^56s^2$ 186.207(1)	0 +1 +2 +3 +4 +5 +6 +7 +8 76 Os 锇 $5d^66s^2$ 190.23(3)	0 +1 +2 +3 +4 +5 +6 77 Ir 铱 $5d^76s^2$ 192.217(3)	0 +2 +3 +4 +5 +6 78 Pt 铂 $5d^96s^1$ 195.084(9)	+1 +2 +3 +5 79 Au 金 $5d^{10}6s^1$ 196.966569(5)	+1 +2 +3 80 Hg 汞 $5d^{10}6s^2$ 200.592(3)	+1 +3 81 Tl 铊 $6s^26p^1$ 204.38	+2 +4 82 Pb 铅 $6s^26p^2$ 207.2(1)	−3 +3 +5 83 Bi 铋 $6s^26p^3$ 208.98040(1)	−2 +2 +4 +6 84 Po 钋 $6s^26p^4$ 208.98243(2)✦	±1 +5 +7 85 At 砹 $6s^26p^5$ 209.98715(5)✦	+2 86 Rn 氡 $6s^26p^6$ 222.01758(2)✦	P O N M L K
7	+1 87 Fr 钫▲ $7s^1$ 223.01974(2)✦	+2 88 Ra 镭 $7s^2$ 226.02541(2)✦	89~103 Ac~Lr 锕系	104 Rf 𬬻▲ $6d^27s^2$ 267.122(4)✦	105 Db 𬭊▲ $6d^37s^2$ 270.131(4)✦	106 Sg 𬭳▲ $6d^47s^2$ 269.129(3)✦	107 Bh 𬭛▲ $6d^57s^2$ 270.133(2)✦	108 Hs 𬭶▲ $6d^67s^2$ 270.134(2)✦	109 Mt 鿏▲ $6d^77s^2$ 278.156(5)✦	110 Ds 𫟼▲ 281.165(4)✦	111 Rg 𬬭▲ 281.166(6)✦	112 Cn 鿔▲ 285.177(4)✦	113 Nh 鿭▲ 286.182(5)✦	114 Fl 𫓧▲ 289.190(4)✦	115 Mc 镆▲ 289.194(6)✦	116 Lv 𫟷▲ 293.204(4)✦	117 Ts 鿬▲ 293.208(6)✦	118 Og 鿫▲ 294.214(5)✦	Q P O N M L K

★ 镧系	+3 57 La★ 镧 $5d^16s^2$ 138.90547(7)	+2 +3 +4 58 Ce 铈 $4f^15d^16s^2$ 140.116(1)	+2 +3 +4 59 Pr 镨 $4f^36s^2$ 140.90766(2)	+2 +3 +4 60 Nd 钕 $4f^46s^2$ 144.242(3)	+3 61 Pm 钷▲ $4f^56s^2$ 144.91276(2)✦	+2 +3 62 Sm 钐 $4f^66s^2$ 150.36(2)	+2 +3 63 Eu 铕 $4f^76s^2$ 151.964(1)	+3 64 Gd 钆 $4f^75d^16s^2$ 157.25(3)	+3 +4 65 Tb 铽 $4f^96s^2$ 158.92535(2)	+3 +4 66 Dy 镝 $4f^{10}6s^2$ 162.500(1)	+3 67 Ho 钬 $4f^{11}6s^2$ 164.93033(2)	+3 68 Er 铒 $4f^{12}6s^2$ 167.259(3)	+2 +3 69 Tm 铥 $4f^{13}6s^2$ 168.93422(2)	+2 +3 70 Yb 镱 $4f^{14}6s^2$ 173.045(10)	+3 71 Lu 镥 $4f^{14}5d^16s^2$ 174.9668(1)
★ 锕系	+3 89 Ac★ 锕 $6d^17s^2$ 227.02775(2)✦	+3 +4 90 Th 钍 $6d^27s^2$ 232.0377(4)	+3 +4 +5 91 Pa 镤 $5f^26d^17s^2$ 231.03588(2)	+2 +3 +4 +5 +6 92 U 铀 $5f^36d^17s^2$ 238.02891(3)	+3 +4 +5 +6 +7 93 Np 镎 $5f^46d^17s^2$ 237.04817(2)✦	+3 +4 +5 +6 +7 94 Pu 钚 $5f^67s^2$ 244.06421(4)✦	+2 +3 +4 +5 +6 95 Am 镅▲ $5f^77s^2$ 243.06138(2)✦	+3 +4 96 Cm 锔▲ $5f^76d^17s^2$ 247.07035(3)✦	+3 +4 97 Bk 锫▲ $5f^97s^2$ 247.07031(4)✦	+2 +3 +4 98 Cf 锎▲ $5f^{10}7s^2$ 251.07959(3)✦	+2 +3 99 Es 锿▲ $5f^{11}7s^2$ 252.0830(3)✦	+2 +3 100 Fm 镄▲ $5f^{12}7s^2$ 257.09511(5)✦	+2 +3 101 Md 钔▲ $5f^{13}7s^2$ 258.09843(3)✦	+2 +3 102 No 锘▲ $5f^{14}7s^2$ 259.1010(7)✦	+3 103 Lr 铹▲ $5f^{14}6d^17s^2$ 262.110(2)✦